高职高专公共基础课系列教材

高 等 数 学

主　编　王　琦　邓芳芳

副主编　王紫虹　谭志明　罗森月

主　审　李木桂　吉耀武

西安电子科技大学出版社

内 容 简 介

　　本书是为满足当前高职高专高等数学课程改革的需要而编写的，内容主要包括预备知识，函数、极限与连续，导数与微分，微分中值定理与导数的应用，不定积分，定积分及其应用，微分方程，空间解析几何，多元函数微分学及其应用，二重积分及其应用，无穷级数，拉普拉斯变换，MATLAB实验等.

　　本书的编写贯彻"以服务为宗旨，以就业为导向"的高职高专教育办学理念，以够用为度，在内容的编排上与高中知识衔接，在内容的组织和阐述上力求有所创新，做到易学好教，突出应用.

　　本书可供高职高专院校或本科院校少学时类各专业学生使用，也可作为其他相关专业教师和学生的参考书.

图书在版编目(CIP)数据

高等数学 / 王琦，邓芳芳主编 . —西安：西安电子科技大学出版社，
2020.7(2022.8 重印)
ISBN 978 - 7 - 5606 - 5659 - 5

Ⅰ. ① 高…　Ⅱ. ① 王… ②邓…　Ⅲ. ① 高等数学—高等职业教育—教材　Ⅳ. ① O13

中国版本图书馆 CIP 数据核字(2020)第 088804 号

策　　划　刘玉芳
责任编辑　刘玉芳
出版发行　西安电子科技大学出版社(西安市太白南路 2 号)
电　　话　(029)88202421　88201467　　　邮　编　710071
网　　址　www.xduph.com　　　　　　电子邮箱　xdupfxb001@163.com
经　　销　新华书店
印刷单位　咸阳华盛印务有限责任公司
版　　次　2020 年 7 月第 1 版　2022 年 8 月第 4 次印刷
开　　本　787 毫米×1092 毫米　1/16　印张　21
字　　数　496 千字
印　　数　4501～6500 册
定　　价　46.00 元
ISBN 978 - 7 - 5606 - 5659 - 5/O

XDUP 5961001 - 4

前　言

　　高等数学是高职高专院校各相关专业最重要的公共基础课程，其教学内容与后继专业课教学内容有着紧密的联系．为满足高职高专院校的人才培养要求与教育教学改革需要，贯彻"以服务为宗旨，以就业为导向"的高等职业教育办学方针，本书根据教育部制定的《高职高专教育高等数学课程教学基本要求》（以下简称《基本要求》），结合编者多年的教学实践经验，精心整合高等数学的知识内容，并将生活实例和专业实例融入其中．

　　本书在编写时充分考虑到了高等职业教育的特点与学生的实际情况以及对人才培养目标的要求，参考并吸取了同类教材的优点和课程改革的成功经验，且注意将数学思想与现代化的教学手段相结合，加入了历年广东省高等数学专插本考试真题，让学生在学习课程内容的同时体会相关知识点考查的深浅程度．标有＊号的部分内容超出《基本要求》，供对数学要求稍高的专业采用．此外，本书每章末配有小结和总习题，希望这些小结和总习题在复习和检查学习效果方面能发挥作用．

　　王琦、邓芳芳担任本书主编，王紫虹、谭志明、罗森月担任副主编．本书由李木桂、吉耀武主审．具体编写分工如下：王紫虹编写绪论、第四章和第五章，邓芳芳编写第一章和第六章，罗森月编写第二章和第三章，王琦编写第七章、第十章、第十一章和第十二章，谭志明编写第八章和第九章．全书由王琦完成最后的统稿与定稿．

　　本书可供高职高专院校或本科院校少学时类各专业学生使用，也可作为其他相关专业教师和学生的参考书．

　　限于编者水平，书中难免存在不妥之处，敬请广大读者提出宝贵意见．

编　者
2020 年 3 月

目 录

绪 论 预 备 知 识

知识目标：理解代数式中的主要乘法公式，熟悉因式分解的主要方法，理解分式的性质和运算；理解函数及反函数的概念，熟练掌握常见幂函数、指数函数、对数函数和三角函数的主要特征和函数特性；理解等差和等比数列的概念.

技能目标：掌握多项式乘法和因式分解的方法；会求函数的定义域；能灵活运用基本初等函数的主要特征解题.

能力目标：通过本章的学习巩固初等数学中代数变换、基本初等函数和数列的知识并能灵活运用到微积分的学习中.

本章梳理了学习微积分常用的初等数学的一些基础知识，包括代数变换、基本初等函数、数列等，旨在温故而知新，让微积分的学习更顺利.

0.1 代 数 式

一、乘法公式

1. 平方差公式及其推广

$$a^2 - b^2 = (a - b)(a + b)$$
$$a^3 - b^3 = (a - b)(a^2 + ab + b^2)$$
$$a^4 - b^4 = (a - b)(a^3 + a^2 b + ab^2 + b^3)$$
$$\cdots$$
$$a^n - b^n = (a - b)(a^{n-1} + a^{n-2}b + a^{n-3}b^2 + \cdots + ab^{n-2} + b^{n-1})$$

2. 二项式展开（完全平方公式及其推广）

$$(a \pm b)^2 = a^2 \pm 2ab + b^2$$
$$(a \pm b)^3 = a^3 \pm 3a^2 b + 3ab^2 \pm b^3$$
$$(a \pm b)^4 = a^4 \pm 4a^3 b + 6a^2 b^2 \pm 4ab^3 + b^4$$
$$\cdots$$
$$(a + b)^n = a^n + C_n^1 a^{n-1} b + C_n^2 a^{n-2} b^2 + \cdots + C_n^n b^n$$
$$(a - b)^n = a^n + (-1)C_n^1 a^{n-1} b + (-1)^2 C_n^2 a^{n-2} b^2 + \cdots + (-1)^n C_n^n b^n$$

由这些展开式可以看出以下规律：

(1) 一个二项式的 n 次方展开式有 $n + 1$ 项.

(2) 字母 a 按降幂排列，字母 b 按升幂排列，每项的幂次之和都是 n.

(3) 当 n 从 0 开始时，各项系数的变化规律是：

$$
\begin{matrix}
& & & & & 1 & & & & & \\
& & & & 1 & & 1 & & & & \\
& & & 1 & & 2 & & 1 & & & \\
& & 1 & & 3 & & 3 & & 1 & & \\
& 1 & & 4 & & 6 & & 4 & & 1 & \\
1 & & 5 & & 10 & & 10 & & 5 & & 1 \\
\end{matrix}
$$

$$\cdots$$

这种二项式系数"三角形"被称为"杨辉三角形"或"贾宪三角形". 由牛顿二项式公式可以直接求出各幂次单项式的系数，即上面展开式中的最后两个式子，其中

$$
\mathrm{C}_n^r = \frac{n(n-1)\cdots(n-r+1)}{r!} \quad (r=0,1,\cdots,n)
$$

下面我们通过例题来具体说明.

例 0 - 1　计算 $(a-b+c)(c-a-b)$.

解　　　$(a-b+c)(c-a-b) = [(c-b)+a][(c-b)-a]$
$$= (c-b)^2 - a^2 = c^2 - 2bc + b^2 - a^2$$

例 0 - 2　将下列各式展开成多项式：

(1) $(x+y)(x-y)(x^2+y^2)(x^4+y^4)$；

(2) $(a+b)^2(a-b)^2(a^2-ab+b^2)^2(a^2+ab+b^2)^2$；

(3) $(x+2y)(x-2y)(x^4-8x^2y^2+16y^4)$.

解　(1) $(x+y)(x-y)(x^2+y^2)(x^4+y^4) = (x^2-y^2)(x^2+y^2)(x^4+y^4)$
$$= (x^4-y^4)(x^4+y^4) = x^8 - y^8$$

(2) $(a+b)^2(a-b)^2(a^2-ab+b^2)^2(a^2+ab+b^2)^2$
$$= [(a+b)(a^2-ab+b^2)]^2 \cdot [(a-b)(a^2+ab+b^2)]^2$$
$$= (a^3+b^3)^2 \cdot (a^3-b^3)^2 = [(a^3+b^3)(a^3-b^3)]^2$$
$$= (a^6-b^6)^2 = a^{12} - 2a^6b^6 + b^{12}$$

(3) $(x+2y)(x-2y)(x^4-8x^2y^2+16y^4) = (x^2-4y^2) \cdot (x^2-4y^2)^2$
$$= (x^2-4y^2)^3$$
$$= x^6 - 12x^4y^2 + 48x^2y^4 - 64y^6.$$

例 0 - 3　已知 $x+y=4$，$xy=-12$，求 $(x-y)^2$ 的值.

解　　　$(x-y)^2 = x^2 - 2xy + y^2 = x^2 + 2xy + y^2 - 4xy$
$$= (x+y)^2 - 4xy$$
$$= 4^2 - 4 \times (-12)$$
$$= 16 + 48 = 64$$

二、因式分解

把一个多项式化为几个整式的积的形式，称为多项式的因式分解. 因式分解时应注意以下几个问题：

(1) 因式分解是对多项式而言的,因为单项式本身已经是整式的积的形式.

(2) 由于因式分解是把一个多项式化为几个整式的积的形式,因此因式分解是整式范围内的概念.

(3) 因式分解的最后结果应是积,并且要求乘积中的每个因式都不能再分解,如 $a^4 - 16 = (a^2 + 4)(a^2 - 4)$ 就不符合要求.

(4) 因式分解与整式乘法既有区别又有联系.从一定意义上讲,它是整式乘法的相反变法,例如

$$x^2 - 3x - 4 \underset{\text{整式乘法}}{\overset{\text{因式分解}}{\rightleftharpoons}} (x-4)(x+1)$$

注:因式分解是一种恒等变形,不能看作是运算.

因式分解常用的方法如下:

1. 提取公因式法

提取公因式法是因式分解的一种基本方法,是指如果多项式的各项有公因式,可以把该公因式提取出来作为多项式的一个因式;提取公因式后的式子放在括号里,作为另一个因式.提取公因式时要彻底,并且要一次完成.当公因式是多项式时,要注意以下变形:

$$b + a = a + b$$
$$b - a = -(a - b)$$
$$(b - a)^2 = (a - b)^2$$
$$(b - a)^3 = -(a - b)^3$$

2. 公式法

公式法分解因式就是使用平方差公式及其推广公式,以及二项展开式的逆变形对多项式进行分解.使用公式法进行因式分解的关键在于掌握公式的结构特征.记住,公式中的字母可以代表一个数或一个单项式,也可以代表一个多项式.

3. 分组分解法

分组分解法的基本思想是把多项式恰当地分组后,用项数较少的多项式的分解方法进行分解.使用分组分解法的关键是正确分组,分组的原则是选择系数成比例的各项进行分组或选择符合公式条件的各项进行分组;必要时要对多项式进行先变形后分组.

4. 十字相乘法

由于因式分解和十字相乘都有多种可能,因此往往要经过多次尝试,才能确定一个二次三项式能否分解和怎样分解.在使用过程中,要不断地总结规律,以便减少试验次数.

例 0-4 把下列各式进行因式分解:

(1) $axz - 3byz - 3ayz + bxz$;   (2) $a^3b - 2a^2b^2 + ab^3$;

(3) $x^2 - y^2 + 2y - 1$;   (4) $x^6 - y^6$;

(5) $x^2 - 6x - 16$;   (6) $x^2 - 4xy + 4y^2 - 6x + 12y + 8$.

解 (1) $axz - 3byz - 3ayz + bxz = (axz - 3ayz) + (bxz - 3byz)$ —— 分组分解

$$= az(x - 3y) + bz(x - 3y) \qquad \text{—— 提取公因式}$$
$$= (x - 3y)(az + bz) \qquad \text{—— 提取公因式}$$
$$= z(a + b)(x - 3y) \qquad \text{—— 提取公因式}$$

(2) $a^3b - 2a^2b^2 + ab^3 = ab(a^2 - 2ab + b^2) = ab\,(a-b)^2$ ——公式法

(3) $x^2 - y^2 + 2y - 1 = x^2 - (y^2 - 2y + 1)$ ——分组分解

$\qquad\qquad\qquad = x^2 - (y-1)^2$ ——公式法

$\qquad\qquad\qquad = (x + y - 1)(x - y + 1)$ ——公式法

(4) $x^6 - y^6 = (x^3 + y^3)(x^3 - y^3) = (x + y)(x^2 - xy + y^2)(x - y)(x^2 + xy + y^2)$

或

$x^6 - y^6 = (x^2)^3 - (y^2)^3 = (x^2 - y^2)(x^4 + x^2y^2 + y^4)$

$\qquad\qquad\qquad = (x + y)(x - y)\big[(x^2 + y^2)^2 - x^2y^2\big]$

$\qquad\qquad\qquad = (x + y)(x - y)(x^2 + y^2 + xy)(x^2 + y^2 - xy)$

注：该题每一步均采用公式法.

(5) $x^2 - 6x - 16 = x^2 + (-8 + 2)x + (-8) \times 2 = (x - 8)(x + 2)$

或由十字相乘法得

即

$$x^2 - 6x - 16 = (x - 8)(x + 2)$$

(6) $x^2 - 4xy + 4y^2 - 6x + 12y + 8$

$\qquad = (x^2 - 4xy + 4y^2) - (6x - 12y) + 8$ ——分组分解

$\qquad = (x - 2y)^2 - 6(x - 2y) + 8$ ——公式法和提取公因式

$\qquad = (x - 2y - 2)(x - 2y - 4)$ ——公式法

三、分式

设 A、B 表示两个整式，如果 B 中含有字母，式子 $\dfrac{A}{B}$ 就称为分式(注意分母 B 的值不能为零，否则公式没有意义). 分子与分母没有公因式的分式，称为最简分式.

分式的性质有以下两个：

(1) $\dfrac{A}{B} = \dfrac{A \times M}{B \times M}$；

(2) $\dfrac{A}{B} = \dfrac{A \div M}{B \div M}$ (M 为不等于零的整式).

公式的符号法则：分式的分子、分母与分式本身的符号，改变其中的任何两个，分式的值不变.

分式的运算有以下几种：

(1) $\dfrac{A}{B} \pm \dfrac{C}{D} = \dfrac{AD}{BD} \pm \dfrac{BC}{BD} = \dfrac{AD \pm BC}{BD}$；

(2) $\dfrac{A}{B} \times \dfrac{C}{D} = \dfrac{AC}{BD}$；

(3) $\dfrac{A}{B} \div \dfrac{C}{D} = \dfrac{A}{B} \times \dfrac{D}{C} = \dfrac{AD}{BC}$；

(4) $\left(\dfrac{A}{B}\right)^n = \dfrac{A^n}{B^n}$.

分式的一些概念和性质与分数类似,而与整式区别较大.整式中的字母取任意值时都有意义,而分式只有在分母不等于零时才有意义.在研究分式变形、分式相等、分式方程等与分式有关的问题时,都不要忘记只有在分式有意义的前提下才能考虑这些问题,而这一点恰恰容易被人们所忽视.

例 0 - 5 x 取何值时,下列分式有意义?

(1) $\dfrac{5}{x^2 - 2x + 2}$;   (2) $\dfrac{x-1}{x^2 - 3x + 2}$.

解 (1) 因为分母 $x^2 - 2x + 2 = (x^2 - 2x + 1) + 1 = (x-1)^2 + 1 > 0$,所以不论 x 取何值,分式 $\dfrac{5}{x^2 - 2x + 2}$ 都有意义.

(2) 将分母进行因式分解,得 $x^2 - 3x + 2 = (x-1)(x-2)$.当 $x = 1$ 或 $x = 2$ 时,分母为零,分式无意义.因此当 $x \neq 1$ 且 $x \neq 2$ 时,分式 $\dfrac{x-1}{x^2 - 3x + 2}$ 有意义.

例 0 - 6 当 x 取何值时,下列分式的值为零?

(1) $\dfrac{x^2 - 1}{x^2 + 4x + 3}$;   (2) $\dfrac{|x| - 3}{4x + 12}$.

分析 只有在分式有意义的前提下,才能研究分式的值.因此,只有当分母不为零且分子为零时,分式的值才为零.

解 (1) 将分母进行因式分解,得 $x^2 + 4x + 3 = (x+3)(x+1)$.当 $x = -1$ 或 $x = -3$ 时,分母为零,分式无意义.因此当 $x \neq -1$ 且 $x \neq -3$ 时,分式 $\dfrac{x^2 - 1}{x^2 + 4x + 3}$ 才有意义.

将分子进行因式分解,即 $x^2 - 1 = (x+1)(x-1)$.当 $x = -1$ 或 $x = 1$ 时,分子为零.只有当 $x = 1$ 时,分母不为零且分子为零,此时分式值为零.

(2) 令 $4x + 12 = 0$,得 $x = -3$,因此只有当 $x \neq -3$ 时,分母不为零,分式才有意义.同时,令分子 $|x| - 3 = 0$,可得 $x = \pm 3$.所以当 $x = 3$ 时,原分式为零.

 习题 0.1

1. 已知 $a^3 + b^3 = 10$,$a + b = 4$,求 ab 的值.

2. 设 $a + b = 7$,$ab = 5$,求:

(1) $a^2 + b^2$;   (2) $a - b$;   (3) $a^4 + b^4$.

3. 分解下列因式:

(1) $a^6 - 64b^6$;   (2) $x^9 + y^9$;

(3) $3x^2 - 6x - 9$;   (4) $16 - 12x$;

(5) $36x^2 - 24x$;   (6) $6x^2 - 18x + 12$.

4. 当 x 取何值时,下列分式的值为零?

(1) $\dfrac{x^2 - 9}{x^2 + 2x - 15}$;   (2) $\dfrac{|x-2| - 1}{x^3 - 3x^2 - x + 3}$.

0.2　常用函数

在引入函数的概念之前,我们先来介绍变量、区间、邻域等概念.

一、变量、区间与邻域

我们在观察某一现象的过程时,常常会遇到各种不同的量,其中有的量在该过程中不起变化,称之为常量;有的量在该过程中是变化的,也就是可以取不同的数值,称之为变量.我们用 x、y、z、t 等字母代表变量,用 a、b、c、k 等字母代表常量.

如果变量的变化是连续的,我们常用区间来表示其变化范围.区间、不等式及数轴的表示如表 0-1 所示.

表 0-1　区间、不等式及数轴的表示

区间的名称	区间满足的不等式	区间的记号	区间在数轴上的表示
闭区间	$a \leqslant x \leqslant b$	$[a, b]$	
开区间	$a < x < b$	(a, b)	
半开区间	$a < x \leqslant b$	$(a, b]$	
	$a \leqslant x < b$	$[a, b)$	

以上我们所说的都是有限区间.除此之外,还有无限区间,分别为:

(1) $[a, +\infty) = \{x \mid x \geqslant a\}$:表示大于等于 a 的实数的全体.

(2) $(a, +\infty) = \{x \mid x > a\}$:表示大于 a 的实数的全体.

(3) $(-\infty, b] = \{x \mid x \leqslant b\}$:表示小于等于 b 的实数的全体.

(4) $(-\infty, b) = \{x \mid x < b\}$:表示小于 b 的实数的全体.

(5) $(-\infty, +\infty) = \{x \mid x \in \mathbf{R}\}$:表示全体实数.

注意: $-\infty$ 和 $+\infty$ 分别读作"负无穷大"和"正无穷大",它们不是数,仅仅是记号.

设 a、$\delta \in \mathbf{R}$,$\delta > 0$,数集 $\{x \mid |x-a| < \delta, x \in \mathbf{R}\}$,即实数轴上和 a 点的距离小于 δ 的点的全体,称为点 a 的 δ 邻域,记作 $U(a, \delta)$,点 a 与数 δ 分别称为该邻域的中心和半径.有时用 $U(a)$ 表示点 a 的一个泛指的邻域.数集 $\{x \mid 0 < |x-a| < \delta, x \in \mathbf{R}\}$ 称为点 a 的去心 δ 邻域,记作 $\mathring{U}(a, \delta)$,即

$$U(a, \delta) = (a-\delta, a+\delta)$$

$$\mathring{U}(a, \delta) = (a-\delta, a) \bigcup (a, a+\delta)$$

二、函数的概念

定义 0-1　如果在某一变化过程中有两个变量 x、y,并且对于 x 在某个变化范围内的

每一个确定的值，按照某个**对应法则** f，y 都有唯一确定的值与它对应，那么 y 就是 x 的**函数**，记作 $y = f(x)$，$x \in D$．其中 x 称为**自变量**，x 的取值范围 D 称为函数的**定义域**，和 x 的值相对应的 y 的值称为**函数值**，函数值的集合称为函数的**值域**．

1．函数的表示法

（1）解析法：用等式表示两个变量间的函数关系．

（2）列表法：列表表示两个变量间的函数关系．

（3）图像法：用图像表示两个变量间的函数关系．

2．函数的特性

1）单调性

在函数有定义的一个区间上，如果对于自变量 x 的任意两个值 x_1、x_2，当 $x_1 < x_2$ 时，都有 $f(x_1) < f(x_2)$，那么函数 $f(x)$ 在此区间上是增函数，如图 $0-1$(a) 所示；如果对于自变量 x 的任意两个值 x_1、x_2，当 $x_1 < x_2$ 时，都有 $f(x_1) > f(x_2)$，那么函数 $f(x)$ 在此区间上是减函数，如图 $0-1$(b) 所示．

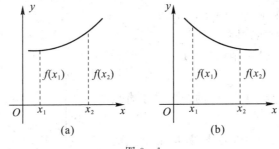

图 $0-1$

如果函数 $y = f(x)$ 在某个区间上是增函数或减函数，就说 $f(x)$ 在此区间上具有单调性，此区间称为 $f(x)$ 的单调区间．

2）奇偶性

如果 $f(x)$ 的定义域关于原点对称，对定义域内任意 x，都有 $f(-x) = -f(x)$，那么 $f(x)$ 是奇函数，如图 $0-2$(a) 所示；对定义域内任意 x，都有 $f(-x) = f(x)$，那么 $f(x)$ 是偶函数，如图 $0-2$(b) 所示．

奇函数的图像关于原点对称（见图 $0-2$(a)），偶函数的图像关于 y 轴对称（见图 $0-2$(b)）．

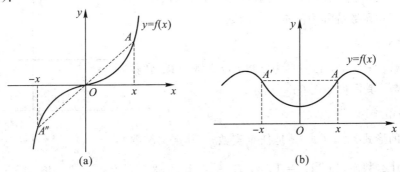

图 $0-2$

3) 有界性

设函数 $f(x)$ 的定义域为 D，数集 $X \subset D$，若存在一个正数 M，对 X 内任意 x 都有 $|f(x)| \leqslant M$，则称 $f(x)$ 在 X 上**有界**，或称 $f(x)$ 是 X 上的**有界函数**，如图 0-3 所示，否则称 $f(x)$ 在 X 上**无界**，或称 $f(x)$ 是 X 上的**无界函数**.

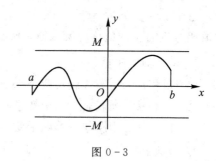

图 0-3

4) 周期性

设函数 $f(x)$ 的定义域为 D，若存在实数 T，对 D 内任意 x，都有 $f(x+T) = f(x)$，则称函数 $f(x)$ 为以 T 为周期的周期函数，其中最小的正数 T 称为 $f(x)$ 的最小正周期.

3. 反函数

如果对于函数 $y = f(x)$ 每一个确定的值 $f(x_0) = y_0$，自变量 x 都有一个确定的值 x_0 和 y_0 对应，那么就得到一个以 y 为自变量、以对应的 x 值为函数值的函数，这个函数称为原来函数的反函数，记作 $x = f^{-1}(y)$. 我们习惯上用 x 表示自变量，y 表示因变量，把函数 $y = f(x)$ 的反函数记作 $y = f^{-1}(x)$.

反函数具有下列两个特性：

（1）$y = f(x)$ 的定义域、值域分别是 $y = f^{-1}(x)$ 的值域、定义域.

（2）$y = f(x)$ 与 $y = f^{-1}(x)$ 的图像关于直线 $y = x$ 对称.

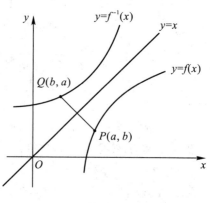

图 0-4

例如，设函数 $y = f(x)$ 的图像上任意点为 $P(a, b)$，即 $b = f(a)$，则 $a = f^{-1}(b)$. 因此，反函数图像上的任意点可以表示为 $Q(b, a)$，如图 0-4 所示.

函数的定义域和值域，函数图像，函数的单调性、奇偶性、有界性和周期性等特性，以及反函数，是了解一个函数的最基本要素. 下面将主要从这几方面入手，介绍几类最常见的基本初等函数.

三、基本初等函数

我们将常数函数、幂函数、指数函数、对数函数、三角函数和反三角函数统称为基本初等函数.

1. 常数函数

常数函数为 $y = C$，其中 C 为常数，定义域为 **R**. 常数函数是偶函数，其图像如图 0-5 所示.

2. 幂函数

幂函数的形式为 $y = x^\alpha$（α 是任意实数），其定义域要依 α 具体是什么数而定. 当 $\alpha = 1$、2、3、$\dfrac{1}{2}$、-1、-2 时，

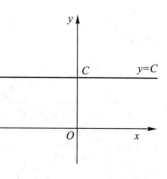

图 0-5

$y = x^{\alpha}$ 是最常用的幂函数，如图 $0-6$ 所示.

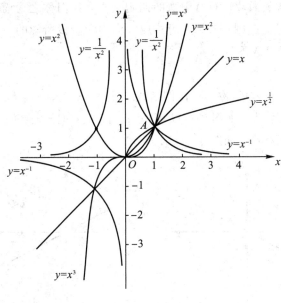

图 $0-6$

常见幂函数的特性如表 $0-2$ 所示.

表 $0-2$　常见幂函数的特性

α	函数	定义域	值域	单调性	奇偶性
1	$y = x$	$(-\infty, +\infty)$	$(-\infty, +\infty)$	单调递增	奇
2	$y = x^2$	$(-\infty, +\infty)$	$[0, +\infty)$	在 $(-\infty, 0]$ 上单调递减，在 $[0, +\infty)$ 上单调递增.	偶
3	$y = x^3$	$(-\infty, +\infty)$	$(-\infty, +\infty)$	单调递增	奇
$\dfrac{1}{2}$	$y = x^{\frac{1}{2}} = \sqrt{x}$	$[0, +\infty)$	$[0, +\infty)$	单调递增	非奇非偶
-1	$y = x^{-1}$	$(-\infty, 0) \cup (0, +\infty)$	$(-\infty, 0) \cup (0, +\infty)$	分别在 $(-\infty, 0)$ 和 $(0, +\infty)$ 上单调递减	奇
-2	$y = x^{-2}$	$(-\infty, 0) \cup (0, +\infty)$	$(0, +\infty)$	在 $(-\infty, 0)$ 上单调递增，在 $(0, +\infty)$ 上单调递减	偶

例 0-7　求函数 $f(x) = \sqrt{x-2} + \sqrt[4]{2-x}$ 的定义域和值域.

解　根据函数的定义，有

$$\begin{cases} x - 2 \geqslant 0 \\ 2 - x \geqslant 0 \end{cases}, \quad 即 \quad \begin{cases} x \geqslant 2 \\ x \leqslant 2 \end{cases}.$$

可知 $x = 2$ 时 $y = 0$，所以，该函数的定义域为 $\{2\}$，值域为 $\{0\}$.

基本初等函数与常数函数进行有限次的四则运算，我们称之为简单函数. 其中，幂函数和常数函数进行特定的四则运算时，可构成我们中学阶段所学的一些重要函数，如正反比例函数、二次抛物线函数等.

1）正比例函数

函数 $y = kx$（常数 $k \neq 0$）称为正比例函数. 当 $k > 0$ 时，$y = kx$ 的图像在第一、三象限，且 y 随 x 的增大而增大，如图 0-7(a) 所示；当 $k < 0$ 时，$y = kx$ 的图像在第二、四象限，且 y 随 x 的增大而减小，如图 0-7(b) 所示.

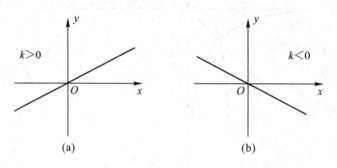

图 0-7

2）反比例函数

函数 $y = \dfrac{k}{x}$（常数 $k \neq 0$）称为反比例函数，它的图像称为双曲线. 当 $k > 0$ 时，函数图像的两个分支分别分布在第一、三象限，且 y 随 x 的增大而减小，如图 0-8(a) 所示；当 $k < 0$ 时，两个分支分别分布在第二、四象限，且 y 随 x 的增大而增大，如图 0-8(b) 所示. 两个分支都无限接近但永远不能达到 x 轴和 y 轴.

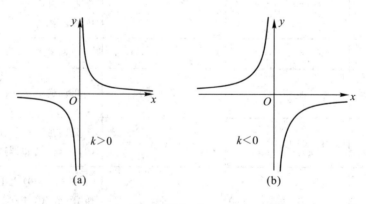

图 0-8

3）一次函数

一次函数 $y = kx + b$ 的图像是经过点 $(0, b)$ 而平行于直线 $y = kx$ 的一条直线，如表 0-3 所示，因此该直线的单调性与正比例函数中对 k 值的分析一致. 而且，当 $k = 0$ 时，一次函数 $y = b$ 表示常数函数，为一条平行于 x 轴的直线.

表 0-3 一次函数 $y = kx + b$ 的图像

图像	$k > 0$	$k < 0$
$b > 0$		
$b < 0$		

一次函数 $y = kx + b$ 中，k 称作该直线的斜率，b 称作该直线的截距，这种表示法称为斜截式表示法.

除此之外，一次函数还有如下三种表示法：

(1) 一般式：形如 $Ax + By + C = 0$(A、B 不同时为 0) 的直线方程，称为直线的一般式.

(2) 点斜式：用直线所经过的其中一点坐标 (x_1, y_1) 和直线斜率 k 表示的直线方程 $y - y_1 = k(x - x_1)$.

(3) 两点式：用直线所经过的其中两点坐标 (x_1, y_1) 和 (x_2, y_2) 表示的直线方程 $\dfrac{y - y_1}{y_2 - y_1} = \dfrac{x - x_1}{x_2 - x_1}$，但不包括垂直于坐标轴的直线.

例 0-8 已知一条直线过点 $(2, 5)$ 且斜率为 3，试写出该直线的方程.

解 由题意可知该直线可用点斜式表示为

$$y - 5 = 3(x - 2)$$

即

$$y = 3x - 1$$

也可化为一般式，即

$$3x - y - 1 = 0$$

4) 二次函数

函数 $y = ax^2 + bx + c$(其中 a、b、c 是常数，且 $a \neq 0$) 称作二次函数，其图像为一条抛物线. 开口方向、开口大小、对称轴和顶点唯一地确定了一条特定的抛物线，其中常数 a 的值决定了抛物线的开口方向和开口大小，a、b 的值决定了抛物线的对称轴，而 a、b、c 的值决定了顶点的位置，如表 0-4 所示.

表 0 - 4 函数 $y = ax^2 + bx + c$ 的图像和性质

	$a > 0$	$a < 0$
图像		
开口方向	向上	向下
顶点坐标	$\left(-\dfrac{b}{2a}, \dfrac{4ac - b^2}{4a}\right)$	
对称轴	$x = -\dfrac{b}{2a}$	
单调性	当 $x < -\dfrac{b}{2a}$ 时，y 值单调递减；当 $x > -\dfrac{b}{2a}$ 时，y 值单调递增	当 $x < -\dfrac{b}{2a}$ 时，y 值单调递增；当 $x > -\dfrac{b}{2a}$ 时，y 值单调递减
最大值和最小值	当 $x = -\dfrac{b}{2a}$ 时，$y_{最小值} = \dfrac{4ac - b^2}{4a}$	当 $x = -\dfrac{b}{2a}$ 时，$y_{最大值} = \dfrac{4ac - b^2}{4a}$

注：表 0-4 中两个抛物线图像的具体位置和开口大小由 a、b、c 的值决定，其中 $|a|$ 越大，抛物线的开口越小；$|a|$ 越小，抛物线的开口越大.

例 0 - 9 确定抛物线 $y = x^2 - 6x + 8$ 的开口方向以及其与 x 轴的交点坐标.

解 由题意可知该抛物线方程的系数 $a = 1 > 0$，开口向上，其与 x 轴的交点坐标可以通过令

$$x^2 - 6x + 8 = 0$$

解方程求得. 因式分解得 $x^2 - 6x + 8 = (x - 2)(x - 4) = 0$，因此两个实根为 $x_1 = 2$，$x_2 = 4$，即与 x 轴的两个交点坐标为 $(2, 0)$、$(4, 0)$.

3. 指数函数

指数函数 $y = a^x$（a 为常数，且 $a > 0$，$a \neq 1$），其定义域为 $(-\infty, +\infty)$. 当 $a > 1$ 和 $0 < a < 1$ 时，函数呈现不同的单调性，如表 0 - 5 所示.

指数函数过点 $(0, 1)$ 和 $(1, a)$，且 $y = a^{-x}$ 与 $y = a^x$ 的图像关于 y 轴对称. 其中，最为常用的是以 $e = 2.7182818\cdots$ 为底数的指数函数，即

$$y = e^x$$

表 0-5　指　数　函　数

a	函数图像	定义域	值域	单调性	奇偶性
$a>1$		$(-\infty,+\infty)$	$(0,+\infty)$	单调递增	非奇非偶
$0<a<1$				单调递减	

对于指数函数有如下规定：

(1) $a^0=1(a\neq 0)$；

(2) $a^{-x}=\dfrac{1}{a^x}$.

指数函数的运算法则如下：

(1) $a^r \cdot a^s = a^{r+s}$；

(2) $(a^r)^s = a^{rs}$；

(3) $(a \cdot b)^r = a^r \cdot b^r$.

4. 对数函数

对数函数 $y=\log_a x(a$ 为常数，且 $a>0,a\neq 1)$，它是指数函数 $y=a^x(a$ 为常数，且 $a>0,a\neq 1)$ 的反函数，因此其定义域为 $(0,+\infty)$，值域为 $(-\infty,+\infty)$. 当 $a>1$ 和 $0<a<1$ 时，函数呈现不同的单调性，如表 0-6 所示.

表 0-6　对　数　函　数

a	函数图像	定义域	值域	单调性	奇偶性
$a>1$		$(0,+\infty)$	$(-\infty,+\infty)$	单调递增	非奇非偶
$0<a<1$				单调递减	

对数函数 $y = \log_a x (a > 0, a \neq 1)$ 的图像过点 $(1, 0)$ 和 $(a, 1)$，与函数 $y = a^x$ $(a > 0, a \neq 1)$ 的图像关于直线 $y = x$ 对称. 其中以 e 为底数的对数函数称为自然对数函数，记作 $y = \ln x$；以 10 为底的对数函数称为常用对数函数，记作 $y = \lg x$.

对数函数具有以下运算性质：

(1) $\log_a(mn) = \log_a m + \log_a n (m > 0, n > 0)$；

(2) $\log_a \dfrac{m}{n} = \log_a m - \log_a n (m > 0, n > 0)$；

(3) $\log_a m^n = n \log_a m (m > 0, n \in \mathbf{R})$；

(4) $\log_a n = \dfrac{\log_m n}{\log_m a} (a > 0, a \neq 1, m > 0, m \neq 1, n > 0)$.

例 0 - 10　求下列函数的定义域：

(1) $y = \log_a x^2$；　　　　　　　(2) $y = \log_a(4 - x)$.

解　(1) 因为 $x^2 > 0$，即 $x \neq 0$，所以该函数的定义域为 $(-\infty, 0) \bigcup (0, +\infty)$.

(2) 因为 $4 - x > 0$，即 $x < 4$，所以该函数的定义域为 $(-\infty, 4)$.

5. 三角函数

三角函数是数学中常见的一类关于角度的函数. 三角函数可将直角三角形的内角和其中两条边边长的比值相关联，也可以等价地用与单位圆有关的各种线段的长度来定义. 常用的三角函数包括正弦函数 $y = \sin x$、余弦函数 $y = \cos x$ 和正切函数 $y = \tan x$. 在许多应用领域中，还会用到余切函数 $y = \cot x = \dfrac{1}{\tan x}$、正割函数 $y = \sec x = \dfrac{1}{\cos x}$、余割函数 $y = \csc x = \dfrac{1}{\sin x}$ 等其他三角函数，本书主要讨论正弦、余弦和正切函数.

1）三角函数在直角坐标系中的定义

设 $P(x, y)$ 是平面坐标系 xOy 中的一个点，θ 是横轴正向 $\overrightarrow{Ox}$ 逆时针旋转到 $\overrightarrow{OP}$ 方向所形成的角，$r = \sqrt{x^2 + y^2} > 0$ 是 P 到原点 O 的距离，如图 0 - 9 所示，则 θ 的三个三角函数定义如下：

正弦函数为

$$\sin\theta = \frac{y}{r}$$

余弦函数为

$$\cos\theta = \frac{x}{r}$$

正切函数为

$$\tan\theta = \frac{y}{x}$$

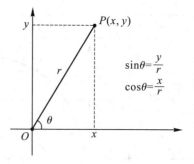

图 0 - 9

这样可以对 0 到 2π 的角度定义三角函数. 值得注意的是，以上定义式只有在有意义的时候才成立. 比如说当 $x = 0$ 时，$\dfrac{y}{x}$ 没有意义. 这说明对于 $\dfrac{\pi}{2}$ 和 $\dfrac{3\pi}{2}$，正切不存在.

2）任意角的三角函数值的符号

任意角的三角函数 $\sin\theta$、$\cos\theta$ 和 $\tan\theta$ 的值的符号如图 0-10 所示.

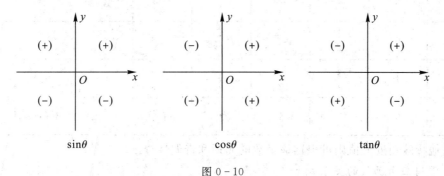

图 0-10

3）三角函数的主要特征和图像

表 0-7 列出了以上三个三角函数的定义域、值域、图像以及函数特性.

表 0-7 三角函数的图像及主要特征

	$y = \sin x$	$y = \cos x$	$y = \tan x$
图像			
定义域	**R**	**R**	$\left\{x \in \mathbf{R}, x \neq k\pi + \dfrac{\pi}{2}, k \in \mathbf{Z}\right\}$
值域	$[-1, 1]$	$[-1, 1]$	**R**
单调性	$\left(2k\pi - \dfrac{\pi}{2}, 2k\pi + \dfrac{\pi}{2}\right)$ $(k \in \mathbf{Z})$ 内单调递增，$\left(2k\pi + \dfrac{\pi}{2}, 2k\pi + \dfrac{3\pi}{2}\right)$ $(k \in \mathbf{Z})$ 内单调递减	$(2k\pi, 2k\pi + \pi)(k \in \mathbf{Z})$ 内单调递减，$(2k\pi - \pi, 2k\pi)(k \in \mathbf{Z})$ 内单调递增	$\left(k\pi - \dfrac{\pi}{2}, k\pi + \dfrac{\pi}{2}\right)(k \in \mathbf{Z})$ 内单调递增
奇偶性	奇	偶	奇
最小正周期	2π	2π	π

4）特殊角的三角函数值

一些特殊角的三角函数值是学习者必须熟记的基础知识（见表 0-8），在极限计算、函数的线性近似、定积分等内容中都需要用到.

表 0 - 8　特殊角度的三角函数值

x	0	$\dfrac{\pi}{6}$	$\dfrac{\pi}{4}$	$\dfrac{\pi}{3}$	$\dfrac{\pi}{2}$	π	$\dfrac{3\pi}{2}$	2π
$\sin x$	0	$\dfrac{1}{2}$	$\dfrac{\sqrt{2}}{2}$	$\dfrac{\sqrt{3}}{2}$	1	0	-1	0
$\cos x$	1	$\dfrac{\sqrt{3}}{2}$	$\dfrac{\sqrt{2}}{2}$	$\dfrac{1}{2}$	0	-1	0	1
$\tan x$	0	$\dfrac{\sqrt{3}}{3}$	1	$\sqrt{3}$	不存在	0	不存在	0

其他特殊角度的值则可根据该函数的周期和奇偶性推出.

5）常用三角函数的关系式

（1）基本关系式. 除了正切函数 $\tan x = \dfrac{\sin x}{\cos x}$ 是由正、余弦函数的商定义外，余切函数 $\cot x$、正割函数 $\sec x$ 和余割函数 $\csc x$ 也是由正余弦函数定义的，即

$$\tan x = \frac{\sin x}{\cos x}, \quad \cot x = \frac{\cos x}{\sin x}$$

$$\sec x = \frac{1}{\cos x}, \quad \csc x = \frac{1}{\sin x}$$

主要的同角三角函数关系有倒数关系和平方关系两种，其中倒数关系为

$$\sin x \csc x = 1, \cos x \sec x = 1, \tan x \cot x = 1$$

平方关系为

$$\sin^2 x + \cos^2 x = 1, 1 + \tan^2 x = \sec^2 x, 1 + \cot^2 x = \csc^2 x$$

注意：以上关系式只有当 x 的值使其两边都有意义时才能成立.

（2）常用的倍角公式为

$$\sin 2x = 2\sin x \cos x$$

$$\cos 2x = \cos^2 x - \sin^2 x = 2\cos^2 x - 1 = 1 - 2\sin^2 x$$

由此变形的公式为

$$\sin^2 x = \frac{1 - \cos 2x}{2}, \quad \cos^2 x = \frac{1 + \cos 2x}{2}$$

例 0 - 11　化简 $\sin^3 x(1 + \cot x) + \cos^3 x(1 + \tan x)$.

解　$\sin^3 x(1 + \cot x) + \cos^3 x(1 + \tan x) = \sin^3 x\left(1 + \dfrac{\cos x}{\sin x}\right) + \cos^3 x\left(1 + \dfrac{\sin x}{\cos x}\right)$

$$= \sin^2 x(\sin x + \cos x) + \cos^2 x(\cos x + \sin x)$$

$$= (\sin x + \cos x)(\sin^2 x + \cos^2 x)$$

$$= \sin x + \cos x.$$

6. 反三角函数

反三角函数是三角函数的反函数，主要有以下几类：

1）反正弦函数

反正弦函数为 $y = \arcsin x$，定义域为 $[-1, 1]$，值域为 $\left[-\dfrac{\pi}{2}, \dfrac{\pi}{2}\right]$.

2）反余弦函数

反余弦函数为 $y = \arccos x$，定义域为 $[-1, 1]$，值域为 $[0, \pi]$.

3）反正切函数

反正切函数为 $y = \arctan x$，定义域为 $(-\infty, +\infty)$，值域为 $\left(-\dfrac{\pi}{2}, \dfrac{\pi}{2}\right)$.

4）反余切函数

反余切函数为 $y = \operatorname{arccot} x$，定义域为 $(-\infty, +\infty)$，值域为 $(0, \pi)$.

反三角函数的函数图像如图 0-11 所示.

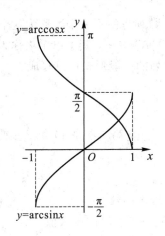 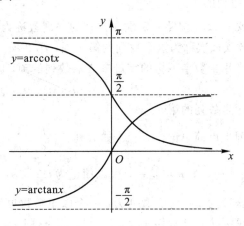

图 0-11

 习题 0.2

1. 已知一条直线过点 $(2, 5)$ 且斜率为 3，试写出该直线的方程.

2. 已知 $y = ax^2 + bx + c$，求在什么条件下：

（1）y 是 x 的正比例函数；

（2）y 是 x 的一次函数；

（3）y 是 x 的二次函数；

（4）$y = f(x)$ 的图像是顶点在原点并且开口向上的抛物线.

3. 已知函数 $y = ax^2 + bx + c$ 经过点 $(0, -1)$，$(2, 5)$，$(-8, 15)$.

（1）求函数图像的顶点坐标和对称轴；

（2）x 取什么值时，函数是递增的？取什么值时，函数是递减的？

（3）函数有最大值还是最小值，其值是多少？

4. 求下列函数的定义域：

（1）$f(x) = \dfrac{\sqrt[3]{-x+1}}{\sqrt[4]{x+2}}$；

（2）$f(x) = \log_a(9 - x^2)$；

（3）$f(x) = \dfrac{1}{\sqrt{x-1}}$；

（4）$f(x) = \sqrt{1-x} + \ln x$.

5. 求证 $\dfrac{\cos x}{1 - \sin x} = \dfrac{1 + \sin x}{\cos x}$.

6. 画出下列函数的简图：

(1) $y = -\sin x$, $x \in [0, 2\pi]$;　　　　(2) $y = 1 - \cos x$, $x \in [0, 2\pi]$.

0.3　数　　列

一、数列的概念

1. 数列的定义

定义 0-2　按照一定次序排列的一列数称为数列. 数列里的每一个数称为这个数列的一项, 各项依次称为这个数列的第 1 项, 第 2 项, …, 第 n 项, …, 其中第 1 项称为首项.

通常用带数字下标的字母来表示数列的项, 因此数列的一般形式可以写成

$$a_1, a_2, \cdots, a_n, \cdots$$

其中, a_n 是数列的第 n 项.

数列也可简单记作 $\{a_n\}$. 如数列 $1, \dfrac{1}{2}, \dfrac{1}{3}, \cdots, \dfrac{1}{n}, \cdots$, 第 1 项是 1, 第 2 项是 $\dfrac{1}{2}$, 第 3 项是 $\dfrac{1}{3}$, …, 第 n 项是 $\dfrac{1}{n}$, 可以简记为 $\left\{\dfrac{1}{n}\right\}$.

从函数的观点定义数列为：一个以正整数集为定义域的函数 $y = f(n)$ 称为整标函数. 当自变量 n 按自然顺序 $1, 2, 3, \cdots, n, \cdots$ 排列时, 得到一串有序的函数值：

$$f(1), f(2), \cdots, f(n), \cdots$$

这些函数值称为数列. 记作 $\{f(n)\}$. 若记 $a_n = f(n)$, 则数列记为 $\{a_n\}$.

2. 数列的通项公式

一个数列 $\{a_n\}$ 的第 n 项与项数的关系, 如果可以用一个公式来表示, 这个公式就称为这个数列的通项公式. 如数列 $\dfrac{1}{2}, \dfrac{1}{4}, \dfrac{1}{8}, \cdots, \dfrac{1}{2^n}, \cdots$ 的通项公式是 $a_n = \dfrac{1}{2^n}$.

注：并不是所有的数列都有通项公式.

3. 数列的分类

按照数列的项数有限还是无限, 可以将数列分为有穷数列和无穷数列两种.

(1) 有穷数列. 如果一个数列的项数是有限的, 即数列的某一项后面没有跟着的项, 这个数列称为有穷数列.

(2) 无穷数列. 如果一个数列的项数是无限的, 即数列的任何一项后面还有跟着的项, 这个数列称为无穷数列.

二、等差数列

如果数列 $\{a_n\}$ 满足 $a_n - a_{n-1} = d$ ($n \geqslant 2$, d 为常数), 那么数列 $\{a_n\}$ 称为等差数列. 即数列从第二项起, 每一项与它前面一项的差等于同一个常数 d, 这个常数 d 称为公差.

等差数列的通项公式为

$$a_n = a_1 + (n-1)d$$

其前 n 项和公式为

$$S_n = \frac{n}{2}(a_1 + a_n) \quad （用 a_1、a_n、n 表示的公式）$$

或

$$S_n = na_1 + \frac{1}{2}n(n-1)d \quad （用 a_1、d、n 表示的公式）$$

例如对于等差数列 $\{a_n\} = \{n\}$，其前 n 项和公式为

$$S_n = \frac{n(n+1)}{2}$$

三、等比数列

如果数列 $\{a_n\}$ 满足 $\frac{a_n}{a_{n-1}} = q(n \geqslant 2, q$ 为常数且 $q \neq 0)$，则称数列 $\{a_n\}$ 为等比数列，q 称为公比.

等比数列的通项公式为

$$a_n = a_1 q^{n-1}$$

其前 n 项和公式为

$$S_n = a_1 + a_1 q + a_1 q^2 + \cdots + a_1 q^{n-1}$$

或

$$S_n = \frac{a_1(1-q^n)}{1-q} \quad (q \neq 1)$$

或者

$$S_n = \frac{a_1 - a_n q}{1-q} \quad （用 a_1、a_n、q 表示的公式）$$

例如对于等比数列 $\{a_n\} = \left\{ \frac{1}{2^{n-1}} \right\}$，其前 n 项和为 $S_n = 1 + \frac{1}{2} + \frac{1}{2^2} + \cdots + \frac{1}{2^{n-1}}$，其中 $a_1 = 1, q = \frac{1}{2}$，将其代入公式可得

$$S_n = \frac{1\left(1 - \frac{1}{2^n}\right)}{1 - \frac{1}{2}} = 2\left(1 - \frac{1}{2^n}\right)$$

 习题 0.3

1. 写出下列各数列的前 5 项：

(1) $a_n = \frac{2n-1}{3n+2} \quad (n = 1, 2, 3, \cdots)$；   (2) $a_n = \frac{1-(-1)^n}{n^2} \quad (n = 1, 2, 3, \cdots)$；

(3) $a_n = \left(1 + \frac{1}{n}\right)^n \quad (n = 1, 2, 3, \cdots)$.

2. 已知等差数列 $\{a_n\}$ 中，$a_1 = 20$，$a_n = 54$，$S_n = 999$，求该数列的公差 d 和前 n 项和的项数 n.

3. 已知等比数列 $\{a_n\}$ 中，$a_2 = 10$，$a_3 = 20$，试求其前 5 项和 S_5.

本 章 小 结

一、乘法公式

（1）平方差公式及其推广

$$a^2 - b^2 = (a - b)(a + b)$$

$$a^3 - b^3 = (a - b)(a^2 + ab + b^2)$$

$$a^4 - b^4 = (a - b)(a^3 + a^2 b + ab^2 + b^3)$$

$$\cdots$$

$$a^n - b^n = (a - b)(a^{n-1} + a^{n-2} b + a^{n-3} b^2 + \cdots + ab^{n-2} + b^{n-1})$$

（2）二项式展开（完全平方公式及其推广）

$$(a \pm b)^2 = a^2 \pm 2ab + b^2$$

$$(a \pm b)^3 = a^3 \pm 3a^2 b + 3ab^2 \pm b^3$$

$$(a \pm b)^4 = a^4 \pm 4a^3 b + 6a^2 b^2 \pm 4ab^3 + b^4$$

$$\cdots$$

$$(a + b)^n = a^n + C_n^1 a^{n-1} b + C_n^2 a^{n-2} b^2 + \cdots + C_n^n b^n$$

$$(a - b)^n = a^n + (-1) C_n^1 a^{n-1} b + (-1)^2 C_n^2 a^{n-2} b^2 + \cdots + (-1)^n C_n^n b^n$$

二、因式分解

常用方法：提取公因式法、公式法、分组分解法和十字相乘法.

三、分式

分式运算如下：

$$\frac{A}{B} \pm \frac{C}{D} = \frac{AD}{BD} \pm \frac{BC}{BD} = \frac{AD \pm BC}{BD}$$

$$\frac{A}{B} \times \frac{C}{D} = \frac{AC}{BD}$$

$$\frac{A}{B} \div \frac{C}{D} = \frac{A}{B} \times \frac{D}{C} = \frac{AD}{BC}$$

$$\left(\frac{A}{B}\right)^n = \frac{A^n}{B^n}$$

四、反函数

$y = f(x)$ 的定义域、值域分别是 $y = f^{-1}(x)$ 的值域、定义域.

$y = f(x)$ 与 $y = f^{-1}(x)$ 的图像关于直线 $y = x$ 对称.

五、常数函数

常数函数 $y = C$，其中 C 为常数，定义域为 **R**. 常数函数为偶函数.

六、幂函数

当 $\alpha = 1$、2、3、$\frac{1}{2}$、-1、-2 时，$y = x^\alpha$ 是最常用的幂函数，其特性可参考表 $0 - 2$.

（1）正比例函数.

$y = kx$(常数 $k \neq 0$) 称为正比例函数,其图像如图 0-7 所示.

(2) 反比例函数.

$y = \dfrac{k}{x}$(常数 $k \neq 0$) 称为反比例函数,其图像如图 0-8 所示.

(3) 一次函数.

$y = kx + b$ 称为一次函数,其图像是经过点 $(0, b)$ 而平行于直线 $y = kx$ 的一条直线. 一次函数的另外三种表示法分别为一般式 $Ax + By + C = 0$、点斜式 $y - y_1 = k(x - x_1)$ 和两点式 $\dfrac{y - y_1}{y_2 - y_1} = \dfrac{x - x_1}{x_2 - x_1}$.

(4) 二次函数。

$y = ax^2 + bx + c$ 称为二次函数,图像为一条抛物线,其图像和性质见表 0-4.

七、指数函数

指数函数 $y = a^x$(a 为常数,且 $a > 0$,$a \neq 1$),其图像和性质见表 0-5.

八、对数函数

对数函数 $y = \log_a x$(a 为常数,且 $a > 0$,$a \neq 1$),其图像和性质见表 0-6.

九、三角函数

常用三角函数 $y = \sin x$、$y = \cos x$ 和 $y = \tan x$ 的图像和性质见表 0-7.

十、反三角函数

常见的反三角函数有 $y = \arcsin x$、$y = \arccos x$、$y = \arctan x$ 和 $y = \text{arccot} x$.

十一、等差数列

等差数列的通项公式为

$$a_n = a_1 + (n-1)d$$

其前 n 项和公式为

$$S_n = \frac{n}{2}(a_1 + a_n) \quad （用 a_1、a_n、n 表示的公式）$$

或

$$S_n = na_1 + \frac{1}{2}n(n-1)d \quad （用 a_1、d、n 表示的公式）$$

十二、等比数列

等比数列的通项公式为

$$a_n = a_1 q^{n-1}$$

其前 n 项和公式为

$$S_n = \frac{a_1(1 - q^n)}{1 - q} \quad (q \neq 1)$$

或

$$S_n = \frac{a_1 - a_n q}{1 - q} \quad （用 a_1、a_n、q 表示的公式）$$

总习题 0

一、填空题

1. 已知 $a^3 + b^3 = 9$，$a + b = 3$，则 $ab =$ _____．

2. 已知 $a - \dfrac{1}{a} = 4$，则 $a^2 + \dfrac{1}{a^2} =$ _____．

3. $8x^3 - 12x^2 + 6x - 1$ 因式分解为 _____．

4. 当 $a =$ _____ 或 $a =$ _____ 时，分式 $\dfrac{a}{|a+1|-1}$ 无意义．

5. 函数 $y = 0.7^x$ 的定义域为 _____，单调性为 _____．

6. 当 $x = 2$ 时，函数 $y = -3x^2$ 的函数值为 _____．

7. 已知数列 $\{a_n\}$ 的通项公式为 $a_n = n(n+2)$，则 $a_8 + a_{10} =$ _____．

二、选择题

1. 下列哪个点不在函数 $y = -2x + 3$ 的图像上？（　　）

A. $(-5, 13)$ 　　　 B. $(0.5, 2)$ 　　　 C. $(3, 0)$ 　　　 D. $(1, 1)$

2. 函数 $y = \log_4(x-1)$ 与函数 $y = \sqrt{2-x}$ 的定义域的交集是（　　）．

A. $(1, 2)$ 　　　 B. $(1, 2]$ 　　　 C. $[1, 2)$ 　　　 D. $[1, 2]$

3. 若函数 $f(x) = x + \dfrac{1}{x}$，下列式子正确的是（　　）．

A. $f(0) = 0$ 　　　 B. $f(1) = 1$ 　　　 C. $f(2) = 2$ 　　　 D. $f\left(\dfrac{1}{2}\right) = \dfrac{5}{2}$

三、计算题

1. 已知 $a + b = 7$，$ab = 11$，求下列各式的值：

(1) $a^2b + ab^2$；　　　　(2) $\dfrac{b}{a} + \dfrac{a}{b}$；　　　　(3) $a^3 + b^3$；　　　　(4) $(a-b)^4$．

2. 当 a 取何值时，下列各分式无意义？

(1) $\dfrac{a^2}{2a^3 + 8a^2 + 8a}$；　　　　　　(2) $\dfrac{5}{2a^2 + 3a - 2}$．

3. 求下列函数的定义域：

(1) $f(x) = \sqrt{3x+2}$；　　　　　　(2) $f(x) = \dfrac{x}{\sqrt{x^2 - 3x + 2}}$；

(3) $f(x) = \log_2(x^2 - 5x + 6)$；　　　　　　(4) $f(x) = \sqrt{x+1} + \dfrac{1}{2-x}$．

习题答案

第一章　函数、极限与连续

学习目标

　　知识目标：理解函数的概念，掌握基本初等函数、初等函数、复合函数；了解极限的概念，掌握极限的四则运算法则和两个重要极限；理解无穷小与无穷大；理解函数连续的概念，了解闭区间上连续函数的性质.

　　技能目标：理解函数、极限的概念，熟练掌握极限的四则运算法则及用两个重要极限求极限的方法；了解无穷小与无穷大的概念及无穷小的性质，掌握无穷小与无穷大之间的关系.

　　能力目标：培养由简单到复杂、由特殊到一般的化归思想，培养学生观察、探索问题的能力以及全面分析、抽象和概括的能力.

　　初等数学主要研究常量及其运算，而高等数学主要研究变量与变量之间的依赖关系即函数关系. 极限是研究变量的一种基本方法，高等数学中很多重要的概念，如连续、导数、定积分等都是用极限思想精确地描述. 本章将在理解函数概念的基础上，介绍极限的概念和运算并讨论函数的连续性.

1.1　函　　数

本节我们将在函数概念和性质的基础上，介绍复合函数和初等函数的相关知识.

一、函数的概念

1. 函数的定义

引例 1　【圆的面积公式】已知圆的半径为 r，则其面积 A 为

$$A = \pi r^2$$

当半径 r 在 $[0, +\infty)$ 内任取一个数值时，面积 A 就有唯一确定的数值与之对应.

引例 2　【邮资收费问题】设寄达某国的国际航空信件的邮资标准是 20 g 及以内邮资 6 元，超过 20 g 时每续重 10 g 加收 1.8 元，则邮资 F 与信件重量 m 的函数关系可表示为

$$F = F(m) = \begin{cases} 6, & 0 < m \leqslant 20, \\ 7.8, & 20 < m \leqslant 30, \\ 9.6, & 30 < m \leqslant 40, \\ \vdots, & \vdots. \end{cases}$$

　　由上述例子可以看出，我们在研究事物的变化时，会建立各变量之间的关系式，这种关系式通过数量关系揭示事物的变化和发展规律，这就是我们中学已学过的函数. 函数描

述了变量之间的某种依赖关系.

定义 1-1 设有两个变量 x 和 y,若变量 x 在非空实数集 D 内任取定一个数值时,变量 y 按照一定的法则 f,总有确定的数值与之对应,则称 y 是 x 的函数,记作

$$y = f(x), x \in D$$

其中 x 称为自变量;y 称为函数或因变量;自变量的取值范围 D 称为函数 $y = f(x)$ 的定义域;f 称为对应法则.

由上述定义可知,引例 1 与引例 2 中变量间的对应关系分别表示了两个函数. 例如,在引例 1 中,r 是自变量,A 是因变量,按照其对应法则,$A = \pi r^2$ 确定了 A 是 r 的函数. 由该问题的实际意义可知,半径 r 的取值为非负实数,即 $[0, +\infty)$ 为该函数的定义域.

当 x 在定义域 D 内取定值 x_0 时,与 x_0 对应的 y 的数值称为函数在 x_0 处的函数值,记作 $y|_{x=x_0}$、y_0 或 $f(x_0)$. 当 x 取遍 D 中的各个数值时,对应的函数值的集合 W 称为函数的值域,即 $W = \{y \mid y = f(x), x \in D\}$.

注:关于函数概念的进一步说明如下所示:

(1) 单值函数和多值函数. 如果自变量在定义域内任取一个确定的值时,函数只有一个确定的值和它对应,这种函数称为单值函数;否则称为多值函数. 本书我们仅讨论单值函数.

(2) 函数的对应法则. 在函数 $y = f(x)$ 中,对应法则 f 是自变量 x 与因变量 y 之间函数关系的具体体现. 例如 $y = f(x) = x^2 + 1$,其对应法则就是 $f(\ ) = (\ )^2 + 1$,对于取定的 x 值,平方后再加 1 就得到函数的值. 对应法则 f 也可改用其他字母,如 φ、g 等. 但一个函数在同一个问题中只能用一种记法. 如果同一问题中涉及多个函数,则应采用不同的字母来表示.

(3) 函数的两要素. 由函数的定义可知,函数的定义域与对应法则是确定函数的两个基本要素. 一个函数的定义域和对应法则一旦确定,该函数也就确定了. 换句话说,若两个函数的定义域和对应法则相同,则可将这两个函数视为相同的函数.

例 1-1 求函数 $y = \dfrac{1}{\sqrt{9 - x^2}} + \ln(x - 1)$ 的定义域.

解 函数的定义域就是使其表达式有意义的自变量的取值范围. 题目函数的表达式中含有分式、偶次根式和对数式,因为分式的分母不能为零,偶次根式的被开方式不能小于零,对数的真数部分必须大于零,所以,要使此函数有意义,变量 x 必须满足

$$\begin{cases} \sqrt{9 - x^2} \neq 0, \\ 9 - x^2 \geq 0, \\ x - 1 > 0 \end{cases}$$

即 $-3 < x < 3$ 且 $x > 1$,故函数的定义域为 $(1, 3)$.

例 1-2 判断下列各组函数是否相同:

(1) $y = \sqrt{x^2}$ 与 $s = |t|$;　　　　　　(2) $y = \ln x^2$ 与 $u = 2\ln v$.

解 (1) 显然,两个函数的定义域均为 $(-\infty, +\infty)$,且 $y = \sqrt{x^2} = |x|$,即 y 与 x 的对应法则和 s 与 t 的对应法则是相同的,因此它们是相同的函数.

(2) 函数 $y = \ln x^2$ 的定义域是 $(-\infty, 0) \bigcup (0, +\infty)$,但函数 $u = 2\ln v$ 的定义域是 $(0, +\infty)$. 这两个函数的定义域不相同,所以它们不是相同的函数.

例 1 - 3　已知函数 $f(x) = \dfrac{x-1}{x+1}$，求 $f(2)$、$f\left(\dfrac{1}{x}\right)$、$f(\mathrm{e}^x)$.

解　由表达式可知对应法则为 $f(\ ) = \dfrac{(\ )-1}{(\ )+1}$，因此可得

$$f(2) = \frac{2-1}{2+1} = \frac{1}{3}$$

$$f\left(\frac{1}{x}\right) = \frac{\dfrac{1}{x}-1}{\dfrac{1}{x}+1} = \frac{1-x}{1+x}$$

$$f(\mathrm{e}^x) = \frac{\mathrm{e}^x-1}{\mathrm{e}^x+1}$$

2. 函数的常用表示法

（1）表格法：将一系列自变量值与对应的函数值列成表来表示函数关系的方法. 例如，我们经常会遇到的某商品的月销售额，某开放式基金的每天净值表等都是用表格法表示的函数.

（2）图示法：用坐标平面上曲线来表示函数的方法. 一般用横坐标表示自变量，纵坐标表示因变量. 例如，在直角坐标系中，半径为 r、圆心在原点的圆的图示法如图 1 - 1 所示.

（3）解析法（公式法）：用数学式子表示自变量和因变量之间的对应关系的方法. 例如，在直角坐标系中，半径为 r、圆心在原点的圆的方程是 $x^2 + y^2 = r^2$.

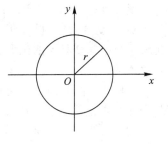

图 1 - 1

根据解析表达式的不同，函数也可以分为显函数、隐函数：

（1）显函数：函数 y 由 x 的解析表达式直接表示，例如 $y = x^2 + 1$，$f(x) = 2x^3 + \cos x$ 等.

（2）隐函数：函数的自变量 x 与因变量 y 的对应关系由方程 $F(x, y) = 0$ 来确定，例如 $\ln y = \sin(x + y)$、$\mathrm{e}^y + xy - \mathrm{e} = 0$ 等.

例 1 - 4　设 $f(x) = \begin{cases} x^2 + 2, & -2 < x \leqslant 1 \\ 5 - x, & x > 1 \end{cases}$，求 $f(-1)$、$f(2)$ 及函数的定义域.

解　由函数的表达式可知

$$f(-1) = (-1)^2 + 2 = 3$$
$$f(2) = 5 - 2 = 3$$

函数的定义域为 $(-2, 1] \cup (1, +\infty) = (-2, +\infty)$.

注：分段函数的定义域为各段表达式定义范围的并集.

3. 函数的特性

函数的特性指的是函数的单调性、奇偶性、有界性和周期性，可以参看绪论的预备知识，这里不再重复介绍.

二、初等函数

1. 基本初等函数

基本初等函数主要有如下六类：

(1) 常数函数 $y = C$；

(2) 幂函数 $y = x^a$；

(3) 指数函数 $y = a^x (a > 0,\ a \neq 1)$；

(4) 对数函数 $y = \log_a x (a > 0,\ a \neq 1)$；

(5) 三角函数 $y = \sin x$、$y = \cos x$、$y = \tan x$、$y = \cot x$、$y = \sec x$、$y = \csc x$；

(6) 反三角函数 $y = \arcsin x$、$y = \arccos x$、$y = \arctan x$、$y = \operatorname{arccot} x$．

这六类基本初等函数的图形和主要性质可以参见绪论的预备知识．

习惯上，我们将基本初等函数经过有限次四则运算所得到的函数称为简单函数．

2. 复合函数

引例 3 【原油扩散面积】油轮在海洋发生原油泄漏事故，假设原油污染海水的面积 A 是被污染圆形水面的半径 r 的函数 $A = \pi r^2$．同时由于原油在海面上不断扩散，污染半径 r 又是时间 t 的函数 $r = \varphi(t)$．因此，原油扩散面积 A 与时间 t 的函数关系是

$$A = \pi r^2 = \pi \left[\varphi(t)\right]^2 = \pi \varphi^2(t)$$

定义 1-2 若 y 是 u 的函数 $y = f(u)$，而 u 又是 x 的函数 $u = \varphi(x)$，函数 $u = \varphi(x)$ 的值域与 $y = f(u)$ 的定义域相交非空，我们称函数 $y = f[\varphi(x)]$ 是由函数 $y = f(u)$ 及 $u = \varphi(x)$ 复合而成的复合函数，其中 u 称为中间变量，$y = f(u)$ 称为外层函数，它表示因变量 y 与中间变量 u 的函数关系；$u = \varphi(x)$ 称为内层函数，它是中间变量 u 与自变量 x 的函数关系．

引例 3 中的原油扩散面积 A 与污染时间 t 的函数 $A = \pi \varphi^2(t)$ 由 $A = \pi r^2$ 与 $r = \varphi(t)$ 这两个函数复合而成，其中污染面积 A 与污染半径 r 的函数 $A = \pi r^2$ 是外层函数，污染半径 r 与时间 t 的函数 $r = \varphi(t)$ 是内层函数．

要认识复合函数的结构，也就是要理解如何对复合函数进行分解．通常采取由外层到内层分解的办法，将复合函数分解成若干基本初等函数或简单函数的复合．

例 1-5 指出下列函数由哪些简单函数复合而成：

(1) $y = \ln \sin x$； (2) $y = \sin x^2$；

(3) $y = (5x-1)^{13}$； (4) $y = 2^{\cos \sqrt{x^2-1}}$．

解 (1) 函数 $y = \ln \sin x$ 由函数 $y = \ln u$ 和 $u = \sin x$ 复合而成；

(2) 函数 $y = \sin x^2$ 由函数 $y = \sin u$ 和 $u = x^2$ 复合而成；

(3) 函数 $y = (5x-1)^{13}$ 由函数 $y = u^{13}$ 和 $u = 5x-1$ 复合而成；

(4) 函数 $y = 2^{\cos \sqrt{x^2-1}}$ 由函数 $y = 2^u$、$u = \cos v$、$v = \sqrt{t}$ 和 $t = x^2 - 1$ 复合而成．

3. 初等函数

由基本初等函数经过有限次四则运算和复合运算构成，并能用一个解析式来表示的函数称为初等函数．

例如，多项式函数 $p_n(x) = a_0 x^n + a_1 x^{n-1} + \cdots + a_{n-1} x + a_n$ 是由幂函数经过有限次四则运算得到的简单函数，函数 $y = \ln(x + \sqrt{x^2+1})$ 和 $y = e^{\sin \sqrt{2x+1}}$ 是初等函数．分段函数一般不是初等函数．

 **习题 1.1**

1. 判断下列各组函数是否相同，并说明理由．

(1) $y = \ln x + \ln 2$ 与 $y = \ln 2x$;　　　　　(2) $y = \ln x^3$ 与 $y = 3\ln x$;

(3) $y = \dfrac{x+1}{x^2-1}$ 与 $y = \dfrac{1}{x-1}$;　　　(4) $y = \sqrt{x^2}$ 与 $y = (\sqrt{x})^2$.

2. 求下列函数的定义域.

(1) $y = \dfrac{1}{\ln(x-1)} + \sqrt{16-x^2}$;　　　(2) $y = \log_2(x^2-1)$;

(3) $y = \sqrt{1-x} + \ln x$;　　　　　　　(4) $y = \arcsin 2x$.

3. 已知函数 $f(x) = \begin{cases} 2\sqrt{x}, & 0 \leqslant x \leqslant 1 \\ 1+x, & x > 1 \end{cases}$，求 $f\left(\dfrac{1}{2}\right)$、$f(1)$ 和 $f(3)$.

4. 已知 $f(x+1) = x^2 + 2x - 3$，试求 $f(x)$ 的表达式.

5. 试分析下列函数是由哪些较简单函数复合而成的:

(1) $y = \sin^3 x$;　　　　　　　　　(2) $y = \cos\sqrt{x^2+1}$;

(3) $y = \sqrt{\tan\dfrac{x}{2}}$;　　　　　　　(4) $y = \arcsin(x+1)$;

(5) $y = e^{\sin 3x}$;　　　　　　　　　(6) $y = 1 + \ln^2\cos\sqrt{x}$.

6. （2007 年广东专插本）函数 $f(x) = 2\ln\dfrac{x}{\sqrt{1+x^2}-1}$ 的定义域是（　　）.

A. $(-\infty, 0) \bigcup (0, +\infty)$ 　　　　　　B. $(-\infty, 0)$

C. $(0, +\infty)$ 　　　　　　　　　　　D. $\varnothing$

1.2　极限的概念

极限是高等数学重要的概念之一，其概念产生于求某些实际问题的精确解. 极限的思想和分析方法广泛应用于社会生活和科学研究的各个领域，因此，掌握极限的概念和运算是学好微积分的前提和基础.

一、数列的极限

引例　【截棒问题】在我国春秋战国时期的《庄子·天下篇》中有这样一段话:"一尺之棰，日取其半，万世不竭."即一尺长的一根木棒，每天截下它的一半，可以一天天地截下去，永远都有剩余的量. 每天剩余的长度构成一个数列

$$\frac{1}{2}, \frac{1}{2^2}, \frac{1}{2^3}, \cdots, \frac{1}{2^n}, \cdots$$

可以看出，随着天数 n 的增大，木棒所剩余的长度 $\dfrac{1}{2^n}$ 就会越来越短. 当 n 无限增大时，木棍的长度 $\dfrac{1}{2^n}$ 会无限趋近于常数 0.

数列的极限就是研究当数列的项数 n 无限增大时数列的变化趋势. 下面给出数列极限的定义.

定义 1-3　如果当项数 n 无限增大时，无穷数列 $\{x_n\}$ 的通项 x_n 无限地趋近于某个确定

的常数 A，则称 A 是数列 $\{x_n\}$ 的极限，记作

$$\lim_{n\to\infty}x_n = A \text{ 或 } x_n \to A,\ n \to \infty$$

若数列 $\{x_n\}$ 的极限存在，也称数列 $\{x_n\}$ 收敛. 若当 n 无限增大时，x_n 不趋近于任何常数，则称数列 $\{x_n\}$ 极限不存在或发散.

例如，引例中当天数 n 无限增大，即 $n \to \infty$ 时，$\dfrac{1}{2^n}$ 无限接近于常数 0，即 $\lim\limits_{n\to\infty}\dfrac{1}{2^n}=0$.

例 1 - 6　考察下列数列当 n 无限增大时 x_n 的变化趋势，并求极限：

(1) $x_n = \dfrac{n+2}{n+3}$;　　　　　　　　　　　(2) $x_n = 3$;

(3) $x_n = \sin\dfrac{n\pi}{2}$.

解　(1) 通过观察，当 n 无限增大时，数列通项 $x_n = \dfrac{n+2}{n+3}$ 无限趋近于常数 1，所以 1 是数列 $\left\{\dfrac{n+2}{n+3}\right\}$ 的极限，即

$$\lim_{n\to\infty}x_n = \lim_{n\to\infty}\frac{n+2}{n+3} = 1$$

(2) 通过观察，当 n 无限增大时，数列通项 x_n 总等于 3，所以 3 是数列 $\{3\}$ 的极限，即

$$\lim_{n\to\infty}x_n = \lim_{n\to\infty}3 = 3$$

(3) 数列 $x_n = \sin\dfrac{n\pi}{2}$ 罗列出来是 $\sin\dfrac{\pi}{2}$，$\sin\pi$，$\sin\dfrac{3\pi}{2}$，$\sin 2\pi$，$\cdots$，$\sin\dfrac{n\pi}{2}$，$\cdots$，即

$$1,\ 0,\ -1,\ 0,\ \cdots,\ \sin\frac{n\pi}{2},\ \cdots$$

显然，当 n 无限增大时，x_n 摆动于 1、0、-1 三个数之间，并不趋于某个确定的常数，所以数列 $x_n = \sin\dfrac{n\pi}{2}$ 发散.

二、函数的极限

数列可以看成定义在正整数集上的一类特殊函数 $x_n = f(n)(n=1,2,3,\cdots)$，$n$ 只有一种变化方式，即 $n \to +\infty$（通常用 $n \to \infty$ 表示）. 而一般函数 $y = f(x)$ 的自变量 x 却有多种变化方式. 函数极限研究的是自变量 x 在各种变化过程中相应函数值的变化趋势，下面分两种情形来讨论.

1. 自变量趋于无穷的情形 $(x \to \infty)$

$x \to \infty$ 包含以下三种情形：

(1) $x \to +\infty$ 表示 x 取正值且无限增大；

(2) $x \to -\infty$ 表示 x 取负值且绝对值无限增大（即 x 无限减小）；

(3) $x \to \infty$ 表示 x 的绝对值 $|x|$ 无限增大（包含 $x \to +\infty$ 和 $x \to -\infty$ 两种情形）.

定义 1 - 4　当 $x \to +\infty$ 时，如果函数值 $f(x)$ 无限趋近于某个确定的常数 A，则称 A 为函数 $f(x)$ 当 $x \to +\infty$ 时的极限，记作

$$\lim_{x \to +\infty} f(x) = A \text{ 或 } f(x) \to A, x \to +\infty$$

例如，当 $x \to +\infty$ 时，函数 $y = \arctan x$ 的值无限趋近于常数 $\frac{\pi}{2}$，因此 $\lim\limits_{x \to +\infty} \arctan x = \frac{\pi}{2}$；当 $x \to +\infty$ 时，函数 $y = e^x$ 的值无限增大，因此 $\lim\limits_{x \to +\infty} e^x$ 不存在.

定义 1-5 当 $x \to -\infty$ 时，如果函数值 $f(x)$ 无限趋近于某个确定的常数 A，则称 A 为函数 $f(x)$ 当 $x \to -\infty$ 时的极限，记作

$$\lim_{x \to -\infty} f(x) = A \text{ 或 } f(x) \to A, x \to -\infty$$

例如，当 $x \to -\infty$ 时，函数 $y = \arctan x$ 的值无限趋近于 $-\frac{\pi}{2}$，因此 $\lim\limits_{x \to -\infty} \arctan x = -\frac{\pi}{2}$；当 $x \to -\infty$ 时，函数 $y = e^x$ 的值无限趋近于 0，因此 $\lim\limits_{x \to -\infty} e^x = 0$.

定义 1-6 当 $x \to \infty$ 时，如果函数值 $f(x)$ 无限趋近于某个确定的常数 A，则称 A 为函数 $f(x)$ 当 $x \to \infty$ 时的极限，记作

$$\lim_{x \to \infty} f(x) = A \text{ 或 } f(x) \to A, x \to \infty$$

例 1-7 试讨论函数 $y = \frac{1}{x} + 1$ 在 $x \to \infty$ 时的极限.

解 由函数 $y = \frac{1}{x} + 1$ 的图像（见图 1-2）可以看出，当曲线 $y = \frac{1}{x} + 1$ 沿 x 轴正向无限延伸时，该曲线与直线 $y = 1$ 无限接近. 即当自变量 x 取正值且无限增大时 $(x \to +\infty)$，对应的函数值 $y = \frac{1}{x} + 1$ 无限接近于常数 1，因此 $\lim\limits_{x \to +\infty} \left(\frac{1}{x} + 1 \right) = 1$；同理可得 $\lim\limits_{x \to -\infty} \left(\frac{1}{x} + 1 \right) = 1$. 故有

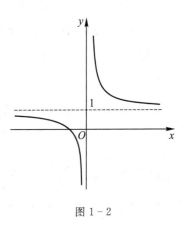

图 1-2

$$\lim_{x \to \infty} \left(\frac{1}{x} + 1 \right) = 1$$

注：$x \to +\infty$（或 $x \to -\infty$）时函数的极限，反映的是自变量单方向变化时函数的极限，称为单向极限，$x \to \infty$ 时函数的极限称为双向极限，它们有如下关系：

$$\lim_{x \to \infty} f(x) = A \Longleftrightarrow \lim_{x \to +\infty} f(x) = \lim_{x \to -\infty} f(x) = A$$

例如，因为 $\lim\limits_{x \to +\infty} \frac{1}{x} = \lim\limits_{x \to -\infty} \frac{1}{x} = 0$，故 $\lim\limits_{x \to \infty} \frac{1}{x} = 0$；$\lim\limits_{x \to +\infty} 2^x = +\infty$ 而 $\lim\limits_{x \to -\infty} 2^x = 0$，所以 $\lim\limits_{x \to \infty} 2^x$ 不存在.

2. 自变量趋于有限值 x_0 的情形（$x \to x_0$）

$x \to x_0$ 包含以下三种情形：

(1) $x \to x_0^+$ 表示 x 从大于 x_0 的方向趋近于 x_0；

(2) $x \to x_0^-$ 表示 x 从小于 x_0 的方向趋近于 x_0；

(3) $x \to x_0$ 表示 x 无限趋近于 x_0（包含 $x \to x_0^+$ 和 $x \to x_0^-$ 两种情形）.

定义 1-7 设函数 $f(x)$ 在点 x_0 的某个去心邻域内有定义，当 $x \to x_0$ 时，如果相应的

函数值 $f(x)$ 无限趋近于某个确定的常数 A，则称 A 为函数 $f(x)$ 当 $x \to x_0$ 时的双侧极限（简称极限），记作

$$\lim_{x \to x_0} f(x) = A \text{ 或 } f(x) \to A, x \to x_0$$

例 1-8 考察当 $x \to 1$ 时 $f(x) = \begin{cases} x+1, & x \neq 1 \\ 1, & x = 1 \end{cases}$ 的

变化趋势，并求极限 $\lim\limits_{x \to 1} f(x)$.

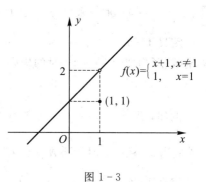

图 1-3

解 由图 1-3 可以看出，当 $x \to 1$（x 无限接近于 1 但不等于 1）的过程中，相应的函数值 $f(x)$ 无限地接近于 2. 根据定义 1-7，有

$$\lim_{x \to 1} f(x) = 2$$

定义 1-8 (1) 当 $x \to x_0^-$ 时，如果函数 $f(x)$ 无限趋近于某个确定的常数 A，则称数 A 为函数 $f(x)$ 当 $x \to x_0^-$ 时的左极限，记作

$$\lim_{x \to x_0^-} f(x) = A \quad \text{或} \quad f(x) \to A, x \to x_0^-$$

(2) 当 $x \to x_0^+$ 时，如果函数 $f(x)$ 无限趋近于某个确定的常数 A，则称数 A 为函数 $f(x)$ 当 $x \to x_0^+$ 时的右极限，记作

$$\lim_{x \to x_0^+} f(x) = A \quad \text{或} \quad f(x) \to A, x \to x_0^+$$

注：左极限和右极限称为单侧极限，它们与双侧极限之间存在如下关系，即

$$\lim_{x \to x_0} f(x) = A \Leftrightarrow \lim_{x \to x_0^-} f(x) = \lim_{x \to x_0^+} f(x) = A$$

例 1-9 求函数 $f(x) = \begin{cases} 2x+2, & x < 1 \\ 3-x, & x > 1 \end{cases}$ 当 $x \to 1$ 时的极限.

解 $\lim\limits_{x \to 1^-} f(x) = \lim\limits_{x \to 1^-} (2x+2) = 4$, $\lim\limits_{x \to 1^+} f(x) = \lim\limits_{x \to 1^+} (3-x) = 2$. 因为 $\lim\limits_{x \to 1^-} f(x) \neq \lim\limits_{x \to 1^+} f(x)$，所以 $\lim\limits_{x \to 1} f(x)$ 不存在.

三、极限的性质

利用函数极限的定义，可以得到函数极限的一些性质. 下面仅以 $x \to x_0$ 的极限形式为代表不加证明地给出这些性质；其他形式的极限的性质，只需做些修改即可得到.

性质 1-1(唯一性) 若极限 $\lim\limits_{x \to x_0} f(x)$ 存在，则其极限是唯一的.

性质 1-2(有界性) 若极限 $\lim\limits_{x \to x_0} f(x)$ 存在，则函数 $f(x)$ 必在 x_0 的某个去心邻域内有界.

性质 1-3(保号性) 若 $\lim\limits_{x \to x_0} f(x) = A$ 且 $A > 0$（或 $A < 0$），则在 x_0 的某个去心邻域内恒有 $f(x) > 0$（或 $f(x) < 0$）.

推论 若 $\lim\limits_{x \to x_0} f(x) = A$，且在 x_0 的某个去心邻域内恒有 $f(x) \geqslant 0$（或 $f(x) \leqslant 0$），则 $A \geqslant 0$（或 $A \leqslant 0$）.

习题 1. 2

1. 判断下列数列是收敛还是发散的？若是收敛的，指出其极限.

(1) $1, 3, 5, \cdots, 2n+1, \cdots$;

(2) $0, 1, 0, \dfrac{1}{2}, 0, \dfrac{1}{3}, \cdots, \dfrac{1+(-1)^n}{n}, \cdots$;

(3) $2, \dfrac{3}{2}, \dfrac{4}{3}, \cdots, \dfrac{n+1}{n}, \cdots$;

(4) $-2, 2, -2, 2, \cdots, (-1)^n \cdot 2, \cdots$;

(5) $0, -1, 0, 1, \cdots, \cos\dfrac{n\pi}{2}, \cdots$.

2. 画出函数 $f(x) = \begin{cases} x+4, & x<1 \\ 2x+3, & x\geqslant 1 \end{cases}$ 的图像，求极限 $\lim\limits_{x\to 1^-}f(x)$、$\lim\limits_{x\to 1^+}f(x)$ 及 $\lim\limits_{x\to 1}f(x)$.

3. 设 $f(x) = \dfrac{|x|}{x}$，讨论 $\lim\limits_{x\to 0}f(x)$ 是否存在.

4. 设函数 $f(x) = \begin{cases} e^x+1, & x>0 \\ 2x+b, & x\leqslant 0 \end{cases}$，要使极限 $\lim\limits_{x\to 0}f(x)$ 存在，则 b 应取何值？

5. 选择题：

(1) （2009 年广东专插本）设函数 $f(x) = \begin{cases} 3x+1, & x<0 \\ 1-x, & x\geqslant 0 \end{cases}$，则 $\lim\limits_{x\to 0^+}\dfrac{f(x)-f(0)}{x} = ($　　$)$.

A. -1 　　　　　 B. 1 　　　　　 C. 3 　　　　　 D. ∞

(2) （2014 年广东专插本）设函数 $f(x) = \begin{cases} x+2, & x<0 \\ 1, & x=0 \\ 2+3x, & x>0 \end{cases}$，则下列结论正确的

是(　　).

A. $\lim\limits_{x\to 0}f(x) = 1$ 　　　　　　　　　　 B. $\lim\limits_{x\to 0}f(x) = 2$

C. $\lim\limits_{x\to 0}f(x) = 3$ 　　　　　　　　　　 D. $\lim\limits_{x\to 0}f(x)$ 不存在

1.3　无穷小与无穷大

　　无穷小与无穷大反映了自变量在某一变化过程中，因变量的绝对值无限减小和无限增大这两种特殊的变化趋势.

一、无穷小

1. 无穷小的概念

引例 1　【电容器放电】电容器放电时，其电压随时间的增加而逐渐减少并无限趋近于 0.

　　引例 2　【洗涤效果】在用洗衣机清洗衣物时，清洗次数越多，衣物上残留的污渍就越少. 当清洗次数无限增大时，衣物上的污渍量就会无限趋近于 0.

　　正如上述的引例，在对事物进行定量分析时，经常会遇到变量趋于 0 的情形，下面给

出这种情形的定义.

定义 1-9 在自变量的某一变化过程中,极限为零的变量称为无穷小量,简称无穷小.

例如,$\lim\limits_{x\to\infty}\dfrac{1}{x^2}=0$,所以 $\dfrac{1}{x^2}$ 为 $x\to\infty$ 时的无穷小;因为 $\lim\limits_{x\to1}(x-1)=0$,所以 $x-1$ 为 $x\to1$ 时的无穷小.

注:(1) 无穷小是极限为 0 的变量(函数),而非一个很小的数;

(2) 常数中只有 0 是无穷小;

(3) 无穷小是与自变量的变化过程紧密相关的,因此说一个变量为无穷小时要指明自变量的变化过程.

例 1-10 讨论自变量 x 在怎样的变化过程中,下列函数为无穷小:

(1) $y=\dfrac{1}{x-1}$;   (2) $y=2x-1$;

(3) $y=2^x$;   (4) $y=\left(\dfrac{1}{4}\right)^x$.

解 (1) 因为 $\lim\limits_{x\to\infty}\dfrac{1}{x-1}=0$,所以当 $x\to\infty$ 时,$\dfrac{1}{x-1}$ 为无穷小.

(2) 因为 $\lim\limits_{x\to\frac{1}{2}}(2x-1)=0$,所以当 $x\to\dfrac{1}{2}$ 时,$2x-1$ 为无穷小.

(3) 因为 $\lim\limits_{x\to-\infty}2^x=0$,所以当 $x\to-\infty$ 时,2^x 为无穷小.

(4) 因为 $\lim\limits_{x\to+\infty}\left(\dfrac{1}{4}\right)^x=0$,所以当 $x\to+\infty$ 时,$\left(\dfrac{1}{4}\right)^x$ 为无穷小.

2. 无穷小的性质

在自变量的同一变化过程中,无穷小满足以下性质:

性质 1-4 有限个无穷小的代数和仍是无穷小.

性质 1-5 有限个无穷小的乘积仍是无穷小.

性质 1-6 常数与无穷小之积仍是无穷小.

性质 1-7 有界变量与无穷小的乘积是无穷小.

例 1-11 求下列极限:

(1) $\lim\limits_{x\to0}x^2\sin\dfrac{1}{x^2}$;   (2) $\lim\limits_{x\to\infty}\dfrac{\arctan x}{x}$.

解 (1) 当 $x\to0$ 时,x^2 为无穷小,而 $\left|\sin\dfrac{1}{x^2}\right|\leqslant1$,即 $\sin\dfrac{1}{x^2}$ 有界,所以由性质 1-7 可得

$$\lim\limits_{x\to0}x^2\sin\dfrac{1}{x^2}=0$$

(2) 当 $x\to\infty$ 时,$\dfrac{1}{x}$ 为无穷小,而 $|\arctan x|<\dfrac{\pi}{2}$,即 $\arctan x$ 有界,所以由性质 1-7 可得

$$\lim\limits_{x\to\infty}\dfrac{\arctan x}{x}=0$$

二、无穷大

无穷小是绝对值无限减小的变量，它的对立面就是绝对值无限增大的变量，为此我们给出如下定义：

1. 无穷大的概念

定义 1-10 如果在 x 的某个变化过程中 $|f(x)|$ 无限增大，则称 $f(x)$ 是 x 在该变化过程中的无穷大量，简称为无穷大，记作 $\lim\limits_{x \to *} f(x) = \infty$，其中 $*$ 代表 $+\infty$、$-\infty$、∞、x_0^+、x_0^-、x_0 中的一种，下同.

按照定义可知，$x \to 0$ 时，$\dfrac{1}{x}$ 是无穷大，即 $\lim\limits_{x \to 0} \dfrac{1}{x} = \infty$；$x \to +\infty$ 时，e^x 是无穷大量，即 $\lim\limits_{x \to +\infty} e^x = +\infty$.

注：在上述定义中，如果 $f(x)$ 是取正值无限增大，则称 $f(x)$ 为正无穷大，记作 $\lim\limits_{x \to *} f(x) = +\infty$；如果 $f(x)$ 是取负值而绝对值无限增大，则称 $f(x)$ 为负无穷大，记作 $\lim\limits_{x \to *} f(x) = -\infty$.

例如，当 $x \to -\infty$ 时，函数 $\left(\dfrac{1}{2}\right)^x$ 是正无穷大，即 $\lim\limits_{x \to -\infty} \left(\dfrac{1}{2}\right)^x = +\infty$；当 $x \to 0^+$ 时，函数 $\ln x$ 是负无穷大，即 $\lim\limits_{x \to 0^+} \ln x = -\infty$.

注：虽然无穷大的极限不存在，但为了叙述方便，我们仍沿用极限的符号表示.

例 1-12 讨论自变量 x 在怎样的变化过程中，下列函数为无穷大：

(1) $y = \dfrac{1}{x-1}$；　　　　(2) $y = 2x - 1$；

(3) $y = 2^x$；　　　　　　(4) $y = \left(\dfrac{1}{4}\right)^x$.

解 (1) 因为 $\lim\limits_{x \to 1} \dfrac{1}{x-1} = \infty$，所以当 $x \to 1$ 时，$\dfrac{1}{x-1}$ 为无穷大.

(2) 因为 $\lim\limits_{x \to \infty} (2x - 1) = \infty$，所以当 $x \to \infty$ 时，$2x - 1$ 为无穷大.

(3) 因为 $\lim\limits_{x \to +\infty} 2^x = +\infty$，所以当 $x \to +\infty$ 时，2^x 为正无穷大.

(4) 因为 $\lim\limits_{x \to -\infty} \left(\dfrac{1}{4}\right)^x = +\infty$，所以当 $x \to -\infty$ 时，$\left(\dfrac{1}{4}\right)^x$ 为正无穷大.

2. 无穷小与无穷大的关系

由无穷小与无穷大的定义可知，它们之间有着密切的关系：在自变量的同一变化过程中，无穷大的倒数是无穷小，非零无穷小的倒数是无穷大.

例如，$\lim\limits_{x \to 1} (x^2 - 1) = 0$，$\lim\limits_{x \to 1} \dfrac{1}{x^2 - 1} = \infty$，即当 $x \to 1$ 时，$x^2 - 1$ 是无穷小，其倒数 $\dfrac{1}{x^2 - 1}$ 是无穷大.

三、无穷小的比较

我们已经知道了有限个无穷小的和、差、积仍然是无穷小，但两个无穷小商的极限却会出现不同的情况，例如，当 $x \to 0$ 时，x、x^2、$\sin x$ 都是无穷小，然而它们的商的极限会出现如下不同的情况：

$$\lim_{x \to 0} \frac{x^2}{x} = 0$$

$$\lim_{x \to 0} \frac{x}{x^2} = \infty$$

$$\lim_{x \to 0} \frac{\sin x}{x} = 1$$

两个无穷小商的极限呈现出的不同情况反映了它们趋近于 0 的快慢程度的差异. 在 $x \to 0$ 的 过程中，x^2 比 x 趋近于零的速度"快"，反之 x 比 x^2 趋近于零的速度"慢"，而 $\sin x$ 和 x 趋于零的速度相当. 因此，对无穷小进行比较是很有必要的.

1. 无穷小比较的定义

定义 1-11　设 α 与 β 是自变量在同一变化过程中的无穷小，且 $\beta \neq 0$：

(1) 若 $\lim\limits_{x \to *} \dfrac{\alpha}{\beta} = 0$，则称 α 是比 β 高阶的无穷小，记作 $\alpha = o(\beta)$，$x \to *$；

(2) 若 $\lim\limits_{x \to *} \dfrac{\alpha}{\beta} = \infty$，则称 α 是比 β 低阶的无穷小；

(3) 若 $\lim\limits_{x \to *} \dfrac{\alpha}{\beta} = c (c \neq 0)$，则称 α 与 β 是同阶无穷小. 特别地，若 $\lim\limits_{x \to *} \dfrac{\alpha}{\beta} = 1$，则称 α 与 β 是等价无穷小，记作 $\alpha \sim \beta$ 或 $\beta \sim \alpha$，$x \to *$.

由上述定义易知，当 $x \to 0$ 时，x^2 是比 x 高阶的无穷小，即 $x^2 = o(x)$；x 是比 x^2 低阶的无穷小；x 与 $2x$ 是同阶无穷小；$\sin x$ 与 x 是等价无穷小，即 $\sin x \sim x$.

例 1-13　证明当 $x \to 0$ 时，$\sqrt{1+x} - 1 \sim \dfrac{x}{2}$.

证明　因为当 $x \to 0$ 时，$\sqrt{1+x} - 1$ 与 $\dfrac{x}{2}$ 都是无穷小，且

$$\lim_{x \to 0} \frac{\sqrt{1+x} - 1}{\frac{x}{2}} = 2 \lim_{x \to 0} \frac{(\sqrt{1+x} - 1)(\sqrt{1+x} + 1)}{x(\sqrt{1+x} + 1)} = 2 \lim_{x \to 0} \frac{1}{\sqrt{1+x} + 1} = 2 \times \frac{1}{2} = 1$$

所以当 $x \to 0$ 时，$\sqrt{1+x} - 1 \sim \dfrac{x}{2}$.

2. 等价无穷小的应用

等价无穷小在求极限中有着广泛的应用.

定理 1-1　设当 $x \to *$ 时，α、α'、β、β' 均是无穷小量，且 $\alpha \sim \alpha'$，$\beta \sim \beta'$. 若 $\lim\limits_{x \to *} \dfrac{\alpha'}{\beta'}$ 存在，则 $\lim\limits_{x \to *} \dfrac{\alpha}{\beta} = \lim\limits_{x \to *} \dfrac{\alpha'}{\beta'}$.

当 $x \to 0$ 时，有如下我们常用的等价无穷小：

$\sin x \sim x$	$\arcsin x \sim x$	$e^x - 1 \sim x$	$1 - \cos x \sim \dfrac{1}{2} x^2$
$\tan x \sim x$	$\arctan x \sim x$	$\ln(1+x) \sim x$	$(1+x)^\alpha - 1 \sim \alpha x$

例 1-14　求下列函数的极限：

(1) $\lim\limits_{x\to 0}\dfrac{\sin 3x}{\tan 2x}$;

(2) $\lim\limits_{x\to 0}\dfrac{\arcsin 4x}{\ln(1+2x)}$;

(3) $\lim\limits_{x\to 0}\dfrac{1-\cos x}{e^{x^2}-1}$.

解 (1) 当 $x\to 0$ 时，$\sin 3x\sim 3x$，$\tan 2x\sim 2x$，所以

$$\lim_{x\to 0}\frac{\sin 3x}{\tan 2x}=\lim_{x\to 0}\frac{3x}{2x}=\lim_{x\to 0}\frac{3}{2}=\frac{3}{2}$$

(2) 当 $x\to 0$ 时，$\arcsin 4x\sim 4x$，$\ln(1+2x)\sim 2x$，所以

$$\lim_{x\to 0}\frac{\arcsin 4x}{\ln(1+2x)}=\lim_{x\to 0}\frac{4x}{2x}=\lim_{x\to 0}2=2$$

(3) 当 $x\to 0$ 时，$1-\cos x\sim\dfrac{1}{2}x^2$，$e^{x^2}-1\sim x^2$，所以

$$\lim_{x\to 0}\frac{1-\cos x}{e^{x^2}-1}=\lim_{x\to 0}\frac{\frac{1}{2}x^2}{x^2}=\lim_{x\to 0}\frac{1}{2}=\frac{1}{2}$$

 习题 1.3

1. 填空.

(1) 若 $\lim\limits_{x\to a}f(x)=0\,(f(x)\neq 0)$，则 $\lim\limits_{x\to a}\dfrac{1}{f(x)}=$ _____.

(2) 若 $\lim\limits_{x\to a}f(x)=\infty$，则 $\lim\limits_{x\to a}\dfrac{1}{f(x)}=$ _____.

(3) $\lim\limits_{x\to 1}\dfrac{1}{1-x}=$ _____.

(4) $\lim\limits_{x\to\infty}\dfrac{\sin x}{x}=$ _____.

2. 下列函数在自变量指定的变化过程中是无穷大量还是无穷小量?

(1) $y=x+1\,(x\to -1)$;　　　　　　(2) $y=\left(\dfrac{1}{2}\right)^x(x\to +\infty)$;

(3) $y=\dfrac{1}{x}\cos x\,(x\to\infty)$;　　　　(4) $y=\dfrac{1}{x-2}\,(x\to 2)$.

3. 利用等价无穷小替换求下列极限.

(1) $\lim\limits_{x\to 0}\dfrac{\arcsin x}{x}$;　　　　　　(2) $\lim\limits_{x\to 0}\dfrac{(e^x-1)\sin x}{1-\cos x}$;

(3) $\lim\limits_{x\to 0}\dfrac{\sin 3x}{\sin 5x}$;　　　　　　(4) $\lim\limits_{x\to 0}\dfrac{\ln(1+2x)}{\arcsin 3x}$.

4. 证明 $x\to 0$ 时，$\sin^2 x$ 是比 $\tan x$ 高阶的无穷小.

5. 填空题.

(1)（2009 年广东专插本）若当 $x\to 0$ 时，$\sqrt{1-ax^2}-1\sim 2x^2$，则常数 $a=$ _____.

(2)（2011 年广东专插本）若 $x\to\infty$ 时，$\dfrac{kx}{(2x+3)^4}$ 与 $\dfrac{1}{x^3}$ 是等价无穷小，则常数

$k = \underline{\qquad}.$

(3)（2017 年广东专插本）已知当 $x \to 0$ 时，$f(x) \sim 2x$，则 $\lim\limits_{x \to 0} \dfrac{\sin 6x}{f(x)} = \underline{\qquad}.$

6. 选择题.

(1)（2007 年广东专插本）极限 $\lim\limits_{x \to 2}(x-2)\sin\dfrac{1}{2-x}$（　　）.

A. 等于 -1 　　　　　　　　　B. 等于 0

C. 等于 1 　　　　　　　　　D. 不存在

(2)（2010 年广东专插本）当 $x \to 0$ 时，下列无穷小量中，与 x 等价的是（　　）.

A. $1 - \cos x$ 　　　　　　　　B. $\sqrt{1+x^2} - 1$

C. $\ln(1+x) + x^2$ 　　　　　　D. $e^{x^2} - 1$

(3)（2013 年广东专插本）当 $x \to 0$ 时，下列无穷小量中，与 x 不等价的无穷小量是（　　）.

A. $\ln(x+1)$ 　　　　　　　　B. $\arcsin x$

C. $1 - \cos x$ 　　　　　　　　D. $\sqrt{1+2x} - 1$

(4)（2015 年广东专插本）若当 $x \to 0$ 时，$kx + 2x^2 + 3x^3$ 与 x 是等价无穷小，则常数 $k =$（　　）.

A. 0 　　　　　　　　　　　B. 1

C. 2 　　　　　　　　　　　D. 3

1.4　极限的运算法则和两个重要极限

由 1.2 节给出的极限定义，我们可以求一些比较简单的极限，而对于稍复杂些的函数求极限却比较困难，极限运算法则是高等数学的基本运算之一，这种运算包含的类型比较多，技巧性较强，内容丰富. 本节我们将介绍利用极限的四则运算、两个重要极限来求极限的基本方法.

一、极限的四则运算法则

设函数 $f(x)$ 与 $g(x)$ 在自变量 x 的同一变化过程中极限均存在，其中 $\lim\limits_{x \to *} f(x) = A$，$\lim\limits_{x \to *} g(x) = B$，则有

(1) $\lim\limits_{x \to *}[f(x) \pm g(x)] = \lim\limits_{x \to *} f(x) \pm \lim\limits_{x \to *} g(x) = A \pm B$；

(2) $\lim\limits_{x \to *}[f(x) \cdot g(x)] = \lim\limits_{x \to *} f(x) \cdot \lim\limits_{x \to *} g(x) = AB$；

特别地，有

$\lim\limits_{x \to *} kf(x) = k\lim\limits_{x \to *} f(x) = kA$　（k 为常数）；

$\lim\limits_{x \to *}[f(x)]^n = [\lim\limits_{x \to *} f(x)]^n = A^n$　（n 为正整数）；

$\lim\limits_{x \to *} \sqrt[n]{f(x)} = \sqrt[n]{\lim\limits_{x \to *} f(x)} = \sqrt[n]{A}$　（n 为正整数，且当 n 为偶数时 $A \geqslant 0$）.

(3) $\lim\limits_{x \to *} \dfrac{f(x)}{g(x)} = \dfrac{\lim\limits_{x \to *} f(x)}{\lim\limits_{x \to *} g(x)} = \dfrac{A}{B}$　（$B \neq 0$）.

注：上述法则(1)、(2)可以推广到有限多个具有极限的函数相加、相减和乘积的情形.

例 1 - 15　求极限$\lim\limits_{x \to 1}(2x^2 - x + 1)$.

解　　$\lim\limits_{x \to 1}(2x^2 - x + 1) = 2\left(\lim\limits_{x \to 1}x\right)^2 - \lim\limits_{x \to 1}x + \lim\limits_{x \to 1}1 = 2 \times 1^2 - 1 + 1 = 2$

例 1 - 16　求极限$\lim\limits_{x \to 2}\dfrac{x^3 - 2}{x^2 + 1}$.

解　　$\lim\limits_{x \to 2}\dfrac{x^3 - 2}{x^2 + 1} = \dfrac{\lim\limits_{x \to 2}(x^3 - 2)}{\lim\limits_{x \to 2}(x^2 + 1)} = \dfrac{\left(\lim\limits_{x \to 2}x\right)^3 - \lim\limits_{x \to 2}2}{\left(\lim\limits_{x \to 2}x\right)^2 + \lim\limits_{x \to 2}1} = \dfrac{2^3 - 2}{2^2 + 1} = \dfrac{6}{5}$

例 1 - 17　求极限$\lim\limits_{x \to 3}\dfrac{x - 3}{x^2 - 9}$.

解　　$\lim\limits_{x \to 3}\dfrac{x - 3}{x^2 - 9} = \lim\limits_{x \to 3}\dfrac{x - 3}{(x + 3)(x - 3)} = \lim\limits_{x \to 3}\dfrac{1}{x + 3} = \dfrac{1}{6}$

例 1 - 18　求极限$\lim\limits_{x \to 0}\dfrac{\sqrt{1 + x} - 1}{x}$.

解　　$\begin{aligned}\lim\limits_{x \to 0}\dfrac{\sqrt{1 + x} - 1}{x} &= \lim\limits_{x \to 0}\dfrac{(\sqrt{1 + x} - 1)(\sqrt{1 + x} + 1)}{x(\sqrt{1 + x} + 1)} \\ &= \lim\limits_{x \to 0}\dfrac{1}{\sqrt{1 + x} + 1} = \dfrac{1}{2}\end{aligned}$

例 1 - 19　求下列极限：

(1) $\lim\limits_{x \to \infty}\dfrac{3x^2 - x + 1}{4x^2 + x - 9}$;

(2) $\lim\limits_{x \to \infty}\dfrac{2x^2 - x}{x^3 + x + 12}$;

(3) $\lim\limits_{x \to \infty}\dfrac{x^3 + x + 12}{2x^2 - x}$.

解　(1) $\lim\limits_{x \to \infty}\dfrac{3x^2 - x + 1}{4x^2 + x - 9} = \lim\limits_{x \to \infty}\dfrac{3 - \dfrac{1}{x} + \dfrac{1}{x^2}}{4 + \dfrac{1}{x} - \dfrac{9}{x^2}} = \dfrac{3}{4}$

(2) $\lim\limits_{x \to \infty}\dfrac{2x^2 - x}{x^3 + x + 12} = \lim\limits_{x \to \infty}\dfrac{\dfrac{2}{x} - \dfrac{1}{x^2}}{1 + \dfrac{1}{x^2} + \dfrac{12}{x^3}} = 0$

(3) 由(2) 可知$\dfrac{2x^2 - x}{x^3 + x + 12}$是 $x \to \infty$ 时的无穷小量，由无穷小和无穷大关系可得

$$\lim\limits_{x \to \infty}\dfrac{x^3 + x + 12}{2x^2 - x} = \infty$$

一般地，对于有理分式函数，当 $x \to \infty$ 时的极限有如下结论：

$$\lim\limits_{x \to \infty}\dfrac{a_0 x^m + a_1 x^{m-1} + \cdots + a_m}{b_0 x^n + b_1 x^{n-1} + \cdots + b_n} = \begin{cases} \dfrac{a_0}{b_0}, & m = n, \\ 0, & m < n, \\ \infty, & m > n, \end{cases}$$

其中 $a_0 \neq 0$；$b_0 \neq 0$；m、n 为非负整数.

二、两个重要极限

1. 第一个重要极限 $\lim\limits_{x \to 0} \dfrac{\sin x}{x} = 1$

我们通过表 1-1 观察 $x \to 0$ 时，函数 $\dfrac{\sin x}{x}$ 的变化趋势.

表 1-1　　$\dfrac{\sin x}{x}$ 的变化趋势

x	± 1	± 0.5	± 0.1	± 0.05	± 0.01	± 0.001	$\cdots$
$\dfrac{\sin x}{x}$	0.841 47	0.958 85	0.998 33	0.999 58	0.999 98	0.999 99	$\cdots$

由表 1-1 可以看出，x 越接近于 0，函数 $\dfrac{\sin x}{x}$ 的值就越接近于 1. 可以证明，当 $x \to 0$ 时，$\dfrac{\sin x}{x}$ 的极限存在且等于 1，即 $\lim\limits_{x \to 0} \dfrac{\sin x}{x} = 1$.

该极限的特征是：

(1) 分子、分母的极限均为 0；

(2) 正弦符号后面的变量与分母相同，这个相同的变量趋于 0.

于是得到更一般的形式 $\lim\limits_{u(x) \to 0} \dfrac{\sin u(x)}{u(x)} = 1$，这是第一个重要极限的推广形式.

例 1-20　求下列函数的极限：

(1) $\lim\limits_{x \to 0} \dfrac{\tan x}{x}$；　　　　　　　　(2) $\lim\limits_{x \to 2} \dfrac{\sin(x-2)}{x-2}$；

(3) $\lim\limits_{x \to 0} \dfrac{1 - \cos x}{x^2}$.

解　(1) $\lim\limits_{x \to 0} \dfrac{\tan x}{x} = \lim\limits_{x \to 0} \left(\dfrac{\sin x}{\cos x} \cdot \dfrac{1}{x} \right) = \lim\limits_{x \to 0} \left(\dfrac{\sin x}{x} \cdot \dfrac{1}{\cos x} \right) = \lim\limits_{x \to 0} \dfrac{\sin x}{x} \cdot \lim\limits_{x \to 0} \dfrac{1}{\cos x} = 1$

(2) 当 $x \to 2$ 时，$(x-2) \to 0$，该极限符合推广形式，故有

$$\lim\limits_{x \to 2} \dfrac{\sin(x-2)}{x-2} = \lim\limits_{(x-2) \to 0} \dfrac{\sin(x-2)}{x-2} = 1$$

(3) $\lim\limits_{x \to 0} \dfrac{1 - \cos x}{x^2} = \lim\limits_{x \to 0} \dfrac{2 \sin^2 \frac{x}{2}}{x^2} = \dfrac{1}{2} \lim\limits_{x \to 0} \dfrac{\sin^2 \frac{x}{2}}{\left(\frac{x}{2} \right)^2} = \dfrac{1}{2} \lim\limits_{x \to 0} \left[\dfrac{\sin \frac{x}{2}}{\frac{x}{2}} \right]^2 = \dfrac{1}{2} \times 1^2 = \dfrac{1}{2}$

例 1-21　已知半径为 R 的圆内接正 n 边形的面积 $A_n = \dfrac{n}{2} R^2 \sin \dfrac{2\pi}{n}(n \geqslant 3)$，求圆的面积 A.

解　$A = \lim\limits_{n \to \infty} A_n = \lim\limits_{n \to \infty} \dfrac{n}{2} R^2 \sin \dfrac{2\pi}{n} = R^2 \lim\limits_{n \to \infty} \left[\dfrac{\sin \frac{2\pi}{n}}{\frac{2\pi}{n}} \cdot \pi \right] = \pi R^2 \lim\limits_{n \to \infty} \dfrac{\sin \frac{2\pi}{n}}{\frac{2\pi}{n}} = \pi R^2$

2. 第二个重要极限 $\lim\limits_{x \to \infty} \left(1 + \dfrac{1}{x} \right)^x = e$

我们通过表 1-2 观察当 $x \to \infty$ 时，函数 $\left(1 + \dfrac{1}{x} \right)^x$ 的变化趋势.

表 1-2 $\left(1+\dfrac{1}{x}\right)^x$ 的变化趋势

x	10	10^2	10^3	10^4	10^5	10^6	$\cdots$
$\left(1+\dfrac{1}{x}\right)^x$	2.593 742	2.704 814	2.716 924	2.718 146	2.718 268	2.718 280	$\cdots$
x	-10	-10^2	-10^3	-10^4	-10^5	-10^6	$\cdots$
$\left(1+\dfrac{1}{x}\right)^x$	2.867 972	2.731 999	2.719 642	2.718 418	2.718 295	2.718 283	$\cdots$

由表 1-2 可以看出，当 $|x|$ 越来越大时，函数 $\left(1+\dfrac{1}{x}\right)^x$ 的值越来越接近于常数 e. 可以证明，当 $x \to \infty$ 时，该极限存在且等于 e，即 $\lim\limits_{x \to \infty}\left(1+\dfrac{1}{x}\right)^x = \mathrm{e}$.

如果令 $\dfrac{1}{x} = t$，则 $x = \dfrac{1}{t}$，且 $x \to \infty$ 时，$t \to 0$. 极限 $\lim\limits_{x \to \infty}\left(1+\dfrac{1}{x}\right)^x = \mathrm{e}$ 可以变为

$$\lim_{t \to 0}(1+t)^{\frac{1}{t}} = \mathrm{e}$$

得到第二个重要极限的另一种表示形式，即

$$\lim_{x \to 0}(1+x)^{\frac{1}{x}} = \mathrm{e}$$

第二个重要极限的两种表达式虽然不同，但其实质是相同的，都具有如下特征：

(1) 函数的极限形式为"1^∞"型；

(2) 函数式底数部分为"$1 +$ 无穷小量"，且该无穷小量与函数式指数部分互为倒数；

(3) 两种形式的推广形式分别为 $\lim\limits_{u(x) \to \infty}\left[1+\dfrac{1}{u(x)}\right]^{u(x)} = \mathrm{e}$ 和 $\lim\limits_{u(x) \to 0}\left[1+u(x)\right]^{\frac{1}{u(x)}} = \mathrm{e}$.

例 1-22 求下列函数的极限：

(1) $\lim\limits_{x \to \infty}\left(1+\dfrac{2}{x}\right)^x$；   (2) $\lim\limits_{x \to 0}(1-3x)^{\frac{1}{x}}$.

解 (1) $\lim\limits_{x \to \infty}\left(1+\dfrac{2}{x}\right)^x = \lim\limits_{x \to \infty}\left[\left(1+\dfrac{2}{x}\right)^{\frac{x}{2}}\right]^2 = \left[\lim\limits_{x \to \infty}\left(1+\dfrac{2}{x}\right)^{\frac{x}{2}}\right]^2 = \mathrm{e}^2$.

(2) $\lim\limits_{x \to 0}(1-3x)^{\frac{1}{x}} = \lim\limits_{x \to 0}\left\{\left[1+(-3x)\right]^{-\frac{1}{3x}}\right\}^{-3} = \left\{\lim\limits_{x \to 0}\left[1+(-3x)\right]^{-\frac{1}{3x}}\right\}^{-3} = \mathrm{e}^{-3}$.

例 1-23 求极限 $\lim\limits_{x \to \infty}\left(\dfrac{x+2}{x+1}\right)^x$.

解 解法一：$\lim\limits_{x \to \infty}\left(\dfrac{x+2}{x+1}\right)^x = \lim\limits_{x \to \infty}\left(1+\dfrac{1}{x+1}\right)^{x+1-1}$

$$= \lim_{x \to \infty}\left(1+\dfrac{1}{x+1}\right)^{x+1} \cdot \lim_{x \to \infty}\left(1+\dfrac{1}{x+1}\right)^{-1} = \mathrm{e}$$

解法二：$\lim\limits_{x \to \infty}\left(\dfrac{x+2}{x+1}\right)^x = \lim\limits_{x \to \infty}\dfrac{\left(1+\dfrac{2}{x}\right)^x}{\left(1+\dfrac{1}{x}\right)^x} = \dfrac{\lim\limits_{x \to \infty}\left(1+\dfrac{2}{x}\right)^x}{\lim\limits_{x \to \infty}\left(1+\dfrac{1}{x}\right)^x} = \dfrac{\mathrm{e}^2}{\mathrm{e}} = \mathrm{e}$.

习题 1.4

1. 求下列极限：

(1) $\lim\limits_{x \to 1}(x^3 - 2x^2 + 1)$；

(2) $\lim\limits_{x \to \infty} \dfrac{2x^3 - 3x + 4}{x^3 + 5x^2 - 3}$；

(3) $\lim\limits_{x \to 2} \dfrac{x^2 - 3x + 2}{x^2 - 4}$；

(4) $\lim\limits_{x \to \infty} \dfrac{x^2 - 2x + 4}{4x^3 + 3x^2 - 1}$；

(5) $\lim\limits_{x \to 0} \dfrac{\sqrt{x^2 + 1} - 1}{x^2}$.

2. 求下列极限：

(1) $\lim\limits_{x \to 0} \dfrac{\sin 5x}{x}$；

(2) $\lim\limits_{n \to \infty} 3^n \sin \dfrac{x}{3^n} \quad (x \neq 0)$；

(3) $\lim\limits_{x \to 1} \dfrac{\sin(x - 1)}{x^2 - 1}$；

(4) $\lim\limits_{x \to \infty} \left(1 - \dfrac{2}{x}\right)^x$；

(5) $\lim\limits_{x \to 0} (1 + 2x)^{\frac{2}{x}}$；

(6) $\lim\limits_{x \to \infty} \left(\dfrac{x}{x + 1}\right)^x$.

3. 已知 $\lim\limits_{x \to 0} (1 + kx)^{\frac{2}{x}} = \mathrm{e}^2$，求 k 的值.

4. 填空题.

(1)（2007 年广东专插本）极限 $\lim\limits_{x \to \infty} \left(\dfrac{x - 1}{x + 1}\right)^x = $ _____.

(2)（2010 年广东专插本）设 a、b 为常数，若 $\lim\limits_{x \to \infty} \left(\dfrac{ax^2}{x + 1} + bx\right) = 2$，则 $a + b = $ _____.

(3)（2014 年广东专插本）极限 $\lim\limits_{n \to \infty} \dfrac{\sqrt{4n^2 + 3n + 1}}{n} = $ _____.

(4)（2016 年广东专插本）极限 $\lim\limits_{x \to \infty} x \sin \dfrac{3}{x} = $ _____.

5. 选择题.

(1)（2008 年广东专插本）极限 $\lim\limits_{x \to 0} (1 + x)^{\frac{1}{x}} = $ （　　）.

A. e 　　　　 B. e^{-1} 　　　　 C. 1 　　　　 D. -1

(2)（2012 年广东专插本）极限 $\lim\limits_{x \to \infty} 2x \sin \dfrac{3}{x} = $ （　　）.

A. 0 　　　　 B. 2 　　　　 C. 3 　　　　 D. 6

(3)（2017 年广东专插本）若 $\lim\limits_{x \to \infty} \left(1 + \dfrac{a}{x}\right)^x = 4$，则常数 $a = $ （　　）.

A. $\ln 2$ 　　　　 B. $2\ln 2$ 　　　　 C. 1 　　　　 D. 4

6.（2006 年广东专插本）求极限 $\lim\limits_{n \to \infty} n \left[\ln \left(2 + \dfrac{1}{n}\right) - \ln 2\right]$.

1.5 函数的连续性

自然界中有许多量都是连续变化的，如气温的变化、河水的流动、动植物的生长等.

连续性就是各种物态连续变化的数学体现. 本节将在极限的基础上介绍函数连续的概念以及连续函数的一些重要性质和应用.

一、函数连续性的定义

1. 函数 $y = f(x)$ 在点 x_0 处的连续性

首先我们来介绍改变量的概念, 在此基础上给出函数在一点连续的定义.

设函数 $y = f(x)$ 在点 x_0 的某邻域内有定义, 当自变量 x 由 x_0 变到 x_1(x_1 也在该邻域内) 时, 把 $x_1 - x_0$ 叫做自变量 x 的改变量, 记作 Δx(可正可负), 即 $\Delta x = x_1 - x_0$. 这时 $x_1 = x_0 + \Delta x$, 函数值相应地由 $f(x_0)$ 变化到 $f(x_0 + \Delta x)$, 称

$$\Delta y = f(x_0 + \Delta x) - f(x_0)$$

为函数值的改变量, 如图 1-4 所示. 当自变量的改变量 Δx 很小时, 函数值的改变量 Δy 也很小, 且当 $\Delta x \to 0$ 时, 相应地有 $\Delta y \to 0$, 这时函数的图像在点 x_0 处没有断开, 此时我们有如下定义:

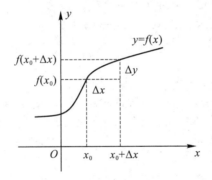

图 1-4

定义 1-12 设函数 $y = f(x)$ 在点 x_0 的某邻域内有定义, 若自变量的改变量 Δx 趋于 0 时, 对应的函数值的改变量 Δy 也趋于零, 即

$$\lim_{\Delta x \to 0} \Delta y = \lim_{\Delta x \to 0} [f(x_0 + \Delta x) - f(x_0)] = 0$$

则称函数 $y = f(x)$ 在 x_0 处是连续的; x_0 称为函数 $y = f(x)$ 的连续点; 否则称 $y = f(x)$ 在 x_0 处不连续(间断).

如果将 $x_0 + \Delta x$ 记作 x, 则 $f(x_0 + \Delta x) = f(x)$, $\Delta x = x - x_0$, $\Delta x \to 0$ 等价于 $x \to x_0$, 所以定义 1-12 的表达式也可以记作 $\lim_{x \to x_0} [f(x) - f(x_0)] = 0$, 即 $\lim_{x \to x_0} f(x) = f(x_0)$, 从而可得函数在一点连续的另一等价定义:

定义 1-13 设函数 $y = f(x)$ 在点 x_0 的某邻域内有定义, 若

$$\lim_{x \to x_0} f(x) = f(x_0)$$

则称函数 $y = f(x)$ 在 x_0 处连续, x_0 称为 $y = f(x)$ 的连续点.

根据定义 1-13, 函数 $f(x)$ 在点 x_0 处连续必须同时满足如下条件:

(1) $y = f(x)$ 在点 x_0 处有定义;

(2) 极限 $\lim_{x \to x_0} f(x)$ 存在;

(3) $\lim\limits_{x \to x_0} f(x) = f(x_0)$（$x \to x_0$ 时的极限值等于 x_0 处的函数值）.

上述三个条件只要有一个不满足，函数 $f(x)$ 在 x_0 处就不连续.

例 1 - 24　设函数 $f(x) = \begin{cases} x^2 - 1, & x < 0 \\ 2, & x = 0 \\ x - 1, & x > 0 \end{cases}$，讨论函数 $f(x)$ 在点 $x = 0$ 处的连续性.

解　(1) 函数 $f(x)$ 在点 $x = 0$ 处有定义，且 $f(0) = 2$.

(2) 因为 $\lim\limits_{x \to 0^-} f(x) = \lim\limits_{x \to 0^-} (x^2 - 1) = -1$，$\lim\limits_{x \to 0^+} f(x) = \lim\limits_{x \to 0^+} (x - 1) = -1$，所以 $\lim\limits_{x \to 0} f(x) = -1$.

(3) $\lim\limits_{x \to 0} f(x) \neq f(0)$.

因此，由连续必须满足的三个条件可判断 $f(x)$ 在点 $x = 0$ 处不连续.

例 1 - 25　当 a 取何值时，函数 $f(x) = \begin{cases} \mathrm{e}^x, & x < 0 \\ a + x, & x \geqslant 0 \end{cases}$ 在 $x = 0$ 处是连续的？

解　函数在 $x = 0$ 处有定义，且 $f(0) = a$，又因为

$$\lim\limits_{x \to 0^+} f(x) = \lim\limits_{x \to 0^+} (a + x) = a$$
$$\lim\limits_{x \to 0^-} f(x) = \lim\limits_{x \to 0^-} \mathrm{e}^x = 1$$

由此可知，要使该函数在 $x = 0$ 处连续，须有

$$\lim\limits_{x \to 0^+} f(x) = \lim\limits_{x \to 0^-} f(x) = f(0) \text{ 或 } a = 1$$

故当 $a = 1$ 时，函数 $f(x) = \begin{cases} \mathrm{e}^x, & x < 0 \\ a + x, & x \geqslant 0 \end{cases}$ 在 $x = 0$ 处是连续的.

2. 函数的间断点

如果函数 $y = f(x)$ 在点 x_0 处不连续（间断），则称 x_0 为函数 $f(x)$ 的间断点.

函数 $y = f(x)$ 在点 x_0 处间断有以下三种可能：

(1) 函数 $f(x)$ 在 x_0 处没有定义；

(2) 函数 $f(x)$ 在 x_0 处有定义，但极限 $\lim\limits_{x \to x_0} f(x)$ 不存在；

(3) 函数 $f(x)$ 在 x_0 处有定义，且极限 $\lim\limits_{x \to x_0} f(x)$ 存在，但 $\lim\limits_{x \to x_0} f(x) \neq f(x_0)$.

间断点可以分为第一类间断点和第二类间断点，左、右极限都存在的间断点称为第一类间断点；左极限、右极限至少有一个不存在的间断点称为第二类间断点. 在第一类间断点中，如果左、右极限相等，则称其为可去间断点；如果左、右极限不相等，则称其为跳跃间断点.

例 1 - 26　试判断下列函数在 $x = 1$ 处是否连续. 若不连续，指明其间断点类型.

(1) $f(x) = \dfrac{x^2 - 1}{x - 1}$；　　　　(2) $f(x) = \begin{cases} x - 1, & 0 < x \leqslant 1, \\ 2 - x, & 1 < x \leqslant 3. \end{cases}$

解　(1) 因在 $x = 1$ 处函数 $f(x) = \dfrac{x^2 - 1}{x - 1}$ 无定义，故 $x = 1$ 是函数 $f(x) = \dfrac{x^2 - 1}{x - 1}$ 的间断点. 又因为 $\lim\limits_{x \to 1} f(x) = \lim\limits_{x \to 1} \dfrac{(x + 1)(x - 1)}{x - 1} = \lim\limits_{x \to 1} (x + 1) = 2$，所以 $x = 1$ 属于第一类

间断点的可去间断点.

(2) 因为 $\lim\limits_{x \to 1^-} f(x) = \lim\limits_{x \to 1^-}(x-1) = 0$ 且 $\lim\limits_{x \to 1^+} f(x) = \lim\limits_{x \to 1^+}(2-x) = 1$，显然 $\lim\limits_{x \to 1^+} f(x) \neq \lim\limits_{x \to 1^-} f(x)$，所以 $x = 1$ 属于第一类间断点的跳跃间断点.

3. 左连续、右连续

鉴于函数在一点连续与极限的关系，考虑到函数左、右极限的概念，我们有如下定义：

定义 1 - 14 设函数 $y = f(x)$ 在点 x_0 左侧（右侧）附近有定义，若 $\lim\limits_{x \to x_0^-} f(x) = f(x_0)$（$\lim\limits_{x \to x_0^+} f(x) = f(x_0)$），则称函数 $y = f(x)$ 在 x_0 处左连续（右连续）.

显然，例1-26中的函数 $f(x) = \begin{cases} x-1, & 0 < x \leqslant 1 \\ 2-x, & 1 < x \leqslant 3 \end{cases}$ 在 $x = 1$ 处是左连续，但不是右连续的.

定理 1 - 2 函数 $f(x)$ 在 x_0 处连续的充分必要条件是函数 $f(x)$ 在 x_0 处既左连续又右连续.

4. 函数 $y = f(x)$ 在区间内（上）的连续性

如果 $y = f(x)$ 在区间 (a, b) 内每一点都连续，则称函数 $y = f(x)$ 在区间 (a, b) 内连续. 此时，函数 $y = f(x)$ 称为区间 (a, b) 内的连续函数，区间 (a, b) 称为函数 $y = f(x)$ 的连续区间.

若函数 $y = f(x)$ 在区间 (a, b) 内连续，且在 a 处右连续，在 b 处左连续，则称函数 $y = f(x)$ 在区间 $[a, b]$ 上连续.

二、初等函数的连续性

我们不加证明地给出如下重要结论：初等函数在其定义区间内都是连续的.

由初等函数的连续性可知，初等函数的连续区间就是该函数的定义区间. 对于分段函数，除了按上述结论讨论每一段函数的连续性外，还必须讨论在分段点处的连续性.

一切初等函数在其定义域范围内都是连续的，而且若函数 $f(x)$ 在 x_0 处连续，则有等式 $\lim\limits_{x \to x_0} f(x) = f(x_0)$ 成立. 因此，我们在求函数极限时，就可充分利用这两点，只要能确定 x_0 是初等函数 $f(x)$ 定义域内的点，就有 $\lim\limits_{x \to x_0} f(x) = f(x_0)$.

例 1 - 27 求极限 $\lim\limits_{x \to \frac{\pi}{2}} \ln(2 + \sin x)$.

解 因为函数 $y = \ln(2 + \sin x)$ 是初等函数，且 $x = \dfrac{\pi}{2}$ 在其定义域内，即 $x = \dfrac{\pi}{2}$ 为函数 $y = \ln(2 + \sin x)$ 的连续点，故有

$$\lim\limits_{x \to \frac{\pi}{2}} \ln(2 + \sin x) = \ln\left(2 + \sin\frac{\pi}{2}\right) = \ln 3$$

定理 1 - 3 设复合函数 $y = f[\varphi(x)]$，若 $\lim\limits_{x \to x_0} \varphi(x) = u_0$，而函数 $y = f(u)$ 在 u_0 处连续，则

$$\lim\limits_{x \to x_0} f[\varphi(x)] = f\left[\lim\limits_{x \to x_0} \varphi(x)\right] = f(u_0)$$

例 1 - 28 证明 $x \to 0$ 时，$\ln(1 + x) \sim x$.

证明 因为

$$\lim_{x \to 0} \frac{\ln(1+x)}{x} = \lim_{x \to 0} \frac{1}{x} \ln(1+x) = \lim_{x \to 0} \ln(1+x)^{\frac{1}{x}}$$

$$= \ln\left[\lim_{x \to 0}(1+x)^{\frac{1}{x}}\right] = \ln e = 1$$

所以 $x \to 0$ 时，$\ln(1+x) \sim x$.

三、闭区间上连续函数的性质

下面介绍闭区间上连续函数的三个主要性质，我们不加证明给出如下定理：

定理 1 - 4(最值定理)　闭区间 $[a, b]$ 上的连续函数 $f(x)$ 一定存在最大值和最小值.

定理 1 - 5(介值定理)　设函数 $f(x)$ 在闭区间 $[a, b]$ 上连续，其最大值和最小值分别为 M 和 m，则对介于 M 和 m 之间的任一数 μ，至少存在一个 $\xi \in (a, b)$，使得 $f(\xi) = \mu$(见图 1 - 5).

定理 1 - 6(零点定理)　设函数 $f(x)$ 在闭区间 $[a, b]$ 上连续，且 $f(a)f(b) < 0$，则至少存在一个 $\xi \in (a, b)$，使得 $f(\xi) = 0$(见图 1 - 6).

显然，零点定理可看做是介值定理的推论.

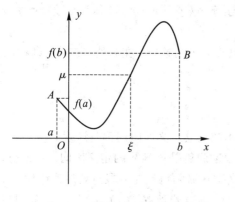
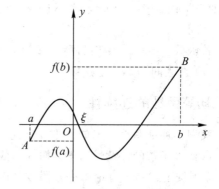

图 1 - 5　　　　　　　　　　　　　　　　图 1 - 6

例 1 - 29　证明方程 $x^3 - 4x^2 + 1 = 0$ 在区间 $(0, 1)$ 内至少有一个实根.

证明　令 $f(x) = x^3 - 4x^2 + 1$，显然初等函数 $f(x) = x^3 - 4x^2 + 1$ 在闭区间 $[0, 1]$ 上连续，并且 $f(0) = 1 > 0$，$f(1) = -2 < 0$. 所以由零点定理可知，在区间 $(0, 1)$ 内至少存在一点 ξ，使得 $f(\xi) = 0$，即方程 $x^3 - 4x^2 + 1 = 0$ 在区间 $(0, 1)$ 内至少有一个实根.

 习题 1.5

1. 讨论函数 $f(x) = \begin{cases} x - 1, & x \geqslant 0 \\ 2x, & x < 0 \end{cases}$ 在点 $x = 0$ 处的连续性.

2. 设函数 $f(x) = \begin{cases} x^2 + x, & x < 0 \\ a, & x \geqslant 0 \end{cases}$，且 $f(x)$ 在点 $x = 0$ 处连续，确定 a 值.

3. 试求下列函数的间断点，并判断间断点的类型.

(1) $f(x) = \dfrac{x^2 - 4}{x - 2}$;

(2) $f(x) = \dfrac{\sin x}{x}$;

(3) $f(x) = \dfrac{x^2 - 1}{x^2 - 3x + 2}$;　　　　　(4) $f(x) = \begin{cases} x + 1, & x > 1 \\ x - 1, & x \leqslant 1 \end{cases}$.

4. 求下列函数的极限.

(1) $\lim\limits_{x \to 0} \sqrt{e^x - 1}$;　　　　　(2) $\lim\limits_{x \to \frac{\pi}{4}} \ln(\sin 2x)$;

(3) $\lim\limits_{x \to 0} \ln \dfrac{\sin x}{x}$;　　　　　(4) $\lim\limits_{x \to 1} \dfrac{\sqrt{x + 2} - \sqrt{3}}{x - 1}$.

5. 证明方程 $\sin x - x + 1 = 0$ 在 0 与 π 之间有实根.

6. 填空题.

(1)（2007 年广东专插本）设函数 $f(x) = \dfrac{\sqrt{x + 1} - 2}{x - 3}$,要使 $f(x)$ 在 $x = 3$ 处连续,应补充定义 $f(3) = $ _____.

(2)（2013 年广东专插本）要使函数 $f(x) = \dfrac{1}{x - 1} - \dfrac{2}{x^2 - 1}$ 在 $x = 1$ 处连续,应补充定义 $f(1) = $ _____.

7. 选择题.

(1)（2010 年广东专插本）$x = 0$ 是函数 $f(x) = \begin{cases} e^{\frac{1}{x}}, & x < 0 \\ 0, & x \geqslant 0 \end{cases}$ 的（　　）.

A. 连续点　　　　　　　　　　B. 第一类可去间断点

C. 第一类跳跃间断点　　　　　D. 第二类间断点

(2)（2011 年广东专插本）若函数 $f(x) = \begin{cases} (1 + ax)^{\frac{1}{x}}, & x > 0 \\ 2 + x, & x \leqslant 0 \end{cases}$ 在 $x = 0$ 处连续,则常数 $a = $（　　）.

A. $-\ln 2$　　　　　　　　　　B. $\ln 2$

C. 2　　　　　　　　　　　　D. e^2

(3)（2012 年广东专插本）$x = 0$ 是函数 $f(x) = \begin{cases} (1 - 2x)^{\frac{1}{x}}, & x < 0 \\ e^2 + x, & x \geqslant 0 \end{cases}$ 的（　　）.

A. 连续点　　　　　　　　　　B. 可去间断点

C. 跳跃间断点　　　　　　　　D. 第二类间断点

(4)（2016 年广东专插本）若函数 $f(x) = \begin{cases} 3x + a, & x \geqslant 1 \\ x + 1, & x < 1 \end{cases}$ 在点 $x = 1$ 处连续,则常数 $a = $（　　）.

A. -1　　　　　　　　　　　B. 0

C. 1　　　　　　　　　　　　D. 2

8.（2015 年广东专插本）已知函数 $f(x) = \begin{cases} \dfrac{\sin 2(x - 1)}{x - 1}, & x < 1 \\ a, & x = 1 \\ x + b, & x > 1 \end{cases}$ 在点 $x = 1$ 处连续,求常数 a 和 b 的值.

本 章 小 结

一、函数的概念

1）函数的定义

设有两个变量 x 和 y，若变量 x 在非空实数集 D 内任取定一个数值时，变量 y 按照一定的法则 f，总有确定的数值与之对应，我们则称 y 是 x 的函数，记作

$$y = f(x), \ x \in D.$$

其中 x 称为自变量；y 称为函数或因变量；自变量的取值范围 D 称为函数 $y = f(x)$ 的定义域；f 称为对应法则.

如果自变量在定义域内任取一个确定的值时，函数只有一个确定的值和它对应，这种函数称为单值函数；否则称为多值函数. 本书主要讨论单值函数.

2）函数的两个要素

函数的定义域是使函数表达式有意义的自变量的取值范围，函数的定义域和对应法则称为函数的两个要素. 若两个函数的定义域和对应法则都相同，则这两个函数相同.

3）分段函数

在定义域的不同范围内具有不同的解析表达式的函数称为分段函数.

4）函数的特性

函数的特性是指函数的单调性、奇偶性、有界性和周期性（参见绪论预备知识）.

二、初等函数

1）基本初等函数

我们把常数函数、幂函数、指数函数、对数函数、三角函数、反三角函数称为基本初等函数，这六类基本初等函数的图形和性质参见绪论预备知识.

2）复合函数

若 y 是 u 的函数 $y = f(u)$，而 u 又是 x 的函数 $u = \varphi(x)$，且 $\varphi(x)$ 函数值的全部或部分在 $y = f(u)$ 的定义域内，则称函数 $y = f[\varphi(x)]$ 是由函数 $y = f(u)$ 及 $u = \varphi(x)$ 复合而成的复合函数，其中 u 称为中间变量.

复合函数通常采取由外层到内层分解的办法，将其分解成若干基本初等函数或简单函数的复合.

3）初等函数

由基本初等函数经过有限次四则运算和复合运算构成，并能用一个解析式来表示的函数称为初等函数.

三、极限的概念

1）数列的极限

如果当项数 n 无限增大时，无穷数列 $\{x_n\}$ 的通项 x_n 无限地趋近于某个确定的常数 A，则称 A 是数列 $\{x_n\}$ 的极限，记作

$$\lim_{n \to \infty} x_n = A \text{ 或 } x_n \to A, n \to \infty$$

若数列 $\{x_n\}$ 的极限存在，则称数列 $\{x_n\}$ 收敛. 若当 n 无限增大时，x_n 不趋近于任何常数，则称数列 $\{x_n\}$ 极限不存在或数列发散.

2）函数的极限

当 $x \to +\infty$，如果函数值 $f(x)$ 无限趋近于某个确定的常数 A，则称 A 为函数 $f(x)$ 当 $x \to +\infty$ 时的极限，记作

$$\lim_{x \to +\infty} f(x) = A \text{ 或 } f(x) \to A, x \to +\infty$$

上述定义的自变量的变化过程 $x \to +\infty$ 可以换成 $x \to -\infty$、$x \to \infty$、$x \to x_0$、$x \to x_0^+$、$x \to x_0^-$.

3）单侧极限与双侧极限的关系

（1）$\lim\limits_{x \to \infty} f(x) = A \Leftrightarrow \lim\limits_{x \to +\infty} f(x) = \lim\limits_{x \to -\infty} f(x) = A$；

（2）$\lim\limits_{x \to x_0} f(x) = A \Leftrightarrow \lim\limits_{x \to x_0^-} f(x) = \lim\limits_{x \to x_0^+} f(x) = A$.

四、极限的性质

（1）唯一性：若极限 $\lim\limits_{x \to x_0} f(x)$ 存在，则其极限是唯一的.

（2）有界性：若极限 $\lim\limits_{x \to x_0} f(x)$ 存在，则函数 $f(x)$ 必在 x_0 的某个去心邻域内有界.

（3）保号性：若 $\lim\limits_{x \to x_0} f(x) = A$ 且 $A > 0$（或 $A < 0$），则在 x_0 的某个去心邻域内恒有 $f(x) > 0$（或 $f(x) < 0$）.

（4）推论：若 $\lim\limits_{x \to x_0} f(x) = A$，且在 x_0 的某个去心邻域内恒有 $f(x) \geqslant 0$（或 $f(x) \leqslant 0$），则 $A \geqslant 0$（或 $A \leqslant 0$）.

五、无穷小与无穷大

1）无穷小的定义

在自变量的某一变化过程中，极限为 0 的变量称为无穷小量，简称无穷小.

2）无穷大的定义

如果在 x 的某个变化过程中 $|f(x)|$ 无限增大，则称 $f(x)$ 是该过程中的无穷大量，简称为无穷大，记作 $\lim f(x) = \infty$.

3）无穷小的性质

在自变量的同一变化过程中，无穷小满足以下性质：

性质 1　有限个无穷小的代数和仍是无穷小.

性质 2　有限个无穷小的乘积仍是无穷小.

性质 3　常数与无穷小之积仍是无穷小.

性质 4　有界变量与无穷小的乘积是无穷小.

4）无穷小与无穷大的关系

在自变量的同一变化过程中，无穷大的倒数是无穷小，非零无穷小的倒数是无穷大.

5）无穷小的比较

设 α 与 β 是自变量在同一变化过程中的无穷小，且 $\beta \neq 0$：

（1）若 $\lim \dfrac{\alpha}{\beta} = 0$，则称 α 是比 β 高阶的无穷小，记作 $\alpha = o(\beta)$；

（2）若 $\lim \dfrac{\alpha}{\beta} = \infty$，则称 α 是比 β 低阶的无穷小；

（3）若 $\lim \dfrac{\alpha}{\beta} = c\,(c \neq 0)$，则称 α 与 β 是同阶无穷小．特别地，若 $\lim \dfrac{\alpha}{\beta} = 1$，则称 α 与 β 是等价无穷小，记作 $\alpha \sim \beta$ 或 $\beta \sim \alpha$．

6）当 $x \to 0$ 时，我们常用的等价无穷小如下所示：

$$\sin x \sim x \qquad \arcsin x \sim x \qquad \mathrm{e}^x - 1 \sim x \qquad 1 - \cos x \sim \frac{1}{2}x^2$$

$$\tan x \sim x \qquad \arctan x \sim x \qquad \ln(1+x) \sim x \qquad (1+x)^\alpha - 1 \sim \alpha x$$

六、极限的运算

1）极限的四则运算法则

设函数 $f(x)$ 与 $g(x)$ 在自变量 x 的同一变化过程中极限均存在，且 $\lim\limits_{x \to *} f(x) = A$，$\lim\limits_{x \to *} g(x) = B$，则有

（1）$\lim\limits_{x \to *} [f(x) \pm g(x)] = \lim\limits_{x \to *} f(x) \pm \lim\limits_{x \to *} g(x) = A \pm B$；

（2）$\lim\limits_{x \to *} [f(x) \cdot g(x)] = \lim\limits_{x \to *} f(x) \cdot \lim\limits_{x \to *} g(x) = AB$；

特别地，有

$\lim\limits_{x \to *} k f(x) = k \lim\limits_{x \to *} f(x) = kA \quad$（$k$ 为常数）；

$\lim\limits_{x \to *} [f(x)]^n = [\lim\limits_{x \to *} f(x)]^n = A^n \quad$（$n$ 为正整数）；

$\lim\limits_{x \to *} \sqrt[n]{f(x)} = \sqrt[n]{\lim\limits_{x \to *} f(x)} = \sqrt[n]{A} \quad$（$n$ 为正整数，且当 n 为偶数时 $A \geqslant 0$）．

（3）$\lim\limits_{x \to *} \dfrac{f(x)}{g(x)} = \dfrac{\lim\limits_{x \to *} f(x)}{\lim\limits_{x \to *} g(x)} = \dfrac{A}{B} \quad (B \neq 0)$．

上述法则（1）、（2）可以推广到有限多个具有极限的函数相加、相减和乘积的情形．

2）两个重要极限

$$\lim_{x \to 0} \frac{\sin x}{x} = 1, \ \lim_{x \to \infty} \left(1 + \frac{1}{x}\right)^x = \mathrm{e}$$

七、函数的连续性

1）函数连续的定义

设函数 $y = f(x)$ 在点 x_0 的某邻域内有定义，若 $\lim\limits_{x \to x_0} f(x) = f(x_0)$，则称函数 $y = f(x)$ 在 x_0 处连续，x_0 称为 $y = f(x)$ 的连续点．

根据定义可知，函数 $f(x)$ 在点 x_0 处连续必须同时满足如下条件：

（1）$y = f(x)$ 在点 x_0 处有定义；

(2) 极限 $\lim\limits_{x \to x_0} f(x)$ 存在；

(3) $\lim\limits_{x \to x_0} f(x) = f(x_0)$（$x \to x_0$ 时的极限值等于 x_0 处的函数值）.

2）函数的间断点

只要函数 $f(x)$ 在点 x_0 处不满足上述条件中的任何一个条件，我们就称函数 $f(x)$ 在点 x_0 处是不连续的（间断的），x_0 称为函数 $f(x)$ 的间断点.

间断点可以分为第一类间断点和第二类间断点，左、右极限都存在的间断点称为第一类间断点；左极限、右极限至少有一个不存在的间断点称为第二类间断点. 在第一类间断点中，如果左、右极限相等，则称其为可去间断点；如果左、右极限不相等，则称其为跳跃间断点.

函数 $f(x)$ 在 x_0 处连续的充分必要条件是函数 $f(x)$ 在 x_0 处既左连续又右连续.

3）初等函数的连续性

一切初等函数在其定义区间内都是连续的.

4）闭区间上连续函数的性质

（1）**最值定理**：闭区间 $[a,b]$ 上的连续函数 $f(x)$ 一定存在最大值和最小值.

（2）**介值定理**：设函数 $f(x)$ 在闭区间 $[a,b]$ 上连续，且其最大值和最小值分别为 M 和 m，则对介于 M 和 m 之间的任一数 μ，至少存在一个 $\xi \in (a,b)$，使得 $f(\xi) = \mu$.

（3）**零点定理**：设函数 $f(x)$ 在闭区间 $[a,b]$ 上连续，且 $f(a)f(b) < 0$，则至少存在一个 $\xi \in (a,b)$，使得 $f(\xi) = 0$.

总习题一

一、选择题

1. 当 $x \to \infty$ 时，下列函数中有极限的是（　　）.

A. e^{-x} 　　　　　B. $\sin x$ 　　　　　C. $\arctan x$ 　　　　　D. $\dfrac{x+1}{x^2-1}$

2. $\lim\limits_{x \to \frac{\pi}{2}} \dfrac{\sin x}{x} = $（　　）.

A. 0 　　　　　B. $\dfrac{2}{\pi}$ 　　　　　C. 1 　　　　　D. $\dfrac{\pi}{2}$

3. 函数 $f(x)$ 在 x_0 处连续是 $\lim\limits_{x \to x_0} f(x)$ 存在的（　　）.

A. 必要条件 　　　B. 充分条件 　　　C. 充要条件 　　　D. 无关条件

4. 当 $x \to 0$ 时，下列函数是无穷小的是（　　）.

A. $x\sin\dfrac{1}{x}$ 　　　B. $\dfrac{1}{x}\sin x$ 　　　C. $\dfrac{\cos x}{x}$ 　　　D. $\sin\dfrac{1}{x}$

5. 下列极限计算正确的是（　　）.

A. $\lim\limits_{x \to 0}\left(1 + \dfrac{1}{x}\right)^x = e$ 　　　　　　　　　B. $\lim\limits_{x \to \infty}(1+x)^{\frac{1}{x}} = e$

C. $\lim\limits_{x \to 0} x \sin \dfrac{1}{x} = 1$ 　　　　　　　D. $\lim\limits_{x \to \infty} x \sin \dfrac{1}{x} = 1$

6. (2006 年广东专插本) 设函数 $f(x) = \begin{cases} a\,(1+x)^{\frac{1}{x}}, & x > 0 \\ x \sin \dfrac{1}{x} + \dfrac{1}{2}, & x < 0 \end{cases}$，若 $\lim\limits_{x \to 0} f(x)$ 存在，则

$a = (\quad)$.

A. $\dfrac{3}{2}$ 　　　　　B. $\dfrac{1}{2}e^{-1}$ 　　　　　C. $\dfrac{3}{2}e^{-1}$ 　　　　　D. $\dfrac{1}{2}$

7. (2009 年广东专插本) 极限 $\lim\limits_{x \to 0}\left(x \sin \dfrac{2}{x} + \dfrac{2}{x} \sin x\right) = (\quad)$.

A. 0 　　　　　　B. 1 　　　　　　C. 2 　　　　　　D. ∞

8. (2011 年广东专插本) 下列极限等式中，正确的是($\quad$).

A. $\lim\limits_{x \to \infty} \dfrac{\sin x}{x} = 1$ 　　　　　　　B. $\lim\limits_{x \to \infty} e^x = \infty$

C. $\lim\limits_{x \to 0^-} e^{\frac{1}{x}} = 0$ 　　　　　　　D. $\lim\limits_{x \to 0} \dfrac{|x|}{x} = 1$

9. (2017 年广东专插本) 下列极限等式不正确的是($\quad$).

A. $\lim\limits_{n \to \infty} e^{-n} = 0$ 　　　　　　　B. $\lim\limits_{n \to \infty} e^{\frac{1}{n}} = 1$

C. $\lim\limits_{x \to 1} \dfrac{x-1}{x^2-1} = 0$ 　　　　　　　D. $\lim\limits_{x \to 0} x \sin \dfrac{1}{x} = 0$

10. (2018 年广东专插本) $\lim\limits_{x \to 0}\left(3x \sin \dfrac{1}{x} + \dfrac{\sin x}{x}\right) = (\quad)$.

A. 0 　　　　　　B. 1 　　　　　　C. 3 　　　　　　D. 4

二、填空题

1. 函数 $y = \log_2(3-x)$ 的连续区间是_____.

2. 若函数 $f(\sin x) = \cos^2 x$，则 $f(x) =$ _____.

3. $\lim\limits_{x \to 1} \dfrac{\sin(x^2-1)}{x-1} =$ _____.

4. $\lim\limits_{x \to 1} \dfrac{\arctan x}{x^2} =$ _____.

5. 若 $\lim\limits_{x \to \infty}\left(1 - \dfrac{k}{x}\right)^x = 2$，则 $k =$ _____.

三、计算题

1. 求下列函数的极限：

(1) $\lim\limits_{x \to \infty}\left(3 + \dfrac{2}{x} - \dfrac{1}{x^2}\right)$；　　　　　　(2) $\lim\limits_{x \to 0} \dfrac{x - \sin x}{x + \sin x}$；

(3) $\lim\limits_{x \to 1} \dfrac{x^2 - 2x + 1}{x^3 - 1}$；　　　　　　(4) $\lim\limits_{\Delta x \to 0} \dfrac{\sqrt{x + \Delta x} - \sqrt{x}}{\Delta x}$；

(5) $\lim\limits_{x \to 0} \dfrac{x^2}{\sqrt{x^2 + 2} - \sqrt{2}}$；　　　　　　(6) $\lim\limits_{x \to \infty}\left(\dfrac{x-1}{x+1}\right)^x$.

2. 当 b 为何值时，函数 $f(x) = \begin{cases} \dfrac{\sin 2x}{x}, & x \neq 0 \\ b + x, & x = 0 \end{cases}$ 为连续函数.

四、应用题

1.【停车场收费】某停车场一天内收费规定为：停车不超过一小时收费 3 元，超过一小时后每小时收费 2 元，每天最多收费 20 元，试列出表示停车场收费与停车时间的函数关系式.

2.【药物代谢】已知某药物在人体内的代谢速度 v 与药物进入人体内的时间 t 之间的关系为

$$v(t) = 24.61(1 - 0.273^t)$$

求代谢速度最终的稳定值 $\lim\limits_{t \to +\infty} v(t)$.

3.【电路中的电压】在 RC 电路的充电过程中，电容器两端的电压 $U(t)$ 为

$$U(t) = E\left(1 - \mathrm{e}^{-\frac{t}{RC}}\right) \quad (E、R、C \text{ 均为常数})$$

求电压最终的稳定值.

习题答案

第二章　导 数 与 微 分

学习目标

知识目标：理解导数的概念，熟练掌握导数的基本公式，会求隐函数的导数和高阶导数，理解微分的概念，掌握微分基本公式和运算法则．

技能目标：熟练掌握求导数（微分）的基本公式和复合函数求导公式，会求简单函数的高阶导数和隐函数的导数，熟练掌握函数微分公式．

能力目标：通过本章的学习，会用导数（变化率）描述一些简单的实际问题．

　　微分学是微积分的重要组成部分，它的核心概念是导数和微分．导数反映了因变量相对于自变量变化的快慢程度，即函数的变化率．微分能刻画当自变量有微小改变时，相应的函数改变了多少．导数与微分在自然科学、工程技术及经济等领域有着极其广泛的应用．

2.1　导 数 的 概 念

一、引例

　　为了说明导数的概念，我们首先讨论与导数概念的形成密切相关的两个问题：变速直线运动的瞬时速度与曲线的切线斜率．

　　引例 1　【汽车行驶的速度】小韩开车到 120 千米外的一个旅游景点，共用 2 小时，$\bar{v} = \dfrac{\Delta s}{\Delta t} = \dfrac{120}{2} = 60$ 千米 / 小时为汽车在这段路程行驶的平均速度，然而汽车仪表显示的速度（瞬时速度）却在不断变化．事实上，汽车在做变速运动，那么如何求汽车行驶的瞬时速度呢？

　　1. 变速直线运动的瞬时速度

　　设质点做变速直线运动的位置函数为 $s = s(t)$，试确定该质点在任一给定时刻 t_0 时的瞬时速度 $v(t_0)$．根据该质点的位置函数，从时刻 t_0 到时刻 $t_0 + \Delta t$ 这段时间内，质点从位置 $s(t_0)$ 运动到 $s(t_0 + \Delta t)$，所经过的路程是 $\Delta s = s(t_0 + \Delta t) - s(t_0)$，如图 2-1 所示，因而质点在时刻 t_0 到时刻 $t_0 + \Delta t$ 这段时间内的平均速度为

$$\bar{v} = \frac{\Delta s}{\Delta t} = \frac{s(t_0 + \Delta t) - s(t_0)}{\Delta t}$$

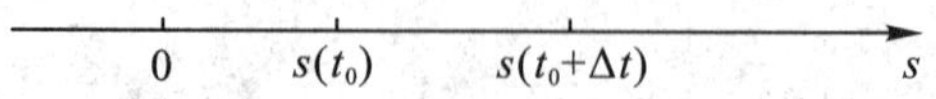

图 2-1

|Δt|越小，质点在这段时间内的速度变化就越小，$\bar{v}$ 就越接近质点在 t_0 时刻的瞬时速度. 当 $\Delta t \to 0$ 时，若平均速度 $\bar{v}$ 的极限存在，就将此极限值称为质点在时刻 t_0 的（瞬时）速度，即

$$v(t_0) = \lim_{\Delta t \to 0} \bar{v} = \lim_{\Delta t \to 0} \frac{\Delta s}{\Delta t} = \lim_{\Delta t \to 0} \frac{s(t_0 + \Delta t) - s(t_0)}{\Delta t}$$

引例 2　【**制作圆形的餐桌玻璃**】一张圆形餐桌上需要加装圆形玻璃. 测量出餐桌的直径后，工艺店的师傅就会在一块方形的玻璃上画出一个同样大的圆，然后沿着圆形的边缘划掉多余的玻璃，最后用砂轮不断在边缘打磨. 当玻璃的边缘非常光滑时，一块圆形的餐桌玻璃就做好了. 从数学的角度来讲，工艺店师傅打磨的过程就是在作圆的切线的过程.

由中学知识，我们知道圆的切线是与圆有唯一交点的直线. 但是对于一般的曲线 $y = f(x)$ 来说，其在点 $(x_0, f(x_0))$ 处的切线又是怎样定义的呢？

2. 平面曲线的切线斜率

设有曲线 L，P 为曲线上一定点，在 L 上点 P 外另取一点 Q，作割线 PQ. 当点 Q 沿曲线 L 移动并趋近于点 P 时，如果割线 PQ 绕点 P 旋转的极限位置存在，那么处于此极限位置的直线 PT 称为曲线 L 在点 P 处的切线，定点 P 叫做切点，如图 2-2 所示，过切点垂直于该切线的直线叫做曲线在该点的法线.

下面讨论如何求切线的斜率. 设曲线 L 是函数 $y = f(x)$ 的图形，如图 2-3 所示，求曲线 L 在点 $P(x_0, f(x_0))$ 处切线的斜率.

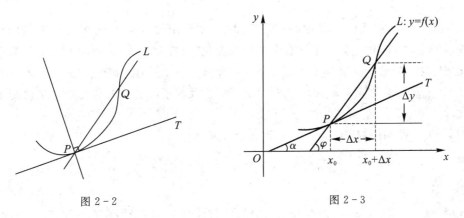

图 2-2　　　　　　　　　　　图 2-3

在曲线 L 上点 P 外另取一点 $Q(x_0 + \Delta x, f(x_0 + \Delta x))$，割线 PQ 的倾斜角为 φ，则割线 PQ 的斜率为

$$\tan\varphi = \frac{\Delta y}{\Delta x} = \frac{f(x_0 + \Delta x) - f(x_0)}{\Delta x}$$

当点 Q 沿曲线 L 趋于点 P 时，$\Delta x \to 0$，割线 PQ 的倾斜角 φ 就趋于切线 PT 的倾斜角 α. 如果割线 PQ 斜率的极限存在（设为 k），那么此极限值 k 即为曲线 L 在点 P 处的切线的斜率，即

$$k = \tan\alpha = \lim_{\Delta x \to 0} \frac{\Delta y}{\Delta x} = \lim_{\Delta x \to 0} \frac{f(x_0 + \Delta x) - f(x_0)}{\Delta x}$$

二、导数的定义

上述两个问题虽然实际背景不同，但都可归结为求函数的增量与对应的自变量增量之比 $\dfrac{\Delta y}{\Delta x}$，当自变量的增量趋近于 $0(\Delta x \to 0)$ 时的极限. 在自然科学和工程技术领域内，还有许多概念，例如电流强度、角速度、线密度等，都可以归结为这种极限的数学形式. 我们撇开这些量的具体意义，抓住它们在数量关系上的共性，就可得出函数导数的概念.

定义 2-1　设函数 $y = f(x)$ 在点 x_0 的某邻域内有定义，当自变量 x 在 x_0 处取得增量 Δx（点 $x_0 + \Delta x$ 仍在该邻域内）时，相应地，因变量取得增量 $\Delta y = f(x_0 + \Delta x) - f(x_0)$. 如果当 $\Delta x \to 0$ 时，$\dfrac{\Delta y}{\Delta x}$ 的极限存在，则称函数 $y = f(x)$ 在点 x_0 处可导，该极限称为函数 $y = f(x)$ 在点 x_0 处的导数，记作 $f'(x_0)$，即

$$f'(x_0) = \lim_{\Delta x \to 0} \frac{\Delta y}{\Delta x} = \lim_{\Delta x \to 0} \frac{f(x_0 + \Delta x) - f(x_0)}{\Delta x} \tag{2-1}$$

也可记作 $y'\big|_{x = x_0}$，$\dfrac{\mathrm{d}y}{\mathrm{d}x}\Big|_{x = x_0}$ 或 $\dfrac{\mathrm{d}f(x)}{\mathrm{d}x}\Big|_{x = x_0}$.

函数 $y = f(x)$ 在 x_0 处可导，也称函数 $y = f(x)$ 在点 x_0 处具有导数或导数存在. 若令 $x = x_0 + \Delta x$，则式 $(2-1)$ 也可以写为

$$f'(x_0) = \lim_{x \to x_0} \frac{f(x) - f(x_0)}{x - x_0} \tag{2-2}$$

如果式 $(2-1)$ 或式 $(2-2)$ 中的极限不存在，则称函数 $y = f(x)$ 在 x_0 处不可导.

在各种学科中，讨论具有不同意义变量的变化"快慢"问题，在数学上都可归结为函数的变化率问题，导数概念就是函数变化率这一概念的精确描述. 对于函数 $y = f(x)$ 而言，导数 $f'(x_0)$ 就是因变量 y 在点 x_0 处的变化率，它反映了因变量随自变量变化而变化的快慢程度.

例 2-1　已知函数 $f(x) = x^2$，求 $f'(3)$.

解　$f'(3) = \lim\limits_{x \to 3} \dfrac{f(x) - f(3)}{x - 3} = \lim\limits_{x \to 3} \dfrac{x^2 - 3^2}{x - 3} = \lim\limits_{x \to 3} \dfrac{(x - 3)(x + 3)}{x - 3} = \lim\limits_{x \to 3}(x + 3) = 6$，即 $f'(3) = 6$.

式 $(2-1)$ 或式 $(2-2)$ 极限存在的充分必要条件是左、右极限存在且相等. 当这两个单侧极限存在时，我们给出如下单侧导数的定义：

定义 2-2　若极限 $\lim\limits_{\Delta x \to 0^-} \dfrac{\Delta y}{\Delta x}$ 存在，则称函数 $y = f(x)$ 在点 x_0 处左可导. 该极限值称为 $f(x)$ 在点 x_0 的左导数，记作 $f'_-(x_0)$，即

$$f'_-(x_0) = \lim_{\Delta x \to 0^-} \frac{\Delta y}{\Delta x} = \lim_{\Delta x \to 0^-} \frac{f(x_0 + \Delta x) - f(x_0)}{\Delta x}$$

若极限 $\lim\limits_{\Delta x \to 0^+} \dfrac{\Delta y}{\Delta x}$ 存在，则称函数 $y = f(x)$ 在点 x_0 处右可导. 该极限值称为 $f(x)$ 在点 x_0 的右导数，记作 $f'_+(x_0)$，即

$$f'_+(x_0) = \lim_{\Delta x \to 0^+} \frac{\Delta y}{\Delta x} = \lim_{\Delta x \to 0^+} \frac{f(x_0 + \Delta x) - f(x_0)}{\Delta x}$$

左导数和右导数统称为单侧导数.

定理 2 - 1　函数 $f(x)$ 在点 x_0 处可导的充分必要条件是 $f(x)$ 的左、右导数均存在且相等,即

$$f'(x_0) = A \Leftrightarrow f'_-(x_0) = A = f'_+(x_0)$$

例 2 - 2　讨论函数 $f(x) = |x| = \begin{cases} x, & x \geqslant 0 \\ -x, & x < 0 \end{cases}$ 在 $x = 0$ 处的可导性.

解　因为

$$f'_-(0) = \lim_{\Delta x \to 0^-} \frac{\Delta y}{\Delta x} = \lim_{\Delta x \to 0^-} \frac{f(\Delta x) - f(0)}{\Delta x} = \lim_{\Delta x \to 0^-} \frac{-\Delta x - 0}{\Delta x} = -1$$

$$f'_+(0) = \lim_{\Delta x \to 0^+} \frac{\Delta y}{\Delta x} = \lim_{\Delta x \to 0^+} \frac{f(\Delta x) - f(0)}{\Delta x} = \lim_{\Delta x \to 0^+} \frac{\Delta x - 0}{\Delta x} = 1$$

即 $f'_-(0) \neq f'_+(0)$,所以 $f(x)$ 在 $x = 0$ 处不可导.

定义 2 - 3　如果函数 $y = f(x)$ 在开区间 (a, b) 内的每一点处都可导,则称函数 $y = f(x)$ 在开区间 (a, b) 内可导. 如果函数 $y = f(x)$ 在开区间 (a, b) 内可导,且在点 a 右可导(点 b 左可导),则称函数 $y = f(x)$ 在左闭右开区间 $[a, b)$(左开右闭区间 $(a, b]$)上可导. 如果函数 $y = f(x)$ 在开区间 (a, b) 内可导,且在点 a 右可导,在点 b 左可导,则称函数 $y = f(x)$ 在闭区间 $[a, b]$ 上可导.

若函数 $y = f(x)$ 在区间 I 上可导,则对于任一 $x \in I$,都有一个确定的导数值与之对应,这样就构成了一个新的函数,这个函数称为函数 $y = f(x)$ 的导函数,简称为导数,记作 y'、$f'(x)$、$\dfrac{dy}{dx}$ 或 $\dfrac{df(x)}{dx}$,即

$$f'(x) = \lim_{\Delta x \to 0} \frac{f(x + \Delta x) - f(x)}{\Delta x}$$

显然,函数 $f(x)$ 在点 x_0 处的导数 $f'(x_0)$,就是导函数 $f'(x)$ 在点 $x = x_0$ 处的函数值,即

$$f'(x_0) = f'(x)|_{x=x_0}$$

有时为了清晰表明对哪个自变量求导,也可在导数右下角写出该自变量. 例如,y'_x 和 f'_u 表示函数 y 和 f 分别对 x 和 u 求导(分别以 x 和 u 为自变量).

有了导数的概念,前面两个实际问题可以重述为:

(1)变速直线运动在时刻 t_0 的瞬时速度就是位置函数 $s = s(t)$ 在 t_0 处的导数 $s'(t_0)$,即

$$v(t_0) = s'(t_0) = \frac{ds}{dt}\bigg|_{t=t_0}$$

这就是导数的物理意义.

(2)函数 $y = f(x)$ 在点 x_0 处的导数 $f'(x_0)$,在几何上表示曲线 $y = f(x)$ 在点 $(x_0, f(x_0))$ 处切线的斜率,即

$$k|_{x=x_0} = f'(x_0)$$

这就是导数的几何意义.

曲线 $y = f(x)$ 在点 $P(x_0, f(x_0))$ 处的切线方程为

$$y - f(x_0) = f'(x_0)(x - x_0)$$

当切线不平行于 x 轴($f'(x_0) \neq 0$)时,法线方程为

$$y - f(x_0) = -\frac{1}{f'(x_0)}(x - x_0)$$

当切线平行于 x 轴（$f'(x_0) = 0$）时，切线方程可简化为 $y = f(x_0)$，此时法线方程为 $x = x_0$.

三、求导举例

根据导数的定义，求某个函数 $y = f(x)$ 的导数 y'，可以分为以下三个步骤：

(1) 求函数的增量：$\Delta y = f(x + \Delta x) - f(x)$；

(2) 算比值：$\dfrac{\Delta y}{\Delta x} = \dfrac{f(x + \Delta x) - f(x)}{\Delta x}$；

(3) 取极限：$y' = f'(x) = \lim\limits_{\Delta x \to 0} \dfrac{\Delta y}{\Delta x}$.

下面我们根据这三个步骤来求一些基本初等函数的导数.

例 2-3 求函数 $f(x) = C$（C 为常数）的导数.

解 在 x 处给自变量一个增量 Δx，相应地，函数值的增量为

$$\Delta y = f(x + \Delta x) - f(x) = C - C = 0$$

则

$$\frac{\Delta y}{\Delta x} = \frac{0}{\Delta x} = 0$$

因而

$$f'(x) = \lim_{\Delta x \to 0} \frac{\Delta y}{\Delta x} = \lim_{\Delta x \to 0} 0 = 0$$

即

$$C' = 0 \,(C \text{ 为常数}) \tag{2-3}$$

也就是说，常数的导数等于零.

类似地，结合中学知识以及导数的定义，我们可得到下列公式：

$$(x^a)' = \alpha x^{\alpha-1} \tag{2-4}$$

$$(\sin x)' = \cos x \tag{2-5}$$

$$(\cos x)' = -\sin x \tag{2-6}$$

$$(\log_a x)' = \frac{1}{x \ln a} \tag{2-7}$$

特别地，当 $a = e$ 时，有

$$(\ln x)' = \frac{1}{x} \tag{2-8}$$

例 2-4 曲线 $y = \sqrt{x^3}$ 上哪个点处的切线与直线 $y = 3x - 1$ 平行？试求曲线在点 $(1, 1)$ 处的切线方程和法线方程.

解 设曲线 $y = \sqrt{x^3}$ 在点 $M(x_0, y_0)$ 处切线的斜率为 k，因为

$$y' = \left(\sqrt{x^3}\right)' = \left(x^{\frac{3}{2}}\right)' = \frac{3}{2}x^{\frac{1}{2}} = \frac{3}{2}\sqrt{x}$$

所以 $k = y'\big|_{x=x_0} = \dfrac{3}{2}\sqrt{x_0}$. 直线 $y = 3x - 1$ 的斜率为 3，根据两直线平行的充分必要条件

可得 $\frac{3}{2}\sqrt{x_0} = 3$，解得 $x_0 = 4$. 将 $x_0 = 4$ 代入曲线方程中得 $y_0 = 8$，所以曲线在点 $(4,8)$ 处的切线与直线 $y = 3x - 1$ 平行.

曲线在点 $(1,1)$ 处的切线斜率 $k_1 = y'\big|_{x=1} = \frac{3}{2}\sqrt{x}\Big|_{x=1} = \frac{3}{2}$，因此曲线在点 $(1,1)$ 处的切线方程为

$$y - 1 = \frac{3}{2}(x - 1) \quad \text{或} \quad 3x - 2y - 1 = 0$$

法线方程为

$$y - 1 = -\frac{2}{3}(x - 1) \quad \text{或} \quad 2x + 3y - 5 = 0$$

四、函数的可导性与连续性的关系

定理 2 - 2　如果函数 $y = f(x)$ 在点 x 处可导，那么函数 $y = f(x)$ 在点 x 处必连续.

反之，函数在某点连续，在该点却不一定可导. 例如，函数 $y = |x|$ 在 $x = 0$ 处连续，但它在 $x = 0$ 处却不可导（见例 2 - 2）.

例 2 - 5　证明函数 $f(x) = \sqrt[3]{x}$ 在 $x = 0$ 处连续，但不可导.

证明　$f(x) = \sqrt[3]{x}$ 是基本初等函数，在点 $x = 0$ 有定义，因而连续. 由于

$$\frac{f(0 + \Delta x) - f(0)}{\Delta x} = \frac{\sqrt[3]{\Delta x} - 0}{\Delta x} = \frac{1}{\sqrt[3]{(\Delta x)^2}}$$

因而 $\lim\limits_{\Delta x \to 0} \dfrac{f(0 + \Delta x) - f(0)}{\Delta x} = \lim\limits_{\Delta x \to 0} \dfrac{1}{\sqrt[3]{(\Delta x)^2}} = +\infty$，即函数 $f(x) = \sqrt[3]{x}$ 在点 $x = 0$ 处不可导. 虽然 $f(x) = \sqrt[3]{x}$ 在点 $x = 0$ 处不可导，但曲线 $f(x) = \sqrt[3]{x}$ 在原点 $(0,0)$ 处存在切线，切线为 $x = 0$，即 y 轴，如图 2 - 4 所示.

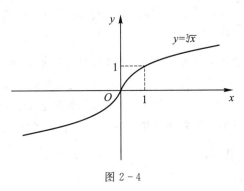

图 2 - 4

 习题 2.1

1.【物体的冷却速度】当物体的温度高于周围介质的温度时，物体就会不断冷却. 若物体的温度 T 与时间 t 的函数关系为 $T = T(t)$，应怎样确定该物体在时刻 t 的冷却速度？

2. 下列各题中均假定 $f'(x_0)$ 存在，按照导数定义观察下列极限，指出 A 表示什么？

(1) $\lim\limits_{\Delta x \to 0} \dfrac{f(x_0 - \Delta x) - f(x_0)}{\Delta x} = A$；

(2) $\lim\limits_{x \to 0} \dfrac{f(x)}{x} = A$，其中 $f(0) = 0$，且 $f'(0)$ 存在；

(3) $\lim\limits_{h \to 0} \dfrac{f(x_0 + h) - f(x_0 - h)}{h} = A$.

3. 利用幂函数导数公式求导.

(1) $y = x^5$ (2) $y = \dfrac{1}{\sqrt{x}}$ (3) $y = \dfrac{\sqrt[3]{x^2}}{x\sqrt{x}}$

4. 求曲线 $y = \sin x$ 在 $x = \dfrac{2}{3}\pi$ 和 $x = \pi$ 对应点处的切线斜率.

5. 已知 $f(x)$ 在 $x = a$ 处可导，求下列极限：

(1) $\lim\limits_{x \to a} \dfrac{f(x) - f(a)}{a - x}$;   (2) $\lim\limits_{h \to 0} \dfrac{f(a - 2h) - f(a)}{h}$;

(3) $\lim\limits_{\Delta x \to 0} \dfrac{f(a + 3\Delta x) - f(a)}{\Delta x}$;   (4) $\lim\limits_{h \to 0} \dfrac{f(a + 2h) - f(a - h)}{h}$.

6. 讨论下列函数在点 $x = 0$ 处的连续性和可导性.

(1) $f(x) = \begin{cases} \dfrac{\sqrt{1 + x} - 1}{\sqrt{x}}, & x \neq 0 \\ 0, & x = 0 \end{cases}$;   (2) $f(x) = \begin{cases} x^2 \sin \dfrac{1}{x}, & x \neq 0 \\ 0, & x = 0 \end{cases}$.

7. 设 $f(x) = \begin{cases} \mathrm{e}^x, & x < 0 \\ a + bx, & x \geqslant 0 \end{cases}$，确定 a、b 的值，使 $f(x)$ 在 $x = 0$ 处连续且可导.

8. （2006 年广东专插本）函数 $f(x) = \sqrt[3]{x} + 1$ 在 $x = 0$ 处（   ）.

A. 无定义   B. 不连续   C. 可导   D. 连续但不可导

9. （2006 年广东专插本）设函数 $f(x)$ 在点 x_0 处连续，且 $\lim\limits_{x \to x_0} \dfrac{f(x)}{x - x_0} = 4$，则 $f'(x_0) = $（   ）.

A. -4 B. 0 C. $\dfrac{1}{4}$ D. 4

10. （2008 年广东专插本）函数在点 x_0 处连续是在该点处可导的（   ）.

A. 必要非充分条件   B. 充分非必要条件

C. 充分必要条件   D. 既非充分也非必要条件

11. （2009 年广东专插本）下列函数中，在点 $x = 0$ 处连续但不可导的是（   ）.

A. $y = |x|$ B. $y = 1$ C. $y = \ln x$ D. $y = \dfrac{1}{x - 1}$

12. （2009 年广东专插本）设 $f(x) = \begin{cases} x(1 + 2x^2)^{\frac{1}{x^2}}, & x \neq 0 \\ 0, & x = 0 \end{cases}$，用导数定义计算 $f'(0)$.

13. （2010 年广东专插本）设函数 $f(x) = \begin{cases} x^2 \sin \dfrac{2}{x} + \sin 2x, & x \neq 0 \\ 0, & x = 0 \end{cases}$，用导数定义计算 $f'(0)$.

14. 设 $f(x)$ 在点 x_0 处可导，且 $f'(x_0) = 3$，则 $\lim\limits_{\Delta x \to 0} \dfrac{f(x_0 - 2\Delta x) - f(x_0)}{\Delta x} = $ _____ .

15.（2013 年广东专插本）函数 $f(x) = \begin{cases} x(1-x)^{\frac{1}{x}}, & x < 0 \\ 0, & x \geqslant 0 \end{cases}$ 在 $x = 0$ 处的左导数 $f'_-(0) = $ _____ .

16.（2015 年广东专插本）设函数 $f(x) = \log_2 x (x > 0)$，则 $\lim\limits_{\Delta x \to 0} \dfrac{f(x - \Delta x) - f(x)}{\Delta x} = $ _____ .

17.（2016 年广东专插本）已知函数 $f(x)$ 满足 $\lim\limits_{\Delta x \to 0} \dfrac{f(x_0 + 3\Delta x) - f(x_0)}{\Delta x} = 6$，则 $f'(x_0) = ($ 　 $)$.

A. 1　　　　　　B. 2　　　　　　C. 3　　　　　　D. 6

2.2　函数的求导法则

本节将介绍函数求导的几个基本法则，推出 2.1 节中未讨论的几个基本初等函数的导数公式. 借助于这些法则和公式，就能比较方便地求出初等函数的导数.

一、函数和、差、积、商的求导法则

定理 2-3　如果函数 $u = u(x)$ 和 $v = v(x)$ 都在点 x 处可导，那么它们的和、差、积、商（分母为 0 的点除外）也都在点 x 处可导，且有

$$(u \pm v)' = u' \pm v' \tag{2-9}$$

$$(uv)' = u'v + uv' \tag{2-10}$$

$$\left(\frac{u}{v}\right)' = \frac{u'v - uv'}{v^2} \quad (v \neq 0) \tag{2-11}$$

特别地，有

$$(Cu)' = Cu' \tag{2-12}$$

$$\left(\frac{C}{v}\right)' = -\frac{Cv'}{v^2} \quad (v \neq 0) \tag{2-13}$$

式（2-9）、式（2-10）可以推广到有限个可导函数的情形. 例如，设 $u = u(x)$，$v = v(x)$，$w = w(x)$ 均可导，则有

$$(u + v - w)' = u' + v' - w'$$
$$(uvw)' = u'vw + uv'w + uvw'$$

例 2-6　设 $f(x) = 4x^2 + 3\ln x + x\cos x + \sin\dfrac{\pi}{7}$，求 $f'(x)$ 及 $f'\left(\dfrac{\pi}{2}\right)$.

解
$$f'(x) = \left(4x^2 + 3\ln x + x\cos x + \sin\frac{\pi}{7}\right)'$$

$$= 4(x^2)' + 3(\ln x)' + (x)'\cos x + x(\cos x)' + \left(\sin\frac{\pi}{7}\right)'$$

$$= 8x + \frac{3}{x} + \cos x - x\sin x$$

$$f'\left(\frac{\pi}{2}\right) = \left(8x + \frac{3}{x} + \cos x - x\sin x\right)\bigg|_{x=\frac{\pi}{2}}$$

$$= 4\pi + \frac{6}{\pi} - \frac{\pi}{2} = \frac{7\pi}{2} + \frac{6}{\pi}$$

例 2-7 设 $y = x^3\left(a\sqrt{x} - \frac{b}{x}\right)$（其中 a、b 为常数），求 y'.

解 因为

$$y = ax^3\sqrt{x} - bx^2 = ax^{\frac{7}{2}} - bx^2$$

所以

$$y' = (ax^{\frac{7}{2}})' - (bx^2)' = \frac{7}{2}ax^{\frac{5}{2}} - 2bx$$

例 2-8 已知 $y = \tan x$，求 y'.

解
$$y' = (\tan x)' = \left(\frac{\sin x}{\cos x}\right)' = \frac{(\sin x)'\cos x - \sin x(\cos x)'}{\cos^2 x}$$

$$= \frac{\cos^2 x + \sin^2 x}{\cos^2 x} = \frac{1}{\cos^2 x} = \sec^2 x$$

即

$$(\tan x)' = \sec^2 x \tag{2-14}$$

同理有

$$(\cot x)' = -\csc^2 x \tag{2-15}$$

例 2-9 已知 $y = \sec x$，求 y'.

解
$$y' = (\sec x)' = \left(\frac{1}{\cos x}\right)' = -\frac{(\cos x)'}{\cos^2 x} = \frac{\sin x}{\cos^2 x} = \sec x \cdot \tan x$$

即

$$(\sec x)' = \sec x \cdot \tan x \tag{2-16}$$

同理有

$$(\csc x)' = -\csc x \cdot \cot x \tag{2-17}$$

二、反函数的求导法则

定理 2-4 如果函数 $x = f(y)$ 在区间 I_y 内单调、可导且 $f'_y(y) \neq 0$，则其反函数 $y = f^{-1}(x)$ 在对应的区间 $I_x = \{x \mid x = f(y), y \in I_y\}$ 内也可导，且

$$[f^{-1}(x)]' = \frac{1}{[f(y)]'} \quad 或 \frac{\mathrm{d}y}{\mathrm{d}x} = \frac{1}{\dfrac{\mathrm{d}x}{\mathrm{d}y}} \tag{2-18}$$

即反函数的导数等于直接函数导数的倒数.

例 2-10 求 $y = a^x(a > 0, a \neq 1)$ 的导数.

解 $y = a^x$ 是 $x = \log_a y$ 的反函数，将 $x = \log_a y$ 看作直接函数，显然 $x = \log_a y$ 在区间 $(0, +\infty)$ 内单调、可导，因为

$$\frac{\mathrm{d}x}{\mathrm{d}y} = \frac{1}{y\ln a} \neq 0$$

则由反函数的求导法则可得

$$y' = \frac{dy}{dx} = \frac{1}{\frac{dx}{dy}} = y\ln a = a^x \ln a$$

即

$$(a^x)' = a^x \ln a \qquad (2-19)$$

特别地，有

$$(e^x)' = e^x \qquad (2-20)$$

例 2-11 求 $y = \arcsin x$ 的导数.

解 $y = \arcsin x$ 是 $x = \sin y$ 的反函数，将 $x = \sin y$ 看作直接函数，显然 $x = \sin y$ 在区间 $\left(-\frac{\pi}{2}, \frac{\pi}{2}\right)$ 内单调、可导，因为

$$\frac{dx}{dy} = \cos y > 0$$

则由反函数的求导法则可得

$$y' = \frac{dy}{dx} = \frac{1}{\frac{dx}{dy}} = \frac{1}{\cos y} = \frac{1}{\sqrt{1 - \sin^2 y}} = \frac{1}{\sqrt{1 - x^2}}$$

即

$$(\arcsin x)' = \frac{1}{\sqrt{1 - x^2}} \qquad (2-21)$$

同理有

$$(\arccos x)' = -\frac{1}{\sqrt{1 - x^2}} \qquad (2-22)$$

$$(\arctan x)' = \frac{1}{1 + x^2} \qquad (2-23)$$

$$(\text{arccot} x)' = -\frac{1}{1 + x^2} \qquad (2-24)$$

三、复合函数的求导法则

定理 2-5 若函数 $u = \varphi(x)$ 在点 x 处可导，而函数 $y = f(u)$ 在对应的点 u 处可导，则复合函数 $y = f[\varphi(x)]$ 在点 x 处也可导，且有

$$\frac{dy}{dx} = \frac{dy}{du} \cdot \frac{du}{dx} \qquad (2-25)$$

也可写为

$$y'_x = y'_u \cdot u'_x \text{ 或 } y'(x) = f'(u) \cdot \varphi'(x)$$

即复合函数的导数等于函数对中间变量的导数乘以中间变量对自变量的导数.

例 2-12 求下列函数的导数：

(1) $y = a^{x^2}$；　　　　(2) $y = \sin^2 x$；　　　　(3) $y = \cos\dfrac{2x}{1 + x^2}$.

解 (1) 因为 $y = a^{x^2}$ 由 $y = a^u$、$u = x^2$ 复合而成，因此

$$\frac{dy}{dx} = \frac{dy}{du} \cdot \frac{du}{dx} = (a^u \ln a) \cdot 2x = 2x a^{x^2} \ln a$$

(2) 因为 $y = \sin^2 x$ 由 $y = u^2$、$u = \sin x$ 复合而成，因此

$$\frac{\mathrm{d}y}{\mathrm{d}x} = \frac{\mathrm{d}y}{\mathrm{d}u} \cdot \frac{\mathrm{d}u}{\mathrm{d}x} = 2u \cdot \cos x = 2\sin x \cos x = \sin 2x$$

(3) 因为 $y = \cos\dfrac{2x}{1+x^2}$ 由 $y = \cos u$、$u = \dfrac{2x}{1+x^2}$ 复合而成，而

$$\frac{\mathrm{d}y}{\mathrm{d}u} = -\sin u$$

$$\frac{\mathrm{d}u}{\mathrm{d}x} = \frac{2(1+x^2) - (2x)^2}{(1+x^2)^2} = \frac{2(1-x^2)}{(1+x^2)^2}$$

所以

$$\frac{\mathrm{d}y}{\mathrm{d}x} = \frac{\mathrm{d}y}{\mathrm{d}u} \cdot \frac{\mathrm{d}u}{\mathrm{d}x} = -\sin u \cdot \frac{2(1-x^2)}{(1+x^2)^2} = -\frac{2(1-x^2)}{(1+x^2)^2} \cdot \sin\frac{2x}{1+x^2}$$

对于复合函数的求导，关键在于弄清函数的复合关系．当复合函数的分解比较熟练后，就不必再写出中间变量，而由复合函数求导法则直接写出求导结果．其实对于多层复合的函数求导，可由外往里逐层求导．在对每层函数求导时，该层函数符号内的式子可当做一个字母看待．

例 2 - 13   求函数 $y = \ln\cos(\mathrm{e}^x)$ 的导数 $\dfrac{\mathrm{d}y}{\mathrm{d}x}$.

解 $y' = [\ln\cos(\mathrm{e}^x)]' = \dfrac{1}{\cos(\mathrm{e}^x)} \cdot [\cos(\mathrm{e}^x)]' = \dfrac{1}{\cos(\mathrm{e}^x)} \cdot [-\sin(\mathrm{e}^x)] \cdot (\mathrm{e}^x)'$

$= \dfrac{1}{\cos(\mathrm{e}^x)} \cdot [-\sin(\mathrm{e}^x)] \cdot \mathrm{e}^x = -\dfrac{\mathrm{e}^x \sin(\mathrm{e}^x)}{\cos(\mathrm{e}^x)} = -\mathrm{e}^x \tan(\mathrm{e}^x)$

四、基本初等函数的求导公式

我们将基本初等函数的求导公式汇总如下，以便读者查阅：

(1) $(C)' = 0$;

(2) $(x^a)' = ax^{a-1}$;

(3) $(\sin x)' = \cos x$;

(4) $(\cos x)' = -\sin x$;

(5) $(\tan x)' = \sec^2 x$;

(6) $(\cot x)' = -\csc^2 x$;

(7) $(\sec x)' = \sec x \cdot \tan x$;

(8) $(\csc x)' = -\csc x \cdot \cot x$;

(9) $(\log_a |x|)' = \dfrac{1}{x\ln a}$;

(10) $(\ln |x|)' = \dfrac{1}{x}$;

(11) $(a^x)' = a^x \ln a$;

(12) $(\mathrm{e}^x)' = \mathrm{e}^x$;

(13) $(\arcsin x)' = \dfrac{1}{\sqrt{1-x^2}}$;

(14) $(\arccos x)' = -\dfrac{1}{\sqrt{1-x^2}}$;

(15) $(\arctan x)' = \dfrac{1}{1+x^2}$;

(16) $(\operatorname{arccot} x)' = -\dfrac{1}{1+x^2}$.

习题 2.2

1. 求下列函数在给定点处的导数：

(1) $y = \sin x - \cos x$，求 $y'\big|_{x=\frac{\pi}{6}}$，$y'\big|_{x=\frac{\pi}{4}}$；

(2) $y = \ln(x^3 - 2)$，求 $y'\big|_{x=2}$.

2. 求下列函数的导数：

(1) $y = 10^x + x^{10}$；

(2) $y = \sin x \cdot \cos x$；

(3) $y = 3a^x \cos x$；

(4) $y = x^2 + \arctan x$；

(5) $y = \dfrac{e^x}{x} + \ln 5$；

(6) $y = \dfrac{\ln x}{x}$.

3. 求下列复合函数的导数：

(1) $y = (2x + 5)^4$；

(2) $y = \ln \sin x$；

(3) $y = e^{-3x^2}$；

(4) $y = \sin 5x + \tan 2x$；

(5) $y = (\arcsin x)^2$；

(6) $y = e^{-x}(x^2 - 2x + 3)$；

(7) $y = \dfrac{1}{\sqrt{1 - x^2}}$；

(8) $y = \sin^n x \cdot \cos nx$；

(9) $y = \sin(3x + 5)$；

(10) $y = \log_3(x^2 + x + 1)$；

(11) $y = \dfrac{1}{1 + \sqrt{x}} - \dfrac{1}{1 - \sqrt{x}}$；

(12) $y = \ln \sqrt{\dfrac{e^{2x}}{e^{2x} + 1}}$.

4. （2006 年广东专插本）设函数 $y = \sin^2\left(\dfrac{1}{x}\right) - 2^x$，求 $\dfrac{dy}{dx}$.

5. 【切（法）线方程】求曲线 $y = 2\sin x + x^2$ 上横坐标为 $x = 0$ 处的切线方程和法线方程.

6. （2008 年广东专插本）曲线 $y = x \ln x$ 在点 $(1, 0)$ 处的切线方程是_____.

7. 【体积膨胀问题】一个底半径与高相等的直圆锥体受热膨胀，在膨胀过程中，其高和底半径的膨胀率相等，问：

（1）体积关于半径的变化率如何？

（2）半径为 5 cm 时，体积关于半径的变化率如何？

2.3　隐函数及由参数方程所确定的函数的导数

一、隐函数及其求导法

变量 y 与 x 之间的函数关系可以用各种不同方式表示. 前面我们遇到的函数，大多数是把因变量 y 直接表示成自变量 x 的明显表达式，即 $y = f(x)$ 的形式，如 $y = \sin x$、$y = \ln x + \sqrt{1 - x^2}$ 等，这样的函数称为显函数.

有些函数的表示方式却不是这样的，如方程 $x + y^3 - 1 = 0$ 可确定一个函数. 当变量 x 在 $(-\infty, +\infty)$ 内取值时，变量 y 有唯一确定的值和它对应，因而 y 是 x 的函数. 这样由方程确定的函数称为隐函数.

一般地，如果变量 x 和 y 满足方程 $F(x, y) = 0$，在一定条件下，当 x 在某范围内任意取一确定值时，$F(x, y) = 0$ 总可以相应地确定唯一一个变量 y 的值，那么方程 $F(x, y) = 0$ 便确定了 y 是 x 的函数 $y = y(x)$，这种函数称为隐函数.

把一个隐函数化成显函数，叫做隐函数的显化. 例如，由 $x + y^3 - 1 = 0$ 解出 $y = \sqrt[3]{1 - x}$，就把隐函数化成了显函数. 隐函数的显化有时是有困难的，甚至是不可能的.

但在实际问题中，有时需要计算隐函数的导数，因此，我们希望找到一种直接由方程
$F(x, y) = 0$ 求出导数 $\dfrac{\mathrm{d}y}{\mathrm{d}x}$ 的方法. 下面举例说明这种方法.

例 2-14　求由单位圆方程 $x^2 + y^2 = 1$ 所确定的隐函数 $y = y(x)$ 的导数 y'_x.

解　方程两边同时对 x 求导，得

$$(x^2)'_x + (y^2)'_x = 1'_x$$

即

$$2x + (y^2)'_y \cdot y'_x = 0$$

所以

$$2x + 2y \cdot y'_x = 0$$

解出 y'_x，得

$$y'_x = -\frac{x}{y}$$

例 2-15　求下列方程所确定的隐函数的导数：

(1) $x^3 + y^3 = 3axy$，求 $\dfrac{\mathrm{d}y}{\mathrm{d}x}$；　　　　　(2) $y - \cos(x+y) = 0$，求 y'_x.

解　(1) 方程两边同时对 x 求导，由于 y 是 x 的函数，y^3 是 x 的复合函数，按复合函数的求导法则，可得

$$\frac{\mathrm{d}}{\mathrm{d}x}(x^3 + y^3) = \frac{\mathrm{d}}{\mathrm{d}x}(3axy)$$

即

$$3x^2 + 3y^2 \frac{\mathrm{d}y}{\mathrm{d}x} = 3ay + 3ax \frac{\mathrm{d}y}{\mathrm{d}x}$$

解出 $\dfrac{\mathrm{d}y}{\mathrm{d}x}$，得

$$\frac{\mathrm{d}y}{\mathrm{d}x} = \frac{ay - x^2}{y^2 - ax}$$

(2) 方程两边同时对 x 求导，由于 y 是 x 的函数，得

$$y'_x - [\cos(x+y)]' = 0$$

即

$$y'_x + \sin(x+y) \cdot (1 + y'_x) = 0$$

解出 y'_x，得

$$y'_x = -\frac{\sin(x+y)}{1 + \sin(x+y)}$$

例 2-16　求曲线 $3y^2 = x^2(x+1)$ 在点 $(2, 2)$ 处的切线方程.

解　方程两边同时对 x 求导，得

$$6y \cdot y' = 3x^2 + 2x$$

解得

$$y' = \frac{3x^2 + 2x}{6y}$$

则点 $(2, 2)$ 处的切线斜率为 $k = y'|_{(2, 2)} = \dfrac{4}{3}$，因此所求切线方程为

$$y - 2 = \frac{4}{3}(x - 2)$$

即

$$4x - 3y - 2 = 0$$

从以上例题可以看出，求隐函数的导数时，只需将方程两边同时对自变量 x 求导，遇到 y 就看成 x 的函数，遇到 y 的函数就看成是 x 的复合函数，然后从求导数后所得的关系式中解出 y'_x，即得到所求的隐函数的导数.

二、对数求导法

在实际求导中，有时会遇到给定的函数虽为显函数，但直接求导数会很复杂的问题. 对于这样的函数，可先对等式两边取对数（一般取以 e 为底的自然对数），把显函数化为隐函数的形式，再利用隐函数求导法进行求导，这种求导的方法称为对数求导法. 这一特殊的求导法适用于求幂指函数 $y = [u(x)]^{v(x)}$ 或由多个因子的积、商、幂构成的函数的求导.

例 2 - 17 求函数 $y = \sqrt{\dfrac{(x-1)(x-2)}{(x-3)(x-4)}}$ 的导数.

解 先假定 $x > 4$，两边取对数得

$$\ln y = \frac{1}{2}\big[\ln(x-1) + \ln(x-2) - \ln(x-3) - \ln(x-4)\big]$$

等式两边对 x 求导得

$$\frac{1}{y}y' = \frac{1}{2}\left(\frac{1}{x-1} + \frac{1}{x-2} - \frac{1}{x-3} - \frac{1}{x-4}\right)$$

故有

$$y' = \frac{1}{2}\sqrt{\frac{(x-1)(x-2)}{(x-3)(x-4)}}\left(\frac{1}{x-1} + \frac{1}{x-2} - \frac{1}{x-3} - \frac{1}{x-4}\right)$$

三、参数方程所确定的函数的导数

一般地，由形如

$$\begin{cases} x = \varphi(t) \\ y = \psi(t) \end{cases} (t \text{ 为参数})$$

的方程所确定的 y 与 x 之间的函数关系，称为由参数方程所确定的函数.

对由参数方程所确定的函数求导，通常并不需要由参数方程消去参数 t，化为 y 与 x 之间的直接函数关系后再求导. 下面给出由参数方程所确定的函数的求导公式，即

$$\frac{\mathrm{d}y}{\mathrm{d}x} = \frac{\psi'(t)}{\varphi'(t)} \quad \text{或} \quad \frac{\mathrm{d}y}{\mathrm{d}x} = \frac{\mathrm{d}y/\mathrm{d}t}{\mathrm{d}x/\mathrm{d}t}$$

例 2 - 18 求摆线 $\begin{cases} x = a(t - \sin t) \\ y = a(1 - \cos t) \end{cases}$ 在 $t = \dfrac{\pi}{2}$ 处的切线方程.

解 摆线在任意点的切线斜率为

$$\frac{\mathrm{d}y}{\mathrm{d}x} = \frac{[a(1-\cos t)]'}{[a(t-\sin t)]'} = \frac{a\sin t}{a(1-\cos t)} = \frac{\sin t}{1-\cos t}$$

$t = \dfrac{\pi}{2}$ 时，摆线上对应点为 $\left(a\left(\dfrac{\pi}{2} - 1\right), a\right)$，在此点的切线斜率为

$$k = \frac{\mathrm{d}y}{\mathrm{d}x}\Big|_{t=\frac{\pi}{2}} = \frac{\sin t}{1-\cos t}\Big|_{t=\frac{\pi}{2}} = 1$$

因此切线方程为

$$y - a = x - a\left(\frac{\pi}{2} - 1\right)$$

即

$$y = x + a\left(2 - \frac{\pi}{2}\right)$$

 习题 2.3

1. 求由下列方程所确定的隐函数的导数 $\dfrac{\mathrm{d}y}{\mathrm{d}x}$：

(1) $y^2 - 2xy + 9 = 0$；　　　　　　　(2) $y = x + \ln y$；

(3) $xy = \mathrm{e}^{x+y}$；　　　　　　　　　(4) $\sin(xy) - \ln(x+y) = 0$；

(5) $x = y + \arctan y$；　　　　　　(6) $\arctan \dfrac{y}{x} = \ln \sqrt{x^2 + y^2}$.

2. 用对数求导法求下列函数的导数：

(1) （2017 年广东专插本）$y = x^{x^2}\,(x > 0)$；　(2) $y = \left(\dfrac{x}{1+x}\right)^x$；

(3) $y = \dfrac{\sqrt{x+3}\,(2-x)^5}{(x+1)^4}$；　　　　(4) $y = \sqrt{\dfrac{(x-1)(x-2)}{(x-3)\sqrt{x-4}}}$.

3. 求下列参数方程所确定的函数的导数 $\dfrac{\mathrm{d}y}{\mathrm{d}x}$：

(1) $\begin{cases} x = a\cos t \\ y = b\sin t \end{cases}$；　　　　　　(2) $\begin{cases} x = t(1 - \sin t) \\ y = t\cos t \end{cases}$；

(3) （2008 年广东专插本）$\begin{cases} x = \mathrm{e}^{2t} \\ y = t - \mathrm{e}^{-t} \end{cases}$

4. 求曲线 $x + x^2 y^2 - y = 1$ 在点 $(1,1)$ 处的切线方程和法线方程.

5. （2006 年广东专插本）设函数 $y = y(x)$ 是由方程 $\mathrm{e}^y = \sqrt{x^2 + y^2}$ 所确定的隐函数，求 $\dfrac{\mathrm{d}y}{\mathrm{d}x}$ 在点 $(1, 0)$ 处的值.

6. （2007 年广东专插本）设函数 $y = y(x)$ 由方程 $\arcsin x \cdot \ln y - \mathrm{e}^{2x} + y^3 = 0$ 确定，求 $\dfrac{\mathrm{d}y}{\mathrm{d}x}\Big|_{x=0}$.

7. （2011 年广东专插本）已知 $\begin{cases} x = t - t^3 \\ y = 2^t \end{cases}$，则 $\dfrac{\mathrm{d}y}{\mathrm{d}x}\Big|_{t=0} = \underline{\hspace{3cm}}$.

8. （2012 年广东专插本）设函数 $y = f(x)$ 由参数方程 $\begin{cases} x = \ln\left(\sqrt{3+t^2} + t\right) \\ y = \sqrt{3+t^2} \end{cases}$ 所确定，求 $\dfrac{\mathrm{d}y}{\mathrm{d}x}$.

9. （2013 年广东专插本）求由方程 $xy\ln y + y = \mathrm{e}^{2x}$ 所确定的隐函数在 $x = 0$ 处的导数

$$\frac{\mathrm{d}y}{\mathrm{d}x}\Big|_{x=0}.$$

10.（2015 年广东专插本）设函数 $y = f(x)$ 由参数方程 $\begin{cases} x = \tan t \\ y = t^3 + 2t \end{cases}$ 所确定，则

$\dfrac{\mathrm{d}y}{\mathrm{d}x}\Big|_{t=0} = $ _____.

11.（2018 年广东专插本）求由方程 $(1 + y^2)\arctan y = xe^x$ 所确定的隐函数的导数 $\dfrac{\mathrm{d}y}{\mathrm{d}x}$.

12.（2018 年广东专插本）已知 $\begin{cases} x = \log_3 t \\ y = 3^t \end{cases}$，则 $\dfrac{\mathrm{d}y}{\mathrm{d}x}\Big|_{t=1} = $ _____.

2.4 高 阶 导 数

我们知道，变速直线运动的速度 v 是位置函数 $s = s(t)$ 对时间 t 的导数，即

$$v = \frac{\mathrm{d}s}{\mathrm{d}t} \quad \text{或} \quad v = s'(t)$$

而加速度 a 又是速度 v 对时间 t 的变化率，即速度 v 对时间 t 的导数

$$a = \frac{\mathrm{d}v}{\mathrm{d}t} = \frac{\mathrm{d}}{\mathrm{d}t}\left(\frac{\mathrm{d}s}{\mathrm{d}t}\right) \quad \text{或} \quad a = (s'(t))'$$

这种导数的导数 $\dfrac{\mathrm{d}}{\mathrm{d}t}\left(\dfrac{\mathrm{d}s}{\mathrm{d}t}\right)$ 或 $(s'(t))'$ 叫做 s 对 t 的二阶导数，记作

$$\frac{\mathrm{d}^2 s}{\mathrm{d}t^2} \quad \text{或} \quad s''(t)$$

即

$$\frac{\mathrm{d}^2 s}{\mathrm{d}t^2} = \frac{\mathrm{d}}{\mathrm{d}t}\left(\frac{\mathrm{d}s}{\mathrm{d}t}\right) \quad \text{或} \quad s''(t) = (s'(t))'$$

所以，直线运动的加速度就是位移函数 s 对时间 t 的二阶导数.

一般地，函数 $y = f(x)$ 的导数 $f'(x)$ 仍然是 x 的函数. 如果 $f'(x)$ 仍然可导，那么称 $y' = f'(x)$ 的导数 $(y')' = [f'(x)]'$ 为函数 $y = f(x)$ 的二阶导数，记作

$$y''、f''(x)、\frac{\mathrm{d}^2 f(x)}{\mathrm{d}x^2} \text{ 或 } \frac{\mathrm{d}^2 y}{\mathrm{d}x^2}$$

即

$$y'' = (y')'、f''(x) = [f'(x)]'、\frac{\mathrm{d}^2 f(x)}{\mathrm{d}x^2} = \frac{\mathrm{d}}{\mathrm{d}x}\left(\frac{\mathrm{d}f(x)}{\mathrm{d}x}\right) \text{或} \frac{\mathrm{d}}{\mathrm{d}x}\left(\frac{\mathrm{d}y}{\mathrm{d}x}\right) = \frac{\mathrm{d}^2 y}{\mathrm{d}x^2}$$

函数 $y = f(x)$ 在一点 x_0 处的二阶导数记作

$$y''\big|_{x=x_0}、f''(x_0)、\frac{\mathrm{d}^2 f(x)}{\mathrm{d}x^2}\Big|_{x=x_0} \text{或} \frac{\mathrm{d}^2 y}{\mathrm{d}x^2}\Big|_{x=x_0}$$

相应地，把函数 $y = f(x)$ 的导数 $f'(x)$ 叫做函数 $y = f(x)$ 的一阶导数.

类似地，二阶导数的导数叫做三阶导数，三阶导数的导数叫做四阶导数 … 一般地，若函数 $y = f(x)$ 的 $n-1$ 阶导数仍可导，则函数 $y = f(x)$ 的 $n-1$ 阶导数的导数叫做 $y = f(x)$ 的 n 阶导数. 函数 $y = f(x)$ 的三阶、四阶、…，n 阶导数分别记作

$$y''', y^{(4)}, \cdots, y^{(n)}, \text{ 或 } \quad f'''(x), f^{(4)}(x), \cdots, f^{(n)}(x), \text{ 或 } \quad \frac{\mathrm{d}^3 y}{\mathrm{d} x^3}, \frac{\mathrm{d}^4 y}{\mathrm{d} x^4}, \cdots, \frac{\mathrm{d}^n y}{\mathrm{d} x^n}$$

函数 $y = f(x)$ 具有 n 阶导数，常称函数 $f(x)$ 为 n 阶可导. 如果函数 $f(x)$ 在点 x 处具有 n 阶导数，那么 $f(x)$ 在点 x 的某一邻域内必定具有一切低于 n 阶的导数. 二阶及二阶以上的导数统称为高阶导数.

由此可见，求高阶导数就是多次连续地求导数，所以仍可应用前面学过的求导方法来求高阶导数.

例 2 - 19 【物体的运动】已知物体的运动方程为 $s(t) = t + \dfrac{1}{4} t^3 (\mathrm{m})$，求：(1) 这个物体的初速度；(2) 求 $t = 4$ s 时物体运动的加速度.

解 (1) 物体的速度 $v(t) = s'(t) = \left(t + \dfrac{1}{4} t^3\right)' = 1 + \dfrac{3}{4} t^2$，初速度 $v_0 = v(0) = 1(\mathrm{m/s})$.

(2) 物体的加速度 $a(t) = v'(t) = \dfrac{3}{2} t$，$t = 4$ s 时的加速度为 $a(4) = \dfrac{3}{2} \times 4 = 6 (\mathrm{m/s^2})$.

例 2 - 20 求下列函数的二阶导数：

(1) $y = x^{10} + 3x^5 + \sqrt{2} x^3 + \sqrt[5]{7}$；　　　　　　(2) $s = \mathrm{e}^{-t} \cos t$；

(3) $y = x \ln x$.

解 (1) 一阶导数为 $y' = 10x^9 + 15x^4 + 3\sqrt{2} x^2$，二阶导数为 $y'' = 90x^8 + 60x^3 + 6\sqrt{2} x$.

(2) 一阶导数为 $s' = -\mathrm{e}^{-t} \cos t - \mathrm{e}^{-t} \sin t = -\mathrm{e}^{-t}(\cos t + \sin t)$，二阶导数为 $s'' = \mathrm{e}^{-t}(\cos t + \sin t) - \mathrm{e}^{-t}(-\sin t + \cos t) = 2\mathrm{e}^{-t} \sin t$.

(3) 一阶导数为 $y' = \ln x + 1$，二阶导数为 $y'' = \dfrac{1}{x}$.

例 2 - 21 【刹车测试】某一汽车厂在测试汽车的刹车性能时发现，刹车后汽车行驶的路程 s（单位：m）与时间 t（单位：s）满足 $s = 19.2t - 0.4t^3$. 假设汽车作直线运动，求汽车在 $t = 3$ s 时的速度和加速度.

解 汽车刹车后的速度为

$$v = \frac{\mathrm{d}s}{\mathrm{d}t} = (19.2t - 1.2t^3)' = 19.2 - 1.2t^2$$

汽车刹车后的加速度为

$$a = \frac{\mathrm{d}v}{\mathrm{d}t} = (19.2 - 1.2t^2)' = -2.4t$$

$t = 3$ s 时，汽车的速度为

$$v = (19.2 - 1.2t^2)\big|_{t=3} = 8.4 \ (\mathrm{m/s})$$

$t = 3$ s 时，汽车的加速度为

$$a = -2.4t \big|_{t=3} = -7.2 \ (\mathrm{m/s^2})$$

下面我们介绍几种简单函数 n 阶导数的求法.

例 2 - 22 求指数函数 $y = \mathrm{e}^x$ 的 n 阶导数.

解 $y = \mathrm{e}^x$ 的一阶导数为 $y' = \mathrm{e}^x$，二阶导数为 $y'' = \mathrm{e}^x$，三阶导数为 $y''' = \mathrm{e}^x$，四阶导数为 $y^{(4)} = \mathrm{e}^x$，$\cdots$ 依此类推，可得 $y = \mathrm{e}^x$ 的 n 阶导数为

$$y^{(n)} = \mathrm{e}^x$$

即
$$(e^x)^{(n)} = e^x$$

例 2 - 23 求正弦函数与余弦函数的 n 阶导数.

解 正弦函数 $y = \sin x$ 的一阶导数为
$$y' = \cos x = \sin\left(x + \frac{\pi}{2}\right)$$

二阶导数为
$$y'' = \cos\left(x + \frac{\pi}{2}\right) = \sin\left(x + \frac{\pi}{2} + \frac{\pi}{2}\right) = \sin\left(x + 2 \cdot \frac{\pi}{2}\right)$$

三阶导数为
$$y''' = \cos\left(x + 2 \cdot \frac{\pi}{2}\right) = \sin\left(x + 3 \cdot \frac{\pi}{2}\right)$$

...

以此类推, 可得正弦函数 $y = \sin x$ 的 n 阶导数为
$$y^{(n)} = \sin\left(x + n \cdot \frac{\pi}{2}\right)$$

即
$$(\sin x)^{(n)} = \sin\left(x + n \cdot \frac{\pi}{2}\right)$$

同理可得余弦函数 $y = \cos x$ 的 n 阶导数为
$$(\cos x)^{(n)} = \cos\left(x + n \cdot \frac{\pi}{2}\right)$$

例 2 - 24 求对数函数 $y = \ln(1 + x)$ 的 n 阶导数.

解 $y = \ln(1 + x)$ 的一阶导数为 $y' = \dfrac{1}{1+x}$, 二阶导数为 $y'' = -\dfrac{1}{(1+x)^2}$, 三阶导数为 $y''' = \dfrac{1 \cdot 2}{(1+x)^3}$, 四阶导数为 $y^{(4)} = -\dfrac{1 \cdot 2 \cdot 3}{(1+x)^4}$, ... 依此类推, 可得 $\ln(1 + x)$ 的 n 阶导数为
$$y^{(n)} = (-1)^{n-1}\frac{(n-1)!}{(1+x)^n}$$

即
$$[\ln(1+x)]^{(n)} = (-1)^{n-1}\frac{(n-1)!}{(1+x)^n}$$

 习题 2.4

1. 求下列函数的二阶导数:

(1) $y = (x^3 + 1)^2$; (2) $y = x\sin x$;

(3) $y = \ln(1 - x^2)$; (4) $y = \tan x$.

2. 设质点作直线运动, 其运动方程给定如下, 求该质点在指定时刻的速度与加速度:

(1) $s = 10 + 20t - 5t^2$, $t = 2$; (2) $s = A\sin\dfrac{\pi t}{3}$, $t = 1$.

3. 求由下列方程所确定的隐函数 y 的二阶导数 $\dfrac{d^2 y}{dx^2}$:

(1) $x^2 - y^2 = 1$; (2) $y = 1 + xe^y$.

4. （2007 年广东专插本）设 $y = \cos^2 x + \ln \sqrt{1 + x^2}$，求二阶导数 y''.

5. （2009 年广东专插本）函数 $f(x)$ 的导数 $f'(x) = x\ln(1 + x^2)$，求 $f'''(1)$.

6. （2011 年广东专插本）已知函数 $f(x)$ 的 $n - 1$ 阶导数 $f^{(n-1)}(x) = \ln(\sqrt{1 + e^{-2x}} - e^{-x})$，求 $f^{(n)}(0)$.

7. （2014 年广东专插本）设 $y = x\arcsin x - \sqrt{1 - x^2}$，求 $y''|_{x=0}$.

8. （2015 年广东专插本）设 $y = \ln \dfrac{e^x}{e^x + 1}$，求 $y''|_{x=0}$.

9. 求下列函数的 n 阶导数：

(1) $y = \dfrac{1}{x}$; (2) $y = xe^x$;

(3) $y = \ln x$; (4) $y = \sin(2x + 1)$;

(5) $y = x^n + a_1 x^{n-1} + a_2 x^{n-2} + \cdots + a_{n-1} x + a_n$（其中 $a_1, a_2, \cdots, a_n$ 都是常数）.

2.5 函 数 的 微 分

一、微分的概念

引例 **【薄片面积的增量】**如图 2-5 所示，一块正方形金属薄片受温度变化的影响，其边长由 x_0 变为 $x_0 + \Delta x$，问该薄片的面积 A 改变了多少？

若用 x 表示该薄片的边长，A 表示面积，则 A 是 x 的函数 $A = x^2$. 薄片受温度变化的影响时面积的改变量，可以看作是当自变量 x 在 x_0 取得增量 Δx 时，函数值 $A = x^2$ 相应的增量 ΔA，即

$$\Delta A = (x_0 + \Delta x)^2 - x_0^2 = 2x_0 \Delta x + (\Delta x)^2$$

可见 ΔA 由两部分组成，第一部分 $2x_0 \Delta x$ 是 Δx 的线性函数，即图 2-5 中带有斜线的两个矩形面积之和. 当 $\Delta x \to 0$ 时，它是 Δx 的同阶无穷小，称为 ΔA 的线性主部. 而第二部分 $(\Delta x)^2$ 在图 2-5 中是带有交叉斜线的小正方形的面积，当 $\Delta x \to 0$ 时，这部分是比 Δx 高阶的无穷小，即 $(\Delta x)^2 = o(\Delta x)$. 当 $|\Delta x|$ 很小时，$(\Delta x)^2$ 比 $2x_0 \Delta x$ 要小得多，这部分又称为 ΔA 的次要部分. 也就是说，当 $|\Delta x|$ 很小时，面积的改变量 ΔA 可近似地用第一部分来代替，而略去当 $\Delta x \to 0$ 时比 Δx 高阶的无穷小 $(\Delta x)^2$ 这一部分，即

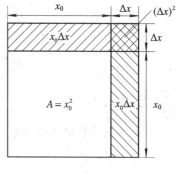

图 2-5

$$\Delta A \approx 2x_0 \Delta x$$

定义 2-4 设函数 $y = f(x)$ 在某区间内有定义，且 x_0 及 $x_0 + \Delta x$ 在该区间内，如果函数的增量

$$\Delta y = f(x_0 + \Delta x) - f(x_0)$$

可表示为

$$\Delta y = A \cdot \Delta x + o(\Delta x)$$

其中 A 是与 Δx 无关的常数，则称函数 $y = f(x)$ 在点 x_0 可微，并且称 $A \cdot \Delta x$ 为函数 $y = f(x)$ 在点 x_0 相对于自变量增量 Δx 的微分，记作 $\mathrm{d}y$，即

$$\mathrm{d}y = A\Delta x$$

例 2-25　【球体积的微分】半径为 r 的球，其体积为 $V = \dfrac{4}{3}\pi r^3$. 当半径增大 Δr 时，计算球体积的改变量及微分.

解　体积的改变量为

$$\Delta V = \frac{4}{3}\pi (r + \Delta r)^3 - \frac{4}{3}\pi r^3 = 4\pi r^2 \Delta r + 4\pi r (\Delta r)^2 + \frac{4}{3}\pi (\Delta r)^3$$

显然有

$$\Delta V = 4\pi r^2 \Delta r + o(\Delta r)$$

故体积微分为

$$\mathrm{d}V = 4\pi r^2 \Delta r$$

下面讨论可微与可导之间的关系.

定理 2-6　函数 $y = f(x)$ 在点 x_0 可微的充分必要条件是函数 $y = f(x)$ 在点 x_0 可导，且当 $f(x)$ 在点 x_0 可微时，其微分为 $\mathrm{d}y = f'(x_0)\Delta x$，即 $A = f'(x_0)$.

当函数 $y = f(x)$ 在点 x 处有微分时，我们就说 $f(x)$ 在点 x 处可微. 当 $f(x)$ 在区间 (a, b) 内每一点都可微时，就说 $f(x)$ 在 (a, b) 内可微. 根据定理 2-6 可知，一个函数，可微一定可导，可导也一定可微.

由于函数 $y = x$ 的微分 $\mathrm{d}y = \mathrm{d}x = (x)'\Delta x = \Delta x$，所以有

$$\mathrm{d}x = \Delta x$$

这说明，自变量的微分 $\mathrm{d}x$ 就是自变量的增量 Δx，因此函数 $y = f(x)$ 的微分又可写成

$$\mathrm{d}y = f'(x)\mathrm{d}x \tag{2-26}$$

式（2-26）的两端分别除以 $\mathrm{d}x$，得

$$\frac{\mathrm{d}y}{\mathrm{d}x} = f'(x) \tag{2-27}$$

式（2-27）说明，函数的导数就是函数的微分 $\mathrm{d}y$ 与自变量微分 $\mathrm{d}x$ 之商，故导数又称微商.

例 2-26　求函数 $y = \dfrac{1}{3}x^3$ 在 $x = 2$、$\mathrm{d}x = 0.01$ 时的微分.

解　先求函数在任意点 x 处的微分，得

$$\mathrm{d}y = \left(\frac{1}{3}x^3\right)'\mathrm{d}x = x^2\mathrm{d}x$$

然后将 $x = 2$、$\mathrm{d}x = 0.01$ 代入可得

$$\mathrm{d}y\big|_{\substack{x=2\\ \mathrm{d}x=0.01}} = x^2\mathrm{d}x\big|_{\substack{x=2\\ \mathrm{d}x=0.01}} = 2^2 \times 0.01 = 0.04$$

例 2-27　求函数 $y = x\sin x$ 的微分.

解　因为 $y' = \sin x + x\cos x$，所以 $\mathrm{d}y = (\sin x + x\cos x)\mathrm{d}x$.

二、微分的几何意义

在直角坐标系中，函数 $y = f(x)$ 的图形是一条曲线. 对于某一固定的 x_0 值，曲线上有一个确定点 $M(x_0, y_0)$，当自变量 x 在该处有微小增量 Δx 时，就得到曲线上另一点 $N(x_0 + \Delta x, y_0 + \Delta y)$. 由图 2－6 可知，$MQ = \Delta x$，$QN = \Delta y$.

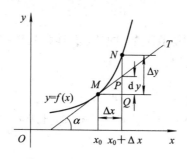

图 2－6

过 M 点作曲线的切线 MT，它的倾角为 α，则

$$QP = MQ \cdot \tan\alpha = \Delta x \cdot f'(x_0)$$

即

$$\mathrm{d}y = QP$$

由此可见，当 Δy 是曲线 $y = f(x)$ 上的 M 点的纵坐标的增量时，$\mathrm{d}y$ 就是曲线切线上 M 点的纵坐标的相应增量. 当 $|\Delta x|$ 很小时，$|\Delta y - \mathrm{d}y|$ 比 $|\Delta x|$ 小得多. 因此在点 M 邻近，我们可以用切线段来近似代替曲线段.

三、微分运算法则及微分公式表

1. 微分运算法则

由 $\mathrm{d}y = f'(x)\mathrm{d}x$ 和求导运算法则很容易得到微分的运算法则及微分公式表（u、v 都可导）：

(1) $\mathrm{d}(u \pm v) = \mathrm{d}u \pm \mathrm{d}v$；　　　　(2) $\mathrm{d}(Cu) = C\mathrm{d}u$；

(3) $\mathrm{d}(u \cdot v) = v\mathrm{d}u + u\mathrm{d}v$；　　　　(4) $\mathrm{d}\left(\dfrac{u}{v}\right) = \dfrac{v\mathrm{d}u - u\mathrm{d}v}{v^2}$；

(5) $\mathrm{d}\left(\dfrac{C}{v}\right) = -\dfrac{C\mathrm{d}v}{v^2}$　　$(v \neq 0)$.

2. 微分公式表

(1) $\mathrm{d}(C) = 0$；　　　　　　　　　(2) $\mathrm{d}(x^a) = ax^{a-1}\mathrm{d}x$；

(3) $\mathrm{d}(\sin x) = \cos x\,\mathrm{d}x$；　　　　(4) $\mathrm{d}(\cos x) = -\sin x\,\mathrm{d}x$；

(5) $\mathrm{d}(\tan x) = \sec^2 x\,\mathrm{d}x$；　　　(6) $\mathrm{d}(\cot x) = -\csc^2 x\,\mathrm{d}x$；

(7) $\mathrm{d}(\sec x) = \sec x \tan x\,\mathrm{d}x$；　(8) $\mathrm{d}(\csc x) = -\csc x \cot x\,\mathrm{d}x$；

(9) $\mathrm{d}(\log_a|x|) = \dfrac{1}{x\ln a}\mathrm{d}x$；　(10) $\mathrm{d}(\ln|x|) = \dfrac{1}{x}\mathrm{d}x$；

(11) $\mathrm{d}(a^x) = a^x \ln a\,\mathrm{d}x$；　　　(12) $\mathrm{d}(\mathrm{e}^x) = \mathrm{e}^x\mathrm{d}x$；

(13) $d(\arcsin x) = \dfrac{1}{\sqrt{1-x^2}}dx$; 　　　(14) $d(\arccos x) = -\dfrac{1}{\sqrt{1-x^2}}dx$;

(15) $d(\arctan x) = \dfrac{1}{1+x^2}dx$; 　　　　(16) $d(\text{arccot}\,x) = -\dfrac{1}{1+x^2}dx$.

3. 复合函数的微分法则

设 $y = f(u)$ 及 $u = \varphi(x)$ 都可导，则复合函数 $y = f[\varphi(x)]$ 的微分为

$$dy = y'_x dx = f'(u)\varphi'(x)dx$$

由于 $\varphi'(x)dx = du$，因此复合函数 $y = f[\varphi(x)]$ 的微分公式也可以写成

$$dy = f'(u)du$$

由此可见，无论 u 是自变量还是中间变量，微分形式 $dy = f'(u)du$ 都保持不变. 这一性质称为微分形式的不变性. 该性质表明，当变换自变量时，微分形式 $dy = f'(u)du$ 并不会改变.

例 2-28 设 $y = \sin(2x+3)$，求 dy.

解 先视 $2x+3$ 为一整体，由微分形式的不变性可得

$$dy = d(\sin(2x+3)) = \cos(2x+3)d(2x+3)$$
$$= \cos(2x+3) \cdot 2dx = 2\cos(2x+3)dx$$

例 2-29 利用微分形式的不变性求下列函数的微分：

(1) $y = \ln(1+e^x)$ 　　　　　　　　(2) $y = e^{\sin 2x}$

解 (1) $dy = d(\ln(1+e^x)) = \dfrac{1}{1+e^x}d(1+e^x) = \dfrac{1}{1+e^x} \cdot e^x dx = \dfrac{e^x}{1+e^x}dx$

(2) $dy = e^{\sin 2x}d(\sin 2x) = e^{\sin 2x} \cdot \cos 2x d(2x) = 2e^{\sin 2x}\cos 2x dx$

四、微分在近似计算中的应用

1. 计算函数改变量的近似值

由微分的定义可知如果函数 $y = f(x)$ 在点 x_0 处的导数 $f'(x_0) \neq 0$，且 $|\Delta x|$ 很小时，有

$$\Delta y \approx dy = f'(x_0) \cdot \Delta x$$

而且 $|\Delta x|$ 越小，近似值的精确度越高. 由于微分易于计算，因此要计算 Δy 的近似值，只需求 dy 即可.

例 2-30 【镀层的近似值】有一半径为 1 cm 的球，为了提高球面的光洁度，要镀上一层铜，厚度定为 0.01 cm. 请估计一下每只球需要镀多少克铜（铜的密度是 8.98 g/cm³）？

解 因为镀层的体积为两球体积之差，所以它是球体体积 $V = \dfrac{4}{3}\pi R^3$，当 $R_0 = 1$、$\Delta R = 0.01$ 时的增量 ΔV. 由于函数增量 ΔV 的近似公式为 $\Delta V \approx dV = V'_R \cdot \Delta R$，而

$$V'_R = \left(\dfrac{4}{3}\pi R^3\right)'\Big|_{R=1} = 4\pi R^2\,|_{R=1} = 4\pi，所以$$

$$\Delta V \approx dV = V'_R \cdot \Delta R = 4\pi \cdot \Delta R = 4 \times 3.14 \times 1^2 \times 0.01 = 0.1256(\text{cm}^3)$$

质量为

$$0.1256 \times 8.98 \approx 1.13(\text{g})$$

因此每只球需用的铜约为 1.13 克.

2. 计算函数值的近似值

由 $\Delta y \approx \mathrm{d}y$，即 $f(x_0 + \Delta x) - f(x_0) \approx f'(x_0)\Delta x$ 可得

$$f(x_0 + \Delta x) \approx f(x_0) + f'(x_0)\Delta x$$

令 $x = x_0 + \Delta x$，则 $\Delta x = x - x_0$，即

$$f(x) \approx f(x_0) + f'(x_0)(x - x_0)$$

当 $x_0 = 0$ 且 $|x|$ 很小时，有

$$f(x) \approx f(0) + f'(0) \cdot x$$

因此不难得到工程技术上常用的近似公式（当 $|x|$ 很小时）：

(1) $\sin x \approx x$；　　　　　(2) $\tan x \approx x$；　　　　　(3) $\mathrm{e}^x \approx 1 + x$；

(4) $\ln(1+x) \approx x$；　　　　(5) $\sqrt[n]{1+x} \approx 1 + \dfrac{1}{n}x$.

例 2 – 31　计算 $\sqrt[3]{65}$ 的近似值.

解　因为

$$\sqrt[3]{65} = \sqrt[3]{64+1} = \sqrt[3]{64\left(1 + \frac{1}{64}\right)} = 4\sqrt[3]{1 + \frac{1}{64}}$$

由近似公式 $\sqrt[n]{1+x} \approx 1 + \dfrac{1}{n}x$ 可得

$$\sqrt[3]{65} = 4\sqrt[3]{1 + \frac{1}{64}} \approx 4\left(1 + \frac{1}{3} \times \frac{1}{64}\right) = 4 + \frac{1}{48} \approx 4.021$$

 习题 2.5

1. 求下列函数在给定条件下的增量和微分：

(1) $y = 2x - 1$，当 x 由 1 变到 1.02；

(2) $y = x^2 + 1$，当 x 由 1 变到 0.99.

2. 填空.

(1) $\mathrm{d}(\quad) = 2x\mathrm{d}x$；　　　　　　　　　(2) $\mathrm{d}(\quad) = \dfrac{1}{\sqrt{x}}\mathrm{d}x$；

(3) $\mathrm{d}(\quad) = \dfrac{\ln x}{x}\mathrm{d}x$；　　　　　　　(4) $\mathrm{d}(\quad) = \sin 2x\mathrm{d}x$；

(5) $\mathrm{d}(\quad) = \dfrac{1}{1+x^2}\mathrm{d}x$；　　　　　(6) $\mathrm{d}(\quad) = \sec x\tan x\mathrm{d}x$.

3. 求下列函数的微分：

(1) $y = \ln(1 + \mathrm{e}^x)$；　　　　　　　(2) $y = \ln(x+1) + \dfrac{1}{x} - 2\sqrt{x}$；

(3) $y = \dfrac{\mathrm{e}^{2x}}{x}$；　　　　　　　　　　(4) $y = \dfrac{x}{\sqrt{x^2 + 1}}$.

4. 【气球的体积近似值】一个充满气的气球半径为 5 m，升空后，因外部气压降低，气球的半径增大了 10 cm，问气球的体积近似增加多少？

5. 计算 $\cos 29°$ 和 $\mathrm{e}^{0.01}$ 的近似值.

6. （2016 年广东专插本）设 $y = \dfrac{x}{1+x^2}$，则 $\mathrm{d}y\big|_{x=0} = $ _____.

7.（2019 年广东专插本）设 $y = \dfrac{x^x}{2x+1}(x>0)$，求 $\dfrac{\mathrm{d}y}{\mathrm{d}x}$.

本 章 小 结

一、导数的概念

（1）导数的定义：$f'(x_0) = \lim\limits_{\Delta x \to 0} \dfrac{\Delta y}{\Delta x} = \lim\limits_{\Delta x \to 0} \dfrac{f(x_0 + \Delta x) - f(x_0)}{\Delta x} = \lim\limits_{h \to 0} \dfrac{f(x_0 + h) - f(x_0)}{h}$.

（2）单侧导数：左导数 $f'_-(x_0) = \lim\limits_{x \to x_0^-} \dfrac{f(x) - f(x_0)}{x - x_0}$，右导数 $f'_+(x_0) = \lim\limits_{x \to x_0^+} \dfrac{f(x) - f(x_0)}{x - x_0}$.

（3）$f(x)$ 在 x_0 处可导的充分必要条件为 $f(x)$ 在 x_0 处既左可导，又右可导且左右导数也相等.

（4）导数的物理意义：变速直线运动物体位置函数 $s = s(t)$ 在 t_0 处的导数 $s'(t_0)$ 表示物体在时刻 t_0 时的瞬时速度.

（5）导数的几何意义：导数 $f'(x_0)$ 表示曲线 $y = f(x)$ 图像上过点 $(x_0, f(x_0))$ 处切线的斜率.

二、导数的运算

1）基本初等函数的导数公式

（1）$(C)' = 0$;

（2）$(x^a)' = ax^{a-1}$;

（3）$(\sin x)' = \cos x$;

（4）$(\cos x)' = -\sin x$;

（5）$(\tan x)' = \sec^2 x$;

（6）$(\cot x)' = -\csc^2 x$;

（7）$(\sec x)' = \sec x \cdot \tan x$;

（8）$(\csc x)' = -\csc x \cdot \cot x$;

（9）$(\log_a |x|)' = \dfrac{1}{x \ln a}$;

（10）$(\ln |x|)' = \dfrac{1}{x}$;

（11）$(a^x)' = a^x \ln a$;

（12）$(\mathrm{e}^x)' = \mathrm{e}^x$;

（13）$(\arcsin x)' = \dfrac{1}{\sqrt{1 - x^2}}$;

（14）$(\arccos x)' = -\dfrac{1}{\sqrt{1 - x^2}}$;

（15）$(\arctan x)' = \dfrac{1}{1 + x^2}$;

（16）$(\text{arccot} x)' = -\dfrac{1}{1 + x^2}$.

2）四则运算法则

设函数 $u = u(x)$ 和 $v = v(x)$ 都在点 x 处可导，那么

（1）$(u \pm v)' = u' \pm v'$;

（2）$(uv)' = u'v + uv'$;

（3）$\left(\dfrac{u}{v}\right)' = \dfrac{u'v - uv'}{v^2} \quad (v \neq 0)$;

（4）$(Cu)' = Cu'$;

（5）$\left(\dfrac{C}{v}\right)' = -\dfrac{Cv'}{v^2} \quad (v \neq 0)$.

3）反函数求导

设 $x = f(y)$ 在区间 I_y 内单调、可导且 $f'(y) \neq 0$，则其反函数 $y = f^{-1}(x)$ 在 $I_x = f(I_y)$ 内也可导，且 $\left[f^{-1}(x)\right]'_x = \dfrac{1}{\left[f(y)\right]'_y}$ 或 $\dfrac{\mathrm{d}y}{\mathrm{d}x} = \dfrac{1}{\mathrm{d}x/\mathrm{d}y}$.

4）复合函数求导

若 $y = f[\varphi(x)]$，$u = \varphi(x)$，则 $\dfrac{\mathrm{d}y}{\mathrm{d}x} = \dfrac{\mathrm{d}y}{\mathrm{d}u} \cdot \dfrac{\mathrm{d}u}{\mathrm{d}x}$ 或 $y'_x = y'_u \cdot u'_x$.

5）隐函数求导

对 $F(x, y) = 0$ 两边关于 x 求导，把 y 看成是 x 的函数，然后从求导后所得的关系式中解出 y'_x，即可求得隐函数的导数.

6）对数求导法

对数求导法适用于求幂指函数 $y = [u(x)]^{v(x)}$ 或由多个因子的积、商、幂构成的函数的求导. 求导时，先对等式两边取对数（一般取以 e 为底的对数函数），把显函数化为隐函数的形式，再利用隐函数求导法进行求导.

7）参数方程求导

对于 $\begin{cases} x = \varphi(t) \\ y = \psi(t) \end{cases}$（$t$ 为参数）所确定的参数方程，如果函数 $x = \varphi(t)$、$y = \psi(t)$ 都可导，且 $\varphi'(t) \neq 0$，则有

$$\frac{\mathrm{d}y}{\mathrm{d}x} = \frac{\mathrm{d}y}{\mathrm{d}t} \cdot \frac{\mathrm{d}t}{\mathrm{d}x} = \frac{\mathrm{d}y}{\mathrm{d}t} \cdot \frac{1}{\mathrm{d}x/\mathrm{d}t} = \frac{\psi'(t)}{\varphi'(t)}$$

即

$$\frac{\mathrm{d}y}{\mathrm{d}x} = \frac{\psi'(t)}{\varphi'(t)}$$

三、高阶导数

二阶及以上的导数统称为高阶导数，常用的高阶求导公式为

（1）$(a^x)^{(n)} = a^x \ln^n a \,(a > 0)$，特别地，$(\mathrm{e}^x)^{(n)} = \mathrm{e}^x$；

（2）$(\sin kx)^{(n)} = k^n \sin\left(kx + n\dfrac{\pi}{2}\right)$；

（3）$(\cos kx)^{(n)} = k^n \cos\left(kx + n\dfrac{\pi}{2}\right)$；

（4）$[\ln(1 + x)]^{(n)} = (-1)^{n-1} \dfrac{(n-1)!}{(1+x)^n}$；

（5）$(x^k)^{(n)} = k(k-1)(k-2)\cdots(k-n+1)x^{k-n}$.

四、微分

1）定义

如果函数的增量 Δy 可表示为 $\Delta y = A\Delta x + o(\Delta x)$，其中 A 是与 Δx 无关的常数，则称函数 $y = f(x)$ 在点 x_0 可微，并且称 $A\Delta x$ 为 Δx 的微分，记作 $\mathrm{d}y$，即 $\mathrm{d}y = A\Delta x$.

注：$\Delta y \neq \mathrm{d}y$，$\Delta x = \mathrm{d}x$.

2）可导与可微的关系

函数 $f(x)$ 在点 x_0 可微的充分必要条件是函数 $f(x)$ 在 x_0 可导.

3）微分的计算

（1）基本微分公式为 $\mathrm{d}y = f'(x)\mathrm{d}x$.

（2）微分运算法则如下所示：

（i）$\mathrm{d}(u \pm v) = \mathrm{d}u \pm \mathrm{d}v$；（ii）$\mathrm{d}(uv) = v\mathrm{d}u + u\mathrm{d}v$；（iii）$\mathrm{d}\left(\dfrac{u}{v}\right) = \dfrac{v\mathrm{d}u - u\mathrm{d}v}{v^2}$.

（3）微分形式的不变性.

若 u 为自变量，$y = f(u)$，则 $\mathrm{d}y = f'(u)\Delta u = f'(u)\mathrm{d}u$；若 u 为中间变量，$y = f(u)$，$u = \varphi(x)$，则 $\mathrm{d}y = f'(u)\varphi'(x)\mathrm{d}x = f'(u)\mathrm{d}u$.

4）微分在近似计算中的应用

由 $\Delta y = f(x_0 + \Delta x) - f(x_0) \approx f'(x_0)\Delta x$ 可得 $f(x_0 + \Delta x) \approx f(x_0) + f'(x_0)\Delta x$.

特别地，当 $x_0 = 0$ 且 $|x|$ 很小时，有 $f(x) \approx f(0) + f'(0)x$.

总习题二

一、填空题

1. 假定 $f'(x_0)$ 存在，则

$\lim\limits_{x \to x_0} \dfrac{f(x) - f(x_0)}{x - x_0} = $ _____；　　　　$\lim\limits_{\Delta x \to 0} \dfrac{f(x_0 + 2\Delta x) - f(x_0)}{\Delta x} = $ _____；

$\lim\limits_{h \to 0} \dfrac{f(x_0 - 2h) - f(x_0)}{h} = $ _____；　　$\lim\limits_{h \to 0} \dfrac{f(x_0 + h) - f(x_0 - h)}{h} = $ _____.

2. $($ _____ $)' = 0$；$($ _____ $)' = 1$；$($ _____ $)' = x$.

3. $(3\ln x)' = $ _____；$(\ln x^3)' = $ _____.

4. $(\sin^2 x)' + (\cos^2 x)' = $ _____.

5. 若函数 $y = x^2$，则 $\lim\limits_{x \to 1} \dfrac{f(x) - f(1)}{x - 1} = $ _____.

6. 曲线 $y = x - \dfrac{1}{x}(x > 0)$ 上的切线斜率是 $\dfrac{5}{4}$ 的点是 _____.

7. 曲线 $\begin{cases} y = \sin 2t \\ x = \cos t \end{cases}$ 在对应点 $t = \dfrac{\pi}{6}$ 处的法线方程为 _____.

8. 已知 $y = 10x^9 + x^8 + \cdots + x + 2$，则 $y^{(9)}(x) = $ _____.

9. （2006 年广东专插本）由参数方程 $\begin{cases} x = 2\sin t + 1 \\ y = \mathrm{e}^{-t} \end{cases}$ 所确定的曲线在 $t = 0$ 相应点处的切线方程是 _____.

10. （2009 年广东专插本）若曲线 $\begin{cases} x = kt - 3t^2 \\ y = (1 + 2t)^2 \end{cases}$ 在 $t = 0$ 处的切线斜率为 1，则常数 $k = $ _____.

11. （2010 年广东专插本）圆 $x^2 + y^2 = x + y$ 在 $(0, 0)$ 点处的切线方程是 _____.

12. （2013 年广东专插本）曲线 $\begin{cases} x = 3^t \\ y = \tan t \end{cases}$ 在 $t = 0$ 相应的点处的切线方程是 _____.

二、选择题

1. 设 $f(0) = 0$ 且 $f(x)$ 在 $x = 0$ 处的极限存在，设极限 $\lim\limits_{x \to 0} \dfrac{f(x)}{x} = A$ 存在，则 $A = ($ _____ $)$.

A. $f(0)$　　　　　　B. $f'(0)$　　　　　　C. $f'(x)$　　　　　　D. 以上都不对

2. 设 $y = \ln|x|$，则 $dy = ($ $)$.

A. $\dfrac{1}{|x|}dx$ B. $-\dfrac{1}{|x|}dx$ C. $\dfrac{1}{x}dx$ D. 以上都不对

3. 曲线 $y = \dfrac{x^2}{2} - \ln x$ 在 $x = x_0$ 处的切线与直线 $x + 2y - 1 = 0$ 垂直，那么 x_0 的值是
(   ).

A. $\dfrac{1 + \sqrt{17}}{4}$ B. $1 \pm \sqrt{2}$ C. $1 + \sqrt{2}$ D. $\sqrt{2} \pm 1$

4. 设 $y = f(\sin x)$，则 $dy = ($ $)$.

A. $f'(\sin x)dx$ B. $-f'(\sin x)\cos xdx$

C. $f'(\sin x)d\sin x$ D. $f'(\sin x)\sin xdx$

5. 设函数 $y = x^n + e^x$（n 为正整数），则 $y^{(n)} = ($ $)$.

A. e^x B. $n!$ C. $n! + ne^x$ D. $n! + e^x$

6. 函数 $f(x) = \begin{cases} x + 2, & 0 \leqslant x < 1 \\ 3x, & x \geqslant 1 \end{cases}$ 在 $x = 1$ 处(   ).

A. 不连续   B. 有任意阶导数

C. 连续，但不可导   D. 连续且有一阶导数

7. 下列各式正确的是(   ).

A. $d(\sqrt{x}) = \dfrac{1}{2\sqrt{x}}dx$ B. $d(x + 1) = xdx$

C. $d(\arcsin x) = -\dfrac{1}{\sqrt{1 - x^2}}dx$ D. $d\left(\dfrac{1}{x}\right) = \ln xdx$

三、计算题

1. 求下列函数的导数（或在给定点处的函数值）：

(1) $y = (x\sqrt{x} + 3)e^{2x}$；   (2) $y = \dfrac{x^2}{\ln x}$；

(3) $y = \arccos\dfrac{1}{x}$；   (4) $y = \ln\ln\ln x$；

(5) $y = \dfrac{1 - \sqrt{x}}{1 + \sqrt{x}}$，求 $y'(4)$；   (6) $y = \dfrac{\cos x}{2x^3 + 3}$，求 $y'|_{x=0}$.

2. 求下列函数的二阶导数：

(1) $y = x^2\sin 2x$；   (2) $y = \dfrac{e^x}{x}$；   (3) $y = x\sqrt{1 + x^2}$.

3. 设函数 $f(x) = \begin{cases} e^{2x} + b & x \leqslant 0 \\ \sin ax & x \geqslant 0 \end{cases}$ 在 $x = 0$ 处可导，求 a 与 b 的值.

4. 设函数 $y = y(x)$ 由方程 $e^y + xy = e$ 所确定，求 $y''(0)$.

5. （2014 年广东专插本）已知函数 $f(x) = \begin{cases} (1 + 3x^2)^{\frac{1}{x^2}}\sin 3x + 1 & x \neq 0 \\ a & x = 0 \end{cases}$ 在 $x = 0$ 处
连续，（1）求常数 a 的值；（2）求曲线 $y = f(x)$ 在点 $(0, a)$ 处的切线方程.

6. （2016 年广东专插本）求曲线 $3x^2 + y + e^{xy} = 2$ 在点 $(0, 1)$ 处的切线方程.

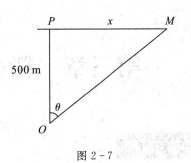

图 2-7

7.【物质的分解速度问题】质量为 m_0 的物质，在化学分解中经过时间 t 后，所剩的质量 m 与时间 t 的关系为 $m = m_0 e^{-kt}(k > 0$ 是常数），求物质的分解速度.

8.【探照灯的转速问题】如图 2-7 所示，一探照灯与公路的最近点 P 相距 $500\,\mathrm{m}$，一汽车从 P 点以 $60\,\mathrm{km/h}$ 沿公路进行，探照灯转动随汽车一起行进并照射到汽车上.问当汽车行进 $1000\,\mathrm{m}$ 时，探照灯转动的角速度为多少，方使汽车不脱离照射？

习题答案

第三章　微分中值定理与导数的应用

　　知识目标：了解微分中值定理，会运用洛必达法则求极限，掌握函数的单调性与极值的判定以及函数最值、凹凸性和拐点的判定.

　　技能目标：会应用微分中值定理，掌握函数单调性与极值的求法，会判断曲线的凹凸性及拐点.

　　能力目标：培养由简单到复杂、由特殊到一般的化归思想，培养学生解决实际问题的能力.

　　微分中值定理是研究函数的有力工具，其包括罗尔中值定理、拉格朗日中值定理、柯西中值定理. 微分中值定理是微分学的重要理论，是沟通函数与其导数之间的桥梁，是应用导数局部性研究函数整体性的重要数学工具.

3.1　微分中值定理

　　微分中值定理讨论的是函数在某区间的整体性质以及函数在该区间内与某一点导数之间的关系，它是反映函数与导数之间联系的重要定理，不仅是导数应用的理论基础，也是微积分学的理论基础，在自然科学、工程技术以及社会科学等领域都有重要的运用.

一、罗尔(Rolle) 中值定理

　　定理 3 - 1　（罗尔中值定理）若函数 $f(x)$ 满足：

　　(1) 在闭区间 $[a, b]$ 上连续；

　　(2) 在开区间 (a, b) 内可导；

　　(3) $f(a) = f(b)$，

则至少存在一点 $\xi \in (a, b)$，使得 $f'(\xi) = 0$.

　　罗尔中值定理的几何意义：在闭区间 $[a, b]$ 上有连续曲线 $y = f(x)$，除端点外，若曲线上的每一点都存在不垂直于 x 轴的切线，且曲线两个端点的纵坐标相等，即 $f(a) = f(b)$，则在该条件下，开区间 (a, b) 内至少存在一点 ξ，使得曲线在点 $(\xi, f(\xi))$ 的切线平行于 x 轴，如图 3 - 1 所示.

　　导数等于 0 的点称为函数的驻点(稳定点).

　　注：罗尔中值定理的三个条件缺一不可，若有

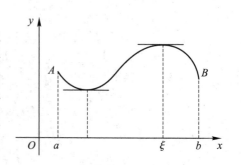

图 3 - 1

一个不成立，定理的结论就有可能不成立，即使三个条件不能同时满足，结论也可能成立，即这些条件是充分非必要的.

例 3 - 1　验证罗尔中值定理对函数 $f(x) = x^3 + 4x^2 - 7x - 10$ 在区间 $[-1, 2]$ 上的正确性，并求结论中的 ξ.

解　由于函数 $f(x) = x^3 + 4x^2 - 7x - 10$

(1) 在区间 $[-1, 2]$ 上连续；

(2) 在区间 $(-1, 2)$ 内可导，且导数为 $f'(x) = 3x^2 + 8x - 7$；

(3) $f(-1) = f(2) = 0$，

因此 $f(x)$ 在区间 $[-1, 2]$ 上满足罗尔定理的三个条件.

令 $f'(x) = 3x^2 + 8x - 7 = 0$，得到 $x = \dfrac{-4 \pm \sqrt{37}}{3}$. 取 $\xi = \dfrac{\sqrt{37} - 4}{3} \in (-1, 2)$，则

有 $f'(\xi) = 0$. 即存在 $\xi = \dfrac{\sqrt{37} - 4}{3} \in (-1, 2)$，使得 $f'(\xi) = 0$，这也就验证了罗尔中值定理的正确性.

二、拉格朗日 (Lagrange) 中值定理

在罗尔中值定理中，条件 $f(a) = f(b)$ 相当特殊，这使它的应用受到限制. 若把这个条件去掉，就得到微分学中一个十分重要的定理——拉格朗日中值定理.

定理 3 - 2　（拉格朗日中值定理）若函数 $f(x)$ 满足：

(1) 在闭区间 $[a, b]$ 上连续；

(2) 在开区间 (a, b) 内可导，

则至少存在一点 $\xi \in (a, b)$，使得

$$f'(\xi) = \frac{f(b) - f(a)}{b - a} \tag{3-1}$$

式 (3-1) 称为拉格朗日中值公式.

由图 3 - 2 可看出，$\dfrac{f(b) - f(a)}{b - a}$ 是割线 AB 的斜率，$f'(\xi)$ 是曲线在 C 点处切线的斜率. 因此，拉格朗日中值定理的几何意义是：如果连续曲线 $y = f(x)$ 在区间 $[a, b]$ 上，除端点外处处具有不垂直于 x 轴的切线，那么在这条曲线上至少有一点 C，使曲线在点 C 处的切线平行于连接曲线两端点的割线 AB.

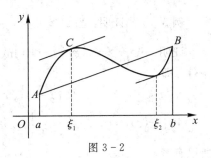

图 3 - 2

不难看出罗尔中值定理是拉格朗日中值定理在 $f(a) = f(b)$ 时的特殊情形，而拉格朗日中值定理是罗尔中值定理的推广.

设 $x, x + \Delta x \in (a, b)$，则 $\Delta y = f(x + \Delta x) - f(x)$. 取 x、$x + \Delta x$ 为端点的区间，公式 (3-1) 在该区间上就变为

$$f'(x + \theta \Delta x) = \frac{f(x + \Delta x) - f(x)}{\Delta x} \quad (0 < \theta < 1)$$

或

$$f(x + \Delta x) - f(x) = f'(x + \theta \Delta x) \cdot \Delta x \quad (0 < \theta < 1)$$

即

$$\Delta y = f'(x + \theta \Delta x) \cdot \Delta x \quad (0 < \theta < 1) \tag{3-2}$$

式(3-2)给出了自变量取得有限增量 Δx($|\Delta x|$ 不一定很小)时,函数增量 Δy 的精确表达式,这个公式又称为有限增量公式. 拉格朗日中值定理在微分学中占有重要的地位,有时也称这个定理为微分中值定理.

我们知道常数函数的导数等于 0,反过来导数为 0 的函数是否一定为常数呢?回答是肯定的,接下来用拉格朗日中值定理来证明.

推论 3 - 1 设 $f(x)$ 在区间 I 上连续,在 I 内可导且导数恒为 0,则 $f(x)$ 在区间 I 上恒为常数.

证明 在区间 I 内任取两点 x_1、x_2,不妨设 $x_1 < x_2$,则 $f(x)$ 在区间 $[x_1, x_2]$ 上满足拉格朗日中值定理的条件. 由式(3-1)可得

$$f(x_2) - f(x_1) = f'(\xi)(x_2 - x_1) \quad (x_1 < \xi < x_2)$$

由已知条件可知 $f'(\xi) = 0$,因此有 $f(x_2) = f(x_1)$. 又由 x_1、x_2 的任意性可知,函数 $f(x)$ 在区间 I 上恒为常数.

推论 3 - 2 如果函数 $f(x)$ 与 $g(x)$ 在区间 I 上的导数恒相等,即有 $f'(x) \equiv g'(x)$,那么在区间 I 上有 $f(x) = g(x) + C$,其中 C 为常数.

证明 在区间 I 内任取一点 x,由已知条件可知 $[f(x) - g(x)]' = f'(x) - g'(x) = 0$. 由推论 3 - 1 可知 $f(x) - g(x)$ 在区间 I 上恒为常数,即 $f(x) - g(x) = C$ 或 $f(x) = g(x) + C$. 结论得证.

例 3 - 2 证明:$\arcsin x + \arccos x = \dfrac{\pi}{2}, \quad x \in [-1, 1]$.

证明 令 $f(x) = \arcsin x + \arccos x$,则 $f(x)$ 在 $[-1, 1]$ 内可导且 $f'(x) = 0$. 由推论 3 - 1 可知 $f(x) = C, x \in [-1, 1]$. 当 $x = 0$ 时,$f(0) = \dfrac{\pi}{2} = C$,即 $\arcsin x + \arccos x = \dfrac{\pi}{2}$.

例 3 - 3 证明:当 $x > 0$ 时,$\dfrac{x}{1+x} < \ln(1+x) < x$.

证明 设 $x > 0$,令 $f(x) = \ln(1+x)$,则 $f(x)$ 在 $[0, x]$ 上满足拉格朗日中值定理的条件,即

$$f(x) - f(0) = f'(\xi)(x - 0) \quad (0 < \xi < x) \tag{3-3}$$

由于 $f(0) = 0$,$f'(\xi) = \dfrac{1}{1+\xi}$,因此式(3-3)可写成 $\ln(1+x) = \dfrac{x}{1+\xi}$. 因为 $0 < \xi < x$,所以有

$$\frac{x}{1+x} < \frac{x}{1+\xi} < x$$

即

$$\frac{x}{1+x} < \ln(1+x) < x$$

三、柯西(Cauchy)中值定理

定理 3 - 3 (柯西中值定理) 若函数 $f(x)$ 和 $g(x)$ 满足:

(1) 在闭区间$[a,b]$上连续；

(2) 在开区间(a,b)内可导；

(3) 对任意的$x \in (a,b)$，有$g'(x) \neq 0$，

则至少存在一点$\xi \in (a,b)$，使得

$$\frac{f(b)-f(a)}{g(b)-g(a)} = \frac{f'(\xi)}{g'(\xi)}$$

显然，若取$g(x)=x$，则$g(b)-g(a)=b-a$，$g'(x)=1$，此时柯西中值定理就变成拉格朗日中值定理. 因此，拉格朗日中值定理是柯西中值定理在$g(x)=x$时的特殊情形，而柯西中值定理是拉格朗日中值定理的推广.

例 3 - 4　若函数$f(x)$在$[a,b]$上连续，在(a,b)内可导$(0<a<b)$，试证：存在$\xi \in (a,b)$，使得$f(b)-f(a) = \xi f'(\xi) \ln \dfrac{b}{a}$.

证明　令$g(x)=\ln x$，易知$f(x)$、$g(x)$在$[a,b]$上满足柯西中值定理的条件，因此存在$\xi \in (a,b)$，使

$$\frac{f(b)-f(a)}{g(b)-g(a)} = \frac{f'(\xi)}{g'(\xi)}$$

即

$$\frac{f(b)-f(a)}{\ln b - \ln a} = \frac{f'(\xi)}{1/\xi}$$

故

$$f(b)-f(a) = \xi f'(\xi) \ln \frac{b}{a}$$

 **习题 3.1**

1. 已知函数$f(x) = \ln \sin x$在区间$\left[\dfrac{\pi}{6}, \dfrac{5\pi}{6}\right]$上满足罗尔中值定理的条件，试找出点$\xi \in \left(\dfrac{\pi}{6}, \dfrac{5\pi}{6}\right)$，使得$f'(\xi)=0$.

2. 函数$f(x)=\ln x$在区间$[1, \mathrm{e}]$上是否满足拉格朗日中值定理的条件？若满足，求出定理结论中的ξ.

3. 证明恒等式：$\arctan x + \operatorname{arccot} x = \dfrac{\pi}{2}$，$x \in (-\infty, +\infty)$.

4. 证明下列各式：

(1) $\dfrac{b-a}{1+b^2} < \arctan b - \arctan a < \dfrac{b-a}{1+a^2}$，$0<a<b$；

(2) $|\sin a - \sin b| \leqslant |a-b|$；

(3) 当$x>0$时，$1+\dfrac{1}{2}x > \sqrt{1+x}$.

5. （2013 年广东专插本）下列函数中，在区间$[-1,1]$上满足罗尔定理条件的是（　　）.

A. $y = x^{\frac{2}{3}}$　　　　　B. $y = |x|$　　　　　C. $y = x^{\frac{4}{3}}$　　　　　D. $y = x^{\frac{5}{3}}$

6.（2014 年广东专插本）函数 $f(x) = x^2 + 2x - 1$ 在区间 $[0, 2]$ 上应用拉格朗日中值定理时，满足定理要求的 $\xi =$ _____.

7.（2015 年广东专插本）若函数 $f(x) = \sqrt{1 - x^2} + kx$ 在区间 $[0, 1]$ 上满足罗尔中值定理的条件，则 $k = （ ）$.

A. -1 　　　　　　B. 0 　　　　　　C. 1 　　　　　　D. 2

3.2　洛 必 达 法 则

在自变量的同一变化过程中，两个无穷小之比与两个无穷大之比的极限可能存在，也可能不存在，通常将这种极限称作未定式，分别简记为 $\dfrac{0}{0}$ 型和 $\dfrac{\infty}{\infty}$ 型，这里"0"代表无穷小量，∞ 代表无穷大量. 对于这两种类型的极限，不能用"商的极限等于极限的商"的运算法则. 为此，我们介绍求这两种类型的极限的一种简便且重要的方法 —— 洛必达法则.

一、$\dfrac{0}{0}$ 型和 $\dfrac{\infty}{\infty}$ 型未定式

定理 3-4　（洛必达法则）设

（1）函数 $f(x)$ 和 $g(x)$ 均在点 x_0 的某去心邻域内有定义，且 $\lim\limits_{x \to x_0} f(x) = \lim\limits_{x \to x_0} g(x) = 0$ $\left(\lim\limits_{x \to x_0} f(x) = \lim\limits_{x \to x_0} g(x) = \infty\right)$；

（2）函数 $f(x)$ 和 $g(x)$ 均在点 x_0 的去心邻域内可导，且 $g'(x) \neq 0$；

（3）$\lim\limits_{x \to x_0} \dfrac{f'(x)}{g'(x)}$ 存在（无穷大），

那么有

$$\lim_{x \to x_0} \frac{f(x)}{g(x)} = \lim_{x \to x_0} \frac{f'(x)}{g'(x)}$$

定理 3-4 表明，当 $\lim\limits_{x \to x_0} \dfrac{f'(x)}{g'(x)}$ 存在时，$\lim\limits_{x \to x_0} \dfrac{f(x)}{g(x)}$ 也存在且等于 $\lim\limits_{x \to x_0} \dfrac{f'(x)}{g'(x)}$；当 $\lim\limits_{x \to x_0} \dfrac{f'(x)}{g'(x)}$ 为无穷大时，$\lim\limits_{x \to x_0} \dfrac{f(x)}{g(x)}$ 也为无穷大. 这种在一定条件下，通过分子、分母分别求导来确定未定式极限的方法称为洛必达法则.

上述法则是以 $x \to x_0$ 为前提的. 对于 $x \to x_0^+$、$x \to x_0^-$、$x \to \infty$、$x \to +\infty$、$x \to -\infty$ 时的 $\dfrac{0}{0}$ 型和 $\dfrac{\infty}{\infty}$ 型未定式，洛必达法则仍然成立.

注：（1）如果 $\dfrac{f'(x)}{g'(x)}$ 当 $x \to x_0$ 时仍是 $\dfrac{0}{0}$ 型或 $\dfrac{\infty}{\infty}$ 型未定式，且此时 $f'(x)$ 和 $g'(x)$ 作为新的函数也满足定理中的条件，那么可以继续使用洛必达法则，即

$$\lim_{x \to x_0} \frac{f(x)}{g(x)} = \lim_{x \to x_0} \frac{f'(x)}{g'(x)} = \lim_{x \to x_0} \frac{f''(x)}{g''(x)} = \cdots$$

（2）在求极限过程中，如有可约因子，或有非零极限值的乘积因子，则可先约去或算出，简化演算步骤.

例 3 - 5　求 $\lim\limits_{x\to 0}\dfrac{e^x-1}{x}$.

解　$\lim\limits_{x\to 0}\dfrac{e^x-1}{x}\overset{\frac{0}{0}型}{=}\lim\limits_{x\to 0}\dfrac{(e^x-1)'}{x'}=\lim\limits_{x\to 0}\dfrac{e^x}{1}=e^0=1$

例 3 - 6　求 $\lim\limits_{x\to 1}\dfrac{x^3-3x+2}{x^3-x^2-x+1}$.

解　$\lim\limits_{x\to 1}\dfrac{x^3-3x+2}{x^3-x^2-x+1}\overset{\frac{0}{0}型}{=}\lim\limits_{x\to 1}\dfrac{3x^2-3}{3x^2-2x-1}\overset{\frac{0}{0}型}{=}\lim\limits_{x\to 1}\dfrac{6x}{6x-2}=\dfrac{3}{2}$　　　　(3-4)

注：式(3-4)中的 $\lim\limits_{x\to 1}\dfrac{6x}{6x-2}$ 已不是未定式，不能对它再使用洛必达法则，否则会导致错误的结果.

例 3 - 7　求 $\lim\limits_{x\to 0}\dfrac{x-\sin x}{x^3}$.

解　$\lim\limits_{x\to 0}\dfrac{x-\sin x}{x^3}\overset{\frac{0}{0}型}{=}\lim\limits_{x\to 0}\dfrac{1-\cos x}{3x^2}\overset{\frac{0}{0}型}{=}\lim\limits_{x\to 0}\dfrac{\sin x}{6x}=\dfrac{1}{6}$

例 3 - 8　求 $\lim\limits_{x\to +\infty}\dfrac{\dfrac{\pi}{2}-\arctan x}{\dfrac{1}{x}}$.

解　$\lim\limits_{x\to +\infty}\dfrac{\dfrac{\pi}{2}-\arctan x}{\dfrac{1}{x}}\overset{\frac{0}{0}型}{=}\lim\limits_{x\to +\infty}\dfrac{-\dfrac{1}{1+x^2}}{-\dfrac{1}{x^2}}=\lim\limits_{x\to +\infty}\dfrac{x^2}{1+x^2}=1$

例 3 - 9　求 $\lim\limits_{x\to 0^+}\dfrac{\ln\cot x}{\ln x}$.

解　$\lim\limits_{x\to 0^+}\dfrac{\ln\cot x}{\ln x}\overset{\frac{\infty}{\infty}型}{=}\lim\limits_{x\to 0^+}\dfrac{\dfrac{1}{\cot x}(-\csc^2 x)}{\dfrac{1}{x}}=\lim\limits_{x\to 0^+}\dfrac{-x}{\sin x\cos x}$

$$=-\lim\limits_{x\to 0^+}\dfrac{x}{\sin x}\cdot\lim\limits_{x\to 0^+}\dfrac{1}{\cos x}=-1$$

例 3 - 10　求 $\lim\limits_{x\to 0}\dfrac{\tan x-x}{x-\sin x}$.

解　$\lim\limits_{x\to 0}\dfrac{\tan x-x}{x-\sin x}\overset{\frac{0}{0}型}{=}\lim\limits_{x\to 0}\dfrac{\sec^2 x-1}{1-\cos x}=\lim\limits_{x\to 0}\dfrac{\tan^2 x}{1-\cos x}=\lim\limits_{x\to 0}\dfrac{x^2}{\dfrac{1}{2}x^2}=2$

在利用洛必达法则求极限的过程中，也可结合其他求极限的方法. 如例 3 - 10 中利用等价无穷小替换 $\tan x\sim x$、$1-\cos x\sim\dfrac{1}{2}x^2$，简化了运算过程.

二、其他类型的未定式

除 $\dfrac{0}{0}$ 型和 $\dfrac{\infty}{\infty}$ 型这两种类型的未定式外，还有 $0\cdot\infty$ 型、$\infty-\infty$ 型、0^0 型、1^0 型和 ∞^0

型未定式,这里"1"代表以 1 为极限的变量. 对于这些类型的未定式,可通过适当变形,先化为 $\dfrac{0}{0}$ 型或 $\dfrac{\infty}{\infty}$ 型未定式,然后用洛必达法则进行计算,具体来说如下:

(1) 如果乘积 $f(x) \cdot g(x)$ 为 $0 \cdot \infty$ 型未定式,则可将其写成 $\dfrac{f(x)}{1/g(x)}$ 或 $\dfrac{g(x)}{1/f(x)}$,使其变成 $\dfrac{0}{0}$ 型或 $\dfrac{\infty}{\infty}$ 型未定式.

(2) 如果 $f(x) - g(x)$ 为 $\infty - \infty$ 型未定式,则可通过将 $f(x) - g(x)$ 通分、有理化等方法化为 $\dfrac{0}{0}$ 型或 $\dfrac{\infty}{\infty}$ 型未定式.

(3) 如果 $f(x)^{g(x)}$ 为 0^0、1^∞ 或 ∞^0 型未定式,则可利用对数公式 $a = e^{\ln a}$ 将其化为以 e 为底的指数函数的极限,再利用指数函数的连续性,化为对指数求极限,即

$$\lim_{x \to x_0} f(x)^{g(x)} = \lim_{x \to x_0} e^{\ln f(x)^{g(x)}} = e^{\lim_{x \to x_0} \ln f(x)^{g(x)}} = e^{\lim_{x \to x_0} g(x) \cdot \ln f(x)}$$

其中 x_0 也可改为 ∞. 由分析可知 $g(x) \cdot \ln f(x)$ 为 $0 \cdot \infty$ 型未定式,再按(1)进行转化.

例 3 - 11 求 $\lim\limits_{x \to 0^+} x^n \ln x \, (n > 0)$.

解 该极限属于 $0 \cdot \infty$ 型未定式. 因为 $x^n \ln x = \dfrac{\ln x}{x^{-n}}$,所以

$$\lim_{x \to 0^+} x^n \ln x = \lim_{x \to 0^+} \frac{\ln x}{x^{-n}} \overset{\frac{\infty}{\infty}\text{型}}{=} \lim_{x \to 0^+} \frac{\frac{1}{x}}{-n x^{-n-1}} = -\frac{1}{n} \lim_{x \to 0^+} x^n = 0$$

例 3 - 12 求 $\lim\limits_{x \to \frac{\pi}{2}} (\sec x - \tan x)$.

解 该极限属于 $\infty - \infty$ 型未定式. 因为 $\sec x - \tan x = \dfrac{1 - \sin x}{\cos x}$,所以

$$\lim_{x \to \frac{\pi}{2}} (\sec x - \tan x) = \lim_{x \to \frac{\pi}{2}} \frac{1 - \sin x}{\cos x} \overset{\frac{0}{0}\text{型}}{=} \lim_{x \to \frac{\pi}{2}} \frac{-\cos x}{-\sin x} = 0$$

例 3 - 13 求 $\lim\limits_{x \to 0^+} x^x$.

解 该极限属于 0^0 型未定式. 因为 $x^x = e^{\ln x^x} = e^{x \ln x}$,所以

$$\lim_{x \to 0^+} x^x = \lim_{x \to 0^+} e^{x \ln x} = e^{\lim_{x \to 0^+} x \ln x} \tag{3-5}$$

当 $x \to 0^+$ 时,式(3-5)右端指数部分是 $0 \cdot \infty$ 型未定式. 应用例 3-11 中 $n = 1$ 的结论,可得 $\lim\limits_{x \to 0^+} x \ln x = 0$,所以

$$\lim_{x \to 0^+} x^x = e^{\lim_{x \to 0^+} x \ln x} = e^0 = 1$$

值得注意的是,应用洛必达法则时,必须先验证条件是否满足,否则就会产生错误的结果.

例 3 - 14 求 $\lim\limits_{x \to \infty} \dfrac{x - \sin x}{x}$.

解 该极限属于 $\dfrac{\infty}{\infty}$ 型,若不验证条件而直接使用洛必达法则,则会得到

$$\lim_{x\to\infty}\frac{x-\sin x}{x}=\lim_{x\to\infty}(1-\cos x) \qquad (3-6)$$

$\lim\limits_{x\to\infty}(1-\cos x)$ 不存在. 但这并不能说明所求极限不存在. 出现上面的问题，原因是定理中的第三个条件不满足，因此式(3-6)使用洛必达法则是错误的，应为

$$\lim_{x\to\infty}\frac{x-\sin x}{x}=\lim_{x\to\infty}\left(1-\sin x\cdot\frac{1}{x}\right)=1-0=1$$

 习题 3.2

1. 求下列极限：

(1) $\lim\limits_{x\to0}\dfrac{\ln(1+x)}{x}$；

(2) $\lim\limits_{x\to0}\dfrac{e^x-e^{-x}}{\sin x}$；

(3) $\lim\limits_{x\to\pi}\dfrac{\sin3x}{\tan5x}$；

(4) $\lim\limits_{x\to a}\dfrac{x^m-a^m}{x^n-a^n}$；

(5) $\lim\limits_{x\to\pi}\dfrac{\tan x}{\tan3x}$；

(6) $\lim\limits_{x\to0^+}\dfrac{\ln\tan7x}{\ln\tan2x}$.

2. 求下列极限：

(1) $\lim\limits_{x\to0}x\cot2x$；

(2) $\lim\limits_{x\to0}x^2e^{\frac{1}{x^2}}$；

(3) $\lim\limits_{x\to0^+}x^{\sin x}$.

3. 求下列极限：

(1)（2008 年广东专插本）$\lim\limits_{x\to0}\dfrac{x}{e^x-e^{-x}}$；

(2)（2008 年广东专插本）$\lim\limits_{x\to0}\dfrac{\tan x-x}{x-\sin x}$；

(3)（2010 年广东专插本）$\lim\limits_{x\to\frac{\pi}{2}}\dfrac{\ln\sin x}{(\pi-2x)^2}$；

(4)（2011 年广东专插本）$\lim\limits_{x\to0}\left(\dfrac{1}{x}-\dfrac{x+1}{\sin x}\right)$；

(5)（2012 年广东专插本）$\lim\limits_{x\to+\infty}\left(\dfrac{1}{1+x}\right)^{\frac{1}{\ln x}}$；

(6)（2013 年广东专插本）$\lim\limits_{x\to\infty}x\sin(e^{\frac{1}{x}}-1)$；

(7)（2014 年广东专插本）$\lim\limits_{x\to0}\left(\dfrac{1}{x}+\dfrac{1}{e^{-x}-1}\right)$；

(8)（2015 年广东专插本）$\lim\limits_{x\to0}\dfrac{\arctan x-x}{x^3}$；

(9)（2016 年广东专插本）$\lim\limits_{x\to0}\left(\dfrac{1}{x^2}-\dfrac{\sin x}{x^3}\right)$；

(10)（2017 年广东专插本）$\lim\limits_{x\to0}\dfrac{e^{3x}-3x-1}{1-\cos x}$；

(11)（2018 年广东专插本）$\lim\limits_{x\to0}\left(\dfrac{1}{x}-\dfrac{\ln(1+x)}{x^2}\right)$；

(12)（2019 年广东专插本）求 $\lim\limits_{x \to 0} \dfrac{e^x - \sin x - 1}{x^2}$.

4．求下列极限：

(1) $\lim\limits_{x \to +\infty} \dfrac{e^x - e^{-x}}{e^x + e^{-x}}$;　　　　　　　(2) $\lim\limits_{x \to \infty} \dfrac{x - \sin x}{x + \sin x}$.

5*．设 $f(x)$ 在 $x = 0$ 的一个邻域内具有二阶导数，且 $\lim\limits_{x \to 0} \left[1 + x + \dfrac{f(x)}{x} \right]^{\frac{1}{x}} = e^3$，求

$f(0)$、$f'(0)$、$f''(0)$，并计算 $\lim\limits_{x \to 0} \left[1 + \dfrac{f(x)}{x} \right]^{\frac{1}{x}}$.

3.3　函数的单调性与极值

一、函数单调性的判定法

在高中我们学过函数单调性的判定．为了进一步学习，这里将函数单调性的判定叙述如下：

定理 3 - 5　（函数单调性的判定法）设函数 $y = f(x)$ 在 $[a, b]$ 上连续且在 (a, b) 内可导，如果

(1) 在 (a, b) 内 $f'(x) > 0$，那么函数 $y = f(x)$ 在 $[a, b]$ 上单调递增；

(2) 在 (a, b) 内 $f'(x) < 0$，那么函数 $y = f(x)$ 在 $[a, b]$ 上单调递减.

定理 3 - 5 是以闭区间为例叙述的．若将闭区间换成其他区间，结论仍然成立.

如果可导函数在有限个点处导数为 0，而在其余各点处导数恒大于 0（小于 0），这时函数在该区间上仍为单调递增（单调递减）．如幂函数 $y = x^3$ 的导数 $y' = 3x^2 \geqslant 0$，$x \in (-\infty, +\infty)$，等号仅在 $x = 0$ 时成立，因而 $y = x^3$ 在 $(-\infty, +\infty)$ 上是单调递增的.

例 3 - 15　讨论函数 $f(x) = \ln(1 + x^2)$ 的单调性.

解　$f(x)$ 的定义域为 $(-\infty, +\infty)$，在定义域内 $f(x)$ 可导，且

$$f'(x) = \frac{2x}{1 + x^2}$$

当 $x < 0$ 时，$f'(x) < 0$；当 $x > 0$ 时，$f'(x) > 0$．所以 $f(x) = \ln(1 + x^2)$ 在 $(-\infty, 0]$ 上单调递减，在 $[0, +\infty)$ 上单调递增.

例 3 - 16　讨论函数 $f(x) = \sqrt[3]{x^2}$ 的单调性.

解　函数 $f(x)$ 的定义域为 $(-\infty, +\infty)$，且 $f'(x) = \dfrac{2}{3\sqrt[3]{x}}$.

显然当 $x = 0$ 时，$f'(x)$ 不存在；当 $x < 0$ 时，$f'(x) < 0$；当 $x > 0$ 时，$f'(x) > 0$．所以 $f(x) = \sqrt[3]{x^2}$ 在 $(-\infty, 0]$ 上单调递减，在 $[0, +\infty)$ 上单调递增，如图 3 - 3 所示.

我们注意到，有些函数在它的定义域内不是单调的，但我们用驻点或导数不存在的点（不可导点）来划分函数的定义域后，

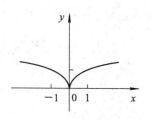

图 3 - 3

就能保证它的导数在各个子区间内符号不变，从而得出函数在每个子区间上的单调性.

一般地，求函数 $f(x)$ 的单调区间的步骤如下：

(1) 确定函数 $f(x)$ 的定义域；

(2) 求函数 $f(x)$ 的导数，确定驻点和不可导点；

(3) 以驻点和不可导点为分界点，将定义域划分为若干个子区间，列表讨论 $f'(x)$ 在各个子区间内的符号，根据判定法确定函数 $f(x)$ 的单调区间.

例 3 - 17　确定函数 $f(x) = x(x-1)^{\frac{2}{3}}$ 的单调区间.

解　(1) $f(x) = x(x-1)^{\frac{2}{3}}$ 的定义域是 $(-\infty, +\infty)$.

(2) $f'(x) = (x-1)^{\frac{2}{3}} + \frac{2}{3}x(x-1)^{-\frac{1}{3}} = \frac{5x-3}{3\sqrt[3]{x-1}}$. 显然，驻点为 $x = \frac{3}{5}$，不可导点为 $x = 1$.

(3) 以 $x = \frac{3}{5}$ 和 $x = 1$ 为分界点将定义域 $(-\infty, +\infty)$ 分为三个子区间，如表 3 - 1 所示.

表 3 - 1　$f(x) = x(x-1)^{\frac{2}{3}}$ 的单调性列表

x	$\left(-\infty, \frac{3}{5}\right)$	$\frac{3}{5}$	$\left(\frac{3}{5}, 1\right)$	1	$(1, +\infty)$
$f'(x)$	+	0	−	不存在	+
$f(x)$	↗		↘		↗

由表 3-1 可知，函数 $f(x)$ 的单调递增区间为 $\left(-\infty, \frac{3}{5}\right]$ 和 $[1, +\infty)$，单调递减区间为 $\left[\frac{3}{5}, 1\right]$.

二、函数的极值及其求法

1. 函数极值的定义

由图 3 - 4 可以看出，函数 $y = f(x)$ 在点 x_2 和 x_5 的函数值 $f(x_2)$ 和 $f(x_5)$ 比它们邻近各点的函数值都大，而在点 x_1、x_4、x_6 的函数值 $f(x_1)$、$f(x_4)$、$f(x_6)$ 比它们邻近各点的函数值都小. 对于这种性质和对应点的函数值，我们给出如下定义：

定义 3 - 1　设函数 $f(x)$ 在 x_0 的某邻域内有定义，如果对于该邻域内异于 x_0 的任一点 x，均有

$$f(x) < f(x_0) \quad (f(x) > f(x_0))$$

那么就称 $f(x_0)$ 是函数 $f(x)$ 的一个极大值（极小值），点 x_0 称为函数的极大值点（极小值点）. 函数的极大值与极小值统称为函数的极值，极大值点和极小值点统称为极值点.

图 3 - 4 中，$f(x_1)$、$f(x_4)$、$f(x_6)$ 是函数 $f(x)$ 的极小值，x_1、x_4、x_6 是函数 $f(x)$ 的极小值点；$f(x_2)$、$f(x_5)$ 是函数 $f(x)$ 的极大值，x_2、x_5 是函数 $f(x)$ 的

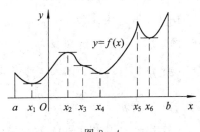

图 3 - 4

极大值点.

关于函数的极值,需要注意以下几点:

(1) 极值是函数值,而极值点是函数取得极值时自变量的值,两者不能混淆.

(2) 函数的极值是一个局部概念.如果 $f(x_0)$ 是函数 $f(x)$ 的一个极大值,就 x_0 附近的一个局部范围来说,$f(x_0)$ 比 $f(x)$ 在其余各点处的函数值都大;而就 $f(x)$ 的整个定义域来说,$f(x_0)$ 不一定比其他点的函数值都大.关于极小值也有类似的规律.

(3) 极大值不一定比极小值大,极小值不一定比极大值小.

(4) 极值未必唯一,即函数的极大值和极小值可以有多个.

2. 函数极值的判定和求法

由图 3-4 可以看到,在函数取得极值处曲线的切线是水平的,或是垂直于 x 轴的.但曲线上有水平切线或垂直于 x 轴的切线的地方,函数不一定取得极值.如图 3-4 中 $x=x_3$ 处,曲线上有水平切线,但 $f(x_3)$ 不是极值.

可见,使函数取得极值的点只可能是函数的驻点或不可导点.由图 3-4 还可看到,对连续函数来说,函数在单调递增和单调递减区间的分界点处取得极值,即函数在由单调递增转变为单调递减的点处取得极大值,而在由单调递减转变为单调递增的点处取得极小值.

定理 3-6 (极值判定的第一充分条件)设函数 $f(x)$ 在点 x_0 处连续,且在 x_0 的某去心邻域内可导,若

(1) 当 $x<x_0$ 时,$f'(x)>0$,当 $x>x_0$ 时,$f'(x)<0$,那么函数 $f(x)$ 在 x_0 处取得极大值 $f(x_0)$;

(2) 当 $x<x_0$ 时,$f'(x)<0$,当 $x>x_0$ 时,$f'(x)>0$,那么函数 $f(x)$ 在 x_0 处取得极小值 $f(x_0)$;

(3) 当 $x<x_0$ 和 $x>x_0$ 时,$f'(x)$ 的符号保持不变,那么函数 $f(x)$ 在 x_0 处没有极值.

若函数 $f(x)$ 在所讨论的区间内连续,除个别点外处处可导,则可以按下列步骤来求 $f(x)$ 在该区间内的极值点和极值:

(1) 确定函数的定义域;

(2) 求导数 $f'(x)$,并找出定义域内的全部驻点和不可导点;

(3) 考察每个驻点或不可导点的左、右邻域内 $f'(x)$ 的符号,以确定该点是否为极值点;

(4) 求出各极值点的函数值,得到函数 $f(x)$ 的全部极值.

例 3-18 求函数 $f(x)=(2x-5)\sqrt[3]{x^2}$ 的极值.

解 (1) 函数的定义域为 $(-\infty,+\infty)$.

(2) 求导可得 $f'(x)=(2x^{\frac{5}{3}}-5x^{\frac{2}{3}})'=\dfrac{10}{3}\cdot\dfrac{x-1}{\sqrt[3]{x}}$.令 $f'(x)=0$,解得驻点 $x=1$,函数的不可导点为 $x=0$.

(3) 以 $x=0$ 和 $x=1$ 为分界点将 $(-\infty,+\infty)$ 分为三个子区间,如表 3-2 所示.

表 3-2　$f(x) = (2x-5)\sqrt[3]{x^2}$ 的单调性列表

x	$(-\infty, 0)$	0	$(0, 1)$	1	$(1, +\infty)$
$f'(x)$	+	不存在	−	0	+
$f(x)$	↗	极大值 0	↘	极小值 −3	↗

由表 3-2 可知，函数的极大值为 $f(0) = 0$，极小值为 $f(1) = -3$.

定理3-7　（极值判定的第二充分条件）若函数 $f(x)$ 在点 x_0 处二阶可导，且 $f'(x_0) = 0$，$f''(x_0) \neq 0$，则

(1) 当 $f''(x_0) < 0$ 时，函数 $f(x)$ 在点 x_0 处取得极大值 $f(x_0)$；

(2) 当 $f''(x_0) > 0$ 时，函数 $f(x)$ 在点 x_0 处取得极小值 $f(x_0)$.

利用极值判定的第二充分条件只能判断驻点，且函数在该驻点的二阶导数不为 0 时才能判定. 而对于不可导点或二阶函数为 0 的驻点，极值判定的第二充分条件都将失效.

例 3-19　求函数 $f(x) = \sin x + \cos x$ 在 $[0, 2\pi]$ 上的极值.

解　求导可得 $f'(x) = \cos x - \sin x$. 令 $f'(x) = 0$，求得在 $[0, 2\pi]$ 内的驻点为

$$x = \frac{\pi}{4},\ x = \frac{5\pi}{4}$$

求二阶导数可得 $f''(x) = -\sin x - \cos x$. 因为 $f''\left(\dfrac{\pi}{4}\right) = -\sqrt{2} < 0$，$f''\left(\dfrac{5\pi}{4}\right) = \sqrt{2} > 0$，故 $f(x)$ 在 $x = \dfrac{\pi}{4}$ 处取得极大值 $f\left(\dfrac{\pi}{4}\right) = \sqrt{2}$，在 $x = \dfrac{5\pi}{4}$ 处取得极小值 $f\left(\dfrac{5\pi}{4}\right) = -\sqrt{2}$.

 习题 3.3

1. 判定下列函数在指定区间上的单调性：

(1) $f(x) = \arctan x - x$，$x \in (-\infty, +\infty)$；

(2) $f(x) = x - \sin x$，$x \in [0, 2\pi]$；

(3) $f(x) = \cot x$，$x \in (0, \pi)$.

2. 确定下列函数的单调区间：

(1) $y = 2x^3 - 6x^2 - 18x - 7$；　　　　(2) $y = 2x^2 - \ln x$；

(3) $y = xe^x$；　　　　(4) $y = \ln\left(x + \sqrt{1+x^2}\right)$.

3. 设质点作直线运动，其运动规律为 $s = \dfrac{1}{4}t^4 - 4t^3 + 10t^2 (t > 0)$，问：

(1) 何时速度为零？

(2) 何时质点作前进（s 增加）运动？

(3) 何时质点作后退（s 减少）运动？

4. 求下列函数的极值点和极值：

(1) $y = 2x^3 - 6x^2 - 18x + 7$；　　　　(2) $y = x - \ln(1+x)$；

(3) $y = x + \tan x$；　　　　(4) $y = e^x + 2e^{-x}$；

(5) $y = x + \sqrt{1-x}$；　　　　(6) $y = x - \dfrac{3}{2}x^{\frac{2}{3}}$.

5. 求下列函数在指定区间内的极值：

(1) $y = \sin x - \cos x$, $x \in \left(-\dfrac{\pi}{2}, \dfrac{\pi}{2}\right)$;　　　　(2) $y = e^x \cos x$, $x \in (0, 2\pi)$.

6. (2007 年广东专插本) 设函数 $f(x) = \left(1 + \dfrac{1}{x}\right)^x$.

(1) 求 $f'(x)$;

(2) 证明：当 $x > 0$ 时，$f(x)$ 单调递增.

7. (2008 年广东专插本) 证明：对于 $x > 0$，$\dfrac{e^x + e^{-x}}{2} > 1 + \dfrac{x^2}{2}$.

8. (2012 年广东专插本) 确定函数 $f(x) = (x-1)e^{\frac{\pi}{4}+\arctan x}$ 的单调区间和极值.

9. (2013 年广东专插本) 设函数 $f(x) = x\sin x + \cos x$，则下列结论正确的是(　　).

A. $f(0)$ 是 $f(x)$ 的极小值，$f\left(\dfrac{\pi}{2}\right)$ 是 $f(x)$ 的极大值

B. $f(0)$ 是 $f(x)$ 的极大值，$f\left(\dfrac{\pi}{2}\right)$ 是 $f(x)$ 的极小值

C. $f(0)$ 和 $f\left(\dfrac{\pi}{2}\right)$ 都是 $f(x)$ 的极小值

D. $f(0)$ 和 $f\left(\dfrac{\pi}{2}\right)$ 都是 $f(x)$ 的极大值

10. (2014 年广东专插本) 求函数 $f(x) = \log_4(4^x + 1) - \dfrac{1}{2}x - \log_4 2$ 的单调区间和极值.

11. (2018 年广东专插本) 设函数 $f(x)$ 具有二阶导数，且 $f'(0) = -1$，$f'(1) = 0$，$f''(0) = -1$，$f''(1) = 3$，则下列结论正确的是(　　).

A. 点 $x = 0$ 是函数 $f(x)$ 的极小值点　　　B. 点 $x = 0$ 是函数 $f(x)$ 的极大值点

C. 点 $x = 1$ 是函数 $f(x)$ 的极小值点　　　D. 点 $x = 1$ 是函数 $f(x)$ 的极大值点

12. 设 $f(x) = x^3 + ax^2 + bx + c$ 在点 $x = 2$ 处取得极大值 3，在点 $x = 3$ 处取得极小值，试确定 a、b、c 的值，并求极小值.

3.4　最大值和最小值问题

在工农业生产、工程技术及科学实验中，常常会遇到这样的问题：在一定的条件下，怎样才能使"用料最省""用时最少""产量最多""收益最大"？这类问题就是我们在高中数学中学过的求函数（通常称为目标函数）的最大值或最小值问题.

假定函数 $f(x)$ 在闭区间 $[a, b]$ 上连续，由闭区间上连续函数的性质可知，$f(x)$ 在 $[a, b]$ 上的最大值和最小值一定存在. 如果最大值（最小值）在开区间 (a, b) 内的某点 x_0 处取得，那么 $f(x_0)$ 一定是 $f(x)$ 的极大值（极小值），x_0 一定是 $f(x)$ 的驻点或不可导点. $f(x)$ 的最大值和最小值也可能在区间的端点处取得，因此求连续函数 $f(x)$ 在 $[a, b]$ 上的最大值和最小值的步骤如下：

(1) 求导 $f'(x)$，找出函数在 (a, b) 内的驻点和不可导点，不妨设为 $x_1, x_2, \cdots, x_n$.

(2) 计算 $x_1, x_2, \cdots, x_n$ 的函数值 $f(x_i)(i = 1, 2, \cdots, n)$ 及端点的函数值 $f(a)$、$f(b)$.

(3) 比较 (2) 中各值的大小，其中最大值和最小值分别就是函数 $f(x)$ 在 $[a, b]$ 上的最

大值和最小值.

例 3 - 20 求函数 $f(x) = \sqrt[3]{(x^2 - 2x)^2}$ 在 $[-1, 3]$ 上的最大值与最小值.

解 因为 $f'(x) = \dfrac{4(x-1)}{3\sqrt[3]{x^2-2x}}$，显然在 $(-1, 3)$ 内 $f(x)$ 的驻点为 $x = 1$，不可导点为 $x = 0$, $x = 2$.

由于 $f(-1) = \sqrt[3]{9}$, $f(0) = 0$, $f(1) = 1$, $f(2) = 0$, $f(3) = \sqrt[3]{9}$，比较可得 $f(x)$ 在 $x = -1$ 和 $x = 3$ 处取得最大值 $\sqrt[3]{9}$，在 $x = 0$ 和 $x = 2$ 处取得最小值 0.

注： 若函数 $f(x)$ 在区间 I 上存在最大值或最小值，其最大值或最小值是唯一的，但是取得最大值或最小值的点（即最值点）却未必唯一.

如果连续函数 $f(x)$ 在开区间 (a, b) 内有唯一的一个极值，那么这个极小值或极大值就是函数 $f(x)$ 在该区间内的最小值（见图 3 - 5）或最大值（见图 3 - 6）.

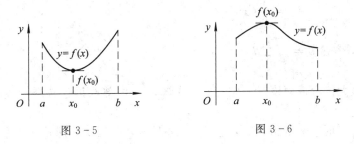

图 3 - 5　　　　　　　　　　图 3 - 6

例 3 - 21 如图 3 - 7 所示，铁路线上 AB 段的距离为 100 km，工厂 C 距 A 处 20 km，AC 垂直于 AB. 为了运输需要，要在 AB 线上选定一点 D 向工厂修筑一条公路. 已知铁路每公里运费与公路每公里运费之比为 $3:5$，为了使货物从供应站 B 运到工厂 C 的运费最省，问 D 点应选在何处？

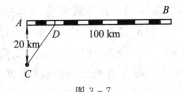

图 3 - 7

解 设 $AD = x(\mathrm{km})$，那么 $DB = 100 - x$，$CD = \sqrt{20^2 + x^2} = \sqrt{400 + x^2}$.

由于铁路上每公里运费与公路上每公里运费之比为 $3:5$，因此我们不妨设铁路每公里运费为 $3k$，则公路每公里运费为 $5k(k > 0)$. 设从 B 点到 C 点需要的总运费为 y，那么

$$y = 5k \cdot CD + 3k \cdot DB$$

即

$$y = 5k \cdot \sqrt{400 + x^2} + 3k \cdot (100 - x) \quad (0 \leqslant x \leqslant 100)$$

分别求 y 的一阶导数和二阶导数，得

$$y' = k\left(\frac{5x}{\sqrt{400 + x^2}} - 3\right)$$

$$y'' = \frac{2000k}{(400 + x^2)\sqrt{400 + x^2}} > 0$$

令 $y' = 0$，解得 $x = 15(\mathrm{km})$，为该函数在区间 $(0, 100)$ 内的唯一驻点，且 $y''|_{x=15} > 0$. 根据极值判定的第二充分条件法可知，$x = 15$ 是目标函数在 $(0, 100)$ 内唯一的极小值点，因此也是使目标函数在 $[0, 100]$ 上取最小值的点，故当 $x = 15$ km 时，总运费最省.

在实际问题中，根据实际经验可以断定可导函数 $f(x)$ 的最大值或最小值存在，且在

定义区间内部取得. 这时如果 $f(x)$ 在定义区间内部有唯一驻点 x_0, 那么可以断定 $f(x_0)$ 就是函数所求的最大值或最小值.

例 3 - 22 如图 3 - 8 所示, 把一根直径为 d 的圆木锯成截面为矩形的梁, 问矩形截面的高 h 和宽 b 应如何选择, 才能使梁的抗弯截面模量最大?

解 由力学分析知道, 矩形梁的抗弯截面模量为

$$W = \frac{1}{6} bh^2$$

由图 3 - 8 可知 $h^2 = d^2 - b^2$, 因而

$$W = \frac{1}{6}(d^2 b - b^3)$$

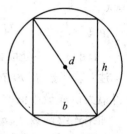

图 3 - 8

则 W 就是自变量 b 的函数, $b \in (0, d)$, 此时问题转化为 b 取多少时目标函数 W 达最大值. 为此, 求 W 对 b 的导数, 即

$$W' = \frac{1}{6}(d^2 - 3b^2)$$

令 $W' = 0$, 解得 $b = \sqrt{\frac{1}{3}} d$.

由于梁的最大抗弯截面模量一定存在, 在 $(0, d)$ 内部取得且有唯一驻点 $b = \sqrt{\frac{1}{3}} d$, 因此当 $b = \sqrt{\frac{1}{3}} d$ 时, W 的值最大, 这时 $h^2 = d^2 - b^2 = \frac{2}{3} d^2$, 即 $h = \sqrt{\frac{2}{3}} d$, $d : h : b = \sqrt{3} : \sqrt{2} : 1$. 即当圆木直径与截面的高、宽之比为 $\sqrt{3} : \sqrt{2} : 1$ 时, 梁的抗弯截面模量最大.

例 3 - 23 【旅行社的利润】旅行社为某旅游团包飞机去旅游, 其中旅行社的包机费为 15 000 元, 旅游团中每人的飞机票按以下方式与旅行社结算: 若旅游团的人数在 30 人或 30 人以下, 飞机票每张收费 900 元; 若旅游团的人数多于 30 人, 则给予优惠, 每多 1 人, 每张机票减少 10 元. 但旅游团的人数最多有 75 人, 那么旅游团的人数为多少时, 旅行社可获得的利润最大?

解 设旅游团有 x 人, 每张飞机票为 y 元, 依题意可得: 当 $1 \leqslant x \leqslant 30$ 时, $y = 900$; 当 $30 < x \leqslant 75$ 时, $y = 900 - 10(x - 30) = -10x + 1200$. 即每张机票的价格与旅游团的人数之间的关系为

$$y = \begin{cases} 900, & 1 \leqslant x \leqslant 30 \\ -10x + 1200, & 30 < x \leqslant 75 \end{cases}$$

设利润为 $Q(x)$ 元, 则

$$Q(x) = y \cdot x - 15\ 000 = \begin{cases} 900x - 15\ 000, & 1 \leqslant x \leqslant 30 \\ -10x^2 + 1200x - 15\ 000, & 30 < x \leqslant 75 \end{cases}$$

当 $1 \leqslant x \leqslant 30$ 时,

$$Q_{max}(30) = 900 \times 30 - 15\ 000 = 12\ 000$$

当 $30 < x \leqslant 75$ 时, 利润 Q 关于 x 的导数为

$$Q'(x) = -20x + 1200$$

令 $Q'(x) = 0$, 解得 $x_0 = 60$. 因为实际问题中的最大利润存在, 且有唯一驻点, 即 $Q(60) = 21\ 000 > 12\ 000$, 所以当旅游团人数为 60 人时, 旅行社可获得最大利润, 最大利

润为 21 000 元.

习题 3.4

1. 求下列函数的最大值、最小值：

(1) $y = x^4 - 8x^2 + 2,\ -1 \leqslant x \leqslant 3$；

(2) $y = x + \sqrt{1-x},\ -5 \leqslant x \leqslant 1$；

(3) $y = 2x^3 - 6x^2 - 18x - 7,\ 1 \leqslant x \leqslant 4$；

(4) $y = x^2 - \dfrac{54}{x},\ -6 \leqslant x \leqslant -1$.

2. 问函数 $y = 2x^3 - 6x^2 - 18x - 7\,(1 \leqslant x \leqslant 4)$ 在何处取得最大值？并求出它的最大值.

3. 某车间靠墙壁要盖一间长方形小屋，现有存砖只够砌长 20 m 的墙壁. 问应围成怎样的长方形才能使这间小屋的面积最大？

4. 某地区防空洞的截面拟建成矩形加半圆，如图 3-9 所示，截面的面积为 5m². 问底宽 x 为多少时才能使截面的周长最小，从而使建造时所用的材料最省？

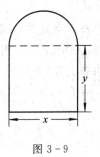

图 3-9

5. (2008 年广东专插本）求函数 $f(x) = 3 - x - \dfrac{4}{(x+2)^2}$ 在区间 $[-1,2]$ 上的最大值及最小值.

6. 如图 3-10 所示，甲乙两村合用一台变压器，问变压器设在输电干线何处时，所需电线最短？

7. (2011 年广东专插本）已知 $f(x)$ 的二阶导数存在，且 $f(2) = 1$，则 $x = 2$ 是函数 $F(x) = (x-2)^2 f(x)$ 的（　）.

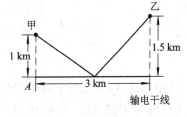

图 3-10

A. 极小值点   B. 最小值点

C. 极大值点   D. 最大值点

3.5　曲线的凹凸性和拐点及函数图像的描绘

前面我们借助于函数的导数研究了函数的单调性. 函数的单调性反映在图像上，就是曲线的上升或下降. 要比较清楚地了解函数图像的形态，还应知道它的弯曲方向以及不同弯曲方向之间的分界点，这就是下面将要学习的曲线的凹凸性及拐点.

一、曲线的凹凸性与拐点

1. 曲线凹凸性的定义及其判定

图 3-11 中，有一类曲线向上弯曲，它在任何点处的切线总位于曲线的下方；而另一类曲线向下弯曲，它在任何点处的切线总位于曲线的上方. 由此我们给出关于曲线凹凸性的定义：

定义 3-2　设 $y = f(x)$ 在闭区间 $[a,b]$ 上连续，在开区间 (a,b) 内可导，若曲线 $y = f(x)$

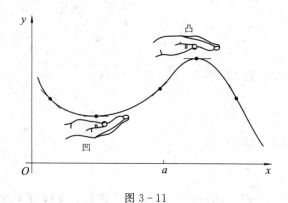

图 3-11

上每一点处的切线都在曲线的下方(见图 3-12(a)),那么称曲线 $y = f(x)$ 在 $[a, b]$ 上是凹的,区间 $[a, b]$ 叫做曲线 $y = f(x)$ 的凹区间;如果曲线 $y = f(x)$ 上每一点处的切线都在曲线上方(见图 3-12(b)),那么称曲线 $y = f(x)$ 在 $[a, b]$ 上是凸的,区间 $[a, b]$ 叫做曲线 $y = f(x)$ 的凸区间.

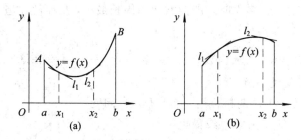

图 3-12

由图 3-12 可看出,对于凹的曲线弧,其上任意点切线的斜率随着 x 的增大而增大,即 $f'(x)$ 是单调递增的,因而在 (a, b) 内,$f''(x) > 0$;对于凸的曲线弧,其上各点切线的斜率随着 x 的增加而减小,即 $f'(x)$ 在 (a, b) 内是单调递减的,因而在 (a, b) 内,$f''(x) < 0$. 由此可见,曲线 $y = f(x)$ 的凹凸性与二阶导数 $f''(x)$ 的符号有关.

定理 3-8 (曲线凹凸性的判定定理)设 $f(x)$ 在 $[a, b]$ 上连续,在 (a, b) 内具有二阶导数.

(1) 若在 (a, b) 内 $f''(x) > 0$,则曲线 $y = f(x)$ 在 $[a, b]$ 上是凹的.

(2) 若在 (a, b) 内 $f''(x) < 0$,则曲线 $y = f(x)$ 在 $[a, b]$ 上是凸的.

将定理 3-8 中的闭区间改为其他区间,结论仍然成立.

例 3-24   判定曲线 $y = x^3$ 的凹凸性.

解   函数的定义域为 $(-\infty, +\infty)$,分别求函数的一阶导数和二阶导数,得

$$y' = 3x^2, \quad y'' = 6x$$

当 $x \in (-\infty, 0)$ 时,$y'' < 0$,曲线 $y = x^3$ 在 $(-\infty, 0]$ 内是凸的;当 $x \in (0, +\infty)$ 时,$y'' > 0$,曲线 $y = x^3$ 在 $[0, +\infty)$ 内是凹的;当 $x = 0$ 时,$y'' = 0$,故点 $(0, 0)$ 是曲线 $y = x^3$ 由凸变凹的分界点,如图 3-13 所示.

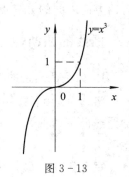

图 3-13

2. 曲线的拐点及其判定

定义 3-3 连续曲线 $y=f(x)$ 上凹与凸的分界点 $(x_0, f(x_0))$ 称为曲线 $y=f(x)$ 的拐点.

如例 1 中,点 $(0,0)$ 是曲线 $y=x^3$ 的拐点.

如何寻找曲线 $y=f(x)$ 的拐点呢? 我们可以按下列步骤来判定区间 $[a,b]$ 上的连续曲线 $y=f(x)$ 的拐点:

(1) 分别求一阶导数 $f'(x)$ 和二阶导数 $f''(x)$.

(2) 令 $f''(x)=0$,解出该方程在区间 (a,b) 内的实根,并求出在区间 (a,b) 内 $f''(x)$ 不存在的点.

(3) 对于 (2) 中求出的每一个实根或二阶导数不存在的点 x_0,考察在 x_0 左右两侧 $f''(x)$ 的符号,若 $f''(x)$ 在 x_0 两侧异号,则点 $(x_0, f(x_0))$ 是拐点,否则点 $(x_0, f(x_0))$ 不是拐点.

例 3-25 求曲线 $y=x^4-2x^3+1$ 的凹凸区间和拐点.

解 函数 $y=x^4-2x^3+1$ 的定义域为 $(-\infty, +\infty)$,分别求函数的一阶导数和二阶导数,得

$$y'=4x^3-6x^2$$
$$y''=12x^2-12x=12x(x-1)$$

令 $y''=0$,得 $x=0$ 和 $x=1$. 以 $x=0$ 和 $x=1$ 为分界点将 $(-\infty, +\infty)$ 分为三个子区间,如表 3-3 所示.

表 3-3 $y=x^4-2x^3+1$ **的凹凸区间**

x	$(-\infty, 0)$	0	$(0, 1)$	1	$(1, +\infty)$
y''	$+$	0	$-$	0	$+$
y	凹	拐点$(0, 1)$	凸	拐点$(1, 0)$	凹

由表 3-3 可知,曲线的凹区间是 $(-\infty, 0]$ 和 $[1, +\infty)$,凸区间是 $[0, 1]$,拐点为 $(0, 1)$ 和 $(1, 0)$.

例 3-26 确定曲线 $y=1+(x-1)^{\frac{1}{3}}$ 的凹凸性和拐点.

解 函数 $y=1+(x-1)^{\frac{1}{3}}$ 的定义域是 $(-\infty, +\infty)$,分别求函数的一阶导数和二阶导数,得

$$y'=\frac{1}{3}(x-1)^{-\frac{2}{3}}$$

$$y''=-\frac{2}{9}(x-1)^{-\frac{5}{3}}=-\frac{2}{9}\cdot\frac{1}{\sqrt[3]{(x-1)^5}}$$

当 $x=1$ 时,y' 和 y'' 都不存在,则 $x=1$ 将 $(-\infty, +\infty)$ 分为两部分,如表 3-4 所示.

表 3-4 $y=1+(x-1)^{\frac{1}{3}}$ **的凹凸性和拐点**

x	$(-\infty, 1)$	1	$(1, +\infty)$
y''	$+$	不存在	$-$
y	凹	拐点$(1, 1)$	凸

由表 3-4 可知，曲线在 $(-\infty, 1]$ 上是凹的，在 $[1, +\infty)$ 上是凸的，曲线的拐点为 $(1, 1)$．

二、函数图像的描绘

1. 曲线的水平渐近线和垂直渐近线

如果一条曲线在无限延伸的过程中，能与某条直线无限接近，则称这条直线为该曲线的渐近线．

定义 3-4　如果当 $x \to \infty$（有时仅当 $x \to +\infty$ 或 $x \to -\infty$）时，$f(x)$ 趋近于 b，即

$$\lim_{x \to \infty} f(x) = b$$

则称直线 $y = b$ 为曲线 $y = f(x)$ 的水平渐近线．

如果当 $x \to x_0$（有时仅当 $x \to x_0^+$ 或 $x \to x_0^-$）时，$f(x)$ 趋近于 ∞，即

$$\lim_{x \to x_0} f(x) = \infty$$

则称直线 $x = x_0$ 为曲线 $y = f(x)$ 的垂直（铅垂）渐近线．

例如，对于函数 $y = \dfrac{1}{x^2}$，因为 $\lim\limits_{x \to \infty} \dfrac{1}{x^2} = 0$，$\lim\limits_{x \to 0} \dfrac{1}{x^2} = \infty$，所以直线 $y = 0$（x 轴）和 $x = 0$（y 轴）分别是曲线 $y = \dfrac{1}{x^2}$ 的水平渐近线和垂直渐近线．

2. 函数图像的描绘

用描点法作图带有一定的局限性，图像上的一些特殊点（如拐点）和弯曲方向往往得不到反映．为使函数图像的特性能更准确地表示出来，现在我们利用函数变化的主要性态作函数的图像，其一般步骤如下：

（1）确定函数 $y = f(x)$ 的定义域、间断点及函数所具有的某些特性（如奇偶性、周期性等）．

（2）求函数的一阶导数 $f'(x)$ 和二阶导数 $f''(x)$，并令 $f'(x) = 0$ 和 $f''(x) = 0$，求出其在定义域内的全部实根及一阶导数和二阶导数不存在的点，然后利用这些根和点将函数的定义域划分为若干个子区间．

（3）列表讨论 $f'(x)$ 和 $f''(x)$ 在（2）中所得各子区间内的符号，由此确定函数的单调性、极值、曲线的凹凸性和拐点．

（4）如有渐近线，求出渐近线，并确定其他变化趋势．

（5）求辅助点，如曲线与坐标轴的交点等．

（6）在直角坐标系中，根据上面的讨论描点作图．

例 3-27　作函数 $y = \dfrac{1}{3} x^3 - x$ 的图像．

解　（1）函数的定义域为 $(-\infty, +\infty)$，无间断点．由于 $f(-x) = -f(x)$，因此该函数为奇函数，其图像关于原点对称．

（2）求出函数 $y = \dfrac{1}{3} x^3 - x$ 的一阶导数和二阶导数，分别为 $y' = x^2 - 1$ 和 $y'' = 2x$．由 $y' = 0$，可得 $x = \pm 1$；由 $y'' = 0$，可得 $x = 0$．

（3）以 $x = \pm 1$ 和 $x = 0$ 为分界点，将 $(-\infty, +\infty)$ 分成若干子区间，如表 3-5 所示．

表 3 - 5　$y = \dfrac{1}{3}x^3 - x$ 的单调性和凹凸性

x	$(-\infty, -1)$	-1	$(-1, 0)$	0	$(0, 1)$	1	$(1, +\infty)$
y'	$+$	0	$-$	$-$	$-$	0	$+$
y''	$-$	$-$	$-$	0	$+$	$+$	$+$
$y = f(x)$	曲线上升, 凸	极大值 $\dfrac{2}{3}$	曲线下降, 凸	拐点 $(0, 0)$	曲线下降, 凹	极小值 $-\dfrac{2}{3}$	曲线上升, 凹

（4）显然可知，当 $x \to +\infty$ 时，$y \to +\infty$；当 $x \to -\infty$ 时，$y \to -\infty$.

（5）取辅助点 $\left(-2, -\dfrac{2}{3}\right)$、$(-\sqrt{3}, 0)$、$(\sqrt{3}, 0)$、$\left(2, \dfrac{2}{3}\right)$.

（6）综合上述讨论，描点作出 $y = \dfrac{1}{3}x^3 - x$ 的图像，如图 3 - 14 所示.

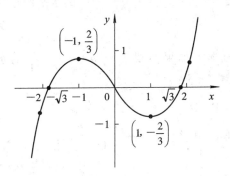

图 3 - 14

 习题 3.5

1. 讨论下列曲线的凹凸性：

（1）$y = \ln x$；

（2）$y = x + \dfrac{1}{x}$　$(x > 0)$；

（3）$y = 3x^2 - x^3$；

（4）$y = \dfrac{e^x + e^{-x}}{2}$.

2. 确定下列曲线的凹凸区间和拐点：

（1）$y = 2x^3 - 3x^2 + x + 2$；

（2）$y = (2x - 1)^4 + 1$；

（3）$y = \ln(1 + x^2)$；

（4）$y = 2 + (x - 3)^{1/3}$.

3. 求下列曲线的渐近线：

（1）$y = \dfrac{1}{1 - x^2}$；

（2）$y = e^{-(x-1)^2}$.

4. 描绘下列函数的图像：

（1）$y = \dfrac{1}{5}(x^4 - 6x^2 + 8x + 7)$；

（2）$y = \dfrac{x}{1 + x^2}$；

（3）$y = e^{-(x-1)^2}$；

（4）$y = x^2 + \dfrac{1}{x}$.

5. 填空题：

(1)（2006 年广东专插本）若直线 $y = 4$ 是曲线 $y = \dfrac{ax + 3}{2x - 1}$ 的水平渐近线，则 $a = $ _____.

(2)（2007 年广东专插本）设函数 $y = \dfrac{1 - e^{-x^2}}{1 + e^{-x^2}}$，则其函数图像的水平渐近线方程是 _____.

(3)（2009 年广东专插本）曲线 $y = \dfrac{\ln(1 + x)}{x}$ 的水平渐近线方程是 _____.

(4)（2012 年广东专插本）若曲线 $y = x^3 + ax^2 + bx + 1$ 有拐点 $(-1, 0)$，则常数 $b = $ _____.

(5)（2015 年广东专插本）曲线 $y = \left(1 - \dfrac{5}{x}\right)^x$ 的水平渐近线为 $y = $ _____.

6. 选择题：

(1)（2012 年广东专插本）如果曲线 $y = ax - \dfrac{x^2}{x + 1}$ 的水平渐近线存在，则常数 $a = ($).

A. 2　　　　　　　B. 1　　　　　　　C. 0　　　　　　　D. -1

(2)（2013 年广东专插本）曲线 $y = \dfrac{x^3}{x^2 - 1}($).

A. 只有水平渐近线　　　　　　　　B. 只有铅垂渐近线

C. 既有水平渐近线也有铅垂渐近线　　　D. 无渐近线

(3)（2014 年广东专插本）曲线 $y = \ln x + \dfrac{1}{2}x^2 + 1$ 的凸区间是( ).

A. $(-\infty, -1)$　　B. $(-1, 0)$　　C. $(0, 1)$　　D. $(1, +\infty)$

(4)（2014 年广东专插本）函数 $y = \dfrac{x}{x + 2\sin x}$ 的图形的水平渐近线是( ).

A. $y = 0$　　　　B. $y = \dfrac{1}{3}$　　　　C. $y = \dfrac{1}{2}$　　　　D. $y = 1$

(5)（2015 年广东专插本）已知函数 $f(x)$ 在 x_0 处有二阶导数，且 $f'(x_0) = 0$，$f''(x_0) = 1$，则下列结论正确的是( ).

A. x_0 为 $f(x)$ 的极小值点　　　　B. x_0 为 $f(x)$ 的极大值点

C. x_0 不是 $f(x)$ 的极值点　　　　D. $(x_0, f(x_0))$ 是曲线 $y = f(x)$ 的拐点

(6)（2016 年广东专插本）若点 $(1, 2)$ 为曲线 $y = ax^3 + bx^2$ 的拐点，则常数 a 和 b 的值应分别为( ).

A. -1 和 3　　　B. 3 和 -1　　　C. -2 和 6　　　D. 6 和 -2

7.（2009 年广东专插本）设函数 $f(x) = x^2 + 4x - 4x\ln x - 8$.

(1) 判断 $f(x)$ 在区间 $(0, 2)$ 上的凹凸性，并说明理由；

(2) 证明：当 $0 < x < 2$ 时，$f(x) < 0$.

8.（2010 年广东专插本）已知点 $(1, 1)$ 是曲线 $y = ae^{\frac{1}{x}} + bx^2$ 的拐点，求常数 a、b 的值.

9.（2011 年广东专插本）求曲线 $y = x - \arctan kx\,(k < 0)$ 的凹凸区间和拐点.

10. (2013 年广东专插本) 求曲线 $y = \ln(\sqrt{x^2 + 4} + x)$ 的凹凸区间及拐点.

11. (2019 年广东专插本) 设函数 $f(x)$ 满足 $\dfrac{\mathrm{d}f(x)}{\mathrm{d}e^{-x}} = x$, 求曲线 $y = f(x)$ 的凹凸区间.

3.6* 曲 线 的 曲 率

一、曲率的概念

在 3.5 节中, 我们研究了曲线的凹凸性, 即曲线的弯曲方向问题. 本节研究曲线的弯曲程度问题, 这是在生产实践和工程技术中常常会遇到的一类问题. 例如, 设计铁路、高速公路的弯道时, 就需要根据最高限速来确定弯道的弯曲程度. 为此, 本节我们介绍描述曲线弯曲程度的概念 —— 曲率, 并介绍其计算公式.

直觉上, 我们都知道, 直线不弯曲, 半径小的圆比半径大的圆弯曲得厉害些, 抛物线上在顶点附近比远离顶点的部分弯曲得厉害些. 那么如何用数量来描述曲线的弯曲程度呢?

如图 3-15 所示, $\overset{\frown}{M_1 M_2}$ 和 $\overset{\frown}{M_2 M_3}$ 是两段等长的曲线弧, $\overset{\frown}{M_2 M_3}$ 比 $\overset{\frown}{M_1 M_2}$ 弯曲得厉害些. 当点 M_2 沿曲线弧移动到点 M_3 时, 切线的转角 $\Delta\alpha_2$ 比从点 M_1 沿曲线弧移动到点 M_2 时, 切线的转角 $\Delta\alpha_1$ 要大些.

如图 3-16 所示, $\overset{\frown}{M_1 M_2}$ 和 $\overset{\frown}{N_1 N_2}$ 是两段切线转角同为 $\Delta\alpha$ 的曲线弧, $\overset{\frown}{N_1 N_2}$ 比 $\overset{\frown}{M_1 M_2}$ 弯曲得厉害些. 显然, $\overset{\frown}{M_1 M_2}$ 的弧长比 $\overset{\frown}{N_1 N_2}$ 的弧长长.

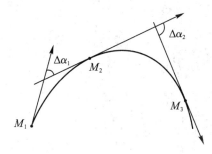

图 3-15

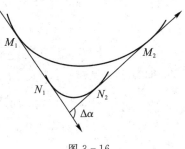

图 3-16

这说明, 曲线的弯曲程度与曲线的切线转角成正比, 与弧长成反比. 由此, 我们引入曲率的概念.

如图 3-17 所示, 设 M、N 是曲线 $y = f(x)$ 上的两点. 当点 M 沿曲线移动到点 N 时, 切线相应的转角为 $\Delta\alpha$, 曲线弧 $\overset{\frown}{MN}$ 的长为 Δs. 我们用 $\left|\dfrac{\Delta\alpha}{\Delta s}\right|$ 来表示曲线弧 $\overset{\frown}{MN}$ 的平均弯曲程度, 并称它为曲线弧 $\overset{\frown}{MN}$ 的平均曲率, 记为 $\bar{K}$, 即

$$\bar{K} = \left|\frac{\Delta\alpha}{\Delta s}\right|$$

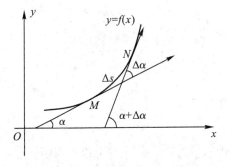

图 3-17

当 $\Delta s \to 0$ (即 $N \to M$) 时, 若极限 $\lim\limits_{\Delta s \to 0} \dfrac{\Delta\alpha}{\Delta s} = \dfrac{\mathrm{d}\alpha}{\mathrm{d}s}$ 存在, 则极限 $\lim\limits_{\Delta s \to 0} \left|\dfrac{\Delta\alpha}{\Delta s}\right| = \left|\dfrac{\mathrm{d}\alpha}{\mathrm{d}s}\right|$ 存在, 称

$\lim\limits_{\Delta s \to 0} \left| \dfrac{\Delta \alpha}{\Delta s} \right| = \left| \dfrac{\mathrm{d}\alpha}{\mathrm{d}s} \right|$ 为曲线 $y = f(x)$ 在点 M 处的曲率，记为 K，即

$$K = \left| \frac{\mathrm{d}\alpha}{\mathrm{d}s} \right| \tag{3-7}$$

注意：$\dfrac{\mathrm{d}\alpha}{\mathrm{d}s}$ 是曲线切线的倾斜角相对于弧长的变化率.

二、曲率的计算公式

设函数 $f(x)$ 的二阶导数存在，下面我们来推导曲率的计算公式.

(1) 先求 $\mathrm{d}\alpha$. 因为 α 是曲线切线的倾斜角，所以 $y' = \tan\alpha$，故 $\alpha = \arctan y'$，两边微分，得

$$\mathrm{d}\alpha = \mathrm{d}(\arctan y') = \frac{1}{1+y'^2}\mathrm{d}(y') = \frac{1}{1+y'^2}y''\mathrm{d}x \tag{3-8}$$

(2) 其次求 $\mathrm{d}s$. 如图 3-18 所示，在曲线上任取一点 M_0，并以此为起点度量弧长. 若点 $M(x, y)$ 在 $M_0(x_0, y_0)$ 的右侧（$x > x_0$），则规定弧长为正；若点 $M(x, y)$ 在 $M_0(x_0, y_0)$ 的左侧（$x < x_0$），则规定弧长为负. 依照此规定，弧长 s 是点 M 的横坐标 x 的增函数，记为 $s = s(x)$.

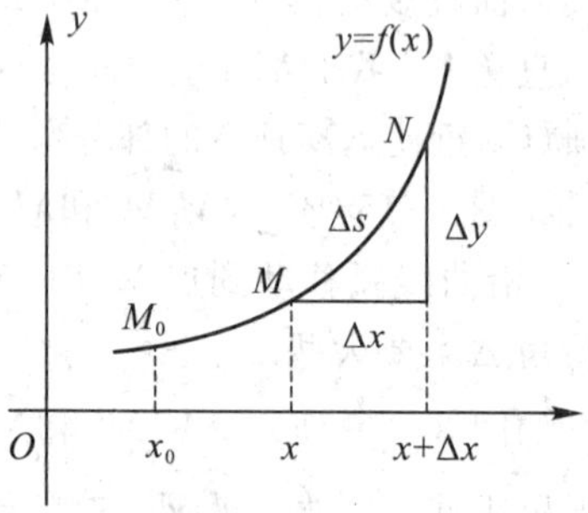

当点 M 沿曲线移动到 N 时，相应地，横坐标由 x 变到 $x + \Delta x$，此时有

$$(\Delta s)^2 \approx (\overline{MN})^2 = (\Delta x)^2 + (\Delta y)^2$$

即

$$\left(\frac{\Delta s}{\Delta x} \right)^2 \approx 1 + \left(\frac{\Delta y}{\Delta x} \right)^2$$

图 3-18

取极限后可得等式

$$\lim_{\Delta x \to 0} \left(\frac{\Delta s}{\Delta x} \right)^2 = 1 + \lim_{\Delta x \to 0} \left(\frac{\Delta y}{\Delta x} \right)^2$$

即

$$\left(\frac{\mathrm{d}s}{\mathrm{d}x} \right)^2 = 1 + \left(\frac{\mathrm{d}y}{\mathrm{d}x} \right)^2 = 1 + y'^2$$

又因为 s 是 x 的增函数，故 $\dfrac{\mathrm{d}s}{\mathrm{d}x} \geqslant 0$，从而

$$\frac{\mathrm{d}s}{\mathrm{d}x} = \sqrt{1+y'^2}$$

即

$$\mathrm{d}s = \sqrt{1+y'^2}\,\mathrm{d}x \tag{3-9}$$

把式(3-8)、式(3-9)代入式(3-7)，得

$$K = \frac{|y''|}{(1+y'^2)^{3/2}} \tag{3-10}$$

这就是曲线 $y = f(x)$ 在点 (x, y) 处曲率的计算公式.

例 3-28 求下列曲线上任意一点处的曲率：

(1) $y = kx + b$; 　　　　　　　(2) $x^2 + y^2 = R^2$.

解　(1) 因为 $y' = k$，$y'' = 0$，将其代入公式(3-10)，得 $K = 0$. 所以，直线上任意一点的曲率都等于 0，这与我们的直觉"直线不弯曲"是一致的.

(2) 因为 $2x + 2yy' = 0$，所以 $y' = -\dfrac{x}{y}$，$y'' = -\dfrac{y - xy'}{y^2} = -\dfrac{R^2}{y^3}$. 将其代入公式

(3-10)，得

$$K = \frac{|y''|}{(1 + y'^2)^{3/2}} = \frac{\left| -\dfrac{R^2}{y^3} \right|}{\left(1 + \left(-\dfrac{x}{y}\right)^2\right)^{3/2}} = \frac{R^2}{(x^2 + y^2)^{3/2}} = \frac{1}{R}$$

所以，圆上任意一点处的曲率都相等，即圆上任意一点处的弯曲程度相同，且曲率等于圆的半径的倒数.

三、曲率圆

如图 3-19 所示，设曲线 $y = f(x)$ 在点 $M(x, y)$ 处的曲率为 $K(K \neq 0)$. 在点 M 的曲线法线上，在凹的一侧取一点 D，使 $|DM| = \dfrac{1}{K} = \rho$. 以 D 为圆心、ρ 为半径所作的圆称为曲线在点 M 处的曲率圆. 曲率圆的圆心 D 称为曲线在点 M 处的曲率中心，半径 ρ 称为曲线在点 M 处的曲率半径.

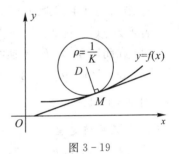

图 3-19

根据上述规定，曲率圆与曲线在点 M 处有相同的切线和曲率，且在点 M 邻近处凹凸性相同. 因此，工程上常常用曲率圆在点 M 邻近处的一段圆弧来近似代替该点邻近处的小曲线弧.

由上述分析可知，曲线在点 M 处的曲率 $K(K \neq 0)$ 与曲线在点 M 处的曲率半径 ρ 有如下关系：

$$\rho = \frac{1}{K}, \ K = \frac{1}{\rho}$$

这就是说：曲线上一点处的曲率半径与曲线在该点处的曲率互为倒数.

例 3-29　设工件内表面的截线为抛物线 $y = 0.4x^2$，现在要用砂轮磨削其内表面，问用直径多大的砂轮比较合适？

解　为了在磨削时不使砂轮与工件接触处附近的那部分工件磨去太多，砂轮的半径应不大于抛物线上各点处曲率半径中的最小值. 由题意易求得 $y = 0.4x^2$ 的一阶导数和二阶导数分别为 $y' = 0.8x$ 和 $y'' = 0.8$，所以抛物线上任一点的曲率半径为

$$\rho = \frac{1}{K} = \frac{(1 + y'^2)^{3/2}}{|y''|} = \frac{[1 + (0.8x)^2]^{3/2}}{|0.8|}$$

当 $x = 0$(即在顶点处) 时，曲率半径最小，为 $\rho = 1.25$. 所以，选用砂轮的半径不得超过 1.25 单位长，即直径不得超过 2.5 单位长.

 习题 3.6

1. 求下列曲线的曲率和曲率半径：

(1) $xy = 1$; 　　　　　　　(2) $y^2 = 2px$;

(3) $\begin{cases} x = a(t - \sin t) \\ y = a(1 - \cos t) \end{cases}$.

2. 在对数曲线 $y = \ln x$ 上，求出曲率绝对值最大的点.

本 章 小 结

一、微分中值定理

1）罗尔中值定理

若函数 $f(x)$ 满足：

(1) 在闭区间 $[a, b]$ 上连续；

(2) 在开区间 (a, b) 内可导；

(3) $f(a) = f(b)$，

则至少存在一点 $\xi \in (a, b)$，使得 $f'(\xi) = 0$.

2）拉格朗日中值定理

若函数 $f(x)$ 满足：

(1) 在闭区间 $[a, b]$ 上连续；

(2) 在开区间 (a, b) 内可导，

则至少存在一点 $\xi \in (a, b)$，使得 $f'(\xi) = \dfrac{f(b) - f(a)}{b - a}$.

3）柯西中值定理

若函数 $f(x)$ 和 $g(x)$ 满足：

(1) 在闭区间 $[a, b]$ 上连续；

(2) 在开区间 (a, b) 内可导；

(3) 对任意的 $x \in (a, b)$，有 $g'(x) \neq 0$，

则至少存在一点 $\xi \in (a, b)$，使得

$$\frac{f(b) - f(a)}{g(b) - g(a)} = \frac{f'(\xi)}{g'(\xi)}$$

4）注意事项

(1) 几个定理之间的关系：

$$\boxed{\text{罗尔中值定理}} \underset{\text{特例} f(a) = f(b)}{\overset{\text{推广}}{\Longleftrightarrow}} \boxed{\text{拉格朗日中值定理}} \underset{\text{特例} g(x) = x}{\overset{\text{推广}}{\Longleftrightarrow}} \boxed{\text{柯西中值定理}}$$

(2) 定理条件缺一不可.

(3) 定理条件为充分条件，非必要条件.

(4) 定理结论中只给出中值的存在性，没有给出确定值，也不一定唯一.

二、洛必达法则

1）洛必达法则

设

(1) 函数 $f(x)$ 和 $g(x)$ 均在点 x_0 的某去心邻域内有定义，且 $\lim\limits_{x \to x_0} f(x) = \lim\limits_{x \to x_0} g(x) = 0 (\lim\limits_{x \to x_0} f(x) = \lim\limits_{x \to x_0} g(x) = \infty)$；

(2) 函数 $f(x)$ 和 $g(x)$ 均在点 x_0 的去心邻域内可导，且 $g'(x) \neq 0$；

(3) $\lim\limits_{x \to x_0} \dfrac{f'(x)}{g'(x)}$ 存在(∞)，那么

$$\lim_{x \to x_0} \frac{f(x)}{g(x)} = \lim_{x \to x_0} \frac{f'(x)}{g'(x)}$$

2) $\dfrac{0}{0}$ 型和 $\dfrac{\infty}{\infty}$ 型未定式

(1) $\dfrac{0}{0}$ 型和 $\dfrac{\infty}{\infty}$ 型未定式可考虑利用洛必达法则，即 $\lim\limits_{x \to x_0} \dfrac{f(x)}{g(x)} = \lim\limits_{x \to x_0} \dfrac{f'(x)}{g'(x)}$.

(2) $0 \cdot \infty$ 型未定式，可将其写成 $\dfrac{f(x)}{1/g(x)}$ 或 $\dfrac{g(x)}{1/f(x)}$，使其变成 $\dfrac{0}{0}$ 型或 $\dfrac{\infty}{\infty}$ 型未定式.

(3) $\infty - \infty$ 型未定式可通过通分化为 $\dfrac{0}{0}$ 型未定式.

(4) 0^0、1^∞、∞^0 型未定式可利用对数公式 $a = e^{\ln a}$ 化为以 e 为底的指数函数的极限，再利用指数函数的连续性，化为对指数求极限，即

$$\lim_{x \to x_0} f(x)^{g(x)} = \lim_{x \to x_0} e^{\ln f(x)^{g(x)}} = e^{\lim\limits_{x \to x_0} \ln f(x)^{g(x)}} = e^{\lim\limits_{x \to x_0} g(x) \cdot \ln f(x)}$$

其中将 x_0 换为 ∞ 也成立.

三、函数的单调性与极值

1) 函数单调性的判别法

(1) 若在 (a, b) 区间内，$f'(x) > 0$，则 $f(x)$ 在 (a, b) 区间内单调递增.

(2) 若在 (a, b) 区间内，$f'(x) < 0$，则 $f(x)$ 在 (a, b) 区间内单调递减.

注：若在区间内有个别点处导数等于 0，不影响该函数在该区间上的单调性.

2) 函数的极值及其判别法

(1) 极值、极值点与驻点.

① 若对 x_0 某邻域内的任意一点 $x \neq x_0$，有 $f(x) < f(x_0)$，则 $f(x_0)$ 为函数 $f(x)$ 的极大值；若对 x_0 某邻域内的任意一点 $x \neq x_0$，有 $f(x) > f(x_0)$，则 $f(x_0)$ 为函数 $f(x)$ 的极小值.

② 极大值与极小值统称为极值，取得极值的点称为极值点.

③ 使得 $f'(x) = 0$ 的点称为驻点.

(2) 极值的必要条件.

设函数 $f(x)$ 在 x_0 处可导，如果 $f(x_0)$ 是 $f(x)$ 的极值，则 $f'(x_0) = 0$.

(3) 极值的判别法.

① 极值判定的第一充分条件

设 $f(x)$ 在点 x_0 处连续，且在 x_0 的某去心邻域内可导，若

a. 当 $x < x_0$ 时，$f'(x) > 0$，当 $x > x_0$ 时，$f'(x) < 0$，那么函数 $f(x)$ 在 x_0 处取得极大值 $f(x_0)$；

b. 当 $x < x_0$ 时，$f'(x) < 0$，当 $x > x_0$ 时，$f'(x) > 0$，那么函数 $f(x)$ 在 x_0 处取得极小值 $f(x_0)$；

c. 当 $x < x_0$ 和 $x > x_0$ 时，$f'(x)$ 的符号保持不变，那么函数 $f(x)$ 在 x_0 处没有极值.

② 极值判定的第二充分条件

设 $f(x)$ 在点 x_0 处二阶可导，且 $f'(x_0) = 0$，$f''(x_0) \neq 0$，则

a. 当 $f''(x_0) < 0$ 时，$f(x)$ 在点 x_0 处取得极大值 $f(x_0)$；

b. 当 $f''(x_0) > 0$ 时，$f(x)$ 在点 x_0 处取得极小值 $f(x_0)$.

四、最大值和最小值问题

若函数 $f(x)$ 在闭区间 $[a, b]$ 上连续，则可对函数在 (a, b) 内导数为 0 及导数不存在点的函数值和端点的函数值 $f(a)$、$f(b)$ 进行比较，其最大者和最小者即分别为 $f(x)$ 在 $[a, b]$ 内的最大值和最小值.

五、曲线凹凸性和拐点的判定及函数图像的描绘

1）曲线凹凸性的判定定理

设 $f(x)$ 在 $[a, b]$ 上连续，在 (a, b) 内具有二阶导数.

（1）若在 (a, b) 内 $f''(x) > 0$，则曲线 $y = f(x)$ 在 $[a, b]$ 上是凹的；

（2）若在 (a, b) 内 $f''(x) < 0$，则曲线 $y = f(x)$ 在 $[a, b]$ 上是凸的.

2）曲线拐点的判定

连续曲线 $y = f(x)$ 在区间 $[a, b]$ 上的拐点的判定步骤如下：

（1）分别求一阶导数 $f'(x)$ 和二阶导数 $f''(x)$.

（2）令 $f''(x) = 0$，解出该方程在区间 (a, b) 内的实根，并求出在区间 (a, b) 内 $f''(x)$ 不存在的点.

（3）对于（2）中求出的每一个实根或二阶导数不存在的点 x_0，考察在 x_0 左右两侧 $f''(x)$ 的符号. 当 x_0 两侧的符号相反时，点 $(x_0, f(x_0))$ 是拐点；当 x_0 两侧的符号相同时，点 $(x_0, f(x_0))$ 不是拐点.

3）曲线的水平渐近线和垂直渐近线

如果当自变量 $x \to \infty$ 时，$f(x)$ 趋近于 b，即 $\lim\limits_{x \to \infty} f(x) = b$，则称直线 $y = b$ 为曲线 $y = f(x)$ 的水平渐近线；如果当 $x \to x_0$ 时，$f(x)$ 趋近于 ∞，即 $\lim\limits_{x \to x_0} f(x) = \infty$，则称直线 $x = x_0$ 为曲线 $y = f(x)$ 的垂直（铅垂）渐近线.

4）函数图像描绘的一般步骤

（1）确定函数 $y = f(x)$ 的定义域、间断点及函数所具有的某些特性（如奇偶性、周期性等）.

（2）求函数的一阶导数 $f'(x)$ 和二阶导数 $f''(x)$，并令 $f'(x) = 0$ 和 $f''(x) = 0$，求出其在定义域内的全部实根及 $f'(x)$ 和 $f''(x)$ 不存在的点，然后利用这些根和点将函数的定义域划分为若干个子区间.

（3）列表讨论 $f'(x)$ 和 $f''(x)$ 在（2）中所得各子区间内的符号，由此确定函数的单调性、极值、曲线的凹凸性和拐点.

（4）如有渐近线，求出渐近线，并确定其他变化趋势.

（5）求辅助点，如曲线与坐标轴的交点等.

（6）在直角坐标系中，根据上面的讨论描点作图.

六、曲线的曲率

1）曲率的概念

若极限 $\lim\limits_{\Delta s \to 0} \dfrac{\Delta \alpha}{\Delta s} = \dfrac{\mathrm{d}\alpha}{\mathrm{d}s}$ 存在，则极限 $\lim\limits_{\Delta s \to 0} \left| \dfrac{\Delta \alpha}{\Delta s} \right| = \left| \dfrac{\mathrm{d}\alpha}{\mathrm{d}s} \right|$ 存在，称 $\lim\limits_{\Delta s \to 0} \left| \dfrac{\Delta \alpha}{\Delta s} \right| = \left| \dfrac{\mathrm{d}\alpha}{\mathrm{d}s} \right|$ 为曲线

$y = f(x)$ 在点 M 处的曲率，记为 K，即 $K = \left| \dfrac{\mathrm{d}\alpha}{\mathrm{d}s} \right|$.

2）曲率的计算公式

曲线 $y = f(x)$ 在点 (x, y) 处曲率的计算公式为

$$K = \frac{|y''|}{(1 + y'^2)^{3/2}}$$

3）曲率圆

曲线在点 M 处的曲率 $K(K \neq 0)$ 与曲线在点 M 处的曲率半径 ρ 的关系为

$$\rho = \frac{1}{K} \qquad K = \frac{1}{\rho}$$

总习题三

一、填空题

1. 函数 $f(x) = x^3 - 3x^2 - 9x + 15$ 在区间 $[-4, 4]$ 上的单调递增区间是_____，单调递减区间是_____；极大值 $f(\quad) = $_____，极小值 $f(\quad) = $_____；该函数的图像在区间_____是凸的，在区间_____是凹的；该函数在 $[-4, 4]$ 上的最大值是 $f(\quad) = $_____，最小值是 $f(\quad) = $_____.

2. 函数 $y = \dfrac{2}{x} + 1$ 的图像有水平渐近线_____，垂直渐近线_____.

3. $\lim\limits_{x \to 0} \dfrac{\sin 3x}{\sin 5x} = $_____，是_____型未定式.

二、判断题

1. 若函数 $f(x)$ 在 $[a, b]$ 上连续，在 (a, b) 内可导，则至少存在一点 $x_0 \in (a, b)$，使 $f'(x_0) = 0$. 　　　　　　　　　　　　　　　　　　　　　　（　　）

2. 若 x_0 是函数的极值点，则 $f'(x_0) = 0$. 　　　　　　　　　　　　　（　　）

3. 若 $f(x_1)$ 和 $f(x_2)$ 分别是函数 $f(x)$ 在 $[a, b]$ 上的极大值和极小值，则必有 $f(x_2) > f(x_1)$. 　　　　　　　　　　　　　　　　　　　　　　　　　　（　　）

4. 若 $f''(x_0) = 0$，则点 $(x_0, f(x_0))$ 必是曲线 $y = f(x)$ 的拐点. 　（　　）

5. 单调函数的导数仍为单调函数. 　　　　　　　　　　　　　　　　（　　）

三、选择题

1. 下列函数中，（　　）在定义域内单调递增.

A. $y = x^2 - 6$ 　　　　　　　　　　　　B. $y = \dfrac{\ln x}{x} \quad (x > 0)$

C. $y = \mathrm{e}^x + x^3$ 　　　　　　　　　　D. $y = x\mathrm{e}^x$

2. 设 $f(x) = x\mathrm{e}^{-x}$，若 $a > b > 1$，则下列各式中，（　　）是正确的.

A. $f(a) > f(b)$ B. $f(a) < f(b)$

C. $f(a) = f(b)$ D. 无法判断

3. 若 $y = f(x)$ 在 (a, b) 内恒有 $f(x) > 0$，$f'(x) > 0$，$f''(x) > 0$，则它的图像是 ( ) 类型.

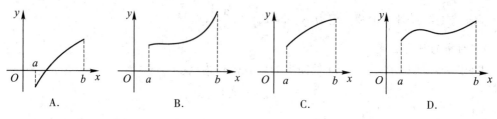

A. B. C. D.

4. 可导函数 $f(x)$ 在 $x = 2$ 处取得极小值，则其导函数 $y = f'(x)$ 的图像是 ( ) 类型.

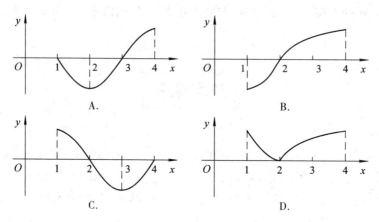

5. (2019 年广东专插本) 已知 $f(x) = ax + \dfrac{b}{x}$ 在点 $x = -1$ 处取得极大值，则常数 a、b 应满足条件 ( ).

A. $a - b = 0, b < 0$ B. $a - b = 0, b > 0$

C. $a + b = 0, b < 0$ D. $a + b = 0, b > 0$

四、计算题

1. 求下列各极限：

(1) $\lim\limits_{x \to 0} \dfrac{x - \arctan x}{x^3}$；

(2) $\lim\limits_{x \to \frac{\pi}{4}} \dfrac{\tan x - 1}{\sin 4x}$；

(3) $\lim\limits_{x \to +\infty} \dfrac{x^3}{e^x}$；

(4) $\lim\limits_{x \to +\infty} x(e^{\frac{1}{x}} - 1)$.

2. (2013 年广东专插本) 已知函数 $f(x)$ 具有连续的一阶导数，且 $f(0) \cdot f'(0) \neq 0$，求常数 a 和 b 的值，使 $\lim\limits_{x \to 0} \dfrac{af(x) + bf(2x) - f(0)}{x} = 0$.

3. 已知函数 $f(x) = a\ln x + bx^2 + x$ 在 $x = 1$ 与 $x = 2$ 时都能取得极值，试求 a 与 b 的值，并确定函数在这两点处是取得极大值还是极小值.

4. (2016 年广东专插本) 设函数 $f(x) = \ln(1 + x) - x + \dfrac{1}{2}x^2$，证明：

(1) 当 $x \to 0$ 时，$f(x)$ 是比 x 高阶的无穷小量；

(2) 当 $x > 0$ 时，$f(x) > 0$.

5. （2017年广东专插本）已知函数 $f(x) = \arctan \dfrac{1}{x}$.

(1) 证明：当 $x > 0$ 时，恒有 $f(x) + f\left(\dfrac{1}{x}\right) = \dfrac{\pi}{2}$；

(2) 方程 $f(x) = x$ 在区间 $(0, +\infty)$ 内有几个实根？

6. （2018年广东专插本）确定常数 a 和 b 的值，使函数 $f(x) = \begin{cases} \dfrac{x+a}{x^2+1}, & x < 0 \\ b, & x = 0 \\ \left(1 + \dfrac{2}{x}\right)^x, & x > 0 \end{cases}$ 在

点 $x = 0$ 处连续.

7. （2019年广东专插本）设函数 $f(x) = x\ln(1+x) - (1+x)\ln x$，求证：

(1) $f(x)$ 在区间 $(0, +\infty)$ 内单调递减；

(2) 比较数值 2018^{2019} 与 2019^{2018} 的大小，并说明理由.

8. 如图 3-20 所示，矿务局拟在地平面上一点 A 掘一管道至地平面下一点 C，设 AB 长 600 m，BC 长 240 m，地平面 AB 是黏土，掘进费每米 5 元；地平面以下是岩石，掘进费每米 13 元. 怎样掘法才能使费用最省？最省费用为多少元？

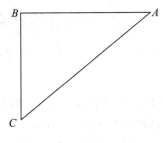

图 3-20

习题答案

第四章 不 定 积 分

学习目标

知识目标：理解不定积分的概念，熟记积分基本公式，熟练掌握直接积分法、换元积分法和分部积分法.

技能目标：理解原函数和不定积分的概念，熟记积分基本公式，掌握积分运算法则，熟练掌握求解积分的几个主要方法：直接积分法、换元积分法和分部积分法.

能力目标：通过本章的学习，掌握利用不定积分解决生产实际问题的方法.

在微分学中，我们讨论了求一个函数的导数（或微分）问题. 在实际问题中，我们经常会遇到其反问题，即已知一个可导函数的导数（或微分），求这个函数的表达式的问题. 这是积分学的基本问题之一，也是我们本章要学习的内容.

4.1 不定积分的概念

一、原函数

引例 【**汽车行驶的路程**】一辆汽车沿直线行驶，其速度为 $v(t) = 3t^2 (t \geqslant 0)$. 假设汽车位置由起点开始计算，求汽车运动的位置函数 $s(t)$.

解 由题意可知 $s'(t) = v(t) = 3t^2$，因为 $(t^3 + C)' = 3t^2$，所以

$$s(t) = t^3 + C$$

又因为 $s(0) = 0$，代入得 $C = 0$，所以汽车运动的位置函数为 $s(t) = t^3$.

在微分学中，我们讨论了已知物体的位置函数 $s(t)$ 求物体速度 $v(t)$ 的问题，即 $v(t) = s'(t)$. 而该引例是已知物体的速度 $v(t)$，求物体运动的位置函数 $s(t)$，与微分学中的求导运算相反，也就是已知一个可导函数的导数（或微分），求该函数的问题. 为求解该类问题，我们首先给出下面的定义：

定义 4-1 如果在区间 I 上，可导函数 $F(x)$ 的导数为 $f(x)$，即对任意的 $x \in I$，都有

$$F'(x) = f(x) \text{ 或 } \mathrm{d}F(x) = f(x)\mathrm{d}x$$

则称函数 $F(x)$ 是 $f(x)$ 在区间 I 上的一个**原函数**.

例如，因为 $(\sin x)' = \cos x$，所以 $\sin x$ 是 $\cos x$ 的一个原函数.

什么函数才存在原函数呢？下面给出一个原函数存在的充分条件.

原函数存在定理：连续函数一定存在原函数.

由于初等函数在其定义区间上都连续，所以初等函数在其定义区间上都存在原函数.

例如，因为 $\left(\dfrac{1}{2}gt^2\right)' = gt$，$\left(\dfrac{1}{2}gt^2 - 3\right)' = gt$，$\left(\dfrac{1}{2}gt^2 + C\right)' = gt$，其中 C 为任意常

数，所以 $\frac{1}{2}gt^2$、$\frac{1}{2}gt^2-3$ 和 $\frac{1}{2}gt^2+C$ 都是 gt 的原函数. 因为 C 为任意常数，说明 gt 的原函数有无穷多个，这些原函数之间最多相差一个常数.

一般地，若函数 $F(x)$ 是函数 $f(x)$ 的一个原函数，则函数族 $F(x)+C$ 是 $f(x)$ 的全体原函数，其中 C 为任意常数.

二、不定积分的概念

定义 4-2 如果函数 $F(x)$ 是 $f(x)$ 的一个原函数，那么 $f(x)$ 的全体原函数 $F(x)+C$（C 为任意常数）称为 $f(x)$ 的不定积分，记作 $\int f(x)\mathrm{d}x$，即

$$\int f(x)\mathrm{d}x = F(x)+C$$

其中"$\int$"称为积分号；x 称为积分变量；$f(x)$ 称为被积函数；$f(x)\mathrm{d}x$ 称为被积表达式；C 称为积分常数.

由定义 4-2 可知：

(1) 求函数 $f(x)$ 的不定积分实际上只需求出它的一个原函数，再加上任意常数 C 即可；

(2) 求不定积分与求导数（或微分）互为逆运算，即

① $\left[\int f(x)\mathrm{d}x\right]' = f(x)$ 或 $\mathrm{d}\left[\int f(x)\mathrm{d}x\right] = f(x)\mathrm{d}x$；　　　　　　(4-1)

② $\int F'(x)\mathrm{d}x = F(x)+C$ 或 $\int \mathrm{d}F(x) = F(x)+C$.　　　　　　(4-2)

(3) $\int f(x)\mathrm{d}x = F(x)+C$ 的充分必要条件是 $F'(x) = f(x)$.

例 4-1 求 $\int \sin x\,\mathrm{d}x$.

解 因为 $(-\cos x)' = \sin x$，所以

$$\int \sin x\,\mathrm{d}x = -\cos x+C$$

例 4-2 求 $\int \frac{1}{x}\mathrm{d}x$.

解 因为 $(\ln|x|)' = \frac{1}{x}$，所以

$$\int \frac{1}{x}\mathrm{d}x = \ln|x|+C$$

三、不定积分的几何意义

如果函数 $F(x)$ 是 $f(x)$ 的一个原函数，则称 $y = F(x)$ 的图形为 $f(x)$ 的一条积分曲线. 因此，$f(x)$ 的不定积分在几何上表示 $f(x)$ 的某一积分曲线沿纵轴方向上下平移所得的**积分曲线族**. 显然，若在每一条积分曲线上横坐标相同的点处作切线，则这些切线互相平行，如图 4-1 所示.

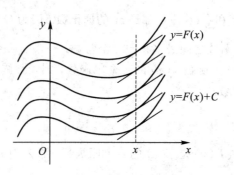

图 4 - 1

例 4 - 3　设曲线经过点 $(1,3)$，且其上任一点处的切线斜率等于该点横坐标的两倍，求此曲线方程.

解　设所求曲线方程为 $y = f(x)$，由题意可知曲线上任一点 (x,y) 处的切线斜率为

$$f'(x) = 2x$$

即 $f(x)$ 是 $2x$ 的原函数.

因为 $(x^2)' = 2x$，所以 $\displaystyle\int 2x \mathrm{d}x = x^2 + C$，由此得 $f(x) = x^2 + C$.

又因为所求曲线通过点 $(1,3)$，故

$$3 = 1^2 + C$$

得

$$C = 2$$

故所求曲线方程为

$$y = x^2 + 2$$

 习题 4.1

1. 在下列括号内填入适当的函数：

(1) $(\quad)' = 8$；

(2) $(\quad)' = \mathrm{e}^x$；

(3) $(\quad)' = 4x^3$；

(4) $(\quad)' = \sec x \tan x$；

(5) $(\quad)' = \sec^2 x + 3$；

(6) $(\quad)' = x + \dfrac{3}{x}$.

2. 已知曲线过原点且曲线上任一点 (x,y) 处的切线斜率为 x^3，求此曲线的方程.

3. 已知曲线通过点 $(\mathrm{e}^3,5)$，且任一点处的切线斜率等于该点横坐标的倒数，求该曲线的方程.

4. 已知物体以速度 $v = 3t^2 (\mathrm{m/s})$ 作直线运动. 当 $t = 0$ 时，物体经过的路程 $s = 5$，求物体的运动规律.

5. 单项选择题：

(1)（2008 年广东专插本）下列函数中，不是 $\mathrm{e}^{2x} - \mathrm{e}^{-2x}$ 的原函数的是（　）.

A. $\dfrac{1}{2}(\mathrm{e}^x + \mathrm{e}^{-x})^2$

B. $\dfrac{1}{2}(\mathrm{e}^x - \mathrm{e}^{-x})^2$

C. $\dfrac{1}{2}(\mathrm{e}^{2x} + \mathrm{e}^{-2x})$

D. $\dfrac{1}{2}(\mathrm{e}^{2x} - \mathrm{e}^{-2x})$

(2)（2017 年广东专插本）设 $F(x)$ 是可导函数 $f(x)$ 的一个原函数，C 为任意实数，则下列等式不正确的是（　　）.

A. $\int f'(x)\mathrm{d}x = f(x) + C$　　　　　　B. $\left[\int f(x)\mathrm{d}x\right]' = f(x)$

C. $\int f(x)\mathrm{d}x = F(x) + C$　　　　　　D. $\int F(x)\mathrm{d}x = f(x) + C$

(3)（2018 年广东专插本）设 $\int f(x)\mathrm{d}x = x^2 + C$，其中 C 为任意常数，则 $\int f(x^2)\mathrm{d}x = $（　　）.

A. $x^5 + C$　　　　　　　　　　　B. $x^4 + C$

C. $\dfrac{1}{2}x^4 + C$　　　　　　　　　D. $\dfrac{2}{3}x^3 + C$

6. 填空题：

(1)（2012 年广东专插本）若 $f(x) = \int \dfrac{\tan x}{x}\mathrm{d}x$，则 $f''(\pi) = $ _____ .

(2) 若 $f(x)$ 的一个原函数为 $\ln x$，则 $f'(x) = $ _____ .

7.（2018 年广东专插本）已知 $\ln(1+x^2)$ 是函数 $f(x)$ 的一个原函数，求 $\int f'(x)\mathrm{d}x$.

4.2　基本积分公式和运算法则

一、基本积分公式

由 4.1 节内容可知，求不定积分与求导（或微分）运算是互逆的，因此由求导（或微分）的基本公式可以得到不定积分的基本公式.

例如，根据导数公式 $(x^{\alpha+1})' = (\alpha+1)x^{\alpha}(\alpha \neq -1)$，即 $\left(\dfrac{1}{\alpha+1}x^{\alpha+1}\right)' = x^{\alpha}$，可得到 x^{α} 的不定积分公式为

$$\int x^{\alpha}\mathrm{d}x = \frac{1}{\alpha+1}x^{\alpha+1} + C \quad (\alpha \neq -1)$$

类似地也可得到其他不定积分公式. 我们把下面的公式称为基本积分公式，这些公式是求不定积分的基础，务必熟记：

(1) $\int k\mathrm{d}x = kx + C$；　　　　　　(2) $\int x^{\alpha}\mathrm{d}x = \dfrac{1}{\alpha+1}x^{\alpha+1} + C$　$(\alpha \neq -1)$；

(3) $\int \dfrac{1}{x}\mathrm{d}x = \ln|x| + C$；　　　　(4) $\int a^x\mathrm{d}x = \dfrac{a^x}{\ln a} + C$　$(a > 0\,且\,a \neq 1)$；

(5) $\int \mathrm{e}^x\mathrm{d}x = \mathrm{e}^x + C$；　　　　　(6) $\int \cos x\mathrm{d}x = \sin x + C$；

(7) $\int \sin x\mathrm{d}x = -\cos x + C$；　　　(8) $\int \dfrac{1}{\cos^2 x}\mathrm{d}x = \int \sec^2 x\mathrm{d}x = \tan x + C$；

(9) $\int \dfrac{1}{\sin^2 x}\mathrm{d}x = \int \csc^2 x\mathrm{d}x = -\cot x + C$；　(10) $\int \sec x \tan x\mathrm{d}x = \sec x + C$；

(11) $\int \csc x \cot x\mathrm{d}x = -\csc x + C$；　　(12) $\int \dfrac{1}{\sqrt{1-x^2}}\mathrm{d}x = \arcsin x + C$；

(13) $\int \dfrac{1}{1+x^2}\mathrm{d}x = \arctan x + C.$

二、不定积分的运算法则

性质 4 - 1 设函数 $f(x)$ 的原函数存在，k 为非零常数，则有

$$\int kf(x)\mathrm{d}x = k\int f(x)\mathrm{d}x \qquad (4-3)$$

即被积函数中的非零常数因子可提到积分号前面.

例 4 - 4 求 $\int 2\cos x\mathrm{d}x.$

解 $\int 2\cos x\mathrm{d}x = 2\int \cos x\mathrm{d}x = 2\sin x + C$

性质 4 - 2 设函数 $f(x)$ 和 $g(x)$ 的原函数存在，则

$$\int [f(x) \pm g(x)]\mathrm{d}x = \int f(x)\mathrm{d}x \pm \int g(x)\mathrm{d}x \qquad (4-4)$$

即两个函数代数和的积分等于它们积分的代数和.

式(4 - 4)可以推广到有限多个函数的代数和的情形.

性质 4 - 1 和性质 4 - 2 等价于 $\int [k_1 f(x) + k_2 g(x)]\mathrm{d}x = k_1\int f(x)\mathrm{d}x + k_2\int g(x)\mathrm{d}x.$

例 4 - 5 求 $\int (4x + \mathrm{e}^x)\mathrm{d}x.$

解 $\int (4x + \mathrm{e}^x)\mathrm{d}x = \int 4x\mathrm{d}x + \int \mathrm{e}^x\mathrm{d}x = 4\int x\mathrm{d}x + \int \mathrm{e}^x\mathrm{d}x = 2x^2 + \mathrm{e}^x + C$

注：逐项求积分后，每个不定积分都含有任意常数. 由于任意常数之和仍为任意常数，因而为方便起见，只需写出最后一个任意常数 C 即可.

在求积分问题中，有一类积分是通过将被积函数按照运算法则进行恒等变形，再利用基本积分公式求得积分结果的，这种计算不定积分的方法称为**直接积分法**，常用的恒等变形有以下几种：

1）代数化简法

例 4 - 6 求 $\int x^2\sqrt{x}\,\mathrm{d}x.$

解 $\int x^2\sqrt{x}\,\mathrm{d}x = \int x^{\frac{5}{2}}\mathrm{d}x = \dfrac{2}{7}x^{\frac{7}{2}} + C$

例 4 - 7 求 $\int \dfrac{(x-1)^3}{x^2}\mathrm{d}x.$

解
$$\int \frac{(x-1)^3}{x^2}\mathrm{d}x = \int \frac{x^3 - 3x^2 + 3x - 1}{x^2}\mathrm{d}x = \int \left(x - 3 + \frac{3}{x} - \frac{1}{x^2}\right)\mathrm{d}x$$
$$= \int x\mathrm{d}x - \int 3\mathrm{d}x + 3\int \frac{1}{x}\mathrm{d}x - \int \frac{1}{x^2}\mathrm{d}x$$
$$= \frac{1}{2}x^2 - 3x + 3\ln|x| + \frac{1}{x} + C$$

例 4 - 8 求 $\int 5^x \mathrm{e}^x\mathrm{d}x.$

解 $\int 5^x e^x dx = \int (5e)^x dx = \dfrac{(5e)^x}{\ln(5e)} + C = \dfrac{(5e)^x}{1 + \ln 5} + C$

2) 分子构造法

例 4 - 9 求 $\displaystyle\int \dfrac{x^2}{1+x^2} dx.$

解 $\displaystyle\int \dfrac{x^2}{1+x^2} dx = \int \dfrac{x^2+1-1}{1+x^2} dx = \int \left(\dfrac{x^2+1}{1+x^2} - \dfrac{1}{1+x^2} \right) dx$

$\qquad\qquad = \displaystyle\int \left(1 - \dfrac{1}{1+x^2} \right) dx = x - \arctan x + C$

3) 通分还原法

通分还原法是指利用公式 $\dfrac{g(x) \pm f(x)}{f(x) g(x)} = \dfrac{1}{f(x)} \pm \dfrac{1}{g(x)}$ 将一个表达式拆为两部分, 其关键是寻找分子 $g(x) \pm f(x)$.

例 4 - 10 求 $\displaystyle\int \dfrac{dx}{x^2(1+x^2)}.$

解 由 $\dfrac{1}{x^2(1+x^2)} = \dfrac{(1+x^2)-x^2}{x^2(1+x^2)} = \dfrac{1}{x^2} - \dfrac{1}{1+x^2}$ 可得

$\displaystyle\int \dfrac{dx}{x^2(1+x^2)} = \int \left(\dfrac{1}{x^2} - \dfrac{1}{1+x^2} \right) dx = \int \dfrac{1}{x^2} dx - \int \dfrac{1}{1+x^2} dx = -\dfrac{1}{x} - \arctan x + C$

例 4 - 11 求 $\displaystyle\int \dfrac{1}{\sin^2 x \cos^2 x} dx.$

解 由 $\dfrac{1}{\sin^2 x \cos^2 x} = \dfrac{\sin^2 x + \cos^2 x}{\sin^2 x \cos^2 x} = \dfrac{1}{\cos^2 x} + \dfrac{1}{\sin^2 x}$ 可得

$\displaystyle\int \dfrac{1}{\sin^2 x \cos^2 x} dx = \int \dfrac{1}{\cos^2 x} dx + \int \dfrac{1}{\sin^2 x} dx = \tan x - \cot x + C$

4) 三角恒等式变形法

例 4 - 12 求 $\displaystyle\int \sin^2 \dfrac{x}{2} dx.$

解 由 $\sin^2 \dfrac{x}{2} = \dfrac{1 - \cos x}{2}$ 可得

$\qquad\qquad \displaystyle\int \sin^2 \dfrac{x}{2} dx = \int \dfrac{1 - \cos x}{2} dx = \dfrac{1}{2} x - \dfrac{1}{2} \sin x + C$

例 4 - 13 求 $\displaystyle\int \tan^2 x dx.$

解 由 $\tan^2 x = \sec^2 x - 1$ 可得

$\qquad\qquad \displaystyle\int \tan^2 x dx = \int (\sec^2 x - 1) dx = \tan x - x + C$

在不定积分运算中, 常用的三角恒等式主要有以下七个:

$$\sin^2 x + \cos^2 x = 1, \ \sin 2x = 2 \sin x \cos x$$

$$\cos 2x = \cos^2 x - \sin^2 x, \ \cos 2x = 1 - 2\sin^2 x$$

$$\cos 2x = 2\cos^2 x - 1, \ \sec^2 x = \tan^2 x + 1$$

$$\csc^2 x = \cot^2 x + 1$$

习题 4.2

1. 求下列不定积分：

(1) $\int x\sqrt{x}\,\mathrm{d}x$；

(2) $\int \dfrac{1}{x^3}\mathrm{d}x$；

(3) $\int \dfrac{(1-x)^2}{\sqrt{x}}\mathrm{d}x$；

(4) $\int \dfrac{3x^2}{x^2+1}\mathrm{d}x$；

(5) $\int \dfrac{x^4}{1+x^2}\mathrm{d}x$；

(6) $\int \dfrac{\cos 2x}{\cos x-\sin x}\mathrm{d}x$；

(7) $\int \cos^2\dfrac{u}{2}\mathrm{d}u$；

(8) $\int \dfrac{\cos 2x}{\cos^2 x\sin^2 x}\mathrm{d}x$；

(9) $\int \sec x(\sec x-\tan x)\mathrm{d}x$；

(10) $\int \dfrac{\mathrm{e}^{2t}-1}{\mathrm{e}^t-1}\mathrm{d}t$；

(11) $\int \dfrac{1+\cos^2 x}{1+\cos 2x}\mathrm{d}x$；

(12) $\int \dfrac{1}{\sin^2\dfrac{x}{2}\cos^2\dfrac{x}{2}}\mathrm{d}x$.

2. 已知一物体作直线运动，其加速度为 $a=12t^2$，且当 $t=0$ 时，速度 $v=5$，路程 $s=3$. 求：(1) 速度与时间的函数关系式；(2) 路程与时间的函数关系式.

3. 不定积分 $\int(\sec^2 x+1)\mathrm{d}x=(\qquad)$.

A. $\sec x+x$ 　　　　　　　　　　　B. $\sec x+x+C$

C. $\tan x+x$ 　　　　　　　　　　　D. $\tan x+x+C$

4. (2019 年广东专插本) 已知 $\int f(x)\mathrm{d}x=\tan x+C$，$\int g(x)\mathrm{d}x=2^x+C$，$C$ 为任意常数，则下列等式正确的是(　　).

A. $\int[f(x)g(x)]\mathrm{d}x=2^x\tan x+C$ 　　　B. $\int \dfrac{f(x)}{g(x)}\mathrm{d}x=2^{-x}\tan x+C$

C. $\int f[g(x)]\mathrm{d}x=\tan(2^x)+C$ 　　　　D. $\int[f(x)+g(x)]\mathrm{d}x=\tan x+2^x+C$

4.3　换 元 积 分 法

在实际问题中，能利用 4.2 节的直接积分法计算的不定积分还是非常有限的，因此还需要进一步研究求不定积分的方法. 本节我们介绍换元积分法，包括第一类换元积分法和第二类换元积分法两种.

一、第一类换元积分法（凑微分法）

对于积分 $\int \mathrm{e}^{2x}\mathrm{d}x$，在基本积分公式中有 $\int \mathrm{e}^x\mathrm{d}x=\mathrm{e}^x+C$. 值得注意的是，基本积分表中的变量 x 替换为其他变量或表达式（视为一个变量）时，公式仍然成立. 例如，$\int \cos t\,\mathrm{d}t=\sin t+C$，$\int \cos(2x)\mathrm{d}(2x)=\sin(2x)+C$，$\int \cos(\mathrm{e}^x-3)\mathrm{d}(\mathrm{e}^x-3)=\sin(\mathrm{e}^x-3)+C$，$\int \mathrm{e}^u\mathrm{d}u=$

$e^u + C$，$\int e^{2x} d(2x) = e^{2x} + C$ 等.

因此，可将积分 $\int e^{2x} dx$ 与积分 $\int e^{2x} d(2x) = e^{2x} + C$ 结合起来，并将 dx 变为 $d(2x)$，由于 $d(2x) = (2x)' dx = 2dx$，故有

$$\int e^{2x} dx = \frac{1}{2} \int e^{2x} \cdot 2dx = \frac{1}{2} \int e^{2x} d(2x) = \frac{1}{2} e^{2x} + C$$

一般地，我们可以得到如下结论：

定理 4-1 若 $\int f(u) du = F(u) + C$，且 $u = \varphi(x)$ 有连续导数，则

$$\int f[\varphi(x)] \varphi'(x) dx \xrightarrow{\text{凑微分}} \int f[\varphi(x)] d\varphi(x) \xrightarrow[\varphi(x) = u]{\text{换元}} \int f(u) du$$

$$\xrightarrow{\text{积分}} F(u) + C \xrightarrow[u = \varphi(x)]{\text{回代}} F[\varphi(x)] + C \qquad (4-5)$$

这种先"凑"微分再作变量代换的方法，称为**第一类换元积分法**，也称为**凑微分法**.

第一类换元积分法的特点是被积函数 $f[\varphi(x)] \varphi'(x)$ 由两部分组成，即复合函数 $f[\varphi(x)]$ 和 $\varphi'(x)$（复合函数内层函数 $\varphi(x)$ 的导数），换元（凑微分）是将内层函数 $\varphi(x)$ 进行换元（凑微分）. 第一换元积分是复合函数微分的逆运算.

可使用凑微分法的复合函数主要有以下几种：

1. $dx = \dfrac{1}{a} d(ax + b)$ 型

在 $dx = \dfrac{1}{a} d(ax + b)$ 型函数中，a、b 均为常数，且 $a \neq 0$.

例 4-14 求下列不定积分：

(1) $\int \cos 5x \, dx$；

(2) $\int \dfrac{1}{3x - 7} dx$；

(3) $\int \dfrac{1}{a^2 + x^2} dx \quad (a \neq 0)$；

(4) $\int \dfrac{1}{a^2 - x^2} dx \quad (a \neq 0)$.

解 (1) 复合函数 $\cos 5x$ 的内层为 $5x$，将 dx 凑成 $dx = \dfrac{1}{5} d(5x)$，则有

$$\int \cos 5x \, dx = \frac{1}{5} \int \cos 5x \, d(5x) \xrightarrow{\text{令} 5x = u} \frac{1}{5} \int \cos u \, du = \frac{1}{5} \sin u + C \xrightarrow{\text{回代}} \frac{1}{5} \sin 5x + C$$

(2) 复合函数 $\dfrac{1}{3x - 7}$ 的内层为 $3x - 7$，将 dx 凑成 $dx = \dfrac{1}{3} d(3x - 7)$，则有

$$\int \frac{1}{3x - 7} dx = \frac{1}{3} \int \frac{1}{3x - 7} d(3x - 7) \xrightarrow{\text{令} 3x - 7 = u} \frac{1}{3} \int \frac{1}{u} du$$

$$= \frac{1}{3} \ln |u| + C \xrightarrow{\text{回代}} \frac{1}{3} \ln |3x - 7| + C$$

(3) $\int \dfrac{1}{a^2 + x^2} dx = \int \dfrac{1}{a^2 \left(1 + \dfrac{x^2}{a^2}\right)} dx = \dfrac{1}{a^2} \int \dfrac{1}{1 + \left(\dfrac{x}{a}\right)^2} dx$，可视复合函数 $\dfrac{1}{1 + \left(\dfrac{x}{a}\right)^2}$ 的内

层为 $\dfrac{x}{a}$，将 dx 凑成 $dx = a \, d\left(\dfrac{x}{a}\right)$，则有

$$\int \frac{1}{a^2+x^2}\mathrm{d}x = \frac{1}{a}\int \frac{1}{1+\left(\frac{x}{a}\right)^2}\mathrm{d}\left(\frac{x}{a}\right) \xlongequal{\diamondsuit \frac{x}{a}=u} \frac{1}{a}\int \frac{1}{1+u^2}\mathrm{d}u$$

$$= \frac{1}{a}\arctan u + C \xlongequal{\text{回代}} \frac{1}{a}\arctan\frac{x}{a} + C$$

类似地，可得

$$\int \frac{1}{\sqrt{a^2-x^2}}\mathrm{d}x = \arcsin\frac{x}{a} + C$$

（4）因为 $\displaystyle\int \frac{1}{a^2-x^2}\mathrm{d}x = \int \frac{1}{(a+x)(a-x)}\mathrm{d}x = \frac{1}{2a}\int \frac{(a+x)+(a-x)}{(a+x)(a-x)}\mathrm{d}x$

$$= \frac{1}{2a}\int\left(\frac{1}{a-x}+\frac{1}{a+x}\right)\mathrm{d}x = \frac{1}{2a}\left(\int \frac{1}{a-x}\mathrm{d}x + \int \frac{1}{a+x}\mathrm{d}x\right)$$

仿照（2）可得

$$\int \frac{1}{a^2-x^2}\mathrm{d}x = \frac{1}{2a}(-\ln|a-x|+\ln|a+x|) + C = \frac{1}{2a}\ln\left|\frac{a+x}{a-x}\right| + C$$

2. $x^{n-1}\mathrm{d}x = \dfrac{1}{n}\mathrm{d}(x^n)$ 型

$x^{n-1}\mathrm{d}x = \dfrac{1}{n}\mathrm{d}(x^n)$ 型函数的常见类型为 $x\mathrm{d}x = \dfrac{1}{2}\mathrm{d}(x^2)$、$\dfrac{1}{\sqrt{x}}\mathrm{d}x = 2\mathrm{d}(\sqrt{x})$、

$\dfrac{1}{x^2}\mathrm{d}x = -\mathrm{d}\left(\dfrac{1}{x}\right)$ 等.

例 4-15 求下列不定积分：

（1）$\displaystyle\int x\mathrm{e}^{x^2}\mathrm{d}x$; （2）$\displaystyle\int \frac{\sin\sqrt{x}}{\sqrt{x}}\mathrm{d}x$.

解 （1）被积函数中复合函数 e^{x^2} 的内层为 x^2，将 $x\mathrm{d}x$ 凑成 $x\mathrm{d}x = \dfrac{1}{2}\mathrm{d}(x^2)$，则有

$$\int x\mathrm{e}^{x^2}\mathrm{d}x = \frac{1}{2}\int \mathrm{e}^{x^2}\mathrm{d}(x^2) \xlongequal{\diamondsuit x^2=u} \frac{1}{2}\int \mathrm{e}^u\mathrm{d}u = \frac{1}{2}\mathrm{e}^u + C \xlongequal{\text{回代}} \frac{1}{2}\mathrm{e}^{x^2} + C$$

（2）被积函数中复合函数 $\sin\sqrt{x}$ 的内层为 $\sqrt{x}$，将 $\dfrac{1}{\sqrt{x}}\mathrm{d}x$ 凑成 $\dfrac{1}{\sqrt{x}}\mathrm{d}x = 2\mathrm{d}(\sqrt{x})$，则有

$$\int \frac{\sin\sqrt{x}}{\sqrt{x}}\mathrm{d}x = \int \sin\sqrt{x}\cdot\frac{1}{\sqrt{x}}\mathrm{d}x = 2\int \sin\sqrt{x}\,\mathrm{d}(\sqrt{x})$$

$$\xlongequal{\diamondsuit\sqrt{x}=u} 2\int \sin u\,\mathrm{d}u = -2\cos u + C \xlongequal{\text{回代}} -2\cos\sqrt{x} + C$$

3. $\sin x\mathrm{d}x = -\mathrm{d}(\cos x)$、$\cos x\mathrm{d}x = \mathrm{d}(\sin x)$ 型

在 $\sin x\mathrm{d}x = -\mathrm{d}(\cos x)$ 和 $\cos x\mathrm{d}x = \mathrm{d}(\sin x)$ 型函数中，最常见的是形如 $\displaystyle\int \sin^m x\,\cos^n x\,\mathrm{d}x$ $(m, n \in \mathbf{N})$ 的不定积分. 计算这类积分时，当 m、n 中至少有一个为正奇数时，从正奇次幂中拆出一次幂来凑微分，再用正余弦平方和公式进行变换，然后用幂函数积分公式进行积分；当 m、n 均为正偶数时，可使用半角公式降幂，然后再进行积分.

例 4-16 求下列不定积分：

(1) $\displaystyle\int \sin^3 x \mathrm{d}x$;　　　(2) $\displaystyle\int \sin^4 x \cos^5 x \mathrm{d}x$;　　　(3) $\displaystyle\int \cos^2 x \mathrm{d}x$.

解　(1) $\displaystyle\int \sin^3 x \mathrm{d}x = \int \sin^2 x \sin x \mathrm{d}x = -\int \sin^2 x \mathrm{d}(\cos x)$

$$= -\int (1 - \cos^2 x) \mathrm{d}(\cos x) = -\left(\cos x - \frac{1}{3} \cos^3 x \right) + C$$

$$= -\cos x + \frac{1}{3} \cos^3 x + C$$

(2) $\displaystyle\int \sin^4 x \cos^5 x \mathrm{d}x = \int \sin^4 x \cos^4 x \cdot \cos x \mathrm{d}x = \int \sin^4 x \cos^4 x \mathrm{d}(\sin x)$

$$= \int \sin^4 x \cdot (1 - \sin^2 x)^2 \mathrm{d}(\sin x)$$

$$= \int (\sin^4 x - 2 \sin^6 x + \sin^8 x) \mathrm{d}(\sin x)$$

$$= \frac{1}{5} \sin^5 x - \frac{2}{7} \sin^7 x + \frac{1}{9} \sin^9 x + C$$

(3) $\displaystyle\int \cos^2 x \mathrm{d}x = \int \frac{1 + \cos 2x}{2} \mathrm{d}x = \frac{1}{2}\left(\int \mathrm{d}x + \int \cos 2x \mathrm{d}x \right)$

$$= \frac{1}{2}\left[\int \mathrm{d}x + \frac{1}{2} \int \cos 2x \mathrm{d}(2x) \right] = \frac{1}{2}x + \frac{1}{4} \sin 2x + C$$

4. 以基本积分表为基础的其他凑微分型

以基本积分表为基础的函数还有以下几种：

$$\mathrm{e}^x \mathrm{d}x = \mathrm{d}(\mathrm{e}^x), \qquad \frac{1}{x} f(\ln x) \mathrm{d}x = f(\ln x) \mathrm{d}(\ln x)$$

$$\frac{1}{1 + x^2} \mathrm{d}x = \mathrm{d}(\arctan x), \qquad \frac{1}{\sqrt{1 - x^2}} \mathrm{d}x = \mathrm{d}(\arcsin x)$$

$$\cos x \mathrm{d}x = \mathrm{d}(\sin x), \qquad \sin x \mathrm{d}x = -\mathrm{d}(\cos x)$$

$$\sec^2 x \mathrm{d}x = \mathrm{d}(\tan x), \qquad \csc^2 x \mathrm{d}x = -\mathrm{d}(\cot x)$$

变量替换的目的是为了便于使用不定积分的基本积分公式. 当运算比较熟练时，就可以略去变量代换的步骤.

例 4 - 17　求下列不定积分：

(1) $\displaystyle\int \tan x \mathrm{d}x$;　　　　　　(2) $\displaystyle\int \sec x \mathrm{d}x$;

(3) $\displaystyle\int \frac{1}{x} \ln x \mathrm{d}x$;　　　　　(4) $\displaystyle\int \frac{\mathrm{d}x}{(\arcsin x)^2 \sqrt{1 - x^2}}$.

解　(1) $\displaystyle\int \tan x \mathrm{d}x = \int \frac{\sin x}{\cos x} \mathrm{d}x = -\int \frac{\mathrm{d}(\cos x)}{\cos x} = -\ln|\cos x| + C$

即

$$\int \tan x \mathrm{d}x = -\ln|\cos x| + C$$

同理有

$$\int \cot x \mathrm{d}x = \ln|\sin x| + C$$

(2) $\displaystyle\int \sec x \, \mathrm{d}x = \int \frac{\sec x(\sec x + \tan x)\mathrm{d}x}{\sec x + \tan x} = \int \frac{(\sec^2 x + \sec x \tan x)\mathrm{d}x}{\sec x + \tan x}$

$\displaystyle \qquad = \int \frac{\mathrm{d}(\tan x + \sec x)}{\tan x + \sec x} = \ln|\tan x + \sec x| + C$

(3) $\displaystyle\int \frac{1}{x}\ln x \, \mathrm{d}x = \int \ln x \, \mathrm{d}(\ln x) = \frac{1}{2}\ln^2 x + C$

(4) $\displaystyle\int \frac{\mathrm{d}x}{(\arcsin x)^2 \sqrt{1-x^2}} = \int \frac{\mathrm{d}(\arcsin x)}{(\arcsin x)^2} = -\frac{1}{\arcsin x} + C$

例 4 - 18 求不定积分 $\displaystyle\int \frac{\mathrm{e}^x}{1+\mathrm{e}^x}\mathrm{d}x$.

解 $\displaystyle\qquad\qquad\qquad \int \frac{\mathrm{e}^x}{1+\mathrm{e}^x}\mathrm{d}x = \int \frac{\mathrm{d}(1+\mathrm{e}^x)}{1+\mathrm{e}^x} = \ln(1+\mathrm{e}^x) + C$

二、第二类换元积分法

第一类换元积分法是选择新变量 u 代换被积函数中的可微函数 $\varphi(x)$ 进行换元. 但有些积分, 如 $\displaystyle\int \frac{1}{1+\sqrt{x}}\mathrm{d}x$ 等, 却不易用上述方法进行代换. 但如果令 $\sqrt{x} = t$, 那么 $x = t^2$, $\mathrm{d}x = 2t\mathrm{d}t$, 则可得

$$\int \frac{1}{1+\sqrt{x}}\mathrm{d}x = \int \frac{2t}{1+t}\mathrm{d}t = 2\int \frac{(1+t)-1}{1+t}\mathrm{d}t$$

$$= 2\int \left(1 - \frac{1}{1+t}\right)\mathrm{d}t = 2[t - \ln|1+t|] + C \xrightarrow{\text{回代}} 2[\sqrt{x} - \ln(1+\sqrt{x})] + C$$

一般地, 我们可以得到如下结论:

定理 4 - 2 若 $f(x)$ 是连续函数, $x = \varphi(t)$ 有连续的导数 $\varphi'(t) \neq 0$, 其反函数 $t = \varphi^{-1}(x)$ 存在且可导, 又设 $\displaystyle\int f[\varphi(t)]\varphi'(t)\mathrm{d}t = F(t) + C$, 则有换元公式

$$\int f(x)\mathrm{d}x \xrightarrow{\text{令}\,x=\varphi(t)} \int f[\varphi(t)]\varphi'(t)\mathrm{d}t = F(t) + C \xrightarrow{\text{回代}\,t=\varphi^{-1}(x)} F[\varphi^{-1}(x)] + C$$

$$(4-6)$$

这种换元方法称为**第二类换元积分法**.

常见的第二类换元积分有:

1. 简单根式代换法

例 4 - 19 求下列不定积分:

(1) $\displaystyle\int \frac{1}{x\sqrt{x-1}}\mathrm{d}x$; $\qquad\qquad\qquad$ (2) $\displaystyle\int \frac{1}{1+\sqrt[3]{x}}\mathrm{d}x$.

解 (1) 被积函数含有根号, 为了去掉根号, 可令 $\sqrt{x-1} = t$, 则 $x = t^2 + 1$, $\mathrm{d}x = 2t\mathrm{d}t$, 则有

$$\int \frac{1}{x\sqrt{x-1}}\mathrm{d}x = \int \frac{2t}{(t^2+1)t}\mathrm{d}t = \int \frac{2}{t^2+1}\mathrm{d}t = 2\arctan t + C$$

再回代 $t = \sqrt{x-1}$, 得

$$\int \frac{1}{x\sqrt{x-1}}dx = 2\arctan\sqrt{x-1} + C$$

(2) 令 $\sqrt[3]{x} = t$，$x = t^3$，则 $dx = 3t^2 dt$，故有

$$\int \frac{1}{1+\sqrt[3]{x}}dx = \int \frac{3t^2}{1+t}dt = 3\int \frac{(t^2-1)+1}{1+t}dt$$

$$= 3\int\left(t-1+\frac{1}{1+t}\right)dt = 3\left(\frac{1}{2}t^2 - t + \ln|1+t|\right) + C$$

再回代 $t = \sqrt[3]{x}$，得

$$\int \frac{1}{1+\sqrt[3]{x}}dx = 3\left(\frac{1}{2}\sqrt[3]{x^2} - \sqrt[3]{x} + \ln|1+\sqrt[3]{x}|\right) + C$$

综上可知，如果被积函数中含有根式 $\sqrt[n]{ax+b}$ 时，一般可用 $t = \sqrt[n]{ax+b}$ 作换元以去掉根式.

2. 三角代换法

例 4-20 求下列不定积分：

(1) $\int \sqrt{a^2 - x^2}\,dx\ (a > 0)$；　　　　　　(2) $\int \frac{dx}{\sqrt{x^2 - a^2}}\ (a > 0)$；

(3) $\int \frac{dx}{\sqrt{x^2 + a^2}}\ (a > 0)$.

解　(1) 为了去掉根号，考虑作变量代换 $x = a\sin t\left(-\frac{\pi}{2} \leqslant t \leqslant \frac{\pi}{2}\right)$，构造直角三角形，如图 4-2 所示，则有 $dx = a\cos t\,dt$，邻边 $\sqrt{a^2-x^2} = a\cos t$，故

$$\int \sqrt{a^2-x^2}\,dx = \int a\cos t \cdot a\cos t\,dt = a^2\int \cos^2 t\,dt = a^2\int \frac{1+\cos 2t}{2}dt = \frac{a^2}{2}(t + \sin t\cos t) + C$$

因为 $x = a\sin t$，所以 $t = \arcsin\frac{x}{a}$. 由图 4-2 可知 $\cos t = \frac{\sqrt{a^2-x^2}}{a}$，代入可得

$$\int \sqrt{a^2-x^2}\,dx = \frac{a^2}{2}\arcsin\frac{x}{a} + \frac{x}{2}\sqrt{a^2-x^2} + C$$

(2) 为了去掉根号，考虑作变量代换 $x = a\sec t\left(0 < t < \frac{\pi}{2}\right)$（对于 $\pi < t < \frac{3}{2}\pi$ 的情形可类似考虑），构造直角三角形，如图 4-3 所示，则有 $dx = a\sec t\tan t\,dt$，$\sqrt{x^2-a^2} = a\tan t$，故

$$\int \frac{dx}{\sqrt{x^2-a^2}} = \int \frac{a\sec t\tan t}{a\tan t}dt = \int \sec t\,dt = \ln|\sec t + \tan t| + C_1$$

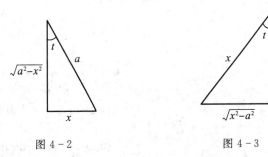

图 4-2　　　　　　　　　　　　图 4-3

根据图 $4-3$，显然有 $\sec t = \dfrac{x}{a}$，$\tan t = \dfrac{\sqrt{x^2-a^2}}{a}$，回代得

$$\int \frac{\mathrm{d}x}{\sqrt{x^2-a^2}} = \ln\left| \frac{x}{a} + \frac{\sqrt{x^2-a^2}}{a} \right| + C_1$$
$$= \ln\left| x + \sqrt{x^2-a^2} \right| + C_1 - \ln a = \ln\left| x + \sqrt{x^2-a^2} \right| + C$$

其中，$C = C_1 - \ln a$.

（3）对于 $\displaystyle\int \frac{\mathrm{d}x}{\sqrt{x^2+a^2}}$ $(a>0)$，构造直角三角形如图 $4-4$ 所示，作

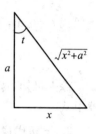

变量代换 $x = a\tan t\left(-\dfrac{\pi}{2} < t < \dfrac{\pi}{2}\right)$，则有 $\mathrm{d}x = a\sec^2 t\,\mathrm{d}t$，斜边

$\sqrt{x^2+a^2} = a\sec t$，故

$$\int \frac{\mathrm{d}x}{\sqrt{x^2+a^2}} = \int \frac{a\sec^2 t}{a\sec t}\,\mathrm{d}t = \int \sec t\,\mathrm{d}t = \ln|\sec t + \tan t| + C_1$$
$$= \ln\left| \frac{\sqrt{x^2+a^2}}{a} + \frac{x}{a} \right| + C_1$$
$$= \ln\left| x + \sqrt{x^2+a^2} \right| + C \quad (C = C_1 - \ln a)$$

图 $4-4$

综上可知，如果被积函数中含有 $\sqrt{a^2-x^2}$、$\sqrt{x^2+a^2}$、$\sqrt{x^2-a^2}$，可分别作 $x = a\sin t$、$x = a\tan t$、$x = a\sec t$ 的变换去掉根式，这种代换统称为**三角代换**.

习题 4.3

1. 填空题.

(1) $\mathrm{d}x = $ _____ $\mathrm{d}(2-3x)$；

(2) $x\mathrm{d}x = $ _____ $\mathrm{d}(2x^2-1)$；

(3) $\dfrac{1}{x}\mathrm{d}x = $ _____ $\mathrm{d}(2\ln x - 1)$；

(4) $\dfrac{\ln x}{x}\mathrm{d}x = $ _____ $\mathrm{d}(\ln^2 x)$；

(5) $\sin\dfrac{x}{3}\mathrm{d}x = $ _____ $\mathrm{d}\left(\cos\dfrac{x}{3}\right)$；

(6) $xe^{-2x^2}\mathrm{d}x = $ _____ $\mathrm{d}(e^{-2x^2})$；

(7) $\dfrac{1}{1+9x^2}\mathrm{d}x = $ _____ $\mathrm{d}(\arctan 3x)$；

(8) $\dfrac{x\mathrm{d}x}{\sqrt{1-x^2}} = $ _____ $\mathrm{d}(\sqrt{1-x^2})$.

2. 求下列不定积分：

(1) $\displaystyle\int \sin 2x\,\mathrm{d}x$；

(2) $\displaystyle\int \cos(2x-3)\,\mathrm{d}x$；

(3) $\displaystyle\int \sqrt{1-2x}\,\mathrm{d}x$；

(4) $\displaystyle\int e^{3x}\,\mathrm{d}x$；

(5) $\displaystyle\int \frac{1}{1+3x}\,\mathrm{d}x$；

(6) $\displaystyle\int \frac{1}{\sqrt[3]{2-3x}}\,\mathrm{d}x$；

(7) $\displaystyle\int \frac{2x}{3+x^2}\,\mathrm{d}x$；

(8) $\displaystyle\int (x^2-3x+1)^{100}(2x-3)\,\mathrm{d}x$；

(9) $\displaystyle\int \frac{\sin x}{1+\cos x}\,\mathrm{d}x$；

(10) $\displaystyle\int t^2\sqrt{1-t^3}\,\mathrm{d}t$；

(11) $\displaystyle\int \frac{\mathrm{d}x}{\sqrt{x}\,(1+x)}$；

(12) $\displaystyle\int e^{\sin x}\cos x\,\mathrm{d}x$；

(13) $\int \mathrm{e}^x \sin \mathrm{e}^x \mathrm{d}x$;

(14) $\int \dfrac{1}{x \ln x} \mathrm{d}x$;

(15) $\int \dfrac{1}{x^2 - x - 6} \mathrm{d}x$;

(16) $\int \dfrac{\mathrm{d}x}{\sqrt{\tan x} \, \cos^2 x}$;

(17) $\int \dfrac{\mathrm{e}^x \mathrm{d}x}{\sqrt{1 - \mathrm{e}^{2x}}}$;

(18) $\int \dfrac{x}{1 + x^4} \mathrm{d}x$;

(19) $\int \sin^4 x \cos^3 x \mathrm{d}x$;

(20) $\int \cos^3 x \mathrm{d}x$;

(21) $\int \cos^4 x \mathrm{d}x$.

3. 用指定的变换计算：

(1) $\int \dfrac{\mathrm{d}x}{x \sqrt{x^2 - 1}}$　$(x > 1,\ 令\ x = \sec t)$;

(2) $\int \dfrac{x \mathrm{d}x}{\sqrt{x - 3}}$　$(令\ \sqrt{x - 3} = t)$;

(3) $\int \dfrac{x}{1 + \sqrt{x + 1}} \mathrm{d}x$　$(令\ \sqrt{x + 1} = t)$.

4. 【质子速度】一电场中质子运动的加速度为 $a = -20\,(1 + 2t)^{-2}$（单位：$\mathrm{m/s}^2$）. 如果 $t = 0$ 时，$v = 0.3 \mathrm{m/s}$，求质子的运动速度.

5. 单项选择题.

(1)（2009 年广东专插本）积分 $\int \cos x f'(1 - 2\sin x) \mathrm{d}x = ($　$)$.

A. $2f(1 - 2\sin x) + C$

B. $\dfrac{1}{2} f(1 - 2\sin x) + C$

C. $-2f(1 - 2\sin x) + C$

D. $-\dfrac{1}{2} f(1 - 2\sin x) + C$

(2)（2013 年广东专插本）若函数 $f(x)$ 和 $F(x)$ 满足 $F'(x) = f(x)(x \in \mathbf{R})$，则下列等式成立的是（　）.

A. $\int \dfrac{1}{x} F(2\ln x + 1) \mathrm{d}x = 2f(2\ln x + 1) + C$

B. $\int \dfrac{1}{x} F(2\ln x + 1) \mathrm{d}x = \dfrac{1}{2} f(2\ln x + 1) + C$

C. $\int \dfrac{1}{x} f(2\ln x + 1) \mathrm{d}x = 2F(2\ln x + 1) + C$

D. $\int \dfrac{1}{x} f(2\ln x + 1) \mathrm{d}x = \dfrac{1}{2} F(2\ln x + 1) + C$

(3)（2015 年广东专插本）设 $F(x)$ 是 $f(x)$ 的一个原函数，C 为任意实数，则 $\int f(2x) \mathrm{d}x = ($　$)$.

A. $F(x) + C$

B. $F(2x) + C$

C. $\dfrac{1}{2} F(2x) + C$

D. $2F(2x) + C$

(4)（2016 年广东专插本）设函数 $f(x)$ 在区间 $[-1,1]$ 上可导，C 为任意实数，则
$\int \sin x f'(\cos x)\mathrm{d}x = ($).

A. $\cos x f(\cos x) + C$ 　　　　　　　B. $-\cos x f(\cos x) + C$

C. $f(\cos x) + C$ 　　　　　　　　　D. $-f(\cos x) + C$

6. 填空题.

(1) 求不定积分：$\displaystyle\int \frac{\mathrm{d}x}{2x+3} =$ _____.

(2) 求不定积分：$\displaystyle\int \frac{\mathrm{d}x}{\sqrt{2-x^2}} =$ _____.

(3) 设 $\displaystyle\int f(x)\mathrm{d}x = F(x) + C$，则不定积分 $\displaystyle\int 2^x f(2^x)\mathrm{d}x =$ _____.

7. 计算题.

(1)（2006 年广东专插本）计算不定积分 $\displaystyle\int \frac{\mathrm{d}x}{\sqrt{x(1-x)}}$.

(2)（2010 年广东专插本）计算不定积分 $\displaystyle\int \frac{\cos x}{1-\cos x}\mathrm{d}x$.

(3)（2011 年广东专插本）计算不定积分 $\displaystyle\int \frac{1}{x^2\sqrt{x^2-1}}\mathrm{d}x \quad (x>1)$.

(4)（2013 年广东专插本）计算不定积分 $\displaystyle\int \frac{\sin^3 x}{\cos^2 x}\mathrm{d}x$.

(5)（2014 年广东专插本）计算不定积分 $\displaystyle\int \frac{1}{(x+2)\sqrt{x+3}}\mathrm{d}x$.

(6)（2015 年广东专插本）计算不定积分 $\displaystyle\int \frac{\sqrt{x+2}}{x+3}\mathrm{d}x$.

(7)（2019 年广东专插本）求不定积分 $\displaystyle\int \frac{2+x}{1+x^2}\mathrm{d}x$.

4.4 分 部 积 分 法

当被积函数是两种不同类型函数的乘积时，如 $\int x\sin x\mathrm{d}x$、$\int x\ln x\mathrm{d}x$、$\int \mathrm{e}^x\cos x\mathrm{d}x$ 等，往往需要用函数乘积微分的逆运算进行计算. 这就是本节要介绍的分部积分法.

定理 4-3 设函数 $u = u(x)$、$v = v(x)$ 具有连续导数，则由函数乘积的微分法可得
$$\mathrm{d}(uv) = u\mathrm{d}v + v\mathrm{d}u$$
移项整理，再两边积分，得
$$\int u\mathrm{d}v = \int \mathrm{d}(uv) - \int v\mathrm{d}u$$
即
$$\int u\mathrm{d}v = uv - \int v\mathrm{d}u \tag{4-7}$$

式（4-7）称为分部积分公式，用此公式求积分的方法称为**分部积分法**.

分部积分法是将一个不易求的积分 $\int u\mathrm{d}v$ 转化为另一个易求的积分 $\int v\mathrm{d}u$. 用分部积分法求积分时，正确选择 u 和 $\mathrm{d}v$ 是解题的关键，一般要考虑以下两点：

(1) 转换后的积分要比转换前的积分容易计算；

(2) 转化为积分 $\int v\mathrm{d}u$ 时，一定要算出微分 $\mathrm{d}u$，即 $\int v\mathrm{d}u = \int vu'\mathrm{d}x$.

一般地，当被积函数为对数函数、反三角函数、幂函数、三角函数、指数函数这五类函数的其中两类相乘时，可考虑利用分部积分法，并且按照对、反、幂、三、指（或对、反、幂、指、三）的顺序，将排在前面的视为 u，排在后面的和 $\mathrm{d}x$ 一起凑为 $\mathrm{d}v$ 再利用式(4-7)进行计算.

1. 被积函数为幂函数与正(余)弦函数或指数函数的乘积

在计算形如 $\int x^m\sin ax\,\mathrm{d}x$、$\int x^m\cos ax\,\mathrm{d}x$、$\int x^m\mathrm{e}^{ax}\,\mathrm{d}x$ $(m\in\mathbf{N}, a$ 为常数$)$ 的积分时，选幂函数作为 u，然后用 m 次分部积分法进行求解.

例 4-21 求下列不定积分：

(1) $\int x\cos x\,\mathrm{d}x$；　　(2) $\int x\mathrm{e}^x\,\mathrm{d}x$；　　(3) $\int x\mathrm{e}^{-2x}\,\mathrm{d}x$；　　(4) $\int x^2\sin x\,\mathrm{d}x$.

解　(1) 设 $u=x$, $\mathrm{d}v=\cos x\,\mathrm{d}x=\mathrm{d}(\sin x)$，则 $\mathrm{d}u=\mathrm{d}x$, $v=\sin x$，得

$$\int x\cos x\,\mathrm{d}x = \int x\mathrm{d}(\sin x) = x\sin x - \int\sin x\,\mathrm{d}x = x\sin x + \cos x + C$$

(2) 设 $u=x$, $\mathrm{d}v=\mathrm{e}^x\mathrm{d}x=\mathrm{d}(\mathrm{e}^x)$，则 $\mathrm{d}u=\mathrm{d}x$, $v=\mathrm{e}^x$，得

$$\int x\mathrm{e}^x\,\mathrm{d}x = \int x\mathrm{d}(\mathrm{e}^x) = x\mathrm{e}^x - \int\mathrm{e}^x\,\mathrm{d}x = x\mathrm{e}^x - \mathrm{e}^x + C$$

(3) 设 $u=x$, $\mathrm{d}v=\mathrm{e}^{-2x}\mathrm{d}x=\mathrm{d}\left(-\frac{1}{2}\mathrm{e}^{-2x}\right)$，则 $\mathrm{d}u=\mathrm{d}x$, $v=-\frac{1}{2}\mathrm{e}^{-2x}$，得

$$\int x\mathrm{e}^{-2x}\,\mathrm{d}x = \int x\mathrm{d}\left(-\frac{1}{2}\mathrm{e}^{-2x}\right) = -\frac{1}{2}x\mathrm{e}^{-2x} + \frac{1}{2}\int\mathrm{e}^{-2x}\,\mathrm{d}x = -\frac{1}{2}x\mathrm{e}^{-2x} - \frac{1}{4}\mathrm{e}^{-2x} + C$$

(4) 设 $u=x^2$, $\mathrm{d}v=\sin x\,\mathrm{d}x=\mathrm{d}(-\cos x)$，则 $\mathrm{d}u=2x\mathrm{d}x$, $v=-\cos x$，得

$$\int x^2\sin x\,\mathrm{d}x = \int x^2\mathrm{d}(-\cos x) = -x^2\cos x + \int\cos x\mathrm{d}(x^2) = -x^2\cos x + 2\int x\cos x\,\mathrm{d}x$$

再令 $u=x$, $\mathrm{d}v=\cos x\mathrm{d}x=\mathrm{d}(\sin x)$，则有

$$\int x^2\sin x\,\mathrm{d}x = -x^2\cos x + 2\int x\mathrm{d}(\sin x) = -x^2\cos x + 2\left(x\sin x - \int\sin x\,\mathrm{d}x\right)$$
$$= -x^2\cos x + 2x\sin x + 2\cos x + C$$

2. 被积函数为幂函数与反三角函数或对数函数的乘积

在计算形如 $\int x^m\arcsin x\,\mathrm{d}x$、$\int x^m\ln^n x\,\mathrm{d}x$ $(m、n\in\mathbf{N})$ 的积分时，要选反三角函数或对数函数为 u.

例 4-22 求下列不定积分：

(1) $\int x\ln x\,\mathrm{d}x$；　　　　　　　　(2) $\int x\arctan x\,\mathrm{d}x$.

解　(1) $\int x\ln x\,\mathrm{d}x = \int\ln x\mathrm{d}\left(\frac{1}{2}x^2\right) = \frac{1}{2}x^2\ln x - \frac{1}{2}\int x^2\mathrm{d}(\ln x)$

$$= \frac{1}{2}x^2\ln x - \frac{1}{2}\int x\mathrm{d}x = \frac{1}{2}x^2\ln x - \frac{1}{4}x^2 + C$$

(2) $\int x \arctan x \mathrm{d}x = \dfrac{1}{2}\int \arctan x \mathrm{d}(x^2) = \dfrac{1}{2}x^2\arctan x - \dfrac{1}{2}\int x^2 \mathrm{d}(\arctan x)$

$\qquad\qquad = \dfrac{1}{2}x^2\arctan x - \dfrac{1}{2}\int \dfrac{x^2}{1+x^2}\mathrm{d}x$

$\qquad\qquad = \dfrac{1}{2}x^2\arctan x - \dfrac{1}{2}\int \left(1 - \dfrac{1}{1+x^2}\right)\mathrm{d}x$

$\qquad\qquad = \dfrac{1}{2}x^2\arctan x - \dfrac{1}{2}x + \dfrac{1}{2}\arctan x + C$

$\qquad\qquad = \dfrac{1}{2}(x^2+1)\arctan x - \dfrac{1}{2}x + C$

3. 被积函数为指数函数与正(余)弦函数的乘积

在对形如 $\int \mathrm{e}^{ax}\sin bx \mathrm{d}x$、$\int \mathrm{e}^{ax}\cos bx \mathrm{d}x$ (a、b 为非零常数) 的函数进行积分时，选指数函数或正(余)弦函数为 u 都行，但需要用两次分部积分，且这两次分部积分过程中所选择的作为 u 的函数类型不能变.

例 4 - 23　求 $\int \mathrm{e}^x \sin x \mathrm{d}x$.

解　$\int \mathrm{e}^x \sin x \mathrm{d}x = \int \sin x \mathrm{d}(\mathrm{e}^x) = \mathrm{e}^x \sin x - \int \mathrm{e}^x \mathrm{d}(\sin x)$

$\qquad\qquad = \mathrm{e}^x \sin x - \int \mathrm{e}^x \cos x \mathrm{d}x$　（第一次分部积分）

$\qquad\qquad = \mathrm{e}^x \sin x - \int \cos x \mathrm{d}(\mathrm{e}^x)$

$\qquad\qquad = \mathrm{e}^x \sin x - \mathrm{e}^x \cos x - \int \mathrm{e}^x \sin x \mathrm{d}x + C_1$　（第二次分部积分）

移项得

$$2\int \mathrm{e}^x \sin x \mathrm{d}x = \mathrm{e}^x \sin x - \mathrm{e}^x \cos x + C_1$$

所以

$$\int \mathrm{e}^x \sin x \mathrm{d}x = \dfrac{1}{2}\mathrm{e}^x(\sin x - \cos x) + C \quad \left(C = \dfrac{C_1}{2}\right)$$

例 4 - 24　求 $\int \mathrm{e}^{\sqrt{x}}\mathrm{d}x$.

解　先用第二类换元法，再用分部积分法. 令 $\sqrt{x}=t$，则 $x=t^2$，故

$$\int \mathrm{e}^{\sqrt{x}}\mathrm{d}x = 2\int t\mathrm{e}^t \mathrm{d}t = 2\int t\mathrm{d}(\mathrm{e}^t) = 2\left(t\mathrm{e}^t - \int \mathrm{e}^t \mathrm{d}t\right) = 2(t\mathrm{e}^t - \mathrm{e}^t) + C$$

$$\xlongequal{\text{回代 } t=\sqrt{x}} 2(\sqrt{x}\,\mathrm{e}^{\sqrt{x}} - \mathrm{e}^{\sqrt{x}}) + C = 2\mathrm{e}^{\sqrt{x}}(\sqrt{x} - 1) + C$$

由例 4 - 24 可知，在积分过程中，有时可综合使用多种积分法.

 习题 4.4

1. 对于下面的不定积分，如何选取 u？

(1) $\int x^k \mathrm{e}^{ax}\mathrm{d}x$；　　　　　　(2) $\int x^k \cos ax \mathrm{d}x$；　　　　　　(3) $\int x^k a^x \mathrm{d}x$；

(4) $\displaystyle\int x^k \ln x \, \mathrm{d}x$；　　　　(5) $\displaystyle\int x^k \arctan x \, \mathrm{d}x$；　　　　(6) $\displaystyle\int \mathrm{e}^{ax} \cos bx \, \mathrm{d}x$.

2. 求下列不定积分.

(1) $\displaystyle\int x \mathrm{e}^{-x} \, \mathrm{d}x$；　　　　(2) $\displaystyle\int x^2 \cos x \, \mathrm{d}x$；　　　　(3) $\displaystyle\int x^2 a^x \, \mathrm{d}x$；

(4) $\displaystyle\int x^3 \ln x \, \mathrm{d}x$；　　　　(5) $\displaystyle\int \arctan x \, \mathrm{d}x$；　　　　(6) $\displaystyle\int \mathrm{e}^x \cos x \, \mathrm{d}x$.

3. 计算题.

(1)（2009 年广东专插本）计算不定积分 $\displaystyle\int \arctan \sqrt{x} \, \mathrm{d}x$.

(2)（2012 年广东专插本）求不定积分 $\displaystyle\int \ln(1 + x^2) \, \mathrm{d}x$.

(3)（2017 年广东专插本）计算不定积分 $\displaystyle\int x \cos(x + 2) \, \mathrm{d}x$.

本 章 小 结

一、原函数

原函数存在定理：连续函数一定存在原函数.

一个连续函数的原函数有无穷多个，这些原函数之间最多相差一个常数.

二、不定积分的概念

1. 定义

$$\int f(x) \, \mathrm{d}x = F(x) + C$$

其中 $F'(x) = f(x)$.

2. 几何意义

$f(x)$ 的不定积分在几何上表示 $f(x)$ 的某一积分曲线沿纵轴方向上下平移所得的积分曲线族.

三、不定积分的性质

(1) 求不定积分与求导数（或微分）互为逆运算，即

① $\left[\displaystyle\int f(x) \, \mathrm{d}x\right]' = f(x)$ 或 $\mathrm{d}\left[\displaystyle\int f(x) \, \mathrm{d}x\right] = f(x) \, \mathrm{d}x$；

② $\displaystyle\int F'(x) \, \mathrm{d}x = F(x) + C$ 或 $\displaystyle\int \mathrm{d}F(x) = F(x) + C$.

(2) $\displaystyle\int k f(x) \, \mathrm{d}x = k \displaystyle\int f(x) \, \mathrm{d}x \quad (k \neq 0)$.

(3) $\displaystyle\int [k_1 f(x) + k_2 g(x)] \, \mathrm{d}x = k_1 \displaystyle\int f(x) \, \mathrm{d}x + k_2 \displaystyle\int g(x) \, \mathrm{d}x \quad (k_1, k_2 \neq 0)$.

四、基本积分公式

(1) $\displaystyle\int k \, \mathrm{d}x = kx + C$；　　　　　　　　(2) $\displaystyle\int x^\alpha \, \mathrm{d}x = \dfrac{1}{\alpha + 1} x^{\alpha+1} + C \quad (\alpha \neq -1)$；

(3) $\int \dfrac{1}{x}\mathrm{d}x = \ln |x| + C;$　　　　(4) $\int \cos x \mathrm{d}x = \sin x + C;$

(5) $\int \sin x \mathrm{d}x = -\cos x + C;$　　　　(6) $\int \dfrac{1}{\sqrt{1-x^2}}\mathrm{d}x = \arcsin x + C;$

(7) $\int \dfrac{1}{1+x^2}\mathrm{d}x = \arctan x + C;$　　　　(8) $\int a^x \mathrm{d}x = \dfrac{a^x}{\ln a} + C \quad (a > 0 \ \text{且} \ a \neq 1);$

(9) $\int \mathrm{e}^x \mathrm{d}x = \mathrm{e}^x + C;$　　　　(10) $\int \dfrac{1}{\cos^2 x}\mathrm{d}x = \int \sec^2 x \mathrm{d}x = \tan x + C;$

(11) $\int \dfrac{1}{\sin^2 x}\mathrm{d}x = \int \csc^2 x \mathrm{d}x = -\cot x + C;$　　(12) $\int \sec x \tan x \mathrm{d}x = \sec x + C;$

(13) $\int \csc x \cot x \mathrm{d}x = -\csc x + C.$

五、直接积分法

直接积分法主要有代数化简法、分子构造法、通分还原法、三角恒等式变形法四种.

六、换元积分法

1. 第一类换元积分法（凑微分法）

$$\int f[\varphi(x)]\varphi'(x)\mathrm{d}x \xrightarrow{\text{凑微分}} \int f[\varphi(x)]\mathrm{d}\varphi(x) \xrightarrow[\varphi(x)=u]{\text{换元}} \int f(u)\mathrm{d}u$$

$$\xrightarrow{\text{积分}} F(u) + C \xrightarrow[u=\varphi(x)]{\text{回代}} F[\varphi(x)] + C$$

凑微分法的常见函数类型有：

$$\mathrm{d}x = \dfrac{1}{a}\mathrm{d}(ax+b), \qquad\qquad x^{n-1}\mathrm{d}x = \dfrac{1}{n}\mathrm{d}(x^n)$$

$$\sin x \mathrm{d}x = -\mathrm{d}(\cos x), \qquad\qquad \cos x \mathrm{d}x = \mathrm{d}(\sin x)$$

$$\mathrm{e}^x \mathrm{d}x = \mathrm{d}(\mathrm{e}^x), \qquad\qquad \dfrac{1}{x}f(\ln x)\mathrm{d}x = f(\ln x)\mathrm{d}(\ln x)$$

$$\dfrac{1}{1+x^2}\mathrm{d}x = \mathrm{d}(\arctan x), \qquad\qquad \dfrac{1}{\sqrt{1-x^2}}\mathrm{d}x = \mathrm{d}(\arcsin x)$$

$$\cos x \mathrm{d}x = \mathrm{d}(\sin x), \qquad\qquad \sin x \mathrm{d}x = -\mathrm{d}(\cos x)$$

$$\sec^2 x \mathrm{d}x = \mathrm{d}(\tan x), \qquad\qquad \csc^2 x \mathrm{d}x = -\mathrm{d}(\cot x)$$

2. 第二类换元积分法

第二类换元法主要有简单根式代换法、三角代换法两种.

七、分部积分法

分部积分公式为 $\int u\mathrm{d}v = uv - \int v\mathrm{d}u$，主要用于以下三种类型的被积函数：

（1）被积函数为幂函数与正（余）弦函数或指数函数的乘积，即形如 $\int x^m \sin ax \,\mathrm{d}x$、$\int x^m \cos ax \,\mathrm{d}x$、$\int x^m \mathrm{e}^{ax} \,\mathrm{d}x$（$m \in \mathbf{N}$，$a$ 为常数）的积分，可选幂函数作为 u，然后用 m 次分部积分法进行求解.

（2）被积函数为幂函数与反三角函数或对数函数的乘积，即形如 $\int x^m \arcsin x \mathrm{d}x$、

$\int x^m \ln^n x \mathrm{d}x$（$m$、$n \in \mathbf{N}$）的积分，要选反三角函数或对数函数为 u.

（3）被积函数为指数函数与正（余）弦函数的乘积，即形如 $\int \mathrm{e}^{ax} \sin bx \mathrm{d}x$、$\int \mathrm{e}^{ax} \cos bx \mathrm{d}x$

（a、b 为非 0 常数）的积分，选指数函数或正（余）弦函数为 u 都行，但需要用两次分部积分，且这两次分部积分过程中所选择的作为 u 的函数类型不能变.

总习题四

一、选择题

1. 设 $f(x) = \sin x$，则 $f(x)$ 的全部原函数为（ ）.

A. $\cos x$　　　　　　　　　　　B. $\cos x + C$

C. $-\cos x + C$　　　　　　　　　D. 以上都不对

2. 设 $\sin 2x$ 是 $f(x)$ 的一个原函数，则 $\int f(x)\mathrm{d}x = $（ ）.

A. $\sin 2x$　　　　　　　　　　　B. $\sin 2x + C$

C. $\cos 2x$　　　　　　　　　　　D. $2\cos 2x + C$

3. 设 $\sin 2x$ 是 $f(x)$ 的一个原函数，则 $\left(\int f(x)\mathrm{d}x\right)' = $（ ）.

A. $\sin 2x$　　　B. $\cos 2x$　　　C. $2\sin 2x$　　　D. $2\cos 2x$

4. 下列关系式正确的是（ ）.

A. $\mathrm{d}\int f(x)\mathrm{d}x = f(x)$　　　　　　B. $\mathrm{d}\int f(x)\mathrm{d}x = \mathrm{d}f(x)$

C. $\mathrm{d}\int f(x)\mathrm{d}x = f(x)\mathrm{d}x$　　　　D. $\mathrm{d}\int f(x)\mathrm{d}x = f(x) + C$

5. 设 $f'(\sin x) = \cos^2 x$，且 $f(0) = 0$，则 $f(x) = $（ ）.

A. $x - \dfrac{1}{3}x^3$　　　　　　　　　B. $\sin^2 x - \dfrac{1}{3}\sin^3 x$

C. $\sin x - \dfrac{1}{3}\sin^3 x$　　　　　　D. 以上都不对

6. （2007 年广东专插本）设 $F(x)$ 是 $f(x)$ 在 $(0, +\infty)$ 内的一个原函数，下列等式不成立的是（ ）.

A. $\int \dfrac{f(\ln x)}{x}\mathrm{d}x = F(\ln x) + C$　　　B. $\int \cos x f(\sin x)\mathrm{d}x = F(\sin x) + C$

C. $\int 2x f(x^2 + 1)\mathrm{d}x = F(x^2 + 1) + C$　　　D. $\int 2^x f(2^x)\mathrm{d}x = F(2^x) + C$

二、填空题

1. 设 $\int f(x)\mathrm{d}x = x\ln x + C$，则 $f(x) = $ _____.

2. 设 $\int f(x)\mathrm{d}x = x\mathrm{e}^{-x} + C$，则 $f(x) = $ _____.

3. $\int f(x)\mathrm{d}x = x^2\mathrm{e}^{2x} + C$，则 $f(x) = $ _____.

4. d _____ $= \sin x\mathrm{d}x.$

5. $\mathrm{d}\int f(x)\mathrm{d}x = $ _____.

6. $\int \mathrm{d}F(x) = $ _____.

7. 若曲线的斜率为 $y' = 3x^2$，且过点 $(2,5)$，则曲线方程为 _____.

8. 设 $f(x) = \mathrm{e}^{-x}$，则 $\int \dfrac{f'(\ln x)}{x}\mathrm{d}x = $ _____.

9. $\int \dfrac{1}{x^2}\sin\dfrac{1}{x}\mathrm{d}x = $ _____.

10. $\int \dfrac{\mathrm{d}x}{1+\mathrm{e}^{-x}} = $ _____.

三、计算题

1. 求下列不定积分：

(1) $\int \sqrt{x}(x-2)\mathrm{d}x$；

(2) $\int \dfrac{x^3 - 27}{x - 3}\mathrm{d}x$；

(3) $\int \dfrac{x}{1+x^2}\mathrm{d}x$；

(4) $\int \dfrac{1}{4+9x^2}\mathrm{d}x$；

(5) $\int \dfrac{\mathrm{d}x}{\sqrt{x}+\sqrt[3]{x}}$；

(6) $\int \sin\sqrt{x}\,\mathrm{d}x$；

(7) $\int \dfrac{\cos x}{4+\sin^2 x}\mathrm{d}x$；

(8) $\int \dfrac{\ln x}{\sqrt{x}}\mathrm{d}x$；

(9) $\int x\mathrm{e}^{-x}\mathrm{d}x$.

2. 若 $x\sin\dfrac{1}{x}$ 是 $f(x)$ 的一个原函数，求 $\int xf'(x)\mathrm{d}x$.

3.【电流函数】一电路中电流关于时间的变化率为 $\dfrac{\mathrm{d}i}{\mathrm{d}t} = 4t - 0.6t^2$. 若 $t = 0$ 时，$i = 2\mathrm{A}$，求电流 i 关于时间 t 的函数.

4.【产品问题】设某产品的边际成本 $C'(x) = 2 - x$（万元／百台），x 表示产量，固定成本 $C_0 = 22$ 万元，边际收入 $R'(x) = 20 - 4x$（万元／百台）. 求：（1）总成本和总收入函数；（2）获得最大利润时的产量.

5.（2007 年广东专插本）计算不定积分 $\int \left[2^x - \dfrac{1}{(3x+2)^2} + \dfrac{1}{\sqrt{4-x^2}} \right]\mathrm{d}x$.

6.（2008 年广东专插本）求不定积分 $\int \dfrac{\sin x + \sin^2 x}{1+\cos x}\mathrm{d}x$.

7.（2018 年广东专插本）已知 $\ln(1+x^2)$ 是函数 $f(x)$ 的一个原函数，求 $\int xf'(x)\mathrm{d}x$.

习题答案

第五章　定积分及其应用

　　知识目标：理解定积分的概念及基本性质，掌握微积分的基本定理，熟练掌握定积分的换元法和分部积分法，理解反常积分的概念.

　　技能目标：熟练掌握运用牛顿－莱布尼兹公式求定积分，熟练掌握定积分的换元法和分部积分法，会求简单函数的反常积分，能运用定积分的知识求平面图形的面积和旋转体的体积.

　　能力目标：通过本章的学习，使学生掌握运用定积分的思想和方法解决实际问题的能力.

　　定积分在几何学、力学、工程技术以及物理学等领域中都有广泛的应用. 虽然随着计算机的快速发展和广泛应用，积分的计算已逐渐被各种程序和软件包所代替，然而积分学中的基本思想和方法仍是解决实际问题的一种有力工具. 本章将从两个实际问题中引出定积分的概念，然后讨论定积分的性质及计算方法，最后介绍定积分的应用.

5.1　定积分的概念

一、引例

1. 曲边梯形的面积

　　所谓曲边梯形，是指由一条连续曲线 $y = f(x)$ 及三条直线 $x = a$、$x = b$、$y = 0$（x 轴）所围成的图形 $AabB$，如图 5-1(a) 所示，其中线段 ab 称为曲边梯形的底，线段 aA 和 bB 都垂直于 x 轴，称为曲边梯形的腰. 在特殊情况下，有一腰或两腰退化为一点的图形（见图 5-1(b)(c)）仍视为曲边梯形.

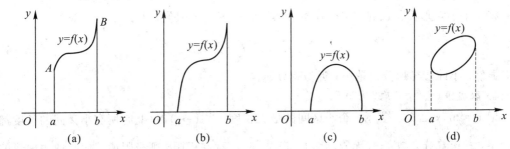

图 5-1

显然，由任何光滑曲线围成的图形均可分解为若干个曲边梯形的和或差，如图5-1(d)所示．因此，只要掌握了曲边梯形面积的求法，就可以求出由任意光滑曲线围成的图形的面积．

现在，我们来求由任意连续曲线 $y = f(x)$、直线 $x = a$、$x = b$ 和 $y = 0$ 围成的曲边梯形的面积 S，如图 $5-2$ 所示．为方便起见，不妨假定 $f(x) > 0$．

我们知道，矩形的高是不变的，它的面积可按公式"$S_{矩形} = 底 \times 高$"来计算．而由图 $5-2$ 不难看出，曲边梯形在底边上各点处的高 $f(x)$ 在区间 $[a, b]$ 上是变化的，故不能用矩形的面积公式计算曲边梯形 $AabB$ 的面积．但是，我们可以先求曲边梯形面积的近似值，再利用极限得到曲边梯形面积的精确值，分为以下四个步骤：

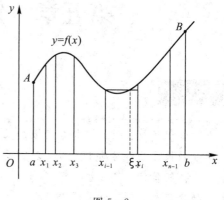

图 5-2

1）分割（化"整"为"零"）

在区间 $[a, b]$ 中任意插入 $n-1$ 个不同分点 x_1，x_2，$\cdots$，x_{n-1}，且不妨令

$$a = x_0 < x_1 < x_2 < \cdots < x_{n-1} < x_n = b$$

则这些分点将区间 $[a, b]$ 分成 n 个小区间，即

$$[x_0, x_1], [x_1, x_2], \cdots, [x_{n-1}, x_n]$$

各小区间的长度依次记作

$$\Delta x_1 = x_1 - x_0, \Delta x_2 = x_2 - x_1, \cdots, \Delta x_n = x_n - x_{n-1}$$

过各分点作 x 轴的垂线，把曲边梯形 $AabB$ 分成 n 个小曲边梯形，如图5-2所示．设它们的面积依次为 $\Delta S_i (i = 1, 2, 3, \cdots, n)$，则整个曲边梯形的面积 S 为

$$S = \Delta S_1 + \Delta S_2 + \cdots + \Delta S_n = \sum_{i=1}^{n} \Delta S_i$$

2）近似（以"粗"代"精"）

由于 $f(x)$ 在 $[a, b]$ 上连续变化，在很小一段区间上它的变化很小，近似于不变，因此我们可以在每个小区间 $[x_{i-1}, x_i] (i = 1, 2, 3, \cdots, n)$ 上任意取一点 ξ_i，用 $f(\xi_i)$ 来近似代替该区间上小曲边梯形的高，这样得到的小矩形的面积可以看作是该区间上小曲边梯形面积的近似值，即

$$\Delta S_i \approx f(\xi_i) \Delta x_i \quad (i = 1, 2, 3, \cdots, n)$$

3）求和（合"零"为"整"）

将 n 个小矩形面积加起来，得到曲边梯形面积 S 的近似值，即

$$S = \sum_{i=1}^{n} \Delta S_i \approx \sum_{i=1}^{n} f(\xi_i) \Delta x_i \tag{5-1}$$

显然，小曲边梯形分得越小，近似程度越高．

4）取极限（去"粗"取"精"）

记 $\lambda = \max_{1 \leqslant i \leqslant n} \{\Delta x_i\}$，表示 n 个小区间的最大长度．当 $\lambda \to 0$ 时（此时所有小区间的长度都趋于零，意味着分点数 $n-1$ 无限增多）．若式(5-1)存在极限，则极限值就应是曲边梯形的面积，即

$$S = \lim_{\lambda \to 0} \sum_{i=1}^{n} f(\xi_i) \Delta x_i$$

2. 变速直线运动的路程

我们知道，当物体作匀速直线运动时，其路程等于速度乘以时间. 如果物体作变速直线运动，即速度 v 是时间 t 的函数，记 $v = v(t)$，那么如何计算物体在时间段 $[T_1, T_2]$ 上运动的路程 s 呢? 我们采用上述方法进行分析:

1) 分割

在时间段 $[T_1, T_2]$ 中任意插入 $n-1$ 个不同分点 $t_1, t_2, \cdots, t_{n-1}$，且不妨令

$$T_1 = t_0 < t_1 < t_2 < \cdots < t_{n-1} < t_n = T_2$$

则这些分点将 $[T_1, T_2]$ 分成 n 个小时间段，如图 5-3 所示，得

$$[t_0, t_1], [t_1, t_2], \cdots, [t_{n-1}, t_n]$$

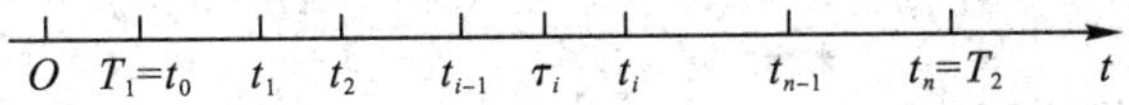

图 5-3

每个小时间段的长度依次记作

$$\Delta t_1 = t_1 - t_0, \ \Delta t_2 = t_2 - t_1, \ \cdots, \ \Delta t_n = t_n - t_{n-1}$$

相应地，每个小时间段内运动的路程记作 $\Delta s_i (i = 1, 2, 3, \cdots, n)$，则物体在时间段 $[T_1, T_2]$ 上运动的路程 s 为

$$s = \Delta s_1 + \Delta s_2 + \cdots + \Delta s_i = \sum_{i=1}^{n} \Delta s_i$$

2) 近似

由于物体运动速度是连续变化的，在很短的时间内速度变化很小，可近似看作匀速直线运动，因此我们可在每个小区间 $[t_{i-1}, t_i] (i = 1, 2, 3, \cdots, n)$ 上任取一点 τ_i，用 $v(\tau_i) \Delta t_i$ 作为物体在小时间段 $[t_{i-1}, t_i]$ 内运动的路程 Δs_i 的近似值，即

$$\Delta s_i \approx v(\tau_i) \Delta t_i \quad (i = 1, 2, 3, \cdots, n)$$

3) 求和

物体在时间段 $[T_1, T_2]$ 上运动的路程 s 的近似值为

$$s = \sum_{i=1}^{n} \Delta s_i \approx \sum_{i=1}^{n} v(\tau_i) \Delta t_i \tag{5-2}$$

4) 取极限

记 $\lambda = \max_{1 \leq i \leq n} \{\Delta t_i\}$，表示 n 个小时间段的最大长度. 当 $\lambda \to 0$ 时，若式(5-2)存在极限，则极限值就应是物体在时间段 $[T_1, T_2]$ 上运动的路程 s，即

$$s = \lim_{\lambda \to 0} \sum_{i=1}^{n} v(\tau_i) \Delta t_i$$

从上面两个引例可以看出，虽然两个问题的背景不同，但解决问题的思路和方法是相同的，都是用"分割、近似、求和、取极限"这四步解决，最后都统一为求具有相同结构的一种特定和式的极限. 在工程中，还有许多实际问题也是用这种方法解决的. 我们可抛开这类问题的实际意义，抓住它们在数量关系上的共同特征与本质加以概括，抽象出定积分的概念.

二、定积分的定义

定义 5-1　设 $f(x)$ 是定义在区间 $[a, b]$ 上的有界函数，在 $[a, b]$ 中任意插入 $n-1$ 个不同分点 $x_1, x_2, \cdots, x_{n-1}$，且不妨记

$$a = x_0 < x_1 < x_2 < \cdots < x_{n-1} < x_n = b$$

则这些分点将区间 $[a, b]$ 分成 n 个小区间，即

$$[x_0, x_1], [x_1, x_2], \cdots, [x_{n-1}, x_n]$$

每个小区间的长度依次记作

$$\Delta x_1 = x_1 - x_0, \Delta x_2 = x_2 - x_1, \cdots, \Delta x_n = x_n - x_{n-1}$$

在每个小区间上任取一点 $\xi_i \in [x_{i-1}, x_i]$，作乘积 $f(\xi_i)\Delta x_i (i = 1, 2, 3, \cdots, n)$，并求和 $\sum_{i=1}^{n} f(\xi_i)\Delta x_i$. 令 $\lambda = \max\limits_{1 \leqslant i \leqslant n}\{\Delta x_i\}$，如果无论对 $[a, b]$ 怎样划分，也无论小区间 $[x_{i-1}, x_i]$ 上的点 ξ_i 怎样选取，只要当 $\lambda \to 0$ 时，$\lim\limits_{\lambda \to 0} \sum_{i=1}^{n} f(\xi_i)\Delta x_i$ 存在且唯一，则称函数 $f(x)$ 在区间 $[a, b]$ 上可积，并称该极限值为函数 $f(x)$ 在 $[a, b]$ 上的定积分，记作 $\int_a^b f(x)dx$，即

$$\int_a^b f(x)dx = \lim_{\lambda \to 0} \sum_{i=1}^{n} f(\xi_i)\Delta x_i$$

其中，$f(x)$ 称为被积函数；$f(x)dx$ 称为被积表达式；x 称为积分变量；$[a, b]$ 称为积分区间；a 称为积分下限；b 称为积分上限.

由定积分的定义可知，两个引例中的极限可表示成如下定积分：

(1) 曲边梯形的面积是函数 $y = f(x)$ 在区间 $[a, b]$ 上的定积分，即

$$S = \int_a^b f(x)dx, f(x) \geqslant 0$$

(2) 物体作变速直线运动所经过的路程是速度函数 $v = v(t)$ 在时间段 $[T_1, T_2]$ 上的定积分，即

$$s = \int_{T_1}^{T_2} v(t)dt$$

满足什么条件的函数 $f(x)$ 在区间 $[a, b]$ 上才可积呢？下面给出两个充分条件：

定理 5-1　若函数 $f(x)$ 在区间 $[a, b]$ 上连续，则函数 $f(x)$ 在区间 $[a, b]$ 上可积.

定理 5-2　若函数 $f(x)$ 在区间 $[a, b]$ 上有界，且只有有限个间断点，则函数 $f(x)$ 在区间 $[a, b]$ 上可积.

关于定积分的定义，相关说明如下：

(1) 如果函数 $f(x)$ 在区间 $[a, b]$ 上可积，则定积分的值为一常数. 该值只与被积函数 $f(x)$ 以及积分区间 $[a, b]$ 有关，而与积分变量的表示记号无关，即

$$\int_a^b f(x)dx = \int_a^b f(t)dt = \int_a^b f(u)du$$

(2) 如果 $f(x)$ 在区间 $[a, b]$ 上可积，积分值与积分区间 $[a, b]$ 的划分和 ξ_i 的选取无关.

(3) 在定积分定义中，我们假定 $a < b$. 如果 $a \geqslant b$ 时，我们规定

$$\int_a^b f(x)\mathrm{d}x = -\int_b^a f(x)\mathrm{d}x$$

即定积分的上限与下限互换时，定积分变号.

特别地，当 $a = b$ 时，有 $\int_a^b f(x)\mathrm{d}x = 0$.

三、定积分的几何意义

由定积分的定义可知，当在 $[a,b]$ 上 $f(x) \geqslant 0$ 时，定积分 $\int_a^b f(x)\mathrm{d}x$ 在几何上表示由曲线 $y = f(x)$、直线 $x = a$、$x = b$ 和 $y = 0$ 所围成的曲边梯形的面积.

当在 $[a,b]$ 上 $f(x) \leqslant 0$ 时，由曲线 $y = f(x)$、直线 $x = a$、$x = b$ 和 $y = 0$ 所围成的曲边梯形位于 x 轴的下方，如图 5-4 所示，这时和式 $\sum_{i=1}^n f(\xi_i)\Delta x_i$ 中 $f(\xi_i) \leqslant 0$，而 $\Delta x_i > 0$，因此该和式小于等于 0，故 $\int_a^b f(x)\mathrm{d}x \leqslant 0$. 在这种情况下，定积分 $\int_a^b f(x)\mathrm{d}x$ 在几何上表示上述曲边梯形面积的相反数.

若 $f(x)$ 在 $[a,b]$ 上既有正值又有负值，则说明函数 $f(x)$ 的图形某些部分在 x 轴的上方，而其他部分在 x 轴的下方，如图 5-5 所示. 在这种情形下，定积分 $\int_a^b f(x)\mathrm{d}x$ 在几何上表示由曲线 $y = f(x)$、直线 $x = a$、$x = b$ 和 $y = 0$ 围成的各部分面积的代数和，即 x 轴上方的面积减去 x 轴下方的面积.

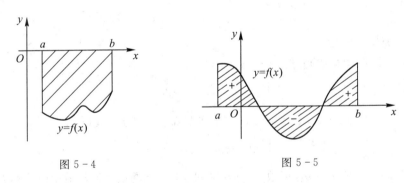

图 5-4　　　　　　　　　　　　图 5-5

例 5-1　利用定积分的几何意义，求定积分值 $\int_0^1 \sqrt{1-x^2}\,\mathrm{d}x$.

解　该定积分表示由 $x = 0$、$x = 1$、$y = 0$、$y = \sqrt{1-x^2}$ 所围成的图形（即四分之一的单位圆）的面积，即

$$\int_0^1 \sqrt{1-x^2}\,\mathrm{d}x = \frac{1}{4} \times \pi \times 1^2 = \frac{\pi}{4}$$

 习题 5.1

1. "定积分 $\int_a^b f(x)\mathrm{d}x$ 就是曲边梯形的面积"这种说法正确吗？为什么？

2. 根据定积分的几何意义，判断下列定积分的正负号：

(1) $\int_{-1}^{4} x^3 \mathrm{d}x$; (2) $\int_{-\frac{\pi}{2}}^{0} \sin x \cos x \mathrm{d}x$.

3. 一曲边梯形由曲线 $y = x^2 + 2$、直线 $x = -1$、$x = 3$ 及 x 轴所围成，试用定积分表示这一曲边梯形的面积(不必计算).

4. 利用定积分的几何意义，求下列定积分：

(1) $\int_{0}^{1} 2x \mathrm{d}x$; (2) $\int_{0}^{2\pi} \cos x \mathrm{d}x$.

5.2 定积分的性质

由定积分的定义 $\int_{a}^{b} f(x)\mathrm{d}x = \lim\limits_{\lambda \to 0} \sum\limits_{i=1}^{n} f(\xi_i)\Delta x_i$ 以及极限的运算法则与性质，可以得到定积分的几个简单性质：

性质 5 - 1 被积函数的常数因子可以提到积分号外面，即

$$\int_{a}^{b} kf(x)\mathrm{d}x = k\int_{a}^{b} f(x)\mathrm{d}x \quad (k \text{ 为非零常数})$$

性质 5 - 2 两个函数代数和的定积分等于定积分的代数和，即

$$\int_{a}^{b} [f(x) \pm g(x)]\mathrm{d}x = \int_{a}^{b} f(x)\mathrm{d}x \pm \int_{a}^{b} g(x)\mathrm{d}x$$

此性质可推广到任意有限多个函数的代数和的情形.

性质 5 - 3 (积分区间的可加性)

$$\int_{a}^{b} f(x)\mathrm{d}x = \int_{a}^{c} f(x)\mathrm{d}x + \int_{c}^{b} f(x)\mathrm{d}x$$

其中 a、b、c 为任意实数.

性质 5 - 4 若被积函数 $f(x) \equiv 1$，则有

$$\int_{a}^{b} \mathrm{d}x = \int_{a}^{b} 1\mathrm{d}x = b - a$$

性质 5 - 5 若 $f(x)$、$g(x)$ 在 $[a, b]$ 上满足条件 $f(x) \leqslant g(x)$，则

$$\int_{a}^{b} f(x)\mathrm{d}x \leqslant \int_{a}^{b} g(x)\mathrm{d}x$$

性质 5 - 6 (估值定理)若函数 $f(x)$ 在区间 $[a, b]$ 上的最大值与最小值分别为 M、m，则

$$m(b-a) \leqslant \int_{a}^{b} f(x)\mathrm{d}x \leqslant M(b-a)$$

它的几何意义是：设 $f(x) \geqslant 0$，则以 $y = f(x)$ 为曲边的曲边梯形的面积介于以 $b - a$ 为底、以最小纵坐标 m 为高的矩形与最大纵坐标 M 为高的矩形面积之间，如图 5 - 6 所示.

性质 5 - 7 (积分中值定理)如果函数 $f(x)$ 在闭区间 $[a, b]$ 上连续，则在 $[a, b]$ 上至少有一点 ξ，使得式 (5 - 3) 成立

$$\int_{a}^{b} f(x)\mathrm{d}x = f(\xi)(b-a) \quad \xi \in [a, b] \tag{5-3}$$

性质 7 的几何意义如图 5 - 7 所示，即以 $y = f(x)$ 为曲边的曲边梯形面积等于以 $b - a$ 为底、$f(\xi)$ 为高的矩形面积.

通常称

$$f(\xi) = \frac{1}{b-a}\int_a^b f(x)\mathrm{d}x \quad \xi \in [a,b]$$

为连续函数 $f(x)$ 在 $[a,b]$ 上的平均值. 在图 $5-7$ 中, $f(\xi)$ 可看作曲边梯形的平均高度. 显然它是算术平均值概念的推广.

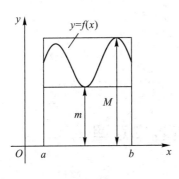

图 $5-6$

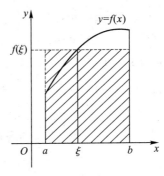

图 $5-7$

例 5 - 2　已知 $\int_0^2 x\mathrm{d}x = 2$, 根据定积分的性质推算下式:

(1) $\int_0^2 5x\mathrm{d}x$;　　　　　　　　　　　　　(2) $\int_0^2 (3x-1)\mathrm{d}x$.

解　(1) 根据题目条件及性质 $5-1$, 可得

$$\int_0^2 5x\mathrm{d}x = 5\int_0^2 x\mathrm{d}x = 5 \times 2 = 10$$

(2) 综合根据性质 $5-1$、$5-2$ 和 $5-4$ 可得

$$\int_0^2 (3x-1)\mathrm{d}x = 3\int_0^2 x\mathrm{d}x - \int_0^2 1\mathrm{d}x = 3 \times 2 - (2-0) = 4$$

例 5 - 3　判断下列定积分哪一个较大:

(1) $\int_0^1 \mathrm{e}^x\mathrm{d}x$ 与 $\int_0^1 3^x\mathrm{d}x$;　　　　　　　　(2) $\int_2^4 x^2\mathrm{d}x$ 与 $\int_2^4 x\mathrm{d}x$.

解　(1) 由性质 $5-5$ 可知, 题目在积分区间 $[0,1]$ 上满足条件 $\mathrm{e}^x < 3^x$, 因此 $\int_0^1 \mathrm{e}^x\mathrm{d}x < \int_0^1 3^x\mathrm{d}x$.

(2) 由性质 $5-5$ 可知题目在积分区间 $[2,4]$ 上满足条件 $x^2 > x$, 因此 $\int_2^4 x^2\mathrm{d}x > \int_2^4 x\mathrm{d}x$.

习题 5.2

1. 已知 $\int_0^1 x^2\mathrm{d}x = \frac{1}{3}$, $\int_0^1 x\mathrm{d}x = \frac{1}{2}$, 试求

(1) $\int_0^1 2x^2\mathrm{d}x$;　　　　(2) $\int_0^1 (x^2+1)\mathrm{d}x$;　　　　(3) $\int_0^1 (2x^2+3x-4)\mathrm{d}x$.

2. 判断下列定积分哪一个较大:

(1) $\int_0^1 x^2\mathrm{d}x$ 与 $\int_0^1 x^3\mathrm{d}x$;　　(2) $\int_1^2 x^2\mathrm{d}x$ 与 $\int_1^2 x^3\mathrm{d}x$;　　(3) $\int_3^4 \ln x\mathrm{d}x$ 与 $\int_3^4 \ln^2 x\mathrm{d}x$.

3.【平均销售量】一家快餐连锁店在广告后第 t 天销售的快餐数量为

$$S(t) = 20 - 10e^{-0.1t}$$

请用定积分表示该快餐连锁店在广告后第一周内的日平均销售量(不用计算积分值).

4. (2010 年广东专插本) 若函数 $f(x)$ 在区间 $[a, b]$ 上连续,则下列结论中正确的是( ).

　　A. 在区间 (a, b) 内至少存在一点 ξ,使得 $f(\xi) = 0$

　　B. 在区间 (a, b) 内至少存在一点 ξ,使得 $f'(\xi) = 0$

　　C. 在区间 (a, b) 内至少存在一点 ξ,使得 $f(b) - f(a) = f'(\xi)(b-a)$

　　D. 在区间 (a, b) 内至少存在一点 ξ,使得 $\int_a^b f(x)dx = f(\xi)(b-a)$

5.3　微积分的基本定理

由定积分的定义可知求定积分的值是非常复杂的. 下面我们通过讨论变速直线运动的路程函数与速度函数之间的联系,导出计算定积分的公式 —— 牛顿-莱布尼兹公式.

一、引例

由 5.1 节可知物体作变速直线运动所经过的路程是速度函数 $v = v(t)$ 在时间 $[T_1, T_2]$ 上的定积分,即 $s = \int_{T_1}^{T_2} v(t)dt$.

另外,这段路程也可以通过路程函数 $s(t)$ 在区间 $[T_1, T_2]$ 上的增量 $s(T_2) - s(T_1)$ 来表达,即

$$\int_{T_1}^{T_2} v(t)dt = s(T_2) - s(T_1)$$

$s'(t) = v(t)$,即 $s(t)$ 是 $v(t)$ 的原函数,这表明速度函数 $v(t)$ 在区间 $[T_1, T_2]$ 上的定积分等于它的原函数 $s(t)$ 在积分区间 $[T_1, T_2]$ 上的增量.

引例的结论在一定条件下具有普适性. 根据原函数存在定理,连续函数一定存在原函数,我们可将这个结论推广到更一般的连续函数 $f(x)$ 上,推导出定积分的计算公式.

二、变上限的定积分

设函数 $f(x)$ 在区间 $[a, b]$ 上连续,$x \in [a, b]$,对于定积分 $\int_a^x f(x)dx$ 来说,由于定积分的值与积分变量的表示记号无关,因此为避免混淆,可把积分变量 x 换为 t,则上面的定积分可以写成

$$\int_a^x f(t)dt$$

它的几何意义见图 5-8,为阴影部分面积. 如果上限 x 在 $[a, b]$ 上变动时,对于 x 的每一个取值,这个定积分都有一个确定值与之对应,所以它在 $[a, b]$ 上定义了一个函数,记作

$$\Phi(x) = \int_a^x f(t)dt \quad (a \leqslant x \leqslant b)$$

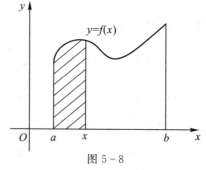

图 5-8

称为变上限积分函数.

这个函数 $\Phi(x)$ 具有下列重要性质.

定理 5-3　如果函数 $f(x)$ 在区间 $[a,b]$ 上连续,则变上限积分函数 $\Phi(x) = \int_a^x f(t)\mathrm{d}t$ 在区间 $[a,b]$ 上可导,并且它的导数等于被积函数,即

$$\Phi'(x) = \left[\int_a^x f(t)\mathrm{d}t\right]' = f(x)$$

定理 5-3 表明,连续函数 $f(x)$ 的变上限积分函数 $\Phi(x) = \int_a^x f(t)\mathrm{d}t$ 是 $f(x)$ 的一个原函数,即

$$\int f(x)\mathrm{d}x = \int_a^x f(t)\mathrm{d}t + C$$

这个定理的重要意义是:一方面肯定了连续函数的原函数总是存在的,另一方面初步揭示了定积分与原函数(不定积分)之间的联系.

例 5-4　设 $\Phi(x) = \int_a^x \cos^2 t\mathrm{d}t$,求 $\Phi'\left(\dfrac{\pi}{4}\right)$.

解　因为 $\Phi'(x) = \left[\int_a^x \cos^2 t\mathrm{d}t\right]' = \cos^2 x$,所以 $\Phi'\left(\dfrac{\pi}{4}\right) = \cos^2 \dfrac{\pi}{4} = \dfrac{1}{2}$.

例 5-5　求 $\dfrac{\mathrm{d}}{\mathrm{d}x}\int_x^a \sqrt{1+t^4}\,\mathrm{d}t$.

解　$$\dfrac{\mathrm{d}}{\mathrm{d}x}\int_x^a \sqrt{1+t^4}\,\mathrm{d}t = -\dfrac{\mathrm{d}}{\mathrm{d}x}\int_a^x \sqrt{1+t^4}\,\mathrm{d}t = -\sqrt{1+x^4}$$

三、微积分的基本定理

定理 5-4　设函数 $f(x)$ 在区间 $[a,b]$ 上连续,$F(x)$ 是 $f(x)$ 在 $[a,b]$ 上的一个原函数,则有

$$\int_a^b f(x)\mathrm{d}x = F(x)\Big|_a^b = F(b) - F(a)$$

该公式称为**微积分基本公式**,也称为**牛顿-莱布尼兹公式**.

证明　已知 $F(x)$ 是 $f(x)$ 在 $[a,b]$ 上的一个原函数,又由定理 5-3 可知 $\Phi(x) = \int_a^x f(t)\mathrm{d}t$ 也是 $f(x)$ 在 $[a,b]$ 上的一个原函数,因而它们之间只相差一个常数,即

$$F(x) - \Phi(x) = C \quad (a \leqslant x \leqslant b)$$

即

$$F(x) - \int_a^x f(t)\mathrm{d}t = C \quad (a \leqslant x \leqslant b)$$

则

$$F(b) - \int_a^b f(t)\mathrm{d}t = C \tag{5-4}$$

$$F(a) - \int_a^a f(t)\mathrm{d}t = C \tag{5-5}$$

式(5-4)和式(5-5)两端分别相减并整理得

$$F(b) - F(a) = \int_a^b f(t)\,\mathrm{d}t - \int_a^a f(t)\,\mathrm{d}t = \int_a^b f(t)\,\mathrm{d}t$$

再把积分变量 t 换成 x，得

$$\int_a^b f(x)\,\mathrm{d}x = F(b) - F(a)$$

得证。

微积分基本公式进一步揭示了定积分和不定积分之间的联系，它把定积分问题转化为求不定积分的问题，即定积分的值等于被积函数的任一原函数在积分区间上的增量. 这给定积分的计算找到了一条捷径，大大降低了定积分的计算复杂性.

例 5 - 6　计算 $\int_0^1 (\mathrm{e}^x + x)\,\mathrm{d}x$.

解　$\int_0^1 (\mathrm{e}^x + x)\,\mathrm{d}x = \left(\mathrm{e}^x + \dfrac{1}{2}x^2\right)\Big|_0^1 = \left(\mathrm{e} + \dfrac{1}{2}\right) - (\mathrm{e}^0 + 0) = \mathrm{e} - \dfrac{1}{2}$

例 5 - 7　计算 $\int_0^{\frac{\pi}{2}} \cos^2 \dfrac{x}{2}\,\mathrm{d}x$.

解　$\int_0^{\frac{\pi}{2}} \cos^2 \dfrac{x}{2}\,\mathrm{d}x = \int_0^{\frac{\pi}{2}} \dfrac{1 + \cos x}{2}\,\mathrm{d}x = \dfrac{1}{2}\int_0^{\frac{\pi}{2}} (1 + \cos x)\,\mathrm{d}x = \dfrac{1}{2}(x + \sin x)\Big|_0^{\frac{\pi}{2}}$

$\qquad\qquad = \dfrac{1}{2}\left[\left(\dfrac{\pi}{2} + 1\right) - 0\right] = \dfrac{\pi}{4} + \dfrac{1}{2}$

例 5 - 8　求定积分 $\int_0^{\pi} |\cos x|\,\mathrm{d}x$.

解　因为 $y = |\cos x| = \begin{cases} \cos x, & 0 \leqslant x \leqslant \dfrac{\pi}{2} \\ -\cos x, & \dfrac{\pi}{2} < x \leqslant \pi \end{cases}$，且 $y = |\cos x|$ 在 $[0, \pi]$ 上连续，所以

$$\int_0^{\pi} |\cos x|\,\mathrm{d}x = \int_0^{\frac{\pi}{2}} \cos x\,\mathrm{d}x + \int_{\frac{\pi}{2}}^{\pi} (-\cos x)\,\mathrm{d}x = \sin x\Big|_0^{\frac{\pi}{2}} - \sin x\Big|_{\frac{\pi}{2}}^{\pi} = 2$$

 习题 5.3

1. 计算下列定积分：

(1) $\int_1^2 (x^2 - 2x)\,\mathrm{d}x$；

(2) $\int_1^2 (\sqrt{x} - 1)\,\mathrm{d}x$；

(3) $\int_0^{\pi} (\cos x + \sin x)\,\mathrm{d}x$；

(4) $\int_1^2 \left(\mathrm{e}^x + \dfrac{4}{x}\right)\,\mathrm{d}x$；

(5) $\int_0^{\frac{\pi}{2}} 2\sin^2 \dfrac{x}{2}\,\mathrm{d}x$；

(6) $\int_0^2 (4 - 2x)(4 - x^2)\,\mathrm{d}x$.

2. 已知 $f(x) = \begin{cases} x^2 & x \leqslant 1 \\ 2x - 1 & x > 1 \end{cases}$，求 $\int_0^2 f(x)\,\mathrm{d}x$.

3. 计算正弦曲线 $y = \sin x$ 在 $[0, \pi]$ 上与 x 轴所围成的平面图形的面积.

4. 汽车以 36 km/h 的速度行驶，到某处需要减速停车. 设汽车以 $a = -5$ m/s^2 的加速度刹车，问从开始刹车到停车，汽车走了多少距离？

5. 填空题.

(1)（2011 年广东专插本）已知函数 $f(x)$ 在区间 $(-\infty, +\infty)$ 内连续，且 $y =$

$\int_0^{2x} f\left(\dfrac{1}{2}t\right)\mathrm{d}t - 2\int(1+f(x))\mathrm{d}x$，则 $y' = $ _____.

(2)（2018 年广东专插本）$\int_{-2}^{2}(\mid x\mid + \sin x)\mathrm{d}x = $ _____.

6.（2007 年广东专插本）设函数 $\phi(x) = \int_0^x (t-1)\mathrm{d}t$，则下列结论正确的是（　　）.

A. $\phi(x)$ 的极大值为 1　　　　　　　　B. $\phi(x)$ 的极小值为 1

C. $\phi(x)$ 的极大值为 $-\dfrac{1}{2}$　　　　　D. $\phi(x)$ 的极小值为 $-\dfrac{1}{2}$

5.4　定积分的换元积分法与分部积分法

一、定积分的换元积分法

定理 5-5　设函数 $f(x)$ 在 $[a,b]$ 上连续，而 $x = \varphi(t)$ 是定义在 $[\alpha,\beta]$ 上的一个可微函数，且满足：

(1) $\varphi(t)$ 在区间 $[\alpha,\beta]$ 上有连续的导数 $\varphi'(t)$；

(2) $\varphi(\alpha) = a$，$\varphi(\beta) = b$；

则　　　　　　　　$\int_a^b f(x)\mathrm{d}x = \int_\alpha^\beta f[\varphi(t)]\varphi'(t)\mathrm{d}t$　　　　　　　　(5-6)

式 (5-6) 称为定积分的换元公式.

注：定积分换元时，一定要将积分限换成新变量的积分限，即"换元必换限".

例 5-9　计算 $\int_0^{\frac{\pi}{2}} \cos^3 x \sin x\,\mathrm{d}x$.

解法 1　设 $t = \cos x$，则 $\mathrm{d}t = -\sin x\,\mathrm{d}x$. 当 $x = 0$ 时，$t = 1$；当 $x = \dfrac{\pi}{2}$ 时，$t = 0$，则有

$$\int_0^{\frac{\pi}{2}} \cos^3 x \sin x\,\mathrm{d}x = -\int_1^0 t^3\mathrm{d}t = \int_0^1 t^3\mathrm{d}t = \frac{1}{4}t^4\Big|_0^1 = \frac{1}{4}$$

解法 2　先求出被积函数的原函数，再利用微积分基本公式.
因为

$$\int \cos^3 x \sin x\,\mathrm{d}x = -\int \cos^3 x\,\mathrm{d}(\cos x) = -\frac{1}{4}\cos^4 x + C$$

所以　　　　$\int_0^{\frac{\pi}{2}} \cos^3 x \sin x\,\mathrm{d}x = -\frac{1}{4}\cos^4 x\Big|_0^{\frac{\pi}{2}} = -\frac{1}{4}(0-1) = \frac{1}{4}$

例 5-10　计算 $\int_0^4 \dfrac{\mathrm{d}x}{1+\sqrt{x}}$.

解　令 $\sqrt{x} = t$，$x = t^2$，则 $\mathrm{d}x = 2t\mathrm{d}t$. 当 $x = 0$ 时，$t = 0$；当 $x = 4$ 时，$t = 2$，则有

$$\int_0^4 \frac{\mathrm{d}x}{1+\sqrt{x}} = \int_0^2 \frac{2t}{1+t}\mathrm{d}t = 2\int_0^2 \frac{(t+1)-1}{1+t}\mathrm{d}t = 2[t - \ln(1+t)]\Big|_0^2 = 4 - 2\ln 3$$

例 5-11　计算 $\int_0^1 \sqrt{1-x^2}\,\mathrm{d}x$.

解　设 $x = \sin t$，当 $x = 0$ 时，$t = 0$；当 $x = 1$ 时，$t = \dfrac{\pi}{2}$，则有

$$\int_0^1 \sqrt{1-x^2}\,\mathrm{d}x = \int_0^{\frac{\pi}{2}} \cos^2 t\,\mathrm{d}t = \int_0^{\frac{\pi}{2}} \frac{1+\cos 2t}{2}\,\mathrm{d}t = \left(\frac{t}{2}+\frac{1}{4}\sin 2t\right)\Big|_0^{\frac{\pi}{2}} = \frac{\pi}{4}$$

由例 $1\sim$ 例 3，很容易得出以下结论：

设 $f(x)$ 在 $[-a,a]$ 上连续，则有

（1）若 $f(x)$ 为偶函数，则 $\int_{-a}^a f(x)\mathrm{d}x = 2\int_0^a f(x)\mathrm{d}x$；

（2）若 $f(x)$ 为奇函数，则 $\int_{-a}^a f(x)\mathrm{d}x = 0$.

用定积分的几何意义很容易理解这个结论. 在遇到奇、偶函数在对称区间上的定积分时，可考虑用这个结论.

例 5-12 计算定积分 $\int_{-1}^1 x\sqrt{1-x^2}\,\mathrm{d}x$.

解 因为被积函数 $f(x)=x\sqrt{1-x^2}$，其在 $[-1,1]$ 上是奇函数，所以

$$\int_{-1}^1 x\sqrt{1-x^2}\,\mathrm{d}x = 0$$

二、定积分的分部积分法

如果 $u(x)$、$v(x)$ 在 $[a,b]$ 上具有连续导数，由乘积的求导法则可知
$$(uv)' = u'v + uv'$$
两边积分，得
$$\int_a^b (uv)'\,\mathrm{d}x = \int_a^b u'v\,\mathrm{d}x + \int_a^b uv'\,\mathrm{d}x$$
移项，得
$$\int_a^b uv'\,\mathrm{d}x = (uv)\Big|_a^b - \int_a^b vu'\,\mathrm{d}x$$
即
$$\int_a^b u\,\mathrm{d}v = uv\Big|_a^b - \int_a^b v\,\mathrm{d}u$$
这就是定积分的分部积分公式.

例 5-13 计算 $\int_0^\pi x\cos x\,\mathrm{d}x$.

解 $\int_0^\pi x\cos x\,\mathrm{d}x = \int_0^\pi x\mathrm{d}(\sin x) = x\sin x\Big|_0^\pi - \int_0^\pi \sin x\,\mathrm{d}x = \cos x\Big|_0^\pi = -2$

例 5-14 计算 $\int_1^e \ln x\,\mathrm{d}x$.

解 $\int_1^e \ln x\,\mathrm{d}x = x\ln x\Big|_1^e - \int_1^e x\cdot\frac{1}{x}\,\mathrm{d}x = (e-0)-(e-1) = 1$

 习题 5.4

1. 计算下列定积分：

（1）$\int_0^{\frac{\pi}{2}} \cos^5 x\sin x\,\mathrm{d}x$；

（2）$\int_0^1 \sqrt{4-x^2}\,\mathrm{d}x$；

(3) $\displaystyle\int_0^2 \frac{\mathrm{d}x}{\sqrt{x+1}+\sqrt{(x+1)^3}}$;

(4) $\displaystyle\int_0^2 \frac{1}{x+1}\mathrm{d}x$;

(5) $\displaystyle\int_{-2}^1 \frac{1}{(11+5x)^3}\mathrm{d}x$;

(6) $\displaystyle\int_{\frac{\pi}{3}}^{\pi} \sin\left(x+\frac{\pi}{3}\right)\mathrm{d}x$;

(7) $\displaystyle\int_0^3 \frac{x}{x^2+5}\mathrm{d}x$.

2. 计算下列定积分:

(1) $\displaystyle\int_0^{\pi} x\sin x\mathrm{d}x$;

(2) $\displaystyle\int_0^{e-1} \ln(x+1)\mathrm{d}x$;

(3) $\displaystyle\int_0^1 x\mathrm{e}^x\mathrm{d}x$;

(4) $\displaystyle\int_1^e x\ln x\mathrm{d}x$;

(5) $\displaystyle\int_{-\pi}^{\pi} x^4\sin x\mathrm{d}x$;

(6) $\displaystyle\int_1^e \frac{\ln x}{x}\mathrm{d}x$.

3. 单项选择题.

(1) (2011 年广东专插本) 若 $\displaystyle\int_1^2 xf(x)\mathrm{d}x = 2$, 则 $\displaystyle\int_0^3 f(\sqrt{x+1})\mathrm{d}x = ($　　).

A. 1　　　　　　B. 2　　　　　　C. 3　　　　　　D. 4

(2) 定积分 $\displaystyle\int_{-1}^1 (x+\sin x)\mathrm{d}x = ($　　).

A. -2　　　　　B. -1　　　　　C. 0　　　　　D. 1

4. 填空题.

(1) (2006 年广东专插本) 积分 $\displaystyle\int_{-\pi}^{\pi} (x\cos x+|\sin x|)\mathrm{d}x = $ _____.

(2) (2008 年广东专插本) 积分 $\displaystyle\int_{-\frac{\pi}{2}}^{\frac{\pi}{2}} (\sin x+\cos x)\mathrm{d}x = $ _____.

5. 计算题.

(1) (2006 年广东专插本) 计算定积分 $\displaystyle\int_0^1 \ln(\sqrt{1+x^2}+x)\mathrm{d}x$.

(2) (2007 年广东专插本) 计算定积分 $\displaystyle\int_0^{\sqrt{3}} \frac{x^3}{\sqrt{1+x^2}}\mathrm{d}x$.

(3) (2008 年广东专插本) 计算定积分 $\displaystyle\int_0^1 \ln(1+x^2)\mathrm{d}x$.

(4) (2009 年广东专插本) 计算定积分 $\displaystyle\int_{-1}^1 \frac{|x|+x^3}{1+x^2}\mathrm{d}x$.

(5) (2010 年广东专插本) 计算定积分 $\displaystyle\int_{\ln 5}^{\ln 10} \sqrt{\mathrm{e}^x-1}\mathrm{d}x$.

(6) (2012 年广东专插本) 设 $f(x) = \begin{cases} x^3\mathrm{e}^{x^4+1} & -\dfrac{1}{2}\leqslant x\leqslant\dfrac{1}{2} \\ \dfrac{1}{x^2} & x>\dfrac{1}{2} \end{cases}$, 利用定积分的换元积分法求定积分 $\displaystyle\int_{\frac{1}{2}}^2 f(x-1)\mathrm{d}x$.

(7) (2013 年广东专插本) 计算定积分 $\displaystyle\int_0^2 \frac{x}{(x+2)\sqrt{x+1}}\mathrm{d}x$.

（8）（2016 年广东专插本）计算定积分 $\int_0^1 x2^x\,\mathrm{d}x$.

（9）（2019 年广东专插本）计算定积分 $\int_{-\frac{1}{2}}^0 x\sqrt{2x+1}\,\mathrm{d}x$.

5.5　反 常 积 分

一、引例

求由曲线 $y=\left(\dfrac{1}{3}\right)^x\ (x\geqslant 0)$ 与 x 轴、y 轴所围成的"开口曲边梯形"的面积 A. 如图 5-9 所示.

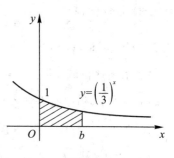

图 5-9

分析　要求出面积 A，我们可以分两步来完成：

（1）先求出由曲线 $y=\left(\dfrac{1}{3}\right)^x$ 与 x 轴、y 轴及直线 $x=b$ $(b>0)$ 所围成的曲边梯形的面积 A_b，如图 5-9 所示，由定积分的几何意义可得

$$A_b=\int_0^b\left(\frac{1}{3}\right)^x\mathrm{d}x=\frac{1}{\ln\frac{1}{3}}\left(\frac{1}{3}\right)^x\Big|_0^b=\frac{1}{\ln 3}\left(1-\frac{1}{3^b}\right)$$

（2）求 $\lim\limits_{b\to+\infty}A_b$，该极限值即为我们所求的面积 A，即

$$A=\lim_{b\to+\infty}A_b=\lim_{b\to+\infty}\int_0^b\left(\frac{1}{3}\right)^x\mathrm{d}x=\frac{1}{\ln 3}\lim_{b\to+\infty}\left(1-\frac{1}{3^b}\right)=\frac{1}{\ln 3}$$

以上过程其实就是对 $y=\left(\dfrac{1}{3}\right)^x$ 在无穷区间 $[0,+\infty)$ 上求积分的问题. 在一些实际问题中，经常遇到像这种积分区间为无穷区间或被积函数在积分区间上是无穷间断点的积分. 它们不同于前面介绍的积分，我们称之为反常积分. 反常积分通常包含两类，即无穷限的反常积分和无界函数的反常积分.

二、无穷限上的反常积分

定义 5-2　设函数 $f(x)$ 在区间 $[a,+\infty)$ 上连续，如果极限 $\lim\limits_{b\to+\infty}\int_a^b f(x)\mathrm{d}x$ 存在，则称此极限值为函数 $f(x)$ 在 $[a,+\infty)$ 上的反常积分，记作 $\int_a^{+\infty}f(x)\mathrm{d}x$，即

$$\int_a^{+\infty}f(x)\mathrm{d}x=\lim_{b\to+\infty}\int_a^b f(x)\mathrm{d}x$$

此时也称反常积分 $\int_a^{+\infty}f(x)\mathrm{d}x$ 收敛；如果极限 $\lim\limits_{b\to+\infty}\int_a^b f(x)\mathrm{d}x$ 不存在，则称反常积分 $\int_a^{+\infty}f(x)\mathrm{d}x$ 发散，这时记号 $\int_a^{+\infty}f(x)\mathrm{d}x$ 不再表示数值.

类似地，可以定义函数 $f(x)$ 在 $(-\infty,b]$ 和 $(-\infty,+\infty)$ 上的反常积分. 即

$$\int_{-\infty}^b f(x)\mathrm{d}x=\lim_{a\to-\infty}\int_a^b f(x)\mathrm{d}x$$

$$\int_{-\infty}^{+\infty} f(x)\mathrm{d}x = \int_{-\infty}^{c} f(x)\mathrm{d}x + \int_{c}^{+\infty} f(x)\mathrm{d}x = \lim_{a \to -\infty} \int_{a}^{c} f(x)\mathrm{d}x + \lim_{b \to +\infty} \int_{c}^{b} f(x)\mathrm{d}x$$

其中，c 为任意实数.

值得注意的是，$\int_{-\infty}^{+\infty} f(x)\mathrm{d}x$ 收敛的充要条件是 $\int_{-\infty}^{c} f(x)\mathrm{d}x$ 和 $\int_{c}^{+\infty} f(x)\mathrm{d}x$ 都收敛. 换言之，如果 $\int_{-\infty}^{c} f(x)\mathrm{d}x$ 或 $\int_{c}^{+\infty} f(x)\mathrm{d}x$ 发散，则反常积分 $\int_{-\infty}^{+\infty} f(x)\mathrm{d}x$ 发散.

上述反常积分统称为**无穷限的反常积分**，讨论反常积分收敛或发散的问题称为敛散性问题.

计算无穷限的反常积分时，为了书写上的方便，可以省去极限符号，将其形式改为类似牛顿-莱布尼兹公式的格式：

设 $F(x)$ 为 $f(x)$ 的一个原函数，记 $F(+\infty) = \lim_{x \to +\infty} F(x)$，$F(-\infty) = \lim_{x \to -\infty} F(x)$，则有

$$\int_{a}^{+\infty} f(x)\mathrm{d}x = F(x)\Big|_{a}^{+\infty} = F(+\infty) - F(a)$$

$$\int_{-\infty}^{b} f(x)\mathrm{d}x = F(x)\Big|_{-\infty}^{b} = F(b) - F(-\infty)$$

$$\int_{-\infty}^{+\infty} f(x)\mathrm{d}x = F(x)\Big|_{-\infty}^{+\infty} = F(+\infty) - F(-\infty)$$

例 5 - 15　求反常积分 $\int_{-\infty}^{+\infty} \dfrac{1}{1+x^2}\mathrm{d}x$.

解　$\displaystyle\int_{-\infty}^{+\infty} \frac{1}{1+x^2}\mathrm{d}x = \arctan x\Big|_{-\infty}^{+\infty} = \lim_{x \to +\infty} \arctan x - \lim_{x \to -\infty} \arctan x$

$$= \frac{\pi}{2} - \left(-\frac{\pi}{2}\right) = \pi$$

由图 5 - 10 可看出，虽然阴影部分向左、右无限延伸，但其面积却有极限值 π. 也就是说，曲线 $y = \dfrac{1}{1+x^2}$ 与 $y = 0$ 围成的图形面积为 π.

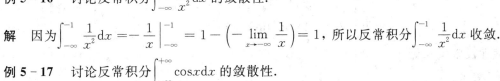

图 5 - 10

例 5 - 16　讨论反常积分 $\int_{-\infty}^{-1} \dfrac{1}{x^2}\mathrm{d}x$ 的敛散性.

解　因为 $\displaystyle\int_{-\infty}^{-1} \frac{1}{x^2}\mathrm{d}x = -\frac{1}{x}\Big|_{-\infty}^{-1} = 1 - \left(-\lim_{x \to -\infty} \frac{1}{x}\right) = 1$，所以反常积分 $\int_{-\infty}^{-1} \dfrac{1}{x^2}\mathrm{d}x$ 收敛.

例 5 - 17　讨论反常积分 $\int_{-\infty}^{+\infty} \cos x\mathrm{d}x$ 的敛散性.

解　由题意易得 $\displaystyle\int_{-\infty}^{+\infty} \cos x\mathrm{d}x = \sin x\Big|_{-\infty}^{+\infty} = \lim_{x \to +\infty} \sin x - \lim_{x \to -\infty} \sin x$，因为 $\lim_{x \to +\infty} \sin x$ 和 $\lim_{x \to -\infty} \sin x$ 都不存在，所以反常积分 $\int_{-\infty}^{+\infty} \cos x\mathrm{d}x$ 发散.

三*、无界函数的反常积分

定义 5 - 3　设函数 $f(x)$ 在区间 $(a,b]$ 上连续，且 $\lim\limits_{x \to a^+} f(x) = \infty$，即 $\varepsilon > 0$，如果极限

$$\lim_{\varepsilon \to 0^+} \int_{a+\varepsilon}^{b} f(x)\mathrm{d}x$$

存在，则称此极限为函数 $f(x)$ 在区间 $(a, b]$ 上的反常积分，仍记作 $\int_a^b f(x)\mathrm{d}x$，即

$$\int_a^b f(x)\mathrm{d}x = \lim_{\varepsilon \to 0^+} \int_{a+\varepsilon}^b f(x)\mathrm{d}x$$

这时也称反常积分 $\int_a^b f(x)\mathrm{d}x$ 收敛，否则称反常积分发散.

类似地，当 b 为 $f(x)$ 的无穷间断点，即 $\lim\limits_{x \to b^-} f(x) = \infty$ 时，$f(x)$ 在区间 $[a, b)$ 上的反常积分可定义为

$$\int_a^b f(x)\mathrm{d}x = \lim_{\varepsilon \to 0^+} \int_a^{b-\varepsilon} f(x)\mathrm{d}x$$

当无穷间断点 c（即 $\lim\limits_{x \to c} f(x) = \infty$）在 $[a, b]$ 内部时可定义反常积分为

$$\int_a^b f(x)\mathrm{d}x = \int_a^c f(x)\mathrm{d}x + \int_c^b f(x)\mathrm{d}x = \lim_{\varepsilon \to 0^+} \int_a^{c-\varepsilon} f(x)\mathrm{d}x + \lim_{\varepsilon \to 0^+} \int_{c+\varepsilon}^b f(x)\mathrm{d}x$$

其中，反常积分 $\int_a^b f(x)\mathrm{d}x$ 收敛的充要条件是反常积分 $\int_a^c f(x)\mathrm{d}x$ 和 $\int_c^b f(x)\mathrm{d}x$ 都收敛.

无界函数的反常积分 $\int_a^b f(x)\mathrm{d}x$ 也称为**瑕积分**，且称使 $f(x)$ 的极限为无穷的那个点为**瑕点**.

例 5 - 18　计算反常积分 $\int_0^a \dfrac{\mathrm{d}x}{\sqrt{a^2 - x^2}}$ $(a > 0)$.

解　由 $\lim\limits_{x \to a^-} \dfrac{1}{\sqrt{a^2 - x^2}} = +\infty$ 可知 $x = a$ 为被积函数 $f(x)$ 的无穷间断点，则有

$$\int_0^a \frac{\mathrm{d}x}{\sqrt{a^2 - x^2}} = \lim_{\varepsilon \to 0^+} \int_0^{a-\varepsilon} \frac{\mathrm{d}x}{\sqrt{a^2 - x^2}} = \lim_{\varepsilon \to 0^+} \arcsin \frac{x}{a} \Big|_0^{a-\varepsilon} = \lim_{\varepsilon \to 0^+} \arcsin \left[\frac{a-\varepsilon}{a} - 0\right] = \frac{\pi}{2}$$

例 5 - 19　讨论反常积分 $\int_1^2 \dfrac{\mathrm{d}x}{x \ln x}$ 的敛散性.

解　易知 $x = 1$ 为被积函数的无穷间断点，即

$$\int_1^2 \frac{\mathrm{d}x}{x \ln x} = \lim_{\varepsilon \to 0^+} \int_{1+\varepsilon}^2 \frac{\mathrm{d}x}{x \ln x} = \lim_{\varepsilon \to 0^+} \int_{1+\varepsilon}^2 \frac{1}{x \ln x}\mathrm{d}(\ln x) = \lim_{\varepsilon \to 0^+} \ln(\ln x) \Big|_{1+\varepsilon}^2$$
$$= \ln(\ln 2) - \lim_{\varepsilon \to 0^+} \ln[\ln(1+\varepsilon)] = \infty$$

故原反常积分发散.

习题 5.5

1. 计算下列反常积分：

(1) $\displaystyle\int_0^{+\infty} \left(\frac{1}{2}\right)^x \mathrm{d}x$；

(2) $\displaystyle\int_{-\infty}^0 \mathrm{e}^x \mathrm{d}x$；

(3) $\displaystyle\int_1^{+\infty} \frac{1}{\sqrt{x}} \mathrm{d}x$；

(4) $\displaystyle\int_1^{+\infty} \frac{1}{x^2} \mathrm{d}x$；

(5) $\displaystyle\int_{-\infty}^0 \frac{1}{1+x^2} \mathrm{d}x$；

(6) $\displaystyle\int_e^{+\infty} \frac{1}{x (\ln x)^2} \mathrm{d}x$.

2^*. 计算下列反常积分：

(1) $\int_0^1 \dfrac{\mathrm{d}x}{(1-x)^2}$；

(2) $\int_{-1}^1 \dfrac{\mathrm{d}x}{x^2}$；

(3) $\int_1^e \dfrac{\mathrm{d}x}{x\,\sqrt{1-(\ln x)^2}}$.

3. (2006 年广东专插本) 积分 $\int_0^{+\infty} \mathrm{e}^{-x}\mathrm{d}x$ ( ).

A. 收敛且等于 -1 B. 收敛且等于 0

C. 收敛且等于 1 D. 发散

4. 填空题.

(1) (2012 年广东专插本) 反常积分 $\int_{-\infty}^0 \dfrac{\mathrm{e}^x}{1+\mathrm{e}^x}\mathrm{d}x = $ _____.

(2) (2015 年广东专插本) 反常积分 $\int_1^{+\infty} \dfrac{1}{x^6}\mathrm{d}x = $ _____.

(3) (2017 年广东专插本) 若常数 $p>1$，则广义积分 $\int_1^{+\infty} \dfrac{1}{x^p}\mathrm{d}x = $ _____.

(4) (2018 年广东专插本) $\int_0^{+\infty} \mathrm{e}^{1-2x}\mathrm{d}x = $ _____.

5.6 定积分的应用

前面我们学习了定积分的概念、基本性质和计算方法，本节将介绍定积分在几何中的应用.

一、平面图形的面积

下面我们介绍几类平面图形面积的求法：

(1) 由曲线 $y=f(x)$、直线 $x=a$、$x=b(a<b)$、$y=0$ 所围成的曲边梯形的面积(见图 5-11) 为

$$S = \int_a^b |\,f(x)\,|\,\mathrm{d}x$$

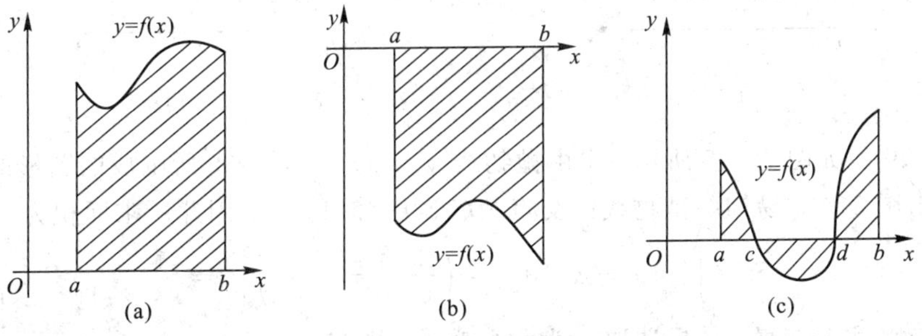

图 5-11

在图 5-11(a) 中，$S = \int_a^b f(x)\mathrm{d}x$；在图 5-11(b) 中，$S = -\int_a^b f(x)\mathrm{d}x$；在图 5-11(c) 中，$S = \int_a^c f(x)\mathrm{d}x - \int_c^d f(x)\mathrm{d}x + \int_d^b f(x)\mathrm{d}x$.

(2) 由两条曲线 $y = f(x)$、$y = g(x)$ 与直线 $x = a$、$x = b(a < b)$ 所围成的平面图形（见图 5-12）的面积为

$$S = \int_a^b \mid f(x) - g(x) \mid \mathrm{d}x$$

在图 5-12(a) 中，$S = \int_a^b [f(x) - g(x)]\mathrm{d}x$；在图 5-12(b) 中，

$$S = \int_a^c [f(x) - g(x)]\mathrm{d}x + \int_c^b [g(x) - f(x)]\mathrm{d}x.$$

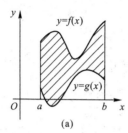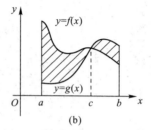

图 5-12

(3) 由曲线 $x = \varphi(y)(\varphi(y) \geqslant 0)$ 与直线 $y = c$、$y = d(c < d)$ 及 $x = 0$ 所围成的曲边梯形（见图 5-13）的面积为

$$S = \int_c^d \varphi(y)\mathrm{d}y$$

(4) 如果在 $[c, d]$ 上总有 $\psi(y) \leqslant \varphi(y)$，则曲线 $\varphi(y)$ 与 $\psi(y)$ 所围成的图形（见图 5-14）面积为

$$S = \int_c^d [\varphi(y) - \psi(y)]\mathrm{d}y$$

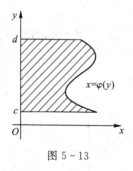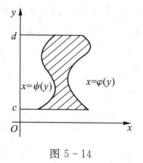

图 5-13　　　　　　　　　　　　图 5-14

例 5-20　如图 5-15 所示，求由抛物线 $y = x^2$ 和 $y^2 = x$ 所围成的图形的面积.

解　由图 5-15 易知两抛物线的交点为 $(0, 0)$ 和 $(1, 1)$，因此所求面积为

$$S = \int_0^1 (\sqrt{x} - x^2)\mathrm{d}x = \left(\frac{2}{3} x^{\frac{3}{2}} - \frac{1}{3} x^3 \right) \Big|_0^1 = \frac{1}{3}$$

这是选取 x 为积分变量. 如果选取 y 为积分变量，则有

$$S = \int_0^1 (\sqrt{y} - y^2)\mathrm{d}y = \frac{1}{3}$$

例 5-21　如图 5-16 所示，求由抛物线 $y^2 = 2x$ 及直线 $y = x - 4$ 所围成的图形的面积.

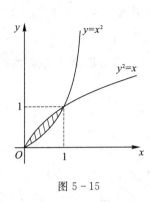

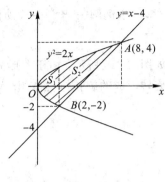

图 5-15   图 5-16

解 由图 5-16 易求出抛物线与直线的交点为 $A(8,4)$、$B(2,-2)$. 选取 y 为积分变量，则所求面积为

$$S = \int_{-2}^{4} \left(y + 4 - \frac{1}{2}y^2 \right) \mathrm{d}y$$

$$= \left(\frac{y^2}{2} + 4y - \frac{y^3}{6} \right) \Big|_{-2}^{4} = 18$$

如果选取 x 为积分变量，我们就要将阴影面积分成 S_1 和 S_2 两块，所求面积为

$$S = S_1 + S_2 = \int_0^2 \left[\sqrt{2x} - (-\sqrt{2x}) \right] \mathrm{d}x + \int_2^8 \left[\sqrt{2x} - (x-4) \right] \mathrm{d}x = 18$$

二、旋转体的体积

旋转体是由一个平面图形绕平面内一条直线旋转一周而形成的立体，该直线称为旋转轴. 圆柱、圆锥、圆台、球等都可视为旋转体. 下面我们给出求旋转体体积的公式.

连续曲线 $y = f(x)$、直线 $x = a$，$x = b(a < b)$ 及 $y = 0$(x 轴) 所围成的平面图形（见图 5-17）绕 x 轴旋转一周所得旋转体的体积为

$$V_x = \int_a^b \pi \left[f(x) \right]^2 \mathrm{d}x$$

连续曲线 $x = \varphi(y)$、直线 $y = c$、$y = d(c < d)$ 及 $x = 0$(y 轴) 所围成的平面图形（见图 5-18）绕 y 轴旋转一周所得旋转体的体积为

$$V_y = \int_c^d \pi \left[\varphi(y) \right]^2 \mathrm{d}y$$

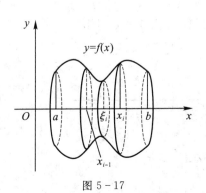

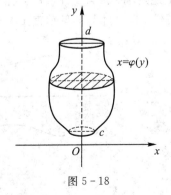

图 5-17   图 5-18

例 5 - 22　求椭圆 $\dfrac{x^2}{a^2}+\dfrac{y^2}{b^2}=1$ 所围成的平面图形分别绕 x 轴与 y 轴旋转而成的旋转体的体积.

解　如图 5 - 19 所示,由于图形关于坐标轴对称,故只需考虑第 Ⅰ 象限内的曲边梯形绕坐标轴旋转而成的旋转体的体积.

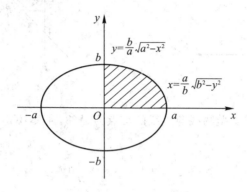

图 5 - 19

绕 x 轴旋转而成的旋转体的体积为

$$V_x = 2\pi \int_0^a y^2 \mathrm{d}x = 2\pi \int_0^a \frac{b^2}{a^2}(a^2 - x^2)\mathrm{d}x$$

$$= 2\pi \cdot \frac{b^2}{a^2}\left(a^2 x - \frac{1}{3}x^3\right)\Big|_0^a = \frac{4}{3}\pi ab^2$$

类似地,绕 y 轴旋转的旋转体的体积为

$$V_y = 2\pi \int_0^b x^2 \mathrm{d}y = 2\pi \cdot \frac{a^2}{b^2}\int_0^b (b^2 - y^2)\mathrm{d}y = \frac{4}{3}\pi a^2 b$$

特别地,当 $a = b = R$ 时,可得半径为 R 的球体体积为

$$V = \frac{4}{3}\pi R^3$$

三、平行截面面积为已知的立体的体积

如果一个立体不是旋转体,但却知道该立体上垂直于一定轴的各个截面的面积,那么该立体的体积也可用定积分来计算.

取上述定轴为 x 轴,并设该立体在过点 $x = a$、$x = b(a < b)$ 且垂直于 x 轴的两平面之间,以 $A(x)$ 表示过点 x 且垂直于 x 轴的截面面积,如图 5 - 20 所示.

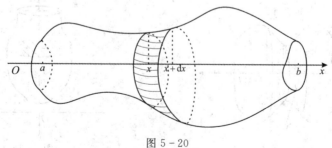

图 5 - 20

这里假定 $A(x)$ 是 x 的连续函数. 取 x 为积分变量, 它的变化区间为 $[a,b]$. 任取其中一个区间微元 $[x, x+\mathrm{d}x]$, 相应于该微元薄片体积近似于底面积为 $A(x)$、高为 $\mathrm{d}x$ 的扁圆柱体的体积, 即体积微元

$$\mathrm{d}V = A(x)\mathrm{d}x$$

故所求立体的体积

$$V = \int_a^b A(x)\mathrm{d}x$$

例 5 - 23　如图 5 - 21 所示, 一平面经过半径为 R 的圆柱体的底圆中心, 并与底面交成角 α, 计算该平面截圆柱体所得立体的体积.

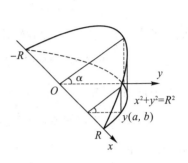

图 5 - 21

解　取该平面与圆柱体底面的交线为 x 轴, 底面上过圆中心且垂直于 x 轴的直线为 y 轴, 则底圆的方程为

$$x^2 + y^2 = R^2$$

该立体中过点 x 且垂直于 x 轴的截面是一个直角三角形, 它的两条直角边的边长分别为 y 及 $y\tan\alpha$, 即 $\sqrt{R^2-x^2}$ 及 $\sqrt{R^2-x^2}\tan\alpha$, 故截面面积为

$$A(x) = \frac{1}{2}(R^2 - x^2)\tan\alpha$$

所求立体的体积为

$$V = \frac{1}{2}\int_{-R}^{R}(R^2 - x^2)\tan\alpha\,\mathrm{d}x = \frac{2}{3}R^3\tan\alpha$$

 习题 5.6

1. 求由下列曲线围成的平面图形的面积:

(1) 曲线 $y = 1 - x^2$ 与 x 轴;

(2) 抛物线 $y = x^2$ 与直线 $y = 2x + 3$;

(3) 曲线 $y = 4 - x^2$ 与曲线 $y = x^2 - 4x - 2$;

(4) 曲线 $y = \dfrac{4}{x}$、直线 $y = 4x$ 及 $y = \dfrac{x}{4}$ 在第一象限中所围成的图形.

2. 求下列旋转体的体积:

(1) 曲线 $y = \sin x\left(x \in \left[0, \dfrac{\pi}{2}\right]\right)$ 与直线 $x = \dfrac{\pi}{2}$、$y = 0$ 所围成的平面图形绕 x 轴旋转;

(2) 曲线 $y = \sqrt{x}$ 与直线 $x = 1$、$x = 4$、x 轴所围成的平面图形分别绕 x 轴及 y 轴旋转.

3. (2006 年广东专插本) 曲线 $y = \mathrm{e}^x$ 及直线 $x = 0$、$x = 1$ 和 $y = 0$ 所围成平面图形绕 x 轴旋转所成的旋转体体积 $V = $ _____.

4. (2007 年广东专插本) 设平面图形由曲线 $y = x^3$ 与直线 $y = 0$ 及 $x = 2$ 围成, 求该图形绕 y 轴所成的旋转体的体积.

5. (2009 年广东专插本) 用 G 表示曲线 $y = \ln x$ 及直线 $x + y = 1$、$y = 1$ 围成的平面图形, (1) 求 G 的面积; (2) 求 G 绕 y 轴旋转一周而成的旋转体的体积.

6.（2010 年广东专插本）由曲线 $y=\dfrac{1}{x}$ 和直线 $x=1$、$x=2$ 及 $y=0$ 围成的平面图形绕 x 轴旋转一周所成的旋转体体积 $V=$ _____.

7.（2013 年广东专插本）已知平面图形 $G=\left\{(x,y)\mid x\geqslant 1,0\leqslant y\leqslant\dfrac{1}{x}\right\}$，则图形 G 绕 x 轴旋转一周而成的旋转体的体积 $V=$ _____.

8.（2014 年广东专插本）求由曲线 $y=\dfrac{2}{3}x^{\frac{3}{2}}$ 和直线 $x=0$、$x=1$ 及 $y=0$ 围成的平面图形绕 x 轴旋转而成的旋转体体积 V_x.

9.（2015 年广东专插本）求由曲线 $y=x\cos 2x$ 和直线 $y=0$、$x=0$ 及 $x=\dfrac{\pi}{4}$ 围成的平面图形的面积.

10.（2016 年广东专插本）椭圆曲线 $\dfrac{x^2}{4}+y^2=1$ 围成的平面图形绕 x 轴旋转一周而成的旋转体体积 $V=$ _____.

11.（2018 年广东专插本）求由曲线 $y=1+\dfrac{\sqrt{x}}{1+x}$ 和直线 $y=0$、$x=0$ 及 $x=1$ 所围成的平面图形的面积 A.

12. 设曲线 $y=\dfrac{1}{x^2}$ 与直线 $x=1$、$x=2$ 及 x 轴所围成的平面图形为 D，如图 5-22 所示.（1）求 D 的面积 A；（2）求 D 绕 x 轴一周所形成的旋转体体积 V_x.

13. 设曲线 $y=x^2$ 与直线 $x=1$ 及 x 轴所围成的平面图形为 D，如图 5-23 所示，（1）求 D 的面积 A；（2）求 D 绕 x 轴一周所形成的旋转体体积 V_x.

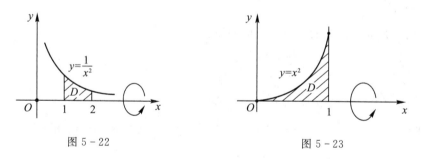

图 5-22   图 5-23

14. 设 D 是曲线 $y=x^2-1$ 与直线 $x=2$、$y=0$ 所围成的平面区域，求：（1）D 的面积 A；（2）D 绕 x 轴旋转一周所形成的旋转体体积 V_x.

本 章 小 结

一、定积分的概念

1）定义

$$\int_a^b f(x)\mathrm{d}x=\lim_{\lambda\to 0}\sum_{i=1}^{n}f(\xi_i)\Delta x_i$$

规定 $\int_a^b f(x)\mathrm{d}x = -\int_b^a f(x)\mathrm{d}x,\ \int_a^a f(x)\mathrm{d}x = 0.$

2）几何意义

$f(x) \geqslant 0$ 时，$\int_a^b f(x)\mathrm{d}x$ 为曲边梯形面积；$f(x) \leqslant 0$ 时，$\int_a^b f(x)\mathrm{d}x$ 为曲边梯形面积的相反数.

二、定积分的性质

（1）$\int_a^b k f(x)\mathrm{d}x = k\int_a^b f(x)\mathrm{d}x;$

（2）$\int_a^b [f(x) \pm g(x)]\mathrm{d}x = \int_a^b f(x)\mathrm{d}x \pm \int_a^b g(x)\mathrm{d}x;$

（3）$\int_a^b f(x)\mathrm{d}x = \int_a^c f(x)\mathrm{d}x + \int_c^b f(x)\mathrm{d}x;$

（4）$\int_a^b \mathrm{d}x = \int_a^b 1\mathrm{d}x = b - a;$

（5）若在 $[a, b]$ 上 $f(x) \leqslant g(x)$，则 $\int_a^b f(x)\mathrm{d}x \leqslant \int_a^b g(x)\mathrm{d}x;$

（6）（估值定理）设 $M = \max\limits_{[a, b]} f(x)$，$m = \min\limits_{[a, b]} f(x)$，则 $m(b-a) \leqslant \int_a^b f(x)\mathrm{d}x \leqslant M(b-a);$

（7）（积分中值定理）$\int_a^b f(x)\mathrm{d}x = f(\xi)(b-a),\ \xi \in [a, b].$

三、微积分基本定理

（1）变上限定积分为 $\Phi(x) = \int_a^x f(t)\mathrm{d}t\ (a \leqslant x \leqslant b).$

（2）变上限积分函数的导数为 $\Phi'(x) = \left[\int_a^x f(t)\mathrm{d}t\right]' = f(x).$

（3）微积分基本公式（牛顿－莱布尼兹公式）为 $\int_a^b f(x)\mathrm{d}x = F(b) - F(a).$

四、微积分的计算

（1）换元积分法的公式为 $\int_a^b f(x)\mathrm{d}x = \int_\alpha^\beta f[\varphi(t)]\varphi'(t)\mathrm{d}t.$ 在使用换元积分法时，需要注意的是换元必须换限，凑微分不必换限.

（2）若 $f(x)$ 为偶函数，则 $\int_{-a}^a f(x)\mathrm{d}x = 2\int_0^a f(x)\mathrm{d}x;$ 若 $f(x)$ 为奇函数，则 $\int_{-a}^a f(x)\mathrm{d}x = 0.$

（3）分部积分法公式为 $\int_a^b u\mathrm{d}v = uv\Big|_a^b - \int_a^b v\mathrm{d}u.$

五、反常积分

1）无穷限的反常积分

（1）定义。

$$\int_a^{+\infty} f(x)\mathrm{d}x = \lim_{b \to +\infty} \int_a^b f(x)\mathrm{d}x$$

$$\int_{-\infty}^b f(x)\mathrm{d}x = \lim_{a \to -\infty} \int_a^b f(x)\mathrm{d}x$$

$$\int_{-\infty}^{+\infty} f(x)\mathrm{d}x = \int_{-\infty}^{c} f(x)\mathrm{d}x + \int_{c}^{+\infty} f(x)\mathrm{d}x = \lim_{a \to -\infty} \int_{a}^{c} f(x)\mathrm{d}x + \lim_{b \to +\infty} \int_{c}^{b} f(x)\mathrm{d}x$$

上述极限存在，称反常积分收敛；只要有一个极限不存在，称反常积分发散.

（2）计算。

$$\int_{a}^{+\infty} f(x)\mathrm{d}x = F(x)\Big|_{a}^{+\infty} = F(+\infty) - F(a)$$

$$\int_{-\infty}^{b} f(x)\mathrm{d}x = F(x)\Big|_{-\infty}^{b} = F(b) - F(-\infty)$$

$$\int_{-\infty}^{+\infty} f(x)\mathrm{d}x = F(x)\Big|_{-\infty}^{+\infty} = F(+\infty) - F(-\infty)$$

2）无界函数的反常积分

（1）定义。

当 $\lim\limits_{x \to a^{+}} f(x) = \infty$ 时，$\int_{a}^{b} f(x)\mathrm{d}x = \lim\limits_{\varepsilon \to 0^{+}} \int_{a+\varepsilon}^{b} f(x)\mathrm{d}x$；

当 $\lim\limits_{x \to b^{-}} f(x) = \infty$ 时，$\int_{a}^{b} f(x)\mathrm{d}x = \lim\limits_{\varepsilon \to 0^{+}} \int_{a}^{b-\varepsilon} f(x)\mathrm{d}x$；

当 $\lim\limits_{x \to c} f(x) = \infty$ 时，$\int_{a}^{b} f(x)\mathrm{d}x = \int_{a}^{c} f(x)\mathrm{d}x + \int_{c}^{b} f(x)\mathrm{d}x$

$$= \lim_{\varepsilon \to 0^{+}} \int_{a}^{c-\varepsilon} f(x)\mathrm{d}x + \lim_{\varepsilon \to 0^{+}} \int_{c+\varepsilon}^{b} f(x)\mathrm{d}x.$$

上述极限存在，称反常积分收敛；只要有一个极限不存在，称反常积分发散.

无界函数反常积分 $\int_{a}^{b} f(x)\mathrm{d}x$ 也称为瑕积分，且称使 $f(x)$ 的极限为无穷的那个点为瑕点.

六、定积分的应用

1）平面图形的面积

（1）由曲线 $y = f(x)$、直线 $x = a$、$x = b(a < b)$、$y = 0$ 所围成的曲边梯形的面积 $S = \int_{a}^{b} |f(x)| \mathrm{d}x$；

（2）由两条曲线 $y = f(x)$ 与 $y = g(x)$、直线 $x = a$、$x = b(a < b)$ 所围成的平面图形的面积为 $S = \int_{a}^{b} |f(x) - g(x)| \mathrm{d}x$；

（3）由曲线 $x = \varphi(y)(\varphi(y) \geqslant 0)$ 与直线 $y = c$、$y = d(c < d)$ 及 $x = 0$ 轴所围成的曲边梯形的面积为 $S = \int_{c}^{d} \varphi(y)\mathrm{d}y$；

（4）如果在 $[c, d]$ 上总有 $\psi(y) \leqslant \varphi(y)$，则曲线 $\varphi(y)$ 与 $\psi(y)$ 所夹图形面积为 $S = \int_{c}^{d} [\varphi(y) - \psi(y)]\mathrm{d}y$.

2）旋转体的体积

（1）连续曲线 $y = f(x)$、直线 $x = a$、$x = b(a < b)$ 及 $y = 0$（x 轴）所围成的平面图形绕 x 轴旋转一周所得旋转体的体积为 $V_{x} = \int_{a}^{b} \pi [f(x)]^{2} \mathrm{d}x$；

（2）连续曲线 $x = \varphi(y)$、直线 $y = c$、$y = d(c < d)$ 及 $x = 0$（y 轴）所围成的平面图形绕 y 轴旋转一周所得旋转体的体积为 $V_y = \int_c^d \pi [\varphi(y)]^2 \mathrm{d}y$.

3）平行截面面积为已知的立体的体积

设立体定轴为 x 轴，在过点 $x = a$、$x = b(a < b)$ 且垂直于 x 轴的两平面之间，以 $A(x)$ 表示过点 x 且垂直于 x 轴的截面面积，则所求立体的体积为 $V = \int_a^b A(x)\mathrm{d}x$.

总习题五

一、选择题

1. $\int_0^1 \dfrac{1}{3 + 2x}\mathrm{d}x = ($　　　$)$.

A. $2\ln(3 + 2x)\Big|_3^5$

B. $\dfrac{1}{2}\ln(3 + 2x)\Big|_0^1$

C. $2\ln(3 + 2x)\Big|_0^1$

D. $\ln(3 + 2x)\Big|_0^2$

2. $\int_0^\pi \sin\phi \cos^3\phi \mathrm{d}\phi = ($　　　$)$.

A. $\dfrac{1}{4}\cos^4\phi\Big|_0^\pi$

B. $\dfrac{1}{4}\cos^3\phi\Big|_0^\pi$

C. $-\dfrac{1}{4}\cos^4\phi\Big|_0^\pi$

D. $-\dfrac{1}{4}\sin^4\phi\Big|_0^\pi$

3. 若 $\int_0^k (2x - 3x^2)\mathrm{d}x = 0$，则 $k = ($　　　$)$.

A. 0　　　　　　　　B. 1　　　　　　　　C. 0 或 1　　　　　　　　D. -1

4. 反常积分 $\int_{-\infty}^0 2^x \mathrm{d}x = ($　　　$)$.

A. $\dfrac{1}{\ln 2}$　　　　　　B. -1　　　　　　C. 1　　　　　　D. 发散

5. 由曲线 $y = x^2$ 与 $y = \sqrt{x}$ 所围成的平面图形的面积为（　　　）.

A. $\int_0^1 (x^2 - \sqrt{x})\mathrm{d}x$

B. $\int_0^1 (\sqrt{x} - x^2)\mathrm{d}x$

C. $\int_0^1 (x^2 + \sqrt{x})\mathrm{d}x$

D. $\int_0^1 (\sqrt{x} - x^2)^2\mathrm{d}x$

6. 曲线 $y = \mathrm{e}^{-x}$、$x = 0$、$x = 1$、$y = 0$ 所围成的平面图形绕 x 轴旋转所得立体体积为（　　　）.

A. $\pi(1 - \mathrm{e}^{-2})$

B. $2\pi(1 - \mathrm{e}^{-2})$

C. $\dfrac{\pi}{2}(1 - \mathrm{e}^{-2})$

D. $\pi \mathrm{e}^{-2}$

7. （2014 年广东专插本）已知 $\arctan x^2$ 是函数 $f(x)$ 的一个原函数，则下列结论中不正确的是（　　　）.

A. $f(x) = \dfrac{2x}{1 + x^4}$

B. 当 $x \to 0$ 时，$f(x)$ 和 x 是同阶无穷小

C. $\displaystyle\int_0^{+\infty} f(x)\,\mathrm{d}x = \dfrac{\pi}{2}$

D. $\displaystyle\int f(2x)\,\mathrm{d}x = \arctan 4x^2 + C$

8. （2017 年广东专插本）已知函数 $f(x)$ 在区间 $[0, 2]$ 上连续，且 $\displaystyle\int_0^2 xf(x)\,\mathrm{d}x = 4$，则 $\displaystyle\int_0^4 f(\sqrt{x})\,\mathrm{d}x = ($　　$)$.

A. 2　　　　　　B. 4　　　　　　C. 6　　　　　　D. 8

二、填空题

1. $\displaystyle\int_{-3}^3 \sqrt{9 - x^2}\,\mathrm{d}x = $ _____.

2. $\displaystyle\int_0^2 \sqrt{4 - x^2}\,\mathrm{d}x = $ _____.

3. $\dfrac{\mathrm{d}}{\mathrm{d}x}\displaystyle\int_x^b e^{t^2}\,\mathrm{d}t = $ _____.

4. $\dfrac{\mathrm{d}}{\mathrm{d}x}\displaystyle\int_a^b f(x)\,\mathrm{d}x = $ _____.

5. 设 a、b 为常数，则 $\dfrac{\mathrm{d}}{\mathrm{d}x}\displaystyle\int_a^b \sin x^2\,\mathrm{d}x = $ _____.

6. 设 $F(x) = \displaystyle\int_0^x \sin t^2\,\mathrm{d}t$，则 $F'(x) = $ _____；设 $F(x) = \displaystyle\int_0^x t\arctan t^2\,\mathrm{d}t$，则 $F'\left(\dfrac{\pi}{4}\right) = $ _____；设 $F(x) = \displaystyle\int_x^b \sin t^2\,\mathrm{d}t$，则 $F'\left(\sqrt{\dfrac{\pi}{3}}\right) = $ _____.

7. $\displaystyle\int_{-1}^2 |x|\,\mathrm{d}x = $ _____.

8. $\displaystyle\int_{-2}^2 \dfrac{\sin x}{(1 + x^2)x^4}\,\mathrm{d}x = $ _____.

9. $\displaystyle\int_{-\sqrt{2}}^{\sqrt{2}} x^2 \sin x\,\mathrm{d}x = $ _____.

10. $\displaystyle\int_0^1 \dfrac{\mathrm{d}x}{\sqrt{x}(1 + x)} = $ _____.

11. （2019 年广东专插本）已知 $\displaystyle\int_1^t f(x)\,\mathrm{d}x = t\sin\dfrac{\pi}{t}\ (t > 1)$，则 $\displaystyle\int_1^{+\infty} f(x)\,\mathrm{d}x = $ _____.

三、判断题

1. $\displaystyle\int_0^\pi \cos 2x\,\mathrm{d}x = \sin 2x\,\Big|_0^\pi$.　　　　　　　　　　　　　　　（　　）

2. $\displaystyle\int_0^{2\pi} |\sin x|\,\mathrm{d}x = \int_0^\pi \sin x\,\mathrm{d}x - \int_\pi^{2\pi} \sin x\,\mathrm{d}x$.　　　　（　　）

3. 由曲线 $y = 1 - x^2$、$y = 0$ 所围成的图形面积为 $S = \displaystyle\int_{-1}^1 (x^2 - 1)\,\mathrm{d}x$.　（　　）

4. 曲线 $y = x^2$ 与 $y^2 = 8x$ 所围成的平面图形绕 y 轴旋转所得旋转体体积为 $V = \int_0^2 \pi(x^2 - 8x)\mathrm{d}x$. 　　　　　　　　　　　　　　　　　　　　　（　　）

5. $\int_{-1}^1 \dfrac{x}{1 + x^2}\mathrm{d}x = 0$. 　　　　　　　　　　　　　　　　（　　）

四、计算题

1. 计算下列定积分：

(1) $\displaystyle\int_1^e \dfrac{(\ln x)^4}{x}\mathrm{d}x$；

(2) $\displaystyle\int_1^e \dfrac{1 + \ln x}{x}\mathrm{d}x$；

(3) $\displaystyle\int_0^{\sqrt{2}} x\mathrm{e}^{x^2}\mathrm{d}x$；

(4) $\displaystyle\int_{-1}^0 \dfrac{3x^4 + 3x^2 + 1}{1 + x^2}\mathrm{d}x$；

(5) $\displaystyle\int_1^4 \dfrac{\ln x}{\sqrt{x}}\mathrm{d}x$；

(6) $\displaystyle\int_0^1 x\mathrm{e}^{-x}\mathrm{d}x$；

(7) $\displaystyle\int_0^{\frac{\pi}{2}} x^2 \cos x\,\mathrm{d}x$；

(8) $\displaystyle\int_{\frac{\pi^2}{9}}^{\frac{\pi^2}{4}} \dfrac{\cos\sqrt{x}}{\sqrt{x}}\mathrm{d}x$；

(9) $\displaystyle\int_{-\pi}^{\pi} x^4 \sin^3 x\,\mathrm{d}x$；

(10) $\displaystyle\int_0^3 \sqrt{(2-x)^2}\,\mathrm{d}x$；

(11) $\displaystyle\lim_{x \to 0} \dfrac{\displaystyle\int_0^x (t + \sin t^2)\mathrm{d}t}{x^3 + x^2}$；

(12) $\displaystyle\lim_{x \to 0} \dfrac{\displaystyle\int_0^x 2t^4\mathrm{d}t}{\displaystyle\int_0^x t(t - \sin t)\mathrm{d}t}$；

(13) $\displaystyle\int_{-3}^3 (x + \sqrt{9 - x^2})\mathrm{d}x$；

(14) $\displaystyle\int_{-2}^2 (x + \sqrt{4 - x^2})^2\mathrm{d}x$；

(15) $\displaystyle\int_1^{e^2} \dfrac{\ln x}{\sqrt{x}}\mathrm{d}x$；

(16) $\displaystyle\int_0^1 \dfrac{\mathrm{e}^{2x}}{1 + \mathrm{e}^x}\mathrm{d}x$；

(17) $\displaystyle\int_{-1}^2 x\,|\,x - 1\,|\,\mathrm{d}x$；

(18) $\displaystyle\int_0^4 \,|\,x - 2\,|\,\mathrm{d}x$.

2. 【窗户的面积】曲线 $y = -x^2$ 与直线 $y = -0.64$ 所围成的平面图形是个弓形，求此弓形面积.

3. 【喇叭的体积】一喇叭可视为由曲线 $y = x^2$ 与直线 $x = 1$ 以及 x 轴所围成的平面图形绕 x 轴旋转所成的旋转体，求它的体积.

4. 【机器底座的体积】某人用计算机设计了一机器底座，它在第 Ⅰ 象限的平面图形由 $y = 8 - x^3$、$y = 2$ 以及 x 轴、y 轴围成，底座由此平面图形绕 y 轴旋转一周而成，求此底座的体积.

5. 求函数 $y = x + 1$ 在区间 $[0, 1]$ 上的平均值，并确定中值公式中的 ξ.

6. （2006 年广东专插本）已知函数 $f(x)$ 是 $g(x) = 5x^4 - 20x^3 + 15x^2$ 在 $(-\infty, +\infty)$ 上的一个原函数，且 $f(0) = 0$.

（1）求 $f(x)$；

（2）求 $f(x)$ 的单调区间和极值；

（3）求极限 $\displaystyle\lim_{x \to 0} \dfrac{\displaystyle\int_0^x \sin^4 t\,\mathrm{d}t}{f(x)}$.

7. （2008年广东专插本）设函数 $f(x)$ 在区间 $[0,1]$ 上连续，且 $0 < f(x) < 1$，判断方程 $2x - \int_0^x f(t)\mathrm{d}t = 1$ 在区间 $(0,1)$ 内有几个实根，并证明你的结论.

8. （2009年广东专插本）计算极限 $\lim\limits_{x \to 0}\left(\dfrac{1}{x^3}\int_0^x \mathrm{e}^{t^2}\mathrm{d}t - \dfrac{1}{x^2}\right)$.

9. （2010年广东专插本）求函数 $\varPhi(x) = \int_0^x t(t-1)\mathrm{d}t$ 的单调区间和极值.

10. （2010年广东专插本）已知 $\left(1 + \dfrac{2}{x}\right)^x$ 是函数 $f(x)$ 在区间 $(0, +\infty)$ 内的一个原函数，

（1）求 $f(x)$；

（2）计算 $\int_1^{+\infty} f(2x)\mathrm{d}x$.

11. （2011年广东专插本）设 $f(x) = \begin{cases} \dfrac{x^2}{1+x^2} & x > 0 \\ x\cos x & x \leqslant 0 \end{cases}$，计算定积分 $\int_{-\pi}^1 f(x)\mathrm{d}x$.

12. （2011年广东专插本）过坐标原点作曲线 $y = \mathrm{e}^x$ 的切线 l，切线 l 与曲线 $y = \mathrm{e}^x$ 及 y 轴围成的平面图形标记为 G，求

（1）切线 l 的方程；

（2）G 的面积；

（3）G 绕 x 轴旋转而成的旋转体的体积.

13. （2012年广东专插本）若当 $x \to 0$，函数 $f(x) = \int_0^x 2^{t^3 - 3t + a}\mathrm{d}t$ 与 x 是等价无穷小量，

（1）求常数 a 的值；

（2）证明：$\dfrac{1}{2} \leqslant f(2) \leqslant 8$.

14. （2015年广东专插本）已知 $f(x)$ 是定义在 $\mathbf{R}$ 上的单调递减可导函数，且 $f(1) = 2$，函数 $F(x) = \int_0^x f(t)\mathrm{d}t - x^2 - 1$.

（1）判别曲线 $y = F(x)$ 在 $\mathbf{R}$ 上的凹凸性，并说明理由；

（2）证明：方程 $F(x) = 0$ 在区间 $(0,1)$ 内有且仅有一个实根.

15. （2016年广东专插本）已知定义在区间 $[0, +\infty)$ 上的非负可导函数 $f(x)$ 满足

$$f^2(x) = \int_0^x \frac{1 + f^2(t)}{1 + t^2}\mathrm{d}t \quad (x \geqslant 0)$$

（1）判断函数 $f(x)$ 是否存在极值，并说明理由；

（2）求 $f(x)$.

16. （2017年广东专插本）设函数 $f(x) = \dfrac{1 + x}{\sqrt{1 + x^2}}$，

（1）求曲线 $y = f(x)$ 的水平渐近线方程；

（2）求 $y = f(x)$ 和直线 $x = 0$、$x = 1$ 及 $y = 0$ 围成的平面图形绕 x 轴旋转而成的旋转体的体积 V.

17. （2018年广东专插本）已知函数 $f(x) = \int_0^x \cos t^2 \mathrm{d}t$，

(1) 求 $f'(0)$；

(2) 判断函数 $f(x)$ 的奇偶性，并说明理由；

(3) 证明：当 $x > 0$ 时，$f(x) > x - \dfrac{(1+\lambda)x^3}{3\lambda}$，其中常数 $\lambda > 0$.

习题答案

第六章　微 分 方 程

　　知识目标：理解微分方程的概念，掌握可分离变量微分方程、一阶线性微分方程的解法，了解二阶常系数线性微分方程的通解公式.

　　技能目标：熟练掌握可分离变量微分方程的解法，掌握一阶线性齐次微分方程的解法，会用公式法或常数变异法求一阶线性非齐次微分方程的通解与特解，会用通解公式求二阶常系数齐次线性微分方程的通解，了解简单的二阶常系数非齐次线性微分方程的特解形式.

　　能力目标：会建立微分方程模型，培养学生解决实际问题的能力.

　　在诸多实际问题中，常常需要依据问题所涉及的变量与变量之间的函数关系，对其规律性进行探讨. 但变量之间的函数关系往往很难直接得到，而未知函数的导数或微分的关系式却比较容易建立，这种关系式就是所谓的微分方程. 通过求解微分方程，便可得到各变量之间的函数关系. 本章从具体实例出发给出微分方程的基本概念，介绍几种常用微分方程的求解方法以及微分方程的一些简单应用.

6.1　微分方程的概念

　　本节我们通过几何和力学中的具体实例来引入微分方程的基本概念.

　　引例 1　【曲线方程】已知某曲线经过点$(0,1)$，并且曲线上任意一点(x,y)处的切线斜率为$2x+1$，求该曲线方程$y=f(x)$.

　　解　根据导数的几何意义，有

$$\frac{\mathrm{d}y}{\mathrm{d}x}=2x+1 \text{ 或 } \mathrm{d}y=(2x+1)\mathrm{d}x \tag{6-1}$$

对式$(6-1)$两边积分，得

$$y=x^2+x+C \tag{6-2}$$

其中 C 为任意常数.

　　已知曲线经过点$(0,1)$，即曲线方程$y=f(x)$满足条件

$$f(0)=1 \text{ 或 } y|_{x=0}=1 \tag{6-3}$$

把式$(6-3)$代入式$(6-2)$，得$C=1$，故所求的曲线方程为

$$y=x^2+x+1 \tag{6-4}$$

　　引例 2　【自由落体运动】某物体在只受重力的作用下以v_0的初速度开始自由垂直降落，求自由落体的运动规律.

解 设自由落体运动的路程 s 随时间 t 变化的函数关系为 $s = s(t)$，根据导数的物理意义可知，路程 s 对时间 t 的二阶导数等于重力加速度 g，即

$$\frac{\mathrm{d}^2 s}{\mathrm{d}t^2} = g \tag{6-5}$$

在式(6-5)的两边对 t 积分一次，得

$$\frac{\mathrm{d}s}{\mathrm{d}t} = gt + C_1 \tag{6-6}$$

在式(6-6)的两边再对 t 积分，得

$$s = \frac{1}{2}gt^2 + C_1 t + C_2 \tag{6-7}$$

其中 C_1、C_2 为任意常数.

根据题意，函数 $s = s(t)$ 还需满足

$$s(0) = 0, \qquad \left.\frac{\mathrm{d}s}{\mathrm{d}t}\right|_{t=0} = v_0 \tag{6-8}$$

把 $s(0) = 0$ 代入式(6-7)，得 $C_2 = 0$，把 $\left.\dfrac{\mathrm{d}s}{\mathrm{d}t}\right|_{t=0} = v_0$ 代入式(6-6)，得 $C_1 = v_0$，故该物体的自由落体运动规律为

$$s = \frac{1}{2}gt^2 + v_0 t \tag{6-9}$$

上述两个引例中的关系式(6-1)、式(6-5)和式(6-6)都含有未知函数的导数.

定义 6-1 含有未知函数的导数或微分的方程称为微分方程. 微分方程中所出现的未知函数的导数的最高阶数，称为微分方程的阶.

例如，方程(6-1)是一阶微分方程，方程(6-5)是二阶微分方程. 又如，方程 $xy''' + x^2 y' - y^2 = 3$ 是三阶微分方程，方程 $y^{(4)} - y''' + 5y'' - 12y' + 10y = \sin 2x$ 是四阶微分方程.

n 阶微分方程的一般形式为

$$F(x, y, y', \cdots, y^{(n)}) = 0 \tag{6-10}$$

其中最高阶导数 $y^{(n)}$ 必须含有，而 $x, y, y', \cdots, y^{(n-1)}$ 可不含. 若能从式(6-10)中解出 $y^{(n)}$，则可得

$$y^{(n)} = f(x, y, y', \cdots, y^{(n-1)})$$

本书所遇到的微分方程都是可解出最高阶导数的方程.

定义 6-2 形如

$$a_0(x)y^{(n)} + a_1(x)y^{(n-1)} + \cdots + a_{n-1}(x)y' + a_n(x)y = f(x)$$

的方程称为线性微分方程，否则称为非线性微分方程.

如方程 $(1 + x^2)y'' = 2xy'$ 是线性微分方程，而方程 $y^3 y'' - 1 = 0$ 是非线性微分方程.

定义 6-3 代入微分方程后能使方程成为恒等式的函数称为微分方程的解. 如果微分方程的解中含有相互独立的任意常数，而且任意常数的个数与微分方程的阶数相同，则这样的解称为微分方程的通解. 通解中任意常数确定后的解称为微分方程的特解.

显然，函数关系式(6-2)和式(6-4)都是微分方程(6-1)的解，且分别是通解和特解；函数关系式(6-7)和式(6-9)也都是微分方程(6-5)的解，且分别是通解和特解.

注：上面所说的相互独立的任意常数，是指它们不能通过合并使得任意常数的个数减

少. 例如，式(6-7)中含有的两个任意常数 C_1、C_2，并不能将其合并成一个常数，这时称 C_1、C_2 是相互独立的. 而函数 $y = C_1 e^x + C_2 e^x = (C_1 + C_2)e^x = Ce^x$，显然 C_1、C_2 不是相互独立的.

例 6-1 验证函数 $y = C_1 e^x + C_2 e^{-x}$ 为微分方程 $y'' - y = 0$ 的通解.

解 首先验证函数是微分方程的解. 对 $y = C_1 e^x + C_2 e^{-x}$ 分别求一阶导数和二阶导数，得

$$y' = C_1 e^x - C_2 e^{-x}$$
$$y'' = C_1 e^x + C_2 e^{-x}$$

将 y 及 y'' 代入方程 $y'' - y = 0$ 中，得

$$y'' - y = (C_1 e^x + C_2 e^{-x}) - (C_1 e^x + C_2 e^{-x}) \equiv 0$$

所以函数 $y = C_1 e^x + C_2 e^{-x}$ 是微分方程的解. 又因为解中含有两个相互独立的任意常数，与微分方程的阶数相同，故函数 $y = C_1 e^x + C_2 e^{-x}$ 是微分方程的通解.

许多实际问题都要求寻找满足某些附加条件的解. 此时，这些附加条件就可以用来确定通解中的任意常数，这类附加条件称为初始条件. 例如，式(6-3)和式(6-8)分别是微分方程(6-1)和(6-5)的初始条件.

一般地，一阶微分方程 $y' = f(x, y)$ 的初始条件为

$$y \mid_{x=x_0} = y_0$$

其中 x_0 和 y_0 都是已知常数.

二阶微分方程 $y'' = f(x, y, y')$ 的初始条件为

$$y \mid_{x=x_0} = y_0, \quad y' \mid_{x=x_0} = y'_0$$

其中 x_0、y_0 和 y'_0 都是已知常数.

求微分方程满足初始条件的问题称为微分方程的初值问题. 例如，一阶微分方程的初值问题记作

$$\begin{cases} y' = f(x, y) \\ y \mid_{x=x_0} = y_0 \end{cases}$$

微分方程在社会生产实践中是我们解决许多实际问题的有力工具. 现将解决实际问题的方法步骤归纳如下：

(1) 建立反映实际问题的微分方程；

(2) 按实际问题写出初始条件；

(3) 求微分方程的通解；

(4) 由初始条件确定所求的特解.

例 6-2 【刹车制动问题】列车在直线轨道上以 20 m/s 的速度行驶，制动时列车的加速度为 -0.4 m/s^2，问制动后多长时间列车才能停下？这段时间内列车行驶了多少米？

解 设列车制动后 t 秒行驶了 s 米. 由题意知，初始条件 $v(0) = 20$，$s(0) = 0$，制动后列车行驶的加速度等于 -0.4 m/s^2，即

$$\frac{\mathrm{d}^2 s}{\mathrm{d}t^2} = -0.4$$

方程两边同时积分，得速度为

$$v(t) = \frac{\mathrm{d}s}{\mathrm{d}t} = -0.4t + C_1$$

再积分一次，得

$$s(t) = -0.2t^2 + C_1 t + C_2$$

将初始条件 $v(0) = 20$、$s(0) = 0$ 代入 $v(t)$ 和 $s(t)$，得 $C_1 = 20$，$C_2 = 0$.

因此制动后列车的速度方程和运动方程分别为

$$v(t) = -0.4t + 20$$

$$s(t) = -0.2t^2 + 20t$$

令 $v(t) = 0$，得 $0 = -0.4t + 20$，所以列车从开始制动到停住所需的时间为

$$t = \frac{20}{0.4} = 50 \text{ (s)}$$

把 $t = 50$ 代入 $s(t)$，得列车制动后行驶的路程为

$$s = -0.2 \times 50^2 + 20 \times 50 = 500 \text{ (m)}$$

 习题 6.1

1. 下列等式中，哪些是微分方程？哪些不是微分方程？若是微分方程，指出微分方程的阶数.

(1) $x^2 y' + x + y = 0$；

(2) $xy + e^y = e^x$；

(3) $xy''' + 2y'' + x^2 y = 0$；

(4) $y^{(4)} = \sin x$；

(5) $2x^2 y - xy^2 + y^4 = 0$；

(6) $\mathrm{d}x + xy\,\mathrm{d}y = y^2\,\mathrm{d}x + y\,\mathrm{d}y$.

2. 指出下列微分方程的阶数，并说明是线性的还是非线性的：

(1) $\dfrac{\mathrm{d}y}{\mathrm{d}x} = 3y + x^2$；

(2) $y'' - yy' = 2x + \sin x$；

(3) $y^3 \dfrac{\mathrm{d}^2 y}{\mathrm{d}x^2} + 1 = 0$；

(4) $y^{(4)} - 3y'' + 2y = e^x$.

3. 判断下列函数是否为所给微分方程的解. 若是解，指出是通解还是特解.

(1) $y'' + y = 0$，$y = 3\sin x - 4\cos x$；

(2) $y'' - 2y' + y = 0$，$y = x^2 e^x$；

(3) $(x - 2y)y' = 2x - y$，$x^2 - xy + y^2 = C$；

(4) $y'' - (\lambda_1 + \lambda_2)y' + \lambda_1 \lambda_2 y = 0$，$y = C_1 e^{\lambda_1 x} + C_2 e^{\lambda_2 x}$.

4. 已知曲线上任意点 (x, y) 处的切线斜率为该点横坐标的倒数，且曲线经过点 $(1, 1)$，求该曲线方程.

5. 据估计，某小镇从现在起的 t 月内，人口将按每月 $4 + 5t^{\frac{2}{3}}$ 的变化率增长. 如果当时的人口为 10 000 人，8 个月后的人口数为多少？

6.2 一阶微分方程

本节将介绍两种一阶微分方程的解法及简单的应用.

一、可分离变量的微分方程

我们把形如

$$\frac{\mathrm{d}y}{\mathrm{d}x} = f(x)g(y) \qquad\qquad (6-11)$$

的微分方程称为可分离变量的微分方程. 该方程的特点是: 等式左边是未知函数的导数 $\frac{\mathrm{d}y}{\mathrm{d}x}$, 等式右边可以分解成两个函数之积, 其中一个是只关于变量 x 的函数, 另一个是只关于变量 y 的函数. 根据方程的特点, 我们可以通过对方程进行适当变形后直接积分的方法来求解.

设 $g(y) \neq 0$, 式(6-11)的两边同时乘以 $\frac{1}{g(y)}\mathrm{d}x$, 得

$$\frac{1}{g(y)}\mathrm{d}y = f(x)\mathrm{d}x \qquad\qquad (6-12)$$

对式(6-12)两边同时积分, 得

$$\int \frac{1}{g(y)}\mathrm{d}y = \int f(x)\mathrm{d}x$$

设 $G(y)$ 和 $F(x)$ 分别为 $\frac{1}{g(y)}$ 和 $f(x)$ 的原函数, 则有

$$G(y) = F(x) + C \qquad\qquad (6-13)$$

式(6-13)即为微分方程(6-11)的通解. 当 $g(y_0) = 0$ 时, 易知 $y = y_0$ 也是微分方程(6-11)的解.

例 6-3 求微分方程 $y' = 2xy$ 满足初始条件 $y\mid_{x=0} = 1$ 的特解.

解 微分方程即为

$$\frac{\mathrm{d}y}{\mathrm{d}x} = 2xy$$

当 $y \neq 0$ 时, 分离变量, 得

$$\frac{1}{y}\mathrm{d}y = 2x\mathrm{d}x$$

两边积分, 得

$$\ln\mid y\mid = x^2 + C_1$$

即 $y = \pm\,\mathrm{e}^{x^2+C_1} = \pm\,\mathrm{e}^{C_1} \cdot \mathrm{e}^{x^2}$. 令 $\pm\,\mathrm{e}^{C_1} = C$, 得通解为

$$y = C\mathrm{e}^{x^2} \quad (C \text{ 为不等于 } 0 \text{ 的任意常数}) \qquad (6-14)$$

显然, $y = 0$ 也是微分方程的解. 如果允许式(6-14)中 C 取 0 值, 则 $y = 0$ 包含在其中. 因此, 题设方程的通解为

$$y = C\mathrm{e}^{x^2} \quad (C \text{ 为任意常数})$$

将 $y\mid_{x=0} = 1$ 代入通解中, 得 $C = 1$, 因此所求特解为 $y = \mathrm{e}^{x^2}$.

例 6-4 【镭的衰变】镭的衰变规律是: 衰变速度与它的现存量 R 成正比. 由经验材料得知, 镭经过 1600 年后, 剩余量为原始量 R_0 的一半. 试求镭的量 R 与时间 t 的函数关系.

解 (1) 建立微分方程. 设镭的量 R 与时间 t 的函数关系为 $R = R(t)$, 根据题意可建立微分方程

$$\frac{\mathrm{d}R}{\mathrm{d}t} = -\lambda R$$

其中 $\lambda(\lambda > 0)$ 是常数, 叫做衰变系数. λ 前面加负号是由于 R 随着 t 的增加而单调递减, 即

$\dfrac{\mathrm{d}R}{\mathrm{d}t} < 0$ 的缘故.

（2）求微分方程的通解. 方程为可分离变量的微分方程，用分离变量法求方程的通解. 分离变量，得

$$\frac{\mathrm{d}R}{R} = -\lambda \mathrm{d}t$$

两边积分，得

$$\int \frac{\mathrm{d}R}{R} = -\int \lambda \mathrm{d}t$$

用 $\ln C$ 表示任意常数，考虑到 $R > 0$，得积分结果

$$\ln R = -\lambda t + \ln C$$

即

$$R = C\mathrm{e}^{-\lambda t}$$

（3）求微分方程的特解. 根据题意，函数 $R = R(t)$ 还满足

$$R\big|_{t=0} = R_0$$

把初始条件代入通解，得 $C = R_0$，故有 $R = R_0 \mathrm{e}^{-\lambda t}$.

衰变系数 λ 可用另一初始条件求得. 把 $R(1600) = \dfrac{1}{2}R_0$ 代入 $R = R_0 \mathrm{e}^{-\lambda t}$，得

$$\frac{1}{2}R_0 = R_0 \mathrm{e}^{-1600\lambda}$$

解得

$$\lambda = \frac{\ln 2}{1600} \approx 0.000\ 433$$

所以镭的量 R 与时间 t 的函数关系为

$$R = R_0 \mathrm{e}^{-\frac{\ln 2}{1600}t} \approx R_0 \mathrm{e}^{-0.000\ 433t}$$

二、一阶线性微分方程

我们把形如

$$\frac{\mathrm{d}y}{\mathrm{d}x} + p(x)y = q(x) \tag{6-15}$$

的方程称为一阶线性微分方程. 当 $q(x) \equiv 0$ 时，方程

$$\frac{\mathrm{d}y}{\mathrm{d}x} + p(x)y = 0 \tag{6-16}$$

称为一阶线性齐次微分方程；当 $q(x) \neq 0$ 时，方程（6-15）称为一阶线性非齐次微分方程.

一阶线性齐次微分方程（6-16）是可分离变量的微分方程，可用分离变量法求其通解. 分离变量，得

$$\frac{\mathrm{d}y}{y} = -p(x)\mathrm{d}x$$

两边积分，得

$$\ln|y| = -\int p(x)\mathrm{d}x + \ln C$$

由此得到方程(6-16)的通解为

$$y = C e^{-\int p(x)\mathrm{d}x} \tag{6-17}$$

现在求一阶线性非齐次微分方程(6-15)的通解. 上面已求得方程(6-15)对应的齐次方程(6-16)的通解(6-17), 其中 C 为常数. 方程(6-15)和方程(6-16)在形式上相似, 可猜想其解也有某种联系, 可设一阶线性非齐次微分方程(6-15)的通解为

$$y = u(x) e^{-\int p(x)\mathrm{d}x} \tag{6-18}$$

即把式(6-17)中的常数 C 换成未知函数 $u(x)$. 若把式(6-18)代入式(6-15)能求出 $u(x)$, 则方程(6-15)的通解就找到了. 因此, 对式(6-18)求导, 得

$$\frac{\mathrm{d}y}{\mathrm{d}x} = u'(x) e^{-\int p(x)\mathrm{d}x} - u(x) p(x) e^{-\int p(x)\mathrm{d}x} \tag{6-19}$$

把式(6-18)和式(6-19)代入方程(6-15), 得

$$u'(x) e^{-\int p(x)\mathrm{d}x} - u(x) p(x) e^{-\int p(x)\mathrm{d}x} + u(x) p(x) e^{-\int p(x)\mathrm{d}x} = q(x)$$

即

$$u'(x) e^{-\int p(x)\mathrm{d}x} = q(x)$$

亦即

$$u'(x) = q(x) e^{\int p(x)\mathrm{d}x}$$

两端积分, 得

$$u(x) = \int q(x) e^{\int p(x)\mathrm{d}x} \mathrm{d}x + C \tag{6-20}$$

把式(6-20)代入式(6-18), 得方程(6-15)的通解为

$$y = e^{-\int p(x)\mathrm{d}x}\left[\int q(x) e^{\int p(x)\mathrm{d}x} \mathrm{d}x + C\right] \quad (C\text{ 为任意常数}) \tag{6-21}$$

公式(6-21)即为一阶线性非齐次微分方程(6-15)的通解公式. 上述求该通解公式的方法称为常数变易法.

例 6-5 求微分方程 $\dfrac{\mathrm{d}y}{\mathrm{d}x} + 2y = 5e^{-x}$ 的通解.

解 **解法一** 题设方程为一阶线性非齐次微分方程, 先求其对应的齐次方程 $\dfrac{\mathrm{d}y}{\mathrm{d}x} + 2y = 0$ 的通解, 用分离变量法可求得 $\dfrac{\mathrm{d}y}{\mathrm{d}x} + 2y = 0$ 的通解为 $y = C e^{-2x}$.

用常数变易法求题设方程的通解. 设题设方程的通解为

$$y = u(x) e^{-2x} \tag{6-22}$$

对式(6-22)求导, 得

$$\frac{\mathrm{d}y}{\mathrm{d}x} = u'(x) e^{-2x} - 2u(x) e^{-2x} \tag{6-23}$$

把式(6-22)和式(6-23)代入题设方程并整理, 得

$$u'(x) e^{-2x} = 5e^{-x}$$

即

$$u'(x) = 5e^{x} \tag{6-24}$$

对式(6-24)两端积分,得

$$u(x) = 5e^x + C \qquad (6-25)$$

把式(6-25)代入式(6-22),得到题设方程的通解为

$$y = e^{-2x}(5e^x + C)$$

解法二 题设方程为一阶线性非齐次微分方程,这里 $p(x) = 2$,$q(x) = 5e^{-x}$. 由一阶线性非齐次微分方程的通解公式(6-21)得

$$y = e^{-\int 2dx}\left(\int 5e^{-x}e^{\int 2dx}dx + C\right)$$

故题设方程的通解为

$$y = e^{-2x}(5e^x + C)$$

例 6-6 【电容器充电规律】如图 6-1 所示的 RC 电路,已知在开关 S 合上前电容 C 上没有电荷,电容 C 两端的电压为零,电源电压为 E. 把开关合上后,电源对电容充电,电容 C 上的电压 u_c 逐渐升高,求电压 u_c 随时间 t 变化的规律.

解 (1)建立微分方程. 根据回路电压定律,电容 C 上的电压 u_c 与电阻 R 上的电压 Ri 之和等于电源电压 E,即

$$u_c + Ri = E$$

电容充电时,电容 C 上的电荷 Q 逐渐增加,且根据电容的性质,Q 与 u_c 之间的关系为

$$Q = Cu_c$$

故

$$i = \frac{dQ}{dt} = \frac{d(Cu_c)}{dt} = C\frac{du_c}{dt}$$

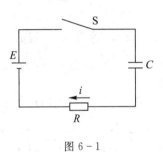

图 6-1

从而得到 $u_c(t)$ 所满足的微分方程为

$$u_c + RC\frac{du_c}{dt} = E$$

即

$$\frac{du_c}{dt} + \frac{1}{RC}u_c = \frac{E}{RC} \qquad (6-26)$$

(2)求微分方程的通解. 式(6-26)是一阶线性非齐次微分方程,其中 R、C、E 都是常数,$p(t) = \frac{1}{RC}$,$q(t) = \frac{E}{RC}$. 由一阶线性非齐次微分方程的通解公式(6-21)得

$$u_c = e^{-\int \frac{1}{RC}dt}\left(\int \frac{E}{RC}e^{\int \frac{1}{RC}dt}dt + C_0\right)$$

其中 C_0 为任意常数. 化简整理得微分方程的通解为

$$u_c = E + C_0 e^{-\frac{t}{RC}} \qquad (6-27)$$

(3)求微分方程的特解. 把初始条件 $u_c|_{t=0} = 0$ 代入通解公式(6-27)中,得 $C_0 = -E$,故

$$u_c = E(1 - e^{-\frac{t}{RC}}) \qquad (6-28)$$

式(6-28)就是电压 u_c 随时间 t 的变化规律,即电容器的充电规律. 由图 6-2 可以看出,充电时 u_c 随着时间 t 的增加越来越接近于电源电压 E.

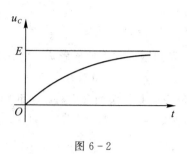

图 6 - 2

习题 6.2

1. 求下列微分方程的通解：

(1) $\dfrac{\mathrm{d}y}{\mathrm{d}x} = \cos x$；

(2) $\dfrac{\mathrm{d}y}{\mathrm{d}x} = 2^{x+y}$；

(3) $y' = 2xy^2$；

(4) $xy' - y\ln y = 0$；

(5) $x^2 + 5x - 3y' = 0$；

(6) $y(1+x^2)\mathrm{d}y + x(1+y^2)\mathrm{d}x = 0$.

2. 求下列微分方程的通解：

(1) $\dfrac{\mathrm{d}y}{\mathrm{d}x} + 2xy = 4x$；

(2) $\dfrac{\mathrm{d}y}{\mathrm{d}x} + y = \mathrm{e}^{-x}$；

(3) $y' - \dfrac{y}{x} = \ln x$；

(4) $y' + \dfrac{y}{x} = \sin x$；

(5) $y' + y\cos x = \mathrm{e}^{-\sin x}$；

(6) $xy' + y = x^2 + 3x + 2$.

3. 求解下列初值问题：

(1) $x\mathrm{d}y + 2y\mathrm{d}x = 0$，$y\,|_{x=2} = 1$；

(2) $y' - y = 2x\mathrm{e}^{2x}$，$y\,|_{x=0} = 1$.

4. 填空题：

(1)（2008 年广东专插本）微分方程 $\dfrac{\mathrm{d}y}{\mathrm{d}x} - \dfrac{x}{1+x^2} = 0$ 的通解为 _____.

(2)（2009 年广东专插本）函数 $f(x)$ 满足 $f'(x) = f(x) + 1$，且 $f(0) = 0$，则 $f(x) =$ _____.

(3)（2015 年广东专插本）微分方程 $y' - xy = 0$ 满足初始条件 $y\,|_{x=0} = 1$ 的特解为 $y =$ _____.

(4)（2018 年广东专插本）微分方程 $x^2\mathrm{d}y = y\mathrm{d}x$ 满足初始条件 $y\,|_{x=1} = 1$ 的特解为 $y =$ _____.

5.（2006 年广东专插本）求微分方程 $y'\tan x = y\ln y$ 满足初始条件 $y\,|_{x=\frac{\pi}{6}} = \mathrm{e}$ 的特解.

6.（2008 年广东专插本）求微分方程 $y' + y\cos x = \mathrm{e}^{-\sin x}$ 满足初始条件 $y\,|_{x=0} = 2$ 的特解.

7.（2010 年广东专插本）求微分方程 $\dfrac{\mathrm{d}y}{\mathrm{d}x} + \dfrac{y}{x} = \sin x$ 的通解.

8.（2014 年广东专插本）求微分方程 $(1+x^2)\mathrm{d}y - (x - x\sin^2 y)\mathrm{d}x = 0$ 满足初始条件 $y\,|_{x=0} = 0$ 的特解.

9. 设某物体的温度为 $100℃$，将其放置在空气温度为 $20℃$ 的环境中冷却. 根据冷却定律：物体温度的变化率与物体温度和当时空气温度之差成正比(比例系数为 $k>0$)，求物体的温度 T 与时间 t 的函数关系.

10. 已知在图 6-3 所示的 RC 电路中，电容 C 的初始电压为 u_0，开关 S 闭合后，电容就开始放电. 求开关 S 闭合后电路中电流强度 i 的变化规律.

11. 已知曲线上每一点处的切线斜率等于该点的横坐标与纵坐标之和，求经过点 $(0,-1)$ 的曲线方程.

12. 设质量为 m 的降落伞从飞机上下落后，所受空气阻力与速度成正比，并设降落伞离开飞机时 $(t=0)$ 的速度为零，求降落伞下落的速度与时间的函数关系.

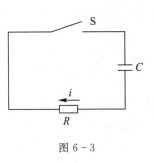

图 6-3

6.3　二阶常系数线性微分方程

本节主要讨论二阶常系数线性微分方程及其解法.

引例 3　【潜水艇下沉问题】质量为 m 的潜水艇从水面由静止状态下沉，所受阻力与下沉速度成正比(比例系数为 k 的常数). 试求潜水艇下沉深度 s 与时间 t 的函数关系式.

解　潜水艇下沉过程中所受的力有重力、水对潜艇的浮力及下沉时遇到的阻力. 前两个力都是常量，其合力称为下沉力，即下沉力 $F=$ 重力 $-$ 浮力；下沉时遇到的阻力大小为 $k\dfrac{\mathrm{d}s}{\mathrm{d}t}$.

由牛顿第二定律，有

$$m\frac{\mathrm{d}^2 s}{\mathrm{d}t^2}=F-k\frac{\mathrm{d}s}{\mathrm{d}t}$$

即

$$m\frac{\mathrm{d}^2 s}{\mathrm{d}t^2}+k\frac{\mathrm{d}s}{\mathrm{d}t}=F$$

所求潜水艇下沉深度 s 与时间 t 的函数关系即为方程 $m\dfrac{\mathrm{d}^2 s}{\mathrm{d}t^2}+k\dfrac{\mathrm{d}s}{\mathrm{d}t}=F$ 满足初始条件

$$s\big|_{t=0}=0$$

$$\frac{\mathrm{d}s}{\mathrm{d}t}\Big|_{t=0}=0$$

的解.

引例 3 中建立的微分方程就是二阶常系数线性微分方程. 一般地，我们把形如

$$y''+py'+qy=f(x)\quad(p、q\ 为常数) \tag{6-29}$$

的方程称为二阶常系数线性微分方程. 当 $f(x)\neq 0$ 时，方程 (6-29) 称为二阶常系数非齐次线性微分方程；当 $f(x)\equiv 0$ 时，方程 (6-29) 为

$$y''+py'+qy=0 \tag{6-30}$$

称为二阶常系数齐次线性微分方程.

一、二阶常系数齐次线性微分方程

定义 6-4　设 $y_1(x)$、$y_2(x)$ 是定义在区间 I 上的两个函数，如果存在两个不全为零的

常数 k_1、k_2，使得在区间 I 内恒有

$$k_1 y_1(x) + k_2 y_2(x) \equiv 0$$

则称这两个函数在区间 I 内线性相关，否则称为线性无关.

根据上述定义可知，两个函数是否线性相关，主要看它们的比是否为常数. 如果比为常数，则它们线性相关，否则线性无关. 例如，因为 $\dfrac{3\mathrm{e}^{2x}}{\mathrm{e}^{2x}} = 3$，所以 $3\mathrm{e}^{2x}$ 与 e^{2x} 是线性相关的；因为 $\dfrac{\sin 2x}{2\sin x} = \cos x$，所以 $\sin 2x$ 与 $2\sin x$ 是线性无关的.

定理 6-1 若 y_1、y_2 是二阶常系数齐次线性微分方程(6-30)的两个解，则 $y = C_1 y_1 + C_2 y_2$ 也是方程(6-30)的解；如果 y_1 与 y_2 线性无关，则 $y = C_1 y_1 + C_2 y_2$ 是方程(6-30)的通解.

证明 将 $y = C_1 y_1 + C_2 y_2$ 代入方程(6-30)的左端，有

$$(C_1 y_1 + C_2 y_2)'' + p(C_1 y_1 + C_2 y_2)' + q(C_1 y_1 + C_2 y_2)$$
$$= C_1 y_1'' + C_2 y_2'' + pC_1 y_1' + pC_2 y_2' + qC_1 y_1 + qC_2 y_2$$
$$= C_1(y_1'' + py_1' + qy) + C_2(y_2'' + py_2' + qy_2) = 0$$

所以 $y = C_1 y_1 + C_2 y_2$ 是方程(6-30)的解. 由于 y_1 与 y_2 线性无关，因此 $C_1 y_1$ 与 $C_2 y_2$ 不能合并成一项，即 C_1、C_2 是两个独立的任意常数，故 $y = C_1 y_1 + C_2 y_2$ 是方程(6-30)的通解.

由上述定理可知，求二阶常系数齐次线性微分方程(6-30)的通解，只需先求两个线性无关的特解再组合即可. 下面讨论方程(6-30)的两个特解的求法.

从方程(6-30)的形式上看，它的特点是：y''、y' 和 y 各乘以常数因子后相加等于零. 如果能找到一个函数 y，使得与 y'' 和 y' 之间只相差一个常数，这样的函数就有可能是方程(6-30)的特解. 我们知道在初等函数中，指数函数 e^{rx} 具有上述特征，因此不妨假设 $y = \mathrm{e}^{rx}$ 是方程(6-30)的特解，其中 r 为待定常数. 将 $y = \mathrm{e}^{rx}$、$y' = r\mathrm{e}^{rx}$、$y'' = r^2 \mathrm{e}^{rx}$ 代入方程(6-30)，得

$$\mathrm{e}^{rx}(r^2 + pr + q) = 0$$

因为 $\mathrm{e}^{rx} \neq 0$，故有

$$r^2 + pr + q = 0 \tag{6-31}$$

由此可见，如果 r 是二次方程 $r^2 + pr + q = 0$ 的根，则 $y = \mathrm{e}^{rx}$ 就是方程(6-30)的特解. 这样，齐次方程(6-30)的求解问题就转化为代数方程(6-31)的求根问题. 在方程(6-31)中，r^2、r 的系数及常数项恰好依次是微分方程(6-30)中 y''、y' 和 y 的系数. 我们称方程(6-31)为微分方程(6-30)的特征方程，特征方程的两个根 r_1、r_2 称为特征根. 由初等代数的知识可知，特征方程(6-31)的特征根 r_1、r_2 可以由公式

$$r_{1,2} = \frac{-p \pm \sqrt{p^2 - 4q}}{2}$$

给出. 下面分三种情形进行讨论：

1. 特征方程有两个不相等的实根

当 $p^2 - 4q > 0$ 时，特征方程 $r^2 + pr + q = 0$ 有两个不相等的实根 r_1、r_2，此时 $y_1 = \mathrm{e}^{r_1 x}$ 和 $y_2 = \mathrm{e}^{r_2 x}$ 是方程(6-30)的两个线性无关的特解. 由定理 6-1 可知，齐次方程(6-30)的通解为

$$y = C_1 e^{r_1 x} + C_2 e^{r_2 x} \quad (C_1 、 C_2 \text{ 为任意常数})$$

2. 特征方程有两个相等的实根

当 $p^2 - 4q = 0$ 时，特征方程 $r^2 + pr + q = 0$ 有两个相等的实根，即 $r_1 = r_2 = -\dfrac{p}{2}$，此时可得到方程(6-30)的一个特解 $y = e^{r_1 x}$. 容易验证 $y = x e^{r_1 x}$ 也是方程(6-30)的一个特解，且 $y_1 = e^{r_1 x}$ 与 $y_2 = x e^{r_1 x}$ 是线性无关的. 由定理 6-1 可知，齐次方程(6-30)的通解为

$$y = (C_1 + C_2 x) e^{r_1 x} \quad (C_1 、 C_2 \text{ 为任意常数})$$

3. 特征方程有一对共轭复根

当 $p^2 - 4q < 0$ 时，特征方程 $r^2 + pr + q = 0$ 有一对共轭复根，即 $r_1 = \alpha + i\beta, r_2 = \alpha - i\beta$（其中 α 与 β 是实数，且 $\beta \neq 0$）. 容易验证，$y_1 = e^{\alpha x} \cos\beta x$、$y_2 = e^{\alpha x} \sin\beta x$ 是方程(6-30)的两个线性无关的特解，故齐次方程(6-30)的通解为

$$y = e^{\alpha x}(C_1 \cos\beta x + C_2 \sin\beta x) \quad (C_1 、 C_2 \text{ 为任意常数})$$

求二阶常系数齐次线性微分方程 $y'' + py' + qy = 0$ 的通解的步骤如下：

第一步，写出微分方程的特征方程 $r^2 + pr + q = 0$；

第二步，求出特征方程的特征根 $r_1 、 r_2$；

第三步，对照特征根在表 6-1 中的情形写出对应形式的微分方程的通解.

表 6-1　微分方程的通解

特征方程 $r^2 + pr + q = 0$ 的两个根 $r_1 、 r_2$	微分方程 $y'' + py' + qy = 0$ 的通解
两个不相等的实根 $r_1 、 r_2$	$y = C_1 e^{r_1 x} + C_2 e^{r_2 x}$
两个相等的实根 $r_1 = r_2$	$y = (C_1 + C_2 x) e^{r_1 x}$
一对共轭复根 $r_1 = \alpha + i\beta, r_2 = \alpha - i\beta$	$y = e^{\alpha x}(C_1 \cos\beta x + C_2 \sin\beta x)$

例 6-7　求微分方程 $y'' + 3y' + 2y = 0$ 的通解.

解　题设微分方程的特征方程为

$$r^2 + 3r + 2 = 0$$

其特征根为 $r_1 = -1, r_2 = -2$，因此通解为

$$y = C_1 e^{-x} + C_2 e^{-2x} \quad (C_1 、 C_2 \text{ 为任意常数})$$

例 6-8　求微分方程 $y'' - 6y' + 9y = 0$ 的通解.

解　题设微分方程的特征方程为

$$r^2 - 6r + 9 = 0$$

其特征根为 $r_1 = r_2 = 3$，因此通解为

$$y = (C_1 + C_2 x) e^{3x} \quad (C_1 、 C_2 \text{ 为任意常数})$$

例 6-9　求微分方程 $y'' - 4y' + 5y = 0$ 的通解.

解　题设微分方程的特征方程为

$$r^2 - 4r + 5 = 0$$

其特征根为 $r_1 = 2 + i, r_2 = 2 - i$，因此通解为

$$y = e^{2x}(C_1 \cos x + C_2 \sin x) \quad (C_1 、 C_2 \text{ 为任意常数})$$

二*、二阶常系数非齐次线性微分方程

定理 6-2　若 y^* 是二阶常系数非齐次线性微分方程(6-29)的一个特解，$\bar{y}$ 是方程

(6 - 29) 对应的齐次线性微分方程(6 - 30) 的通解，则非齐次线性微分方程(6 - 29) 的通解为

$$y = \bar{y} + y^*$$

证明 把 $y = \bar{y} + y^*$ 代入方程(6 - 29) 的左端，得

$$y'' + py' + qy = (\bar{y} + y^*)'' + p(\bar{y} + y^*)' + q(\bar{y} + y^*)$$
$$= [(\bar{y})'' + p(\bar{y})' + q\bar{y}] + [(y^*)'' + p(y^*)' + qy^*] = f(x)$$

故 $y = \bar{y} + y^*$ 是方程(6 - 29) 的解. 又因为 $\bar{y}$ 中含有两个相互独立的任意常数，所以 $y = \bar{y} + y^*$ 是方程(6 - 29) 的通解.

根据定理6-2可知，求方程(6-29) 的通解，只需求出它的一个特解和对应齐次方程的通解，再将两个解相加就可得到方程(6-29) 的通解. 前面我们已经介绍了求二阶常系数齐次线性微分方程通解的方法，接下来要解决的问题是如何求二阶常系数非齐次线性微分方程(6-29) 的一个特解.

方程(6-29) 的特解的形式与右端的自由项 $f(x)$ 有关，这里仅就 $f(x)$ 的两种简单的形式来讨论方程(6-29) 的特解 y^* 的求法.

1. $f(x) = P_m(x)e^{\lambda x}$ 型

$f(x) = P_m(x)e^{\lambda x}$ 型时，$P_m(x)$ 为 m 次多项式，λ 为常数. 此时，可以证明方程(6-29) 具有形如 $y^* = x^k Q_m(x)e^{\lambda x}$ 的特解，其中 $Q_m(x)$ 是与 $P_m(x)$ 同次的多项式，而 k 按 λ 不是特征方程的根、是特征方程的单根或是特征方程的二重根依次取为 0、1 或 2.

注: m 次多项式的一般形式为 $a_0 x^m + a_1 x^{m-1} + \cdots + a_{m-1} x + a_m$，其中 $a_0 \neq 0$.

例 6 - 10 求微分方程 $y'' - 3y' + 2y = xe^{2x}$ 的一个特解.

解 题设方程对应的齐次方程为

$$y'' - 3y' + 2y = 0$$

其特征方程为

$$r^2 - 3r + 2 = 0$$

特征根为 $r_1 = 1$，$r_2 = 2$. 由于题设方程的 $f(x) = xe^{2x}$ 中的 $P_m(x) = x$ 是一次多项式，$\lambda = 2$ 是特征方程的单根，故可设题设方程的特解为

$$y^* = x(ax + b)e^{2x}$$

则有

$$(y^*)' = (2ax^2 + 2ax + 2bx + b)e^{2x}$$
$$(y^*)'' = (4ax^2 + 8ax + 4bx + 2a + 4b)e^{2x}$$

将 y^*、$(y^*)'$、$(y^*)''$ 代入题设方程，得

$$2ax + 2a + b = x$$

比较等式两端同次幂的系数，得

$$\begin{cases} 2a = 1 \\ 2a + b = 0 \end{cases}$$

由此解得

$$a = \frac{1}{2}, b = -1$$

故所求题设方程的一个特解为

$$y^* = x\left(\frac{1}{2}x - 1\right)e^{2x}$$

例 6 - 11 求微分方程 $y'' + y' = 2x^2 e^x$ 的通解.

解 题设方程对应的齐次方程为

$$y'' + y' = 0$$

其特征方程为

$$r^2 + r = 0$$

特征根为 $r_1 = 0$, $r_2 = -1$, 故齐次方程 $y'' + y' = 0$ 的通解为

$$\bar{y} = C_1 + C_2 e^{-x} \quad (C_1、C_2 \text{ 为任意常数})$$

由于题设方程的 $f(x) = 2x^2 e^x$ 中的 $P_m(x) = 2x^2$ 是二次多项式, $\lambda = 1$ 不是特征方程的根, 故可设题设方程的特解为

$$y^* = (ax^2 + bx + c)e^x$$

则有

$$(y^*)' = (ax^2 + 2ax + bx + b + c)e^x$$

$$(y^*)'' = (ax^2 + 4ax + bx + 2a + 2b + c)e^x$$

将 y^*、$(y^*)'$、$(y^*)''$ 代入题设方程, 得

$$2ax^2 + (6a + 2b)x + 2a + 3b + 2c = 2x^2$$

比较等式两端同次幂的系数, 得

$$\begin{cases} 2a = 2 \\ 6a + 2b = 0 \\ 2a + 3b + 2c = 0 \end{cases}$$

由此解得

$$a = 1, b = -3, c = \frac{7}{2}$$

故所求题设方程的一个特解为

$$y^* = \left(x^2 - 3x + \frac{7}{2}\right)e^x$$

通解为

$$y = C_1 + C_2 e^{-x} + \left(x^2 - 3x + \frac{7}{2}\right)e^x \quad (C_1、C_2 \text{ 为任意常数})$$

2. $f(x) = e^{\lambda x}[P_m(x)\cos\omega x + P_n(x)\sin\omega x]$ 型

$f(x) = e^{\lambda x}[P_m(x)\cos\omega x + P_n(x)\sin\omega x]$ 型时, $P_m(x)$ 为 m 次多项式, $P_n(x)$ 为 n 次多项式, λ、ω 为常数. 此时, 可以证明方程(6 - 29)具有形如 $y^* = x^k e^{\lambda x}[Q_l(x)\cos\omega x + R_l(x)\sin\omega x]$ 的特解, 其中 $Q_l(x)$ 与 $R_l(x)$ 都是 l 次多项式, $l = \max\{m, n\}$, 而 k 按 $\lambda + i\omega$ 是否是特征方程的根分别取为 1 或 0.

例 6 - 12 求微分方程 $y'' + 4y = x\cos x$ 的通解.

解 题设方程对应的齐次方程为

$$y'' + 4y = 0$$

其特征方程为

$$r^2 + 4 = 0$$

特征根为 $r_1 = -2i$，$r_2 = 2i$，故齐次方程 $y'' + 4y = 0$ 的通解为

$$\bar{y} = C_1\cos 2x + C_2\sin 2x \quad (C_1 \text{、} C_2 \text{ 为任意常数})$$

题设方程中 $f(x) = x\cos x$ 属于 $e^{\lambda x}[P_m(x)\cos\omega x + P_n(x)\sin\omega x]$ 型（其中 $\lambda = 0$，$\omega = 1$，$P_m(x) = x$，$P_n(x) = 0$）．由于 $\lambda + i\omega = i$ 不是特征方程的根，故可设题设方程的特解为

$$y^* = (ax + b)\cos x + (cx + d)\sin x$$

则有

$$(y^*)' = (cx + a + d)\cos x + (-ax - b + c)\sin x$$

$$(y^*)'' = (-ax - b + 2c)\cos x + (-cx - 2a - d)\sin x$$

将 y^*、$(y^*)'$、$(y^*)''$ 代入题设方程，得

$$(3ax + 3b + 2c)\cos x + (3cx - 2a + 3d)\sin x = x\cos x$$

比较等式两端同次幂的系数，得

$$\begin{cases} 3a = 1 \\ 3b + 2c = 0 \\ 3c = 0 \\ -2a + 3d = 0 \end{cases}$$

由此解得

$$a = \frac{1}{3},\ b = 0,\ c = 0,\ d = \frac{2}{9}$$

故所求题设方程的一个特解为

$$y^* = \frac{1}{3}x\cos x + \frac{2}{9}\sin x$$

通解为

$$y = C_1\cos 2x + C_2\sin 2x + \frac{1}{3}x\cos x + \frac{2}{9}\sin x \quad (C_1 \text{、} C_2 \text{ 为任意常数})$$

 习题 6.3

1. 求下列微分方程的通解：

(1) $y'' - 4y' + 3y = 0$；

(2) $y'' + 6y' + 9y = 0$；

(3) $y'' - 2y' + 5y = 0$；

(4) $y'' + 5y' + 4y = 0$；

(5) $y'' - 2y' + y = 0$；

(6) $y'' - 4y' + 13y = 0$.

2*. 求下列微分方程的通解：

(1) $y'' - 2y' - 3y = 3x + 1$；

(2) $y'' + y = 2e^x$；

(3) $y'' + 4y' - 5y = x$；

(4) $y'' - 3y' + 2y = xe^{2x}$；

(5) $y'' + y = x\cos 2x$；

(6) $y'' - 2y' + 5y = e^x\sin 2x$.

3*. 求解下列初值问题：

(1) $y'' - y = 4xe^x$，$y\big|_{x=0} = 0$，$y'\big|_{x=0} = 1$；

(2) $y'' + y = \sin x$，$y\big|_{x=\frac{\pi}{2}} = 0$，$y'\big|_{x=\frac{\pi}{2}} = 0$.

4. 填空题：

(1)（2006 年广东专插本）微分方程 $4y'' - 4y' + 5y = 0$ 的通解是＿＿＿＿＿＿．

（2）（2007 年广东专插本）微分方程 $\dfrac{\mathrm{d}^2 y}{\mathrm{d}x^2} + 4y = 0$ 的通解是 $y =$ _____.

（3）（2010 年广东专插本）微分方程 $y'' - 5y' - 14y = 0$ 的通解是 $y =$ _____.

（4）（2014 年广东专插本）微分方程 $y'' + y' - 12y = 0$ 的通解是 $y =$ _____.

（5）（2017 年广东专插本）微分方程 $y'' - 9y = 0$ 的通解为 $y =$ _____.

5．（2009 年广东专插本）求微分方程 $y'' + y' - 6y = 0$ 满足初始条件 $y\big|_{x=0} = 1$、$y'\big|_{x=0} = -8$ 的特解.

6．（2011 年广东专插本）求微分方程 $y'' - 2y' + 10y = 0$ 满足初始条件 $y\big|_{x=0} = 0$、$y'\big|_{x=0} = 3$ 的特解.

7．（2012 年广东专插本）求微分方程 $y'' - 4y' + 13y = 0$ 满足初始条件 $y\big|_{x=0} = 1$、$y'\big|_{x=0} = 8$ 的特解.

8．（2013 年广东专插本）求微分方程 $y'' - 2y' + (1-k)y = 0$（其中常数 $k \geqslant 0$）的通解.

9．（2015 年广东专插本）求微分方程 $y'' + 2y' + 5y = 0$ 满足初始条件 $y\big|_{x=0} = 2$、$y'\big|_{x=0} = 0$ 的特解.

10．（2016 年广东专插本）已知函数 $y = \mathrm{e}^{2x}$ 是微分方程 $y'' - 2y' + ay = 0$ 的一个特解，求常数 a 的值，并求该微分方程的通解.

11*．求解引例 3【潜水艇下沉问题】中潜水艇下降深度与时间 t 的函数关系.

本 章 小 结

一、微分方程的基本概念

（1）含有未知函数的导数或微分的方程称为微分方程.

（2）微分方程中所出现的未知函数的导数的最高阶数，称为微分方程的阶.

（3）形如 $a_0(x)y^{(n)} + a_1(x)y^{(n-1)} + \cdots + a_{n-1}(x)y' + a_n(x)y = f(x)$ 的方程，称为线性微分方程，否则称为非线性微分方程.

（4）我们把代入微分方程后能使方程成为恒等式的函数称为微分方程的解.

（5）如果微分方程的解中含有相互独立的任意常数，而且任意常数的个数与微分方程的阶数相同，这样的解称为微分方程的通解. 通解中任意常数确定后的解称为微分方程的特解.

（6）许多实际问题都要求寻找满足某些附加条件的解，此时，这些附加条件就可以用来确定通解中的任意常数，这类附加条件称为初始条件. 求微分方程满足初始条件的问题称为微分方程的初值问题.

二、几类微分方程的解法

1）可分离变量的微分方程

我们把可以写成形如 $g(y)\mathrm{d}y = f(x)\mathrm{d}x$ 的微分方程称为可分离变量的微分方程. 对方程 $g(y)\mathrm{d}y = f(x)\mathrm{d}x$ 两边进行积分，即 $\displaystyle\int g(y)\mathrm{d}y = \int f(x)\mathrm{d}x$. 假设 $G(y)$ 和 $F(x)$ 依次为 $g(y)$ 及 $f(x)$ 的原函数，则方程的通解为 $G(y) = F(x) + C$.

2）一阶线性微分方程

我们把形如 $\dfrac{\mathrm{d}y}{\mathrm{d}x} + p(x)y = q(x)$ 的方程称为一阶线性微分方程．当 $q(x) \equiv 0$ 时，方程 $\dfrac{\mathrm{d}y}{\mathrm{d}x} + p(x)y = 0$ 称为一阶线性齐次微分方程；当 $q(x) \neq 0$ 时，方程 $\dfrac{\mathrm{d}y}{\mathrm{d}x} + p(x)y = q(x)$ 称为一阶线性非齐次微分方程．

一阶线性齐次微分方程 $\dfrac{\mathrm{d}y}{\mathrm{d}x} + p(x)y = 0$ 是可分离变量的微分方程，可用分离变量法求得其通解为 $y = C\mathrm{e}^{-\int p(x)\mathrm{d}x}$．

求一阶线性非齐次微分方程 $\dfrac{\mathrm{d}y}{\mathrm{d}x} + p(x)y = q(x)$ 的通解，可以先用分离变量法求其对应的一阶齐次线性微分方程 $\dfrac{\mathrm{d}y}{\mathrm{d}x} + p(x)y = 0$ 的通解，再用常数变易法求得其通解为

$$y = \mathrm{e}^{-\int p(x)\mathrm{d}x}\left[\int q(x)\mathrm{e}^{\int p(x)\mathrm{d}x}\mathrm{d}x + C\right] \quad （C \text{ 为任意常数}）$$

求一阶非齐次线性微分方程的通解也可以直接套用上面的通解公式得到．

3）二阶常系数齐次线性微分方程

我们把形如 $y'' + py' + qy = f(x)$（p、q 为常数）的方程称为二阶常系数线性微分方程．当 $f(x) \equiv 0$ 时，方程 $y'' + py' + qy = 0$ 称为二阶常系数齐次线性微分方程；当 $f(x) \neq 0$ 时，方程 $y'' + py' + qy = f(x)$ 称为二阶常系数非齐次线性微分方程．

求二阶常系数齐次线性微分方程 $y'' + py' + qy = 0$ 通解的步骤如下：

第一步，写出微分方程的特征方程 $r^2 + pr + q = 0$；

第二步，求出特征方程的特征根 r_1、r_2；

第三步，根据特征根的不同情形，按照表 6-1 写出微分方程的通解．

4)* 二阶常系数非齐次线性微分方程

若 y^* 是二阶常系数非齐次线性微分方程 $y'' + py' + qy = f(x)$ 的一个特解，$\bar{y}$ 是非齐次线性微分方程对应的齐次线性微分方程 $y'' + py' + qy = 0$ 的通解，则非齐次线性微分方程 $y'' + py' + qy = f(x)$ 的通解为 $y = \bar{y} + y^*$．

当 $f(x) = P_m(x)\mathrm{e}^{\lambda x}$ 时（其中 $P_m(x)$ 为 m 次多项式，λ 为常数），求二阶非齐次线性微分方程 $y'' + py' + qy = f(x)$ 的特解的方法：可设方程具有形如 $y^* = x^k Q_m(x)\mathrm{e}^{\lambda x}$ 的特解，其中 $Q_m(x)$ 是与 $P_m(x)$ 同次的多项式，而 k 按 λ 不是特征方程的根、是特征方程的单根或特征方程的重根依次取为 0、1 或 2．把 y^*、$(y^*)'$、$(y^*)''$ 代入方程 $y'' + py' + qy = f(x)$，解出待定系数的值，再把待定系数的值代入 $y^* = x^k Q_m(x)\mathrm{e}^{\lambda x}$ 即可得方程的特解．

当 $f(x) = \mathrm{e}^{\lambda x}[P_m(x)\cos\omega x + P_n(x)\sin\omega x]$ 时（其中 $P_m(x)$ 为 m 次多项式，$P_n(x)$ 为 n 次多项式，λ，ω 为常数），求二阶非齐次线性微分方程 $y'' + py' + qy = f(x)$ 的特解的方法：可设方程具有形如 $y^* = x^k \mathrm{e}^{\lambda x}[Q_l(x)\cos\omega x + R_l(x)\sin\omega x]$ 的特解，其中 $Q_l(x)$ 与 $R_l(x)$ 都是 l 次多项式，$l = \max\{m, n\}$，而 k 按 $\lambda + \mathrm{i}\omega$（或 $\lambda - \mathrm{i}\omega$）不是特征方程的根或是特征方程的单根依次取为 0 或 1．把 y^*、$(y^*)'$、$(y^*)''$ 代入方程 $y'' + py' + qy = f(x)$，解出待定系数的值，再把待定系数的值代入 $y^* = x^k \mathrm{e}^{\lambda x}[Q_l(x)\cos\omega x + R_l(x)\sin\omega x]$ 即可得方程的特解．

三、利用微分方程求解实际问题的方法

利用微分方程解决一些简单的实际问题的方法步骤归纳如下：

(1) 建立反映实际问题的微分方程；

(2) 按实际问题写出初始条件；

(3) 求微分方程的通解；

(4) 由初始条件确定所求的特解.

总习题六

一、填空题

1. 微分方程 $(y'')^3 + x^4 y' = 0$ 的阶为_____.

2. 微分方程 $y' = -y$ 的通解为_____.

3. 微分方程 $y'' = 2\sin x$ 的通解为_____.

4. 微分方程 $y'' + py' + qy = 0$ 的特征方程为_____.

二、单项选择题

1. 下列各组函数中（　　）在其定义区间内是线性无关的.

A. x，$2x$　　　　　　　　　　　　B. e^{-x}，e^x

C. e^{2x}，$3e^{2x}$　　　　　　　　　　D. $\sin 2x$，$\sin x \cos x$

2. 函数 $y = \cos x$ 是方程（　　）的解.

A. $y'' + y = 0$　　　　　　　　　　B. $y' + 2y = 0$

C. $y' + y = 0$　　　　　　　　　　D. $y'' + y = \cos x$

3. 下列方程中，通解为 $y = C_1 e^x + C_2 x e^x$ 的微分方程是（　　）.

A. $y' + y = 0$　　　　　　　　　　B. $y' = y$

C. $y'' - 2y' + y = 0$　　　　　　　D. $y'' + 2y' + y = 1$

4*. 微分方程 $y'' - 2y' + y = (x+1)e^x$ 的特解形式可设为 $y^* = ($　　$)$.

A. $(ax + b)x^2$　　　　　　　　　　B. $x(ax + b)e^x$

C. $(ax + b)e^x$　　　　　　　　　　D. $x^2(ax + b)e^x$

5*. 微分方程 $y'' + 2y' + 2y = e^{-x}\cos x$ 的特解形式可设为 $y^* = ($　　$)$.

A. $ax e^{-x}\sin x$　　　　　　　　　B. $ax e^{-x}\cos x$

C. $x e^{-x}(a\cos x + b\sin x)$　　　　D. $ax e^{-x}(\cos x + \sin x)$

三、计算题

1. 求微分方程 $y' + 2xy = 2x e^{-x^2}$ 的通解.

2*. 求微分方程 $y'' + y' = 2x e^{2x}$ 的通解.

3*. 求微分方程 $y'' - 4y' + 8y = e^{2x}\sin 2x$ 的一个特解.

4*. 求微分方程 $y'' + y = 4e^x$ 满足条件 $y\big|_{x=0} = 4$、$y'\big|_{x=0} = -3$ 的特解.

5. (2007 年广东专插本) 若函数 $f(x)$ 在 $(-\infty, +\infty)$ 内连续，且满足 $f(x) +$ $2\int_0^x f(t)\mathrm{d}t = x^2$，求 $f(x)$.

6. (2011 年广东专插本) 若定义在区间 $(0, \pi)$ 内的可导函数 $y = f(x)$ 满足 $xy' =$

$(x\cot x - 1)y$，且 $y|_{x=\frac{\pi}{2}} = \frac{2}{\pi}$.

（1）求函数 $y = f(x)$ 的表达式；

（2）证明：函数 $y = f(x)$ 在区间 $(0, \pi)$ 内单调递减.

7. （2012 年广东专插本）已知 C 经过点 $M(1, 0)$，且曲线 C 上任意点 $P(x, y)(x \neq 0)$ 处的切线斜率与直线 OP（O 为坐标原点）的斜率之差等于 ax（常数 $a > 0$）.

（1）求曲线 C 的方程；

（2）确定 a 的值，使曲线 C 与直线 $y = ax$ 围成的平面图形的面积等于 $\frac{3}{8}$.

8. （2013 年广东专插本）已知 $f(x)$ 是定义在区间 $[0, +\infty)$ 上的非负可导函数，且曲线 $y = f(x)$ 与直线 $y = 0$、$x = 0$ 及 $x = t(t \geq 0)$ 围成的曲边梯形的面积为 $f(t) - t^2$.

（1）求函数 $f(x)$；

（2）证明：当 $x > 0$ 时，$f(x) > x^2 + \frac{x^3}{3}$.

9. （2014 年广东专插本）若参数方程 $\begin{cases} x = \ln\cos t \\ y = a\sec t \end{cases}$ 所确定的函数 $y = y(x)$ 是微分方程 $\dfrac{\mathrm{d}y}{\mathrm{d}x} = y + \mathrm{e}^{-x}$ 的解，则常数 $a = $ _____.

10. （2017 年广东专插本）若曲线经过点 $(0, 1)$，且该曲线上任一点 (x, y) 处切线的斜率为 $2y + \mathrm{e}^x$，求这条曲线的方程.

11. （2018 年广东专插本）已知函数 $f(x)$ 满足 $f''(x) - 4f(x) = 0$，且曲线 $y = f(x)$ 在点 $(0, 0)$ 处的切线与直线 $y = 2x + 1$ 平行.

（1）求 $f(x)$；

（2）求曲线 $y = f(x)$ 的凹凸区间和拐点.

四、案例题

1.【物体冷却问题】某房间室温为 20℃，有一个 100℃ 的物体，在室内经过 20 分钟，温度降为 60℃. 问需经过多少时间，温度才能降到 30℃？（冷却定律：物体温度的变化率与物体温度和当时空气温度之差成正比）.

2.【溶液混合问题】在一个石油精炼厂，一个存储罐装了 8000 L 的汽油，其中包含 100 g 的添加剂. 为了过冬，每升含 2 g 添加剂的石油以 40 L/min 的速度注入存储罐，充分混合后的溶液以 45 L/min 的速度泵出. 在混合过程开始 20 分钟后，罐中的添加剂有多少？

习题答案

第七章　空间解析几何

　　空间解析几何是平面解析几何的自然推广，它是学习多元函数微积分的基础. 本章首先建立空间直角坐标系，引进在工程技术中用途很广的向量这一概念，然后以向量为工具讨论平面与空间直线，并介绍空间中一些常见的曲面和曲线的方程及其图形.

7.1　空间直角坐标系与向量

一、空间直角坐标系

　　如图 7-1 所示，将原点为 O 的平面直角坐标系置于空间中，并过点 O 作垂直于坐标系所在平面的数轴 Oz 轴，则 Ox、Oy 和 Oz 就构成了空间直角坐标系. 点 O 仍称为坐标原点，Ox、Oy 和 Oz 分别称为 x 轴（横轴）、y 轴（纵轴）和 z 轴（竖轴），统称为坐标轴. 它们的指向通常符合右手法则，即用右手握住 z 轴，四指由 x 轴正向以 $\frac{\pi}{2}$ 角度转到 y 轴正向时，大拇指的指向为 z 轴的正向，如图 7-2 所示.

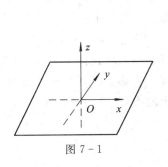

图 7-1

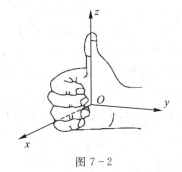

图 7-2

由三个坐标轴两两决定的三个平面 xOy 平面、yOz 平面和 zOx 平面统称为坐标平面. 三个坐标平面将空间分成八个部分,称为八个卦限,分别用字母 Ⅰ、Ⅱ、Ⅲ、Ⅳ、Ⅴ、Ⅵ、Ⅶ、Ⅷ 表示,如图7-3所示.

如图7-4所示,设 M 是空间中任意一点,过点 M 作 xOy 平面的垂线与 xOy 平面交于点 M',M' 称为点 M 在 xOy 面上的投影. 设 M' 在 xOy 平面直角坐标系中的坐标为 (x, y),再过点 M 作垂直于 z 轴的平面与 z 轴相交. 设交点在 Oz 轴上的坐标为 z,则点 M 唯一确定了一个有序实数组 (x, y, z). 反之,任给一个有序实数组 (x, y, z),先以 (x, y) 为坐标在 xOy 平面

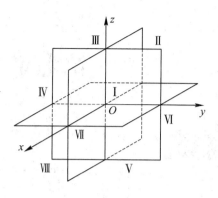

图 7-3

上确定一点 M',再过 M' 作 xOy 平面的垂直线段 $M'M$,其长度为 $|z|$. 当 $z > 0$ 时,点 M 在 xOy 平面的上方;当 $z < 0$ 时,点 M 在 xOy 平面的下方;当 $z = 0$ 时,点 M 即为 M'. 因此,有序实数组 (x, y, z) 唯一确定了空间中的一个点 M,即空间中任意一点 M 与一个有序实数组 (x, y, z) 建立了一一对应关系,我们将有序实数组 (x, y, z) 称为点 M 的空间直角坐标,简称为坐标,记作 $M(x, y, z)$,x、y 和 z 分别称为点 M 的横坐标、纵坐标和竖坐标.

显然,坐标原点 O 的坐标为 $(0, 0, 0)$,x 轴上点的坐标形式为 $(x, 0, 0)$,yOz 平面上点的坐标形式为 $(0, y, z)$ 等. 对于一般的点,如 $(2, 3, -1)$,可用如图7-5所示方式确定其位置.

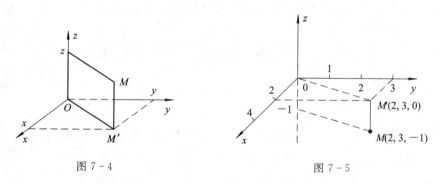

图 7-4　　　　　　　　图 7-5

点 (x, y, z) 关于 xOy 平面、yOz 平面和 zOx 平面对称的点分别为 $(x, y, -z)$、$(-x, y, z)$ 和 $(x, -y, z)$,关于 x 轴、y 轴和 z 轴对称的点分别为 $(x, -y, -z)$、$(-x, y, -z)$ 和 $(-x, -y, z)$,关于坐标原点对称的点为 $(-x, -y, -z)$.

点 M 与它在 xOy 平面上的投影点 M' 之间的距离称为点 M 到 xOy 平面的距离. 类似地,可定义点 M 到 yOz 平面的距离和到 zOx 平面的距离. 过点 M 作垂直于 x 轴的平面交 x 轴于点 M'',称点 M'' 为点 M 在 x 轴上的投影,点 M 与点 M'' 之间的距离称为点 M 到 x 轴的距离. 类似地,可定义点 M 在 y 轴和 z 轴上的投影以及到这两个坐标轴的距离. 若 M 的坐标为 (x, y, z),它在 xOy 平面、yOz 平面和 zOx 平面上的投影坐标分别为 $(x, y, 0)$、$(0, y, z)$ 和 $(x, 0, z)$,则它在 x 轴、y 轴和 z 轴上的投影坐标分别为 $(x, 0, 0)$、$(0, y, 0)$ 和 $(0, 0, z)$.

二、向量的坐标

我们在中学学习了平面向量的坐标表示与运算. 如果将平面向量推广到空间中, 便可得到空间向量的坐标表示与运算.

书写时, 常用黑体字母 a、b、c、$\cdots$, 希腊字母 α、β、γ、$\cdots$, 或用两个大写字母上加一个有向箭头来表示向量. 例如向量 $\overrightarrow{AB}$, 其中 A 和 B 分别代表向量的始点和终点. 特别地, 用 **0** 表示零向量.

在空间直角坐标系中, 以原点为始点, 而终点分别为点 $(1, 0, 0)$、$(0, 1, 0)$ 和 $(0, 0, 1)$ 的三个向量, 相应地记作 i、j 和 k, 称为空间直角坐标系的基本单位向量.

如图 7-6 所示, 对于任一向量 a, 把 a 的始点置于原点, 设此时 a 的终点为 $M(a_1, a_2, a_3)$, 则 $a = \overrightarrow{OM}$, 根据向量加法, 有

$$\overrightarrow{OM} = \overrightarrow{OM'} + \overrightarrow{M'M}$$

而 $\overrightarrow{OM'} = \overrightarrow{OM_1} + \overrightarrow{OM_2}$, $\overrightarrow{M'M} = \overrightarrow{OM_3}$, 所以

$$\overrightarrow{OM} = \overrightarrow{OM_1} + \overrightarrow{OM_2} + \overrightarrow{OM_3}$$

又因为

$$\overrightarrow{OM_1} = a_1 i$$
$$\overrightarrow{OM_2} = a_2 j$$
$$\overrightarrow{OM_3} = a_3 k$$

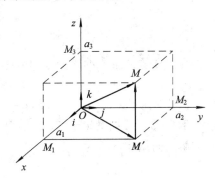

图 7-6

所以有

$$a = \overrightarrow{OM} = a_1 i + a_2 j + a_3 k \tag{7-1}$$

式 (7-1) 称为向量 a 的坐标分解式, 式中三个系数组成的数组 (a_1, a_2, a_3) 正好是点 M 的坐标. 由于向量 a 与点 M 是一一对应的, 因此称 $\{a_1, a_2, a_3\}$ 为向量 a 的坐标, 我们将

$$a = \{a_1, a_2, a_3\}$$

称为向量 a 的坐标表示式.

三、向量的模与方向余弦

我们已经知道向量的坐标表示式, 那么怎样用向量的坐标来表示它的模(长度)和方向呢? 任给一个向量 $a = \{a_1, a_2, a_3\}$, 从图 7-6 可以看出它的模(长度)是

$$|a| = |\overrightarrow{OM}| = \sqrt{|\overrightarrow{OM_1}|^2 + |\overrightarrow{OM_2}|^2 + |\overrightarrow{OM_3}|^2}$$

则有

$$|a| = |\overrightarrow{OM}| = \sqrt{a_1^2 + a_2^2 + a_3^2}$$

即向量的模(长度)等于其坐标平方和的算术平方根.

例 7-1 设 $a = 2i - 2j + k$, 求 $|a|$.

解 $\qquad |a| = \sqrt{2^2 + (-2)^2 + 1^2} = \sqrt{9} = 3$

下面讨论如何用坐标表示向量的方向. 非零向量 a 与 x 轴、y 轴和 z 轴正向的夹角统称为向量 a 的方向角, 分别记作 α、β 和 γ, 显然 $0 \leqslant \alpha, \beta, \gamma \leqslant \pi$. 当三个方向角确定后, 向量的方向也就确定了, 如图 7-7 所示.

向量 a 的方向角 α、β 和 γ 的余弦 $\cos\alpha$、$\cos\beta$ 和 $\cos\gamma$ 统称为向量 a 的方向余弦. 由于 $0 \leqslant \alpha,\beta,\gamma \leqslant \pi$, 因此当方向余弦确定时,方向角也被唯一确定了,故可以用方向余弦来表示向量的方向.

由图 $7-7$ 可知,对于非零向量 $a = a_1 i + a_2 j + a_3 k$, 其方向余弦为

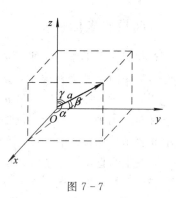

$$\begin{cases} \cos\alpha = \dfrac{a_1}{|a|} \\[2mm] \cos\beta = \dfrac{a_2}{|a|} \\[2mm] \cos\gamma = \dfrac{a_3}{|a|} \end{cases} \qquad (7-2)$$

图 $7-7$

显然非零向量 a 的三个方向余弦满足

$$\cos^2\alpha + \cos^2\beta + \cos^2\gamma = 1$$

因此,向量 $a^0 = \{\cos\alpha, \cos\beta, \cos\gamma\}$ 是与向量 a 同方向的单位向量.

例 7-2 设向量 $a = \{1, 2, -3\}$, 求向量 a 的方向余弦及与向量 a 同方向的单位向量 a^0.

解 向量 a 的模为

$$|a| = \sqrt{1^2 + 2^2 + (-3)^2} = \sqrt{14}$$

所以向量 a 的方向余弦及与向量 a 同方向的单位向量 a^0 分别为

$$\cos\alpha = \frac{1}{\sqrt{14}}, \qquad \cos\beta = \frac{2}{\sqrt{14}}, \qquad \cos\gamma = \frac{-3}{\sqrt{14}}$$

$$a^0 = \left\{\frac{1}{\sqrt{14}}, \frac{2}{\sqrt{14}}, \frac{-3}{\sqrt{14}}\right\}$$

四、向量的代数运算

与平面的向量代数运算类似,可将平面的向量运算推广到空间向量中,则有如下结论:

设向量 $a = a_1 i + b_1 j + c_1 k$, 向量 $b = a_2 i + b_2 j + c_2 k$, 则有

$$a \pm b = (a_1 \pm a_2)i + (b_1 \pm b_2)j + (c_1 \pm c_2)k$$
$$\lambda a = (\lambda a_1)i + (\lambda b_1)j + (\lambda c_1)k$$

由向量的数乘运算可知,向量 $a = \{a_1, b_1, c_1\}$ 与向量 $b = \{a_2, b_2, c_2\}$ 平行的充分必要条件是

$$\frac{a_1}{a_2} = \frac{b_1}{b_2} = \frac{c_1}{c_2}$$

当分母为零时,规定分子也为零.

例 7-3 设 $a = 3i + j - 4k$, $b = -i - 4j + 2k$, 求 $a+b$、$a-b$、$-3a$、$|a+b|$.

解
$$a + b = (3-1)i + (1-4)j + (-4+2)k = 2i - 3j - 2k$$
$$a - b = (3+1)i + (1+4)j + (-4-2)k = 4i + 5j - 6k$$
$$-3a = -9i - 3j + 12k$$
$$|a+b| = \sqrt{2^2 + (-3)^2 + (-2)^2} = \sqrt{17}$$

与平面上两点间的距离公式类似，同样可得空间中两点间的距离公式.

已知点 $M_1(x_1, y_1, z_1)$ 和 $M_2(x_2, y_2, z_2)$，则点 M_1 和点 M_2 间的距离 $|M_1M_2|$ 就是向量 $\overrightarrow{M_1M_2}$ 的模，由 $\overrightarrow{M_1M_2} = \overrightarrow{OM_2} - \overrightarrow{OM_1} = \{x_2, y_2, z_2\} - \{x_1, y_1, z_1\} = \{x_2 - x_1, y_2 - y_1, z_2 - z_1\}$，即可得 M_1 和 M_2 两点间的距离为

$$|M_1M_2| = |\overrightarrow{M_1M_2}| = \sqrt{(x_2 - x_1)^2 + (y_2 - y_1)^2 + (z_2 - z_1)^2}$$

例 7 - 4　设点 $A(1, -1, 0)$，$B(5, 1, 4)$，求 $|AB|$.

解　　　　　　$|AB| = \sqrt{(5-1)^2 + (1+1)^2 + (4-0)^2} = 6$

例 7 - 5　求点 $M(-1, -2, 3)$ 到 yOz 平面和 x 轴的距离.

解　点 $M(-1, -2, 3)$ 在 yOz 平面上的投影坐标为 $M'(0, -2, 3)$，因而到 yOz 平面的距离为

$$|MM'| = \sqrt{(0-(-1))^2 + (-2-(-2))^2 + (3-3)^2} = 1$$

点 $M(-1, -2, 3)$ 在 x 轴上的投影坐标为 $M''(-1, 0, 0)$，因而到 x 轴的距离为

$$|MM''| = \sqrt{((-1)-(-1))^2 + (0-(-2))^2 + (0-3)^2} = \sqrt{13}$$

一般地，点 (x, y, z) 到 xOy 平面、yOz 平面和 zOx 平面的距离分别为 $|z|$、$|x|$ 和 $|y|$，到 x 轴、y 轴和 z 轴的距离分别为 $\sqrt{y^2 + z^2}$、$\sqrt{x^2 + z^2}$ 和 $\sqrt{x^2 + y^2}$.

 习题 7.1

1. 在空间直角坐标系中，画出下列各点：

$A(2, 3, 4)$　　　　　　$B(0, 3, 4)$　　　　　　$C(1, 2, -1)$

$D(0, 0, 2)$　　　　　　$E(0, -3, 0)$　　　　　　$F(2, 1, 0)$

2. 求点 $A(-2, 1, -4)$ 关于三个坐标面和三个坐标轴对称的点的坐标.

3. 求点 $M(4, -3, 5)$ 到各坐标轴的距离.

4. 求点 $M(2, -3, 1)$ 到各坐标面的距离.

5. 已知 $a = 2i - j + k$，求：

(1) $|a|$；　　　　(2) a 的方向余弦；　　　　(3) a^0.

6. 已知两向量 $a = 4i - 6j + 8k$，$b = i + 2j - 7k$，求：

(1) $a + b$；　　(2) $a - b$；　　　　(3) $2a + b$；　　　(4) $a - 2b$.

7*. 已知三角形三个顶点 A、B、C 的坐标分别为 $A(2, -1, 3)$、$B(3, 1, 6)$ 和 $C(1, 2, 4)$，求三角形三条边的长度.

7.2　向量的数量积与向量积

一、向量的数量积

定义 7 - 1　设有两个非零向量 a 和 b，在空间中任取一点 O，作 $\overrightarrow{OA} = a$ 和 $\overrightarrow{OB} = b$，规定不超过 π 的角 $\angle AOB$（设 $\varphi = \angle AOB$，$0 \leqslant \varphi \leqslant \pi$）为向量 a 和向量 b 的夹角，记作 $\langle a, b \rangle$ 或 $\langle b, a \rangle$，即 $\langle a, b \rangle = \varphi$.

当向量 a 和 b 至少有一个是零向量时，规定其夹角 $\langle a, b \rangle$ 可以在 0 到 π 之间任意取值.

向量 a 和 b 的夹角为 $\pi/2$ 时，称为向量 a 和向量 b 垂直；向量 a 和 b 的夹角为 0 或 π 时，称为向量 a 和向量 b 平行. 显然，零向量与任意向量都垂直，与任意向量都平行.

在物理中，我们已经知道，若力 F 作用在物体上，使其产生位移 s，则该力所作的功为

$$W = |F||s|\cos\langle F, s\rangle$$

即 F 所作的功 W 是向量 F 和 s 的模相乘再乘以它们夹角的余弦. 这种运算在其他问题中也会遇到，因此我们引入向量的结构性运算.

定义 7-2　向量 a 和 b 的模和它们夹角余弦的乘积，称为向量 a 和向量 b 的数量积（内积），这种运算也称为点乘，记作 $a \cdot b$，即

$$a \cdot b = |a||b|\cos\langle a, b\rangle \tag{7-3}$$

由数量积的定义 7-2 以及向量夹角的定义 7-1 可以得到：

(1) $a \cdot a = |a|^2$；

(2) 向量 a 和向量 b 互相垂直的充分必要条件是 $a \cdot b = 0$.

两个向量的数量积满足下列运算规律：

(1) 交换律：$a \cdot b = b \cdot a$；

(2) 分配律：$(a+b) \cdot c = a \cdot c + b \cdot c$，$c \cdot (a+b) = c \cdot a + c \cdot b$；

(3) 数乘结合律：$\lambda(a \cdot b) = (\lambda a) \cdot b = a \cdot (\lambda b)$（$\lambda$ 为常数）.

根据数量积的定义 7-2，基本单位向量 i、j 和 k 满足下列关系：

$$i \cdot i = j \cdot j = k \cdot k = 1$$
$$i \cdot j = j \cdot k = k \cdot i = 0$$

由上面的结论，我们可以推导出两个向量数量积的坐标表示式：

设向量 $a = a_1 i + b_1 j + c_1 k$，向量 $b = a_2 i + b_2 j + c_2 k$，则有

$$a \cdot b = a_1 a_2 + b_1 b_2 + c_1 c_2 \tag{7-4}$$

即两向量的数量积等于对应坐标的乘积之和.

由于 $a \cdot b = |a||b|\cos\langle a, b\rangle$，当向量 a 和向量 b 均为非零向量时，有

$$\cos\langle a, b\rangle = \frac{a \cdot b}{|a||b|} = \frac{a_1 a_2 + b_1 b_2 + c_1 c_2}{\sqrt{a_1^2 + b_1^2 + c_1^2}\sqrt{a_2^2 + b_2^2 + c_2^2}} \tag{7-5}$$

式 (7-5) 就是用坐标计算两向量夹角的余弦公式.

从式 (7-5) 可以看出，向量 a、b 垂直的充分必要条件是

$$a_1 a_2 + b_1 b_2 + c_1 c_2 = 0$$

例 7-6　设 $a = i + j - 2k$，$b = -3i + 2j + k$，求 $a \cdot b$.

解　$\qquad\qquad a \cdot b = 1 \times (-3) + 1 \times 2 + (-2) \times 1 = -3$

例 7-7　已知三点 $A(2, 1, 2)$、$B(1, 1, 1)$ 和 $C(2, 2, 1)$，求 $\overrightarrow{BC}$ 和 $\overrightarrow{BA}$ 的夹角 θ.

解　因为 $\overrightarrow{BC} = \{2-1, 2-1, 1-1\} = \{1, 1, 0\}$，$\overrightarrow{BA} = \{2-1, 1-1, 2-1\} = \{1, 0, 1\}$，所以有

$$\cos\theta = \frac{\overrightarrow{BC} \cdot \overrightarrow{BA}}{|\overrightarrow{BC}| \cdot |\overrightarrow{BA}|} = \frac{1 \times 1 + 1 \times 0 + 0 \times 1}{\sqrt{1^2 + 1^2 + 0^2}\sqrt{1^2 + 0^2 + 1^2}} = \frac{1}{2}$$

故 $\theta = \dfrac{\pi}{3}$.

二、向量的向量积

定义 7 - 3　向量 a 和向量 b 的向量积(外积)规定是一个向量,这种运算也称为叉乘,记作 $a \times b$,它的模和方向分别定义为:

(1) $|a \times b| = |a||b| \sin\langle a, b \rangle$;

(2) $a \times b$ 垂直于向量 a 和向量 b,且 a、b 和 $a \times b$ 符合右手法则,如图 7 - 8(a) 所示.

由图 7 - 8(b) 可知,模 $|a \times b|$ 的几何意义是以向量 a 和向量 b 为邻边的平行四边形的面积 $S_\square$,即

$$|a \times b| = S_\square$$

因此以向量 a 和向量 b 为边的三角形面积为

$$S = \frac{1}{2}|a \times b|$$

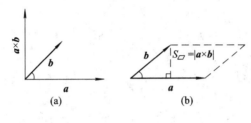

图 7 - 8

由向量积的定义 7 - 3 可得:

(1) $a \times a = 0$;

(2) 向量 a 和向量 b 平行的充分必要条件是 $a \times b = 0$.

两个向量的向量积满足下列运算规律:

(1) 反交换律: $a \times b = -b \times a$;

(2) 分配律: $(a + b) \times c = a \times c + b \times c, c \times (a + b) = c \times a + c \times b$;

(3) 数乘结合律: $\lambda(a \times b) = (\lambda a) \times b = a \times (\lambda b)$ (λ 为常数).

根据向量积的定义 7 - 3,基本单位向量 i、j 和 k 满足下列关系:

$$i \times i = j \times j = k \times k = 0$$
$$i \times j = k$$
$$j \times k = i$$
$$k \times i = j$$

由上面的结论,我们可以推导出两个向量向量积的坐标表示式:

设 $a = a_1 i + b_1 j + c_1 k, b = a_2 i + b_2 j + c_2 k$,则

$$a \times b = (b_1 c_2 - c_1 b_2)i - (a_1 c_2 - c_1 a_2)j + (a_1 b_2 - b_1 a_2)k \qquad (7-6)$$

为便于记忆,可把式(7 - 6)改写为

$$a \times b = \begin{vmatrix} i & j & k \\ a_1 & b_1 & c_1 \\ a_2 & b_2 & c_2 \end{vmatrix} = \begin{vmatrix} b_1 & c_1 \\ b_2 & c_2 \end{vmatrix} i - \begin{vmatrix} a_1 & c_1 \\ a_2 & c_2 \end{vmatrix} j + \begin{vmatrix} a_1 & b_1 \\ a_2 & b_2 \end{vmatrix} k \qquad (7-7)$$

例 7 - 8　已知 $a = \{1, -1, -1\}, b = \{2, 1, -1\}$,计算 $a \times b$.

解 $a \times b = \begin{vmatrix} i & j & k \\ 1 & -1 & -1 \\ 2 & 1 & -1 \end{vmatrix} = \begin{vmatrix} -1 & -1 \\ 1 & -1 \end{vmatrix} i - \begin{vmatrix} 1 & -1 \\ 2 & -1 \end{vmatrix} j + \begin{vmatrix} 1 & -1 \\ 2 & 1 \end{vmatrix} k = 2i - j + 3k$

例 7 - 9 求垂直于向量 $a = \{1, 2, 1\}$ 和向量 $b = \{4, 5, 3\}$ 的单位向量.

解 由向量积的定义 7 - 3 可知，$a \times b$ 是既垂直于 a 又垂直于 b 的向量，而

$$a \times b = \begin{vmatrix} i & j & k \\ 1 & 2 & 1 \\ 4 & 5 & 3 \end{vmatrix} = i + j - 3k$$

所以 $|a \times b| = \sqrt{1^2 + 1^2 + (-3)^2} = \sqrt{11}$，故同时垂直 a 和 b 的单位向量为

$$\pm c^0 = \pm \frac{a \times b}{|a \times b|} = \pm \frac{1}{\sqrt{11}}(i + j - 3k)$$

习题 7.2

1. 设给定向量 $a = -j + k$，$b = 2i - 2j + k$，求：(1) $a \cdot b$；(2) $|a|$，$|b|$；(3) $\langle a, b \rangle$；(4) $a \times b$.

2. 设向量 $a = 3i + 2j - k$，$b = i - j - k$，求：(1) $a \times b$；(2) $b \times a$；(3) $2a \times 3b$；(4) $a \times i$，$j \times a$.

3. 已知向量 $a = \{1, 1, 1\}$，则垂直于 a 且垂直于 z 轴的单位向量是（　　）.

A. $\pm \frac{\sqrt{3}}{3} \{1, 1, 1\}$ 　　　　　　　B. $\pm \frac{\sqrt{3}}{3} \{1, -1, 1\}$

C. $\pm \frac{\sqrt{2}}{2} \{1, -1, 0\}$ 　　　　　　D. $\pm \frac{\sqrt{2}}{2} \{1, 1, 0\}$

4. 已知向量 $a = 3i - 2j + k$，$b = -i + mj - 5k$，则当 $m = $ _____ 时，$a \perp b$.

5. 设向量 $a = \{3, 5, -2\}$，$b = \{2, 1, 4\}$，问 λ 和 μ 有何关系，能使得 $\lambda a + \mu b$ 与 z 轴垂直？

6*. 已知 $\overrightarrow{OA} = j + 2k$，$\overrightarrow{OB} = i + 2k$，试求 $\triangle OAB$ 的面积.

7*. 求同时垂直于 $a = i - k$ 和 $b = i + j$ 的单位向量.

8*. 设 a、b 和 c 为单位向量，且满足 $a + b + c = 0$，求 $a \cdot b + b \cdot c + c \cdot a$.

9*. 已知 $M_1(1, -1, 2)$、$M_2(3, 3, 1)$ 和 $M_3(3, 1, 3)$，求与 $\overrightarrow{M_1 M_2}$ 和 $\overrightarrow{M_2 M_3}$ 同时垂直的单位向量.

10*. 已知 $a = 2i - 3j + k$、$b = i - j + 3k$ 和 $c = i - 2j$，求：(1) $(a \cdot b)c - (a \cdot c)b$；(2) $(a \times b) \cdot c$.

11*. 若向量 x 与 $a = 2i - j + 2k$ 共线，且满足方程 $a \cdot x = -18$，则 $x = $ _____.

12*. 设向量 a、b 和 c 两两垂直，且 $|a| = 3$，$|b| = \sqrt{6}$，$|c| = 1$，则 $|a + b + c| = $ _____.

7.3　平　面　方　程

平面是最简单的空间曲面，本节对平面进行讨论.

一、平面方程

如图 7-9 所示，在空间直角坐标系中给定一个平面，点 $M_0(x_0, y_0, z_0)$ 为该平面内一固定点，与平面垂直的任意非零向量 $n = \{A, B, C\}$ 称为平面的法向量. 设 $M(x, y, z)$ 为平面上任意一点，那么法向量 n 与向量 $\overrightarrow{M_0M} = \{x-x_0, y-y_0, z-z_0\}$ 垂直，则有

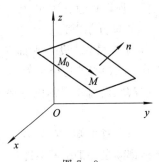

图 7-9

$$n \cdot \overrightarrow{M_0M} = 0$$

即

$$A(x-x_0) + B(y-y_0) + C(z-z_0) = 0 \qquad (7-8)$$

由于 n 是非零向量，因此 A、B 和 C 不全为零，方程 (7-8) 称为平面的点法式方程. 经整理，方程(7-8)又可等价地写为

$$Ax + By + Cz + D = 0 \quad (A^2 + B^2 + C^2 \neq 0) \qquad (7-9)$$

其中 $D = -Ax_0 - By_0 - Cz_0$.

方程(7-9)称为平面的一般方程. 从上面的推导可以看出，平面方程是一个三元一次方程. 反过来，任意一个三元一次方程都表示一个平面. 特别地，在式(7-9)中，当 $A=0$ 且 $D \neq 0$ 时，平面平行于 x 轴；$A=0$ 且 $D=0$ 时，平面通过 x 轴. 类似地，当 $B=0$ 且 $D \neq 0$ 时，平面平行于 y 轴；$B=0$ 且 $D=0$ 时，平面通过 y 轴；当 $C=0$ 且 $D \neq 0$ 时，平面平行于 z 轴；$C=0$ 且 $D=0$ 时，平面通过 z 轴.

例 7-10　已知一个平面过点 $(1, 1, -2)$ 且与向量 $2i + j + 3k$ 垂直，求此平面方程.

解　由平面的点法式方程可得

$$2(x-1) + 1(y-1) + 3(z+2) = 0$$

即所求平面方程为

$$2x + y + 3z + 3 = 0$$

例 7-11　已知一平面 π 过点 $M_1(0, -1, 2)$、$M_2(1, -1, 3)$ 和 $M_3(1, 0, 1)$，求此平面方程.

解　作向量 $\overrightarrow{M_1M_2} = \{1, 0, 1\}$ 和 $\overrightarrow{M_1M_3} = \{1, 1, -1\}$，由于平面的法向量 n 与 $\overrightarrow{M_1M_2}$ 和 $\overrightarrow{M_1M_3}$ 都垂直，所以可取 $\overrightarrow{M_1M_2} \times \overrightarrow{M_1M_3}$ 作为平面的法向量. 即

$$n = \overrightarrow{M_1M_2} \times \overrightarrow{M_1M_3} = \begin{vmatrix} i & j & k \\ 1 & 0 & 1 \\ 1 & 1 & -1 \end{vmatrix} = -i + 2j + k$$

故所求的平面方程为

$$-1 \cdot (x-0) + 2 \cdot (y+1) + 1 \cdot (z-2) = 0$$

整理得

$$x - 2y - z = 0$$

例 7-12　求 xOy 坐标平面的方程.

解　因为单位向量 k 垂直于 xOy 平面，故取 $k = \{0, 0, 1\}$ 为 xOy 平面的法向量. 又 xOy 平面过原点 $O = (0, 0, 0)$，故 xOy 平面的方程为

$$0 \cdot (x-0) + 0 \cdot (y-0) + 1 \cdot (z-0) = 0$$

即 xOy 坐标平面的方程是 $z = 0$.

事实上，因为 xOy 平面上任一点的竖坐标 z 都等于 0，而横坐标 x 和纵坐标 y 可以任意取值，所以可直接写出 xOy 平面的方程为 $z = 0$. 类似地，可得 yOz 平面的方程为 $x = 0$，zOx 平面的方程为 $y = 0$.

例 7 - 13　设一平面与 x 轴、y 轴和 z 轴的交点分别为 $P(a, 0, 0)$、$Q(0, b, 0)$ 和 $R(0, 0, c)$，求这个平面的方程，其中 $a \neq 0, b \neq 0, c \neq 0$.

解　设所求平面的一般方程为

$$Ax + By + Cz + D = 0$$

由题意可知 $P(a, 0, 0)$、$Q(0, b, 0)$ 和 $R(0, 0, c)$ 三点都在该平面上，所以这三点的坐标都满足一般方程，即有

$$\begin{cases} aA + D = 0 \\ bB + D = 0 \\ cC + D = 0 \end{cases}$$

解得

$$A = -\frac{D}{a}, \quad B = -\frac{D}{b}, \quad C = -\frac{D}{c}$$

代入平面的一般方程并除以 $D(D \neq 0)$，即可得所求平面方程为

$$\frac{x}{a} + \frac{y}{b} + \frac{z}{c} = 1$$

该方程称为平面的截距式方程，a、b 和 c 分别称为平面在 x 轴、y 轴和 z 轴上的截距.

二、两平面的位置关系

两个平面之间的位置关系可用它们的法向量来表示.

设有两个平面 π_1 和 π_2，它们的方程分别为

$$\pi_1: A_1 x + B_1 y + C_1 z + D_1 = 0$$
$$\pi_2: A_2 x + B_2 y + C_2 z + D_2 = 0$$

它们的法向量分别为 $\boldsymbol{n}_1 = \{A_1, B_1, C_1\}$ 和 $\boldsymbol{n}_2 = \{A_2, B_2, C_2\}$.

两平面的夹角 θ 就是 $\langle \boldsymbol{n}_1, \boldsymbol{n}_2 \rangle$ 和 $\langle -\boldsymbol{n}_1, \boldsymbol{n}_2 \rangle = \pi - \langle \boldsymbol{n}_1, \boldsymbol{n}_2 \rangle$ 两者中的锐角或直角，因此有

$$\cos\theta = |\cos\langle \boldsymbol{n}_1, \boldsymbol{n}_2 \rangle| = \frac{|\boldsymbol{n}_1 \cdot \boldsymbol{n}_2|}{|\boldsymbol{n}_1||\boldsymbol{n}_2|}$$

$$= \frac{|A_1 A_2 + B_1 B_2 + C_1 C_2|}{\sqrt{A_1^2 + B_1^2 + C_1^2} \cdot \sqrt{A_2^2 + B_2^2 + C_2^2}} \quad \left(0 \leqslant \theta \leqslant \frac{\pi}{2}\right) \qquad (7 - 10)$$

当两平面的法向量互相平行或互相垂直时，这两个平面也就互相平行或互相垂直，因而可得两个平面平行的充分必要条件为

$$\frac{A_1}{A_2} = \frac{B_1}{B_2} = \frac{C_1}{C_2} \qquad (7 - 11)$$

当分母为零时，规定分子也是零.

两个平面垂直的充分必要条件为

$$A_1 A_2 + B_1 B_2 + C_1 C_2 = 0 \qquad (7 - 12)$$

例 7 - 14 求平面 $2x - 2y + z + 3 = 0$ 与平面 $y - z + 4 = 0$ 的夹角.

解 因为 $\boldsymbol{n}_1 = \{2, -2, 1\}$，$\boldsymbol{n}_2 = \{0, 1, -1\}$，所以

$$\cos\theta = \frac{|\boldsymbol{n}_1 \cdot \boldsymbol{n}_2|}{|\boldsymbol{n}_1||\boldsymbol{n}_2|} = \frac{|2 \times 0 + (-2) \times 1 + 1 \times (-1)|}{\sqrt{2^2 + (-2)^2 + 1^2}\sqrt{0^2 + 1^2 + (-1)^2}} = \frac{3}{3\sqrt{2}} = \frac{\sqrt{2}}{2}$$

故 $\theta = \dfrac{\pi}{4}$.

例 7 - 15 求过点 $(2, -4, 3)$ 且与平面 $x + 2y - 3z - 2 = 0$ 平行的平面方程.

解 所求平面的法向量 $\boldsymbol{n} = \{1, 2, -3\}$，根据点法式方程可得所求平面方程为

$$1 \cdot (x - 2) + 2 \cdot (y + 4) - 3 \cdot (z - 3) = 0$$

即

$$x + 2y - 3z + 15 = 0$$

平面外一点 $P_0(x_0, y_0, z_0)$ 到平面 $\pi: Ax + By + Cz + D = 0$ 的距离为

$$d = \frac{|Ax_0 + By_0 + Cz_0 + D|}{\sqrt{A^2 + B^2 + C^2}} \qquad (7\text{-}13)$$

式 $(7\text{-}13)$ 就是点到平面的距离公式.

例 7 - 16 求点 $(1, -2, -1)$ 到平面 $2x + y - 2z + 4 = 0$ 的距离.

解 由式 $(7\text{-}13)$ 可得

$$d = \frac{|2 \times 1 + 1 \times (-2) - 2 \times (-1) + 4|}{\sqrt{2^2 + 1^2 + (-2)^2}} = \frac{6}{3} = 2$$

 习题 7.3

1. 求过已知点 M 且具有已知法向量 $\boldsymbol{n}$ 的平面方程:

(1) $M(1, 2, 3)$，$\boldsymbol{n} = \{4, 1, -2\}$;　　　　(2) $M(-1, 3, -2)$，$\boldsymbol{n} = \{-5, -2, 2\}$.

2. 求过 $A(1, 0, -3)$、$B(0, -2, 1)$ 和 $C(2, 1, 3)$ 的平面方程.

3. 判断以下各组平面是平行还是垂直. 如果既不平行又不垂直，则求它们的夹角.

(1) $x + y = 1$，$y + z = 2$;

(2) $2x - 6y + 4z = 1$，$x - 3y + 2z - 5 = 0$;

(3) $2x - 5y + z - 1 = 0$，$4x + 2y + 2z = 3$.

4. 求过已知点 $M(1, 3, -7)$ 且平行于平面 $2x - 3y - 6z + 5 = 0$ 的平面方程.

5. 求点 M 到平面 π 的距离:

(1) $M(1, 0, 1)$，$\pi: x + 2y + 2z - 6 = 0$;

(2) $M(-2, 1, 1)$，$\pi: 3x - 4y + 5 = 0$.

6. 如果平面 $x + \lambda y - 2z = 9$ 与平面 $2x + 4y + 3z = 3$ 垂直，则 $\lambda =$ _____.

7. 求过点 $M(2, 9, -6)$ 且与连接坐标原点 O 及点 M 的线段 OM 垂直的平面方程.

8*. 求平面 $2x - 2y + z + 5 = 0$ 与各坐标面夹角的余弦.

9*. 已知一平面过点 $(1, 0, -1)$ 且平行于向量 $\boldsymbol{a} = (2, 1, 1)$ 和 $\boldsymbol{b} = (1, -1, 0)$，求这个平面方程.

10*. 分别按下列条件求平面方程:

(1) 平行于 zOx 坐标面且经过点 $(2, -5, 3)$;

（2）通过 z 轴和点 $(-3,1,-2)$；

（3）平行于 x 轴且经过点 $(4,0,-2)$ 和点 $(5,1,7)$．

7.4　空间直线方程

一、直线方程

如图 7-10 所示，在空间直角坐标系中给定一条直线 L，任一个与这条直线平行的非零向量 $s=\{a,b,c\}$ 称为该直线的方向向量．在直线 L 上取一个定点 $M_0(x_0,y_0,z_0)$，设 $M(x,y,z)$ 是直线 L 上任意一点，显然，向量 $\overrightarrow{M_0M}$ 与 s 平行．因为

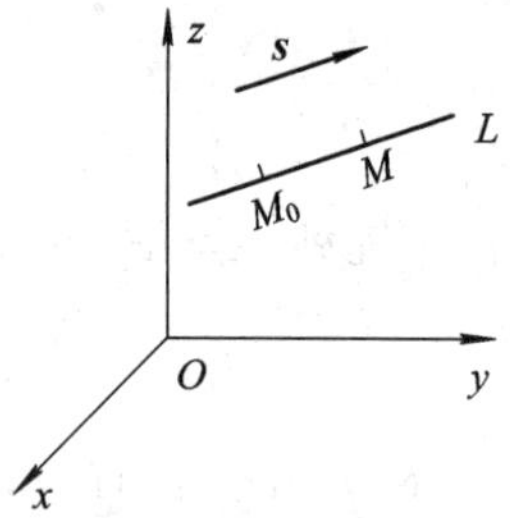

$$\overrightarrow{M_0M}=\{x-x_0,y-y_0,z-z_0\}$$
$$s=\{a,b,c\}$$

所以由向量平行的充分必要条件可得

$$\frac{x-x_0}{a}=\frac{y-y_0}{b}=\frac{z-z_0}{c} \qquad (7-14)$$

图 7-10

式（7-14）就是空间直线的点向式方程（对称式方程）．

在方程（7-14）中，如果令其比值为 t，即

$$\frac{x-x_0}{a}=\frac{y-y_0}{b}=\frac{z-z_0}{c}=t$$

可得到

$$\begin{cases} x=x_0+at \\ y=y_0+bt \\ z=z_0+ct \end{cases} \qquad (7-15)$$

式（7-15）就是空间直线的参数方程，其中 t 是参数．

此外，两平面相交成一直线，所以可将两平面方程联立

$$\begin{cases} A_1x+B_1y+C_1z+D_1=0 \\ A_2x+B_2y+C_2z+D_2=0 \end{cases} \qquad (7-16)$$

当 x、y、z 的对应系数不成比例时，式（7-16）表示一条直线，称为空间直线的一般方程．

例 7-17　求通过点 $M_0(-1,2,0)$ 且与向量 $\{1,-1,2\}$ 平行的直线方程．

解　取 $s=\{1,-1,2\}$，则所求直线方程为

$$\frac{x+1}{1}=\frac{y-2}{-1}=\frac{z}{2}$$

例 7-18　一条直线过点 $M_0(1,-1,3)$ 且垂直于平面 $x+2z-1=0$，求此直线的点向式方程和参数方程．

解　平面的法向量 $n=\{1,0,2\}$ 可作为所求直线的方向向量，因此直线的点向式方程为

$$\frac{x-1}{1}=\frac{y+1}{0}=\frac{z-3}{2}$$

参数方程为

$$\begin{cases} x = 1 + t \\ y = -1 \\ z = 3 + 2t \end{cases}$$

例 7-19　求过点 $M_1(x_1, y_1, z_1)$ 和 $M_2(x_2, y_2, z_2)$ 的直线方程.

解　以 $M_1(x_1, y_1, z_1)$ 为已知点，则有

$$s = \overrightarrow{M_1 M_2} = \{x_2 - x_1, y_2 - y_1, z_2 - z_1\}$$

因此过 M_1, M_2 的直线方程为

$$\frac{x - x_1}{x_2 - x_1} = \frac{y - y_1}{y_2 - y_1} = \frac{z - z_1}{z_2 - z_1}$$

例 7-20　将直线方程 $\begin{cases} x - 2y + 2z + 1 = 0 \\ 4x - y + 4z - 3 = 0 \end{cases}$ 化为点向式方程和参数方程.

解　先求直线上的一个点. 令 $z = 0$ 可得

$$\begin{cases} x - 2y + 1 = 0 \\ 4x - y - 3 = 0 \end{cases}$$

解得

$$\begin{cases} x = 1 \\ y = 1 \end{cases}$$

所以 $(1, 1, 0)$ 是直线上一点.

再求直线的方向向量 s. 因为直线作为两平面的交线同时落在两平面上，所以直线的方向向量同时垂直于两平面的法向量，故可得

$$s = n_1 \times n_2 = \begin{vmatrix} i & j & k \\ 1 & -2 & 2 \\ 4 & -1 & 4 \end{vmatrix} = -6i + 4j + 7k$$

则直线的点向式方程为

$$\frac{x - 1}{-6} = \frac{y - 1}{4} = \frac{z}{7}$$

直线的参数方程为

$$\begin{cases} x = 1 - 6t \\ y = 1 + 4t \\ z = 7t \end{cases}$$

二、直线的夹角

两直线的方向向量的夹角（通常指锐角或直角）称为两直线的夹角. 两直线的夹角及它们平行、垂直的条件，可以利用直线的方向向量来表示.

设直线 L_1 和直线 L_2 的方向向量分别为 $s_1 = \{a_1, b_1, c_1\}$ 和 $s_2 = \{a_2, b_2, c_2\}$，则 L_1 和 L_2 的夹角 φ 应是 $\langle s_1, s_2 \rangle$ 和 $\pi - \langle s_1, s_2 \rangle$ 两者中的锐角或直角，因此

$$\cos\varphi = |\cos\langle s_1, s_2 \rangle| = \frac{|s_1 \cdot s_2|}{|s_1||s_2|} = \frac{|a_1 a_2 + b_1 b_2 + c_1 c_2|}{\sqrt{a_1^2 + b_1^2 + c_1^2} \sqrt{a_2^2 + b_2^2 + c_2^2}} \qquad (7-17)$$

从两向量垂直、平行的充分必要条件可得下列结论：

（1）直线 L_1 和 L_2 相互垂直的充分必要条件为 $a_1a_2 + b_1b_2 + c_1c_2 = 0$；

（2）直线 L_1 和 L_2 相互平行的充分必要条件为 $\dfrac{a_1}{a_2} = \dfrac{b_1}{b_2} = \dfrac{c_1}{c_2}$.

例 7-21　已知两直线的方程为 $L_1:\begin{cases} x+y-3=0 \\ 2x-z+2=0 \end{cases}$，$L_2: \dfrac{x-1}{2} = \dfrac{y+1}{1} = \dfrac{z-3}{1}$，试求 L_1 和 L_2 的夹角.

解　先求出 L_1 的方向向量 $\boldsymbol{s}_1$，即

$$\boldsymbol{s}_1 = \boldsymbol{n}_1 \times \boldsymbol{n}_2 = \begin{vmatrix} \boldsymbol{i} & \boldsymbol{j} & \boldsymbol{k} \\ 1 & 1 & 0 \\ 2 & 0 & -1 \end{vmatrix} = -\boldsymbol{i} + \boldsymbol{j} - 2\boldsymbol{k} = \{-1,\, 1,\, -2\}$$

同理求出 L_2 的方向向量 $\boldsymbol{s}_2 = \{2,\, 1,\, 1\}$. 设直线 L_1 与 L_2 的夹角为 φ，则有

$$\cos\varphi = \frac{|\boldsymbol{s}_1 \cdot \boldsymbol{s}_2|}{|\boldsymbol{s}_1||\boldsymbol{s}_2|} = \frac{|(-1)\times 2 + 1\times 1 + (-2)\times 1|}{\sqrt{(-1)^2 + 1^2 + (-2)^2}\sqrt{2^2 + 1^2 + 1^2}} = \frac{1}{2}$$

故 $\varphi = \dfrac{\pi}{3}$.

三、直线与平面的夹角

给定直线 L 和平面 π，当直线 L 与平面 π 不垂直时，过直线 L 作垂直于平面 π 的平面交平面 π 于直线 L'，则称直线 L' 为直线 L 在平面 π 上的投影. 此时，直线 L 和投影直线 L' 的夹角 $\varphi(0 \leqslant \varphi \leqslant \pi/2)$ 称为直线 L 和平面 π 的夹角. 当直线 L 和平面 π 垂直时，规定直线与平面的夹角为 $\pi/2$.

设直线 L 的方向向量为 $\boldsymbol{s} = \{a,\, b,\, c\}$，平面 π 的法线向量 $\boldsymbol{n} = \{A,\, B,\, C\}$，直线与平面的夹角为 φ，那么 $\varphi = \left| \dfrac{\pi}{2} - \langle \boldsymbol{s},\, \boldsymbol{n} \rangle \right|$，因此

$$\sin\varphi = |\cos\langle \boldsymbol{s},\, \boldsymbol{n} \rangle| = \frac{|\boldsymbol{s} \cdot \boldsymbol{n}|}{|\boldsymbol{s}||\boldsymbol{n}|} = \frac{|aA + bB + cC|}{\sqrt{a^2 + b^2 + c^2}\sqrt{A^2 + B^2 + C^2}} \tag{7-18}$$

因为直线与平面垂直相当于直线的方向向量与平面的法线向量平行，所以直线与平面垂直的充分必要条件是

$$\frac{a}{A} = \frac{b}{B} = \frac{c}{C}$$

因为直线与平面平行或直线在平面上相当于直线的方向向量与平面的法线向量垂直，所以直线与平面平行的充分必要条件是

$$aA + bB + cC = 0$$

例 7-22　求过点 $(1, -2, 4)$ 且与平面 $2x - 3y + z - 4 = 0$ 垂直的直线方程.

解　因为所求直线垂直于已知平面，所以可取已知平面的法线向量 $\{2, -3, 1\}$ 作为所求直线的方向向量，由此可得所求直线的方程为

$$\frac{x-1}{2} = \frac{y+2}{-3} = \frac{z-4}{1}$$

例 7-23　求与两平面 $x - 4z = 3$ 和 $2x - y - 5z = 1$ 的交线平行且过点 $(-3, 2, 5)$ 的直线方程.

解　因为所求直线与两平面的交线平行，也就是直线的方向向量 s 一定同时与两平面的法线向量 n_1 和 n_2 垂直，故有

$$s = n_1 \times n_2 = \begin{vmatrix} i & j & k \\ 1 & 0 & -4 \\ 2 & -1 & -5 \end{vmatrix} = -(4i + 3j + k)$$

因此所求直线的方程为

$$\frac{x+1}{4} = \frac{y-2}{3} = \frac{z-5}{1}$$

 习题 7.4

1. 求过已知点 M 且具有已知方向向量 s 的直线方程：

(1) $M(3, 1, 7)$, $s = \{1, 2, 5\}$;　　　　(2) $M(0, -1, 1)$, $s = \{2, -1, 0\}$.

2. 求过点 $A(3, 1, -1)$ 和点 $B(2, 0, 1)$ 的直线的点向式方程和参数方程.

3. 过点 $(4, -1, 3)$ 且平行于直线 $\dfrac{x-3}{2} = \dfrac{y}{1} = \dfrac{z-1}{5}$ 的直线方程为_____.

4. 求过点 $(2, 0, -3)$ 且与直线 $\begin{cases} x - y + 1 = 0 \\ 2x + z - 5 = 0 \end{cases}$ 平行的直线方程.

5. 当 k 为何值时，平面 $kx + 3y - 5z - 2 = 0$ 与直线 $\dfrac{x-1}{4} = \dfrac{y+1}{3} = \dfrac{z}{1}$ 平行?

6. 求通过点 $M(1, 0, 2)$ 且与直线 $\dfrac{x-2}{2} = \dfrac{y-1}{1} = \dfrac{z}{-1}$ 垂直的平面方程.

7. 求过点 $(0, 2, 4)$ 且与平面 $x + 2z = 1$ 和 $y - 3z = 2$ 平行的直线方程.

8*. 求过点 $(3, 1, -2)$ 且通过直线 $\dfrac{x-4}{5} = \dfrac{y+3}{2} = \dfrac{z}{1}$ 的平面方程.

9*. 求直线 $\begin{cases} x + y + 3z = 0 \\ x - y - z = 0 \end{cases}$ 与平面 $x - y - z + 1 = 0$ 的夹角.

10*. 直线 $\dfrac{x-1}{2} = \dfrac{y}{-1} = \dfrac{z+3}{3}$ 与平面 $x + y + z = 2$ 的交点坐标为_____.

11*. 求过点 $M_1(1, 1, 1)$ 及 $M_2(0, 1, -1)$ 且垂直于平面 $x + y + z = 0$ 的平面方程.

12*. 求过直线 $L: \dfrac{x-2}{5} = \dfrac{y+1}{2} = \dfrac{z-2}{4}$ 且垂直于平面 $\pi: x + 4y - 3z + 7 = 0$ 的平面方程.

13*. 求直线 $\begin{cases} x - y + z = 1 \\ 2x + y + z = 4 \end{cases}$ 与平面 $2x - y - z = -1$ 的交点.

7.5　曲面与空间曲线

一、曲面及其方程

　　与平面解析几何中把曲线看作是动点的轨迹类似，在空间解析几何中把曲面也看成是具有某种性质的点的轨迹. 如果一个曲面 S 和一个三元方程 $F(x, y, z) = 0$ 满足下面两个

条件:

(1) 曲面 S 上任一点的坐标都满足方程 $F(x, y, z) = 0$,

(2) 不在曲面 S 上的点的坐标都不满足方程 $F(x, y, z) = 0$,

那么方程 $F(x, y, z) = 0$ 称为曲面的方程,曲面 S 称为方程的图形.

例 7 - 24 设一球面的半径为 R,球心在点 $M_0(x_0, y_0, z_0)$,求此球面的方程.

解 设 $M(x, y, z)$ 是球面上任意一点,则 $|MM_0| = R$,即

$$\sqrt{(x - x_0)^2 + (y - y_0)^2 + (z - z_0)^2} = R$$

于是有

$$(x - x_0)^2 + (y - y_0)^2 + (z - z_0)^2 = R^2 \qquad (7 - 19)$$

特别地,当球心在坐标原点时,球面的方程为 $x^2 + y^2 + z^2 = R^2$.

一般地,设有三元二次方程

$$Ax^2 + Ay^2 + Az^2 + Dx + Ey + Fz + G = 0 \qquad (7 - 20)$$

方程(7 - 20)的特点是缺 xy、yz、zx 这些交叉项,而且平方项系数相同.但只要将方程经过配方,就可以化为式(7 - 19)的形式,则它的图形就是一个球面.

二、旋转曲面

一条平面曲线绕其平面上的一条直线旋转一周所成的曲面称为旋转曲面,旋转曲线和定直线分别称为旋转曲面的母线和轴.

设在 yOz 坐标面上有一已知曲线 C,其方程为

$$f(y, z) = 0$$

把这条曲线绕 z 轴旋转一周,就可得到一个以 z 轴为轴的旋转曲面,其方程为

$$f(\pm\sqrt{x^2 + y^2}, z) = 0$$

把这条曲线绕 y 轴旋转一周,就可得到一个以 y 轴为轴的旋转曲面,其方程为

$$f(y, \pm\sqrt{x^2 + z^2}) = 0$$

同理,xOy 坐标面上的曲线 $C(f(x, y) = 0)$ 绕 x 轴旋转一周的旋转曲面方程为

$$f(x, \pm\sqrt{y^2 + z^2}) = 0$$

绕 y 轴旋转一周的旋转曲面方程为

$$f(\pm\sqrt{x^2 + z^2}, y) = 0$$

zOx 坐标面上的曲线 $C(f(x, z) = 0)$ 绕 x 轴旋转一周的旋转曲面方程为

$$f(x, \pm\sqrt{y^2 + z^2}) = 0$$

绕 z 轴旋转一周的旋转曲面方程为

$$f(\pm\sqrt{x^2 + y^2}, z) = 0$$

例 7 - 25 将 zOx 坐标面上的双曲线 $\dfrac{x^2}{a^2} - \dfrac{z^2}{c^2} = 1$ 分别绕 z 轴和 x 轴旋转一周,求所生成的旋转曲面的方程.

解 绕 z 轴旋转一周的旋转曲面称为旋转单叶双曲面,其方程为

$$\frac{x^2}{a^2} + \frac{y^2}{a^2} - \frac{z^2}{c^2} = 1$$

绕 x 轴旋转一周的旋转曲面称为旋转双叶双曲面，其方程为

$$\frac{x^2}{a^2} - \frac{y^2}{c^2} - \frac{z^2}{c^2} = 1$$

三、柱面

直线 L 沿定曲线 C（不与直线 L 在同一平面内）平行移动形成的轨迹称为柱面，定曲线 C 称为柱面的准线，动直线 L 称为柱面的母线．本书我们只讨论母线平行于坐标轴的柱面方程．

设 C 是 xOy 平面上的一条曲线，其方程为

$$F(x, y) = 0$$

将平行于 z 轴的直线 L 沿曲线 C 平行移动，就得到一个柱面，如图 7-11 所示．在柱面上任取一点 $M(x, y, z)$，过 M 作一条平行于 z 轴的直线，则该直线与 xOy 平面的交点为 $M_0(x, y, 0)$．由于 M_0 在准线 C 上，故有

$$F(x, y) = 0 \tag{7-21}$$

式 (7-21) 就是母线平行于 z 轴的柱面方程．

由此可见，母线平行于 z 轴的柱面方程的特征是只含 x、y，不含 z．

同理，方程 $F(y, z) = 0$ 和 $F(x, z) = 0$ 都表示柱面，它们的母线分别平行于 x 轴和 y 轴．

例如，方程 $x^2 + y^2 = R^2$ 表示母线平行于 z 轴的柱面，准线是 xOy 平面上一个以原点为中心、半径为 R 的圆，如图 7-12 所示，该柱面称为圆柱面．

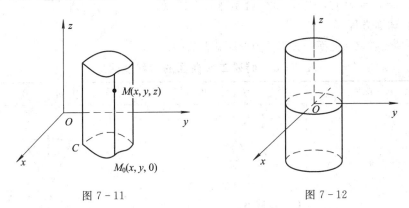

图 7-11   图 7-12

又如方程 $\dfrac{x^2}{a^2} + \dfrac{y^2}{b^2} = 1$ 的图形是母线平行于 z 轴的椭圆柱面，方程 $y^2 = 2x$ 的图形是母线平行于 z 轴的抛物柱面，方程 $x - 2y + 3 = 0$ 的图形是母线平行于 z 轴的平面．

四、二次曲面

下面介绍一些常见的三元二次方程及图形 —— 二次曲面．

椭球面的方程为

$$\frac{x^2}{a^2} + \frac{y^2}{b^2} + \frac{z^2}{c^2} = 1 \tag{7-22}$$

用平面 $z = h$ 去截椭球面所得交线为

$$\begin{cases} \dfrac{x^2}{a^2}+\dfrac{y^2}{b^2}+\dfrac{z^2}{c^2}=1 \\ z=h \end{cases}$$

即

$$\begin{cases} \dfrac{x^2}{a^2}+\dfrac{y^2}{b^2}=1-\dfrac{h^2}{c^2} \\ z=h \end{cases}$$

当 h 与 c 的大小不同时，分别为以下三种情形：

（1）当 $|h|<c$ 时，交线是在平面 $z=h$ 上的椭球，即

$$\begin{cases} \dfrac{x^2}{\left[a\sqrt{1-\left(\dfrac{h}{c}\right)^2}\right]^2}+\dfrac{y^2}{\left[b\sqrt{1-\left(\dfrac{h}{c}\right)^2}\right]^2}=1 \\ z=h \end{cases}$$

且 $|h|$ 越大椭圆越小，$|h|$ 越小椭圆越大.

（2）当 $|h|=c$ 时，交线缩成一点.

（3）当 $|h|>c$ 时，没有交线.

同理，若用平面 $y=h$ 或 $x=h$ 去截曲面也有类似的结果.

综合上述讨论，可以得到椭球面的形状，如图 7-13 所示.

当 $a=b=c=R$ 时，式（7-22）就是球心在原点、半径为 R 的球面方程.

其他一些特殊二次曲面的方程及图形详见表 7-1.

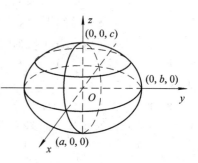

图 7-13

表 7-1　特殊二次曲面的方程及图形

名　　　称	方　　　程	图　　　形
二次锥面	$\dfrac{x^2}{a^2}+\dfrac{y^2}{b^2}-\dfrac{z^2}{c^2}=0$ 其中 $a=b$ 时是圆锥面，$a\neq b$ 时是椭圆锥面	
椭圆抛物面	$\dfrac{x^2}{a^2}+\dfrac{y^2}{b^2}=z$	

续表

名称	方程	图形
双曲抛物面(马鞍面)	$\dfrac{x^2}{a^2} - \dfrac{y^2}{b^2} = z$	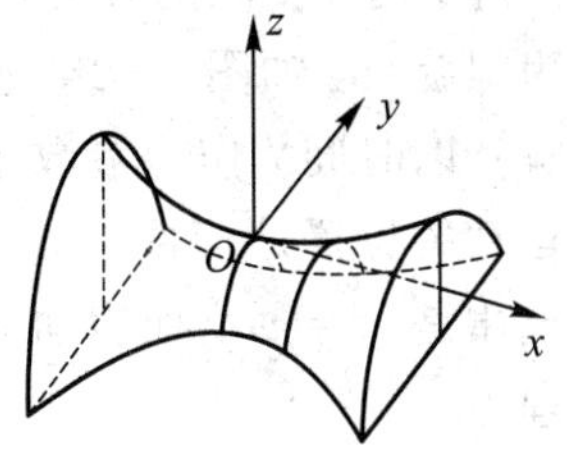
双曲面　单叶双曲面	$\dfrac{x^2}{a^2} + \dfrac{y^2}{b^2} - \dfrac{z^2}{c^2} = 1$	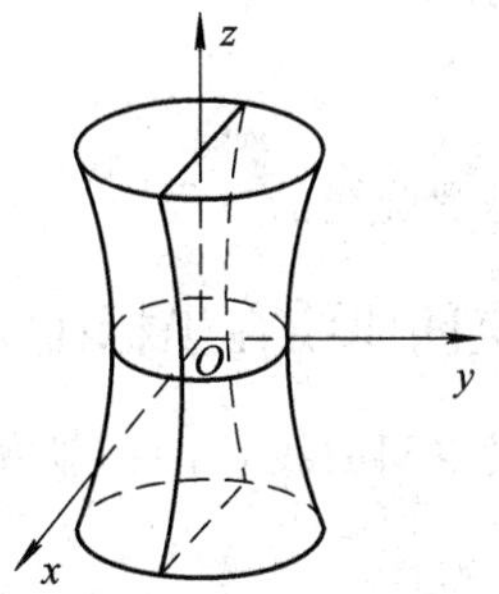
双叶双曲面	$\dfrac{x^2}{a^2} + \dfrac{y^2}{b^2} - \dfrac{z^2}{c^2} = -1$	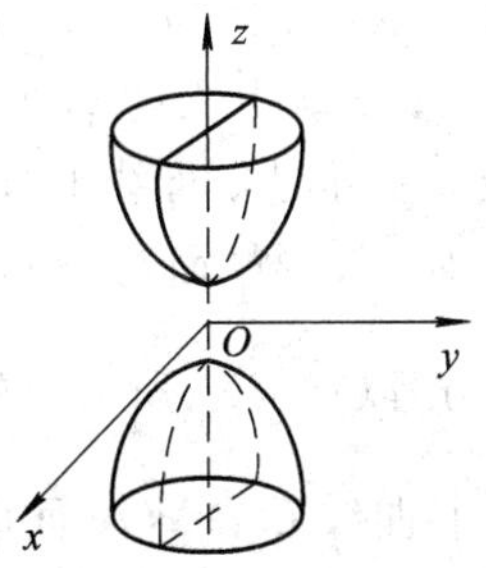

五、空间曲线

空间中任意一条曲线可以看成是两个曲面的交线,因此空间曲线可用两个曲面方程联立起来表示,即

$$\begin{cases} F(x,y,z) = 0 \\ G(x,y,z) = 0 \end{cases} \tag{7-23}$$

式(7-23)称为空间曲线的一般方程.用一般方程表示空间曲线的方式是不唯一的,例如,$\begin{cases} x^2 + y^2 + z^2 = 1 \\ z = 0 \end{cases}$ 和 $\begin{cases} x^2 + y^2 = 1 \\ z = 0 \end{cases}$ 都表示 xOy 平面上以原点为圆心的单位圆.

类似于空间直线,空间曲线也可用参数方程

$$\begin{cases} x = x(t) \\ y = y(t) \\ z = z(t) \end{cases} \tag{7-24}$$

表示.式(7-24)称为空间曲线的参数方程,其中 t 为参数.

例7-26 【螺旋曲线的参数方程】空间一动点 $M(x, y, z)$ 在圆柱面 $x^2 + y^2 = a^2$ 上以角速度 ω 绕 z 轴旋转,同时又以线速度 v 沿平行于 z 轴的方向上升,求此动点的轨迹方程. 此轨迹称为螺旋线,如图 7-14 所示.

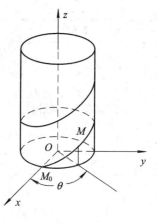

解 以时间 t 作为参数来建立螺旋线的方程,并设点 M 开始运动的位置是 $M_0(a, 0, 0)$,则在时刻 t,点 M_0 沿 z 轴的运动规律是 $z = vt$,而转动的角度 $\theta = \omega t$,故点 M 的运动轨迹方程为

$$\begin{cases} x = a\cos\omega t \\ y = a\sin\omega t \\ z = vt \end{cases}$$

图 7-14

这就是螺旋线的方程.

六、空间曲线在坐标面上的投影

设空间曲线 C 的一般方程为(7-23),从中消去变量 z(若可能的话)所得方程为
$$H(x, y) = 0 \tag{7-25}$$

由于式(7-25)是由式(7-23)消去 z 所得的结果,因此当 x、y、z 满足方程组(7-23)时,x、y 也满足式(7-25),这说明曲线 C 上的所有点都在由方程(7-25)所表示的曲面上.而式(7-25)缺少变量 z,它表示一个母线平行于 z 轴的柱面,因而该柱面必定包含曲线 C.以曲线 C 为准线、母线平行于 z 轴(即垂直于 xOy 平面)的柱面称为曲线 C 关于 xOy 面的投影柱面,投影柱面与 xOy 面的交线称为空间曲线 C 在 xOy 面上的投影曲线,简称投影.因此,方程(7-25)所表示的柱面必定包含投影柱面,而方程组 $\begin{cases} H(x, y) = 0 \\ z = 0 \end{cases}$ 所表示的曲线是空间曲线 C 在 xOy 面上的投影.

同理,消去方程组(7-23)中的变量 x 或 y,再分别与 $x = 0$ 或 $y = 0$ 联立,即可得到曲线 C 在 yOz 面或 zOx 面上的投影曲线方程,即

$$\begin{cases} R(y, z) = 0 \\ x = 0 \end{cases}$$

$$\begin{cases} T(x, z) = 0 \\ y = 0. \end{cases}$$

例 7-27 已知两球面的方程为
$$x^2 + y^2 + z^2 = 1 \tag{7-26}$$

$$x^2 + (y-1)^2 + (z-1)^2 = 1, \tag{7-27}$$
求它们的交线 C 在 xOy 面上的投影方程.

解 先联立式(7-26)和式(7-27)消去变量 z.式(7-26)等号左右两端分别对应减去式(7-27)的左右两端并化简,解得

$$z = 1 - y \tag{7-28}$$

将式(7-28)代入式(7-26)或式(7-27)消去 z 即得包含曲线 C 而母线平行于 z 轴的柱面方程,即

$$x^2 + 2y^2 - 2y = 0 \tag{7-29}$$

将式(7-29)与 xOy 平面方程 $z = 0$ 联立,可得

$$\begin{cases} x^2 + 2y^2 - 2y = 0 \\ z = 0 \end{cases}$$

即为所求投影方程.

 习题 7.5

1. 一动点与两定点 $(2, 1, 0)$ 和 $(1, 0, -1)$ 等距离,求此动点的轨迹.

2. 建立以点 $(1, 3, -2)$ 为球心且通过坐标原点的球面方程.

3. 已知球面过原点及 $A(4, 0, 0)$、$B(1, 3, 0)$ 和 $C(0, 0, -4)$ 三点,求球面的方程及球心的坐标和半径.

4. 指出下列方程在平面解析几何中和空间解析几何中分别表示什么图形:

(1) $x = 1$;　　　　　　　　　　(2) $x^2 + y^2 = 9$;

(3) $x - y + 1 = 0$;　　　　　　(4) $\dfrac{x^2}{9} + \dfrac{y^2}{4} = 1$.

5. 分别求母线平行于 x 轴及 y 轴且通过曲线 $\begin{cases} 2x^2 + y^2 + z^2 = 16 \\ x^2 - y^2 + z^2 = 0 \end{cases}$ 的柱面方程.

6. 将 xOz 坐标面上的抛物线 $z^2 = 5x$ 绕 x 轴旋转一周,求所生成的旋转曲面的方程.

7. 求球面 $x^2 + y^2 + z^2 = 9$ 与平面 $x + z = 1$ 的交线在 xOy 面上的投影方程.

本 章 小 结

一、向量代数

1)向量的概念

设 $\boldsymbol{a} = \{x, y, z\} = x\boldsymbol{i} + y\boldsymbol{j} + z\boldsymbol{k}$,则 $\boldsymbol{a}$ 的模为 $|\boldsymbol{a}| = \sqrt{x^2 + y^2 + z^2}$,与非零向量 $\boldsymbol{a}$ 同方向的单位向量为 $\boldsymbol{a}^0 = \dfrac{\boldsymbol{a}}{|\boldsymbol{a}|} = \{\cos\alpha, \cos\beta, \cos\gamma\}$,其中 α、β、γ 为三个方向角.

向量 $\boldsymbol{a}$ 的方向角 α、β 和 γ 的余弦 $\cos\alpha$、$\cos\beta$ 和 $\cos\gamma$ 统称为向量 $\boldsymbol{a}$ 的方向余弦,可用来表示向量的方向,即

$$\cos\alpha = \frac{x}{\sqrt{x^2 + y^2 + z^2}}, \quad \cos\beta = \frac{y}{\sqrt{x^2 + y^2 + z^2}}, \quad \cos\gamma = \frac{z}{\sqrt{x^2 + y^2 + z^2}}$$

显然非零向量 $\boldsymbol{a}$ 的三个方向余弦满足 $\cos^2\alpha + \cos^2\beta + \cos^2\gamma = 1$.

2)向量的运算

设 $\boldsymbol{a} = \{a_1, b_1, c_1\}$, $\boldsymbol{b} = \{a_2, b_2, c_2\}$, $\boldsymbol{c} = \{a_2, b_2, c_2\}$, $\lambda \in \mathbf{R}$,则有:

(1)加法:$\boldsymbol{a} + \boldsymbol{b} = \{a_1 + a_2, b_1 + b_2, c_1 + c_2\}$.

(2)减法:$\boldsymbol{a} - \boldsymbol{b} = \{a_1 - a_2, b_1 - b_2, c_1 - c_2\}$.

(3)数乘:$\lambda\boldsymbol{a} = \{\lambda a_1, \lambda b_1, \lambda c_1\}$.

（4）点乘：$a \cdot b = a_1 a_2 + b_1 b_2 + c_1 c_2$.

（5）叉乘：$a \times b = \begin{vmatrix} i & j & k \\ a_1 & b_1 & c_1 \\ a_2 & b_2 & c_2 \end{vmatrix}$，它的模为 $|a \times b| = |a| |b| \sin\langle a, b\rangle$，表示以

a, b 为邻边的平行四边形的面积；方向为既垂直于 a 又垂直于 b，并且 a、b 和 $a \times b$ 满足右手法则.

3）向量间的关系

设 $a = \{a_1, b_1, c_1\}$，$b = \{a_2, b_2, c_2\}$，则有：

（1）垂直：$a \perp b \Leftrightarrow a \cdot b = 0 \Leftrightarrow a_1 a_2 + b_1 b_2 + c_1 c_2 = 0$；

（2）平行：$a \parallel b \Leftrightarrow a \times b = 0 \Leftrightarrow \dfrac{a_1}{a_2} = \dfrac{b_1}{b_2} = \dfrac{c_1}{c_2}$.

二、空间解析几何

1）平面方程

平面方程有以下三种表示方法：

（1）点法式：$A(x - x_0) + B(y - y_0) + C(z - z_0) = 0$；

（2）一般式：$Ax + By + Cz + D = 0$；

（3）截距式：$\dfrac{x}{a} + \dfrac{y}{b} + \dfrac{z}{c} = 1 \ (a, b, c \neq 0)$.

2）空间直线的方程

空间直线的方程有以下三种表示方法：

（1）点向式（对称式）：$\dfrac{x - x_0}{a} = \dfrac{y - y_0}{b} = \dfrac{z - z_0}{c}$；

（2）一般式：$\begin{cases} A_1 x + B_1 y + C_1 z + D_1 = 0 \\ A_2 x + B_2 y + C_2 z + D_2 = 0 \end{cases}$；

（3）参数式：$\begin{cases} x = x_0 + at \\ y = y_0 + bt \\ z = z_0 + ct \end{cases}$.

3）距离

（1）两点间距离。

两点 $M_1(x_1, y_1, z_1)$、$M_2(x_2, y_2, z_2)$ 间的距离为

$$|M_1 M_2| = \sqrt{(x_2 - x_1)^2 + (y_2 - y_1)^2 + (z_2 - z_1)^2}$$

（2）点到平面的距离。

点 $P_0(x_0, y_0, z_0)$ 到平面 $\pi : Ax + By + Cz + D = 0$ 的距离为

$$d = \frac{|Ax_0 + By_0 + Cz_0 + D|}{\sqrt{A^2 + B^2 + C^2}}$$

4）夹角

（1）两向量间的夹角。

$$\cos\langle a, b\rangle = \frac{a \cdot b}{|a| |b|} = \frac{a_1 a_2 + b_1 b_2 + c_1 c_2}{\sqrt{a_1^2 + b_1^2 + c_1^2} \sqrt{a_2^2 + b_2^2 + c_2^2}}$$

（2）两平面间的夹角.

$$\cos\theta = |\cos\langle \boldsymbol{n}_1, \boldsymbol{n}_2\rangle| = \frac{|\boldsymbol{n}_1 \cdot \boldsymbol{n}_2|}{|\boldsymbol{n}_1||\boldsymbol{n}_2|} = \frac{|A_1A_2 + B_1B_2 + C_1C_2|}{\sqrt{A_1^2 + B_1^2 + C_1^2} \cdot \sqrt{A_2^2 + B_2^2 + C_2^2}}$$

（3）两直线间的夹角.

$$\cos\varphi = |\cos\langle \boldsymbol{s}_1, \boldsymbol{s}_2\rangle| = \frac{|\boldsymbol{s}_1 \cdot \boldsymbol{s}_2|}{|\boldsymbol{s}_1||\boldsymbol{s}_2|} = \frac{|a_1a_2 + b_1b_2 + c_1c_2|}{\sqrt{a_1^2 + b_1^2 + c_1^2}\sqrt{a_2^2 + b_2^2 + c_2^2}}$$

（4）直线与平面的夹角.

$$\sin\varphi = |\cos\langle \boldsymbol{s}, \boldsymbol{n}\rangle| = \frac{|\boldsymbol{s} \cdot \boldsymbol{n}|}{|\boldsymbol{s}||\boldsymbol{n}|} = \frac{|aA + bB + cC|}{\sqrt{a^2 + b^2 + c^2}\sqrt{A^2 + B^2 + C^2}}$$

5）二次曲面

（1）旋转曲面.

yOz 平面上的曲线 $f(y, z) = 0$ 绕 z 轴旋转一周的旋转曲面方程为

$$f(\pm\sqrt{x^2 + y^2}, z) = 0$$

绕 y 轴旋转一周的旋转曲面方程为

$$f(y, \pm\sqrt{x^2 + z^2}) = 0$$

xOy 平面上的曲线 $f(x, y) = 0$ 绕 x 轴旋转一周的旋转曲面方程为

$$f(x, \pm\sqrt{y^2 + z^2}) = 0$$

绕 y 轴旋转一周的旋转曲面方程为

$$f(\pm\sqrt{x^2 + z^2}, y) = 0$$

zOx 平面上的曲线 $f(x, z) = 0$ 绕 x 轴旋转一周的旋转曲面方程为

$$f(x, \pm\sqrt{y^2 + z^2}) = 0$$

绕 z 轴旋转一周的旋转曲面方程为

$$f(\pm\sqrt{x^2 + y^2}, z) = 0$$

（2）柱面.

母线平行于 x 轴的柱面方程为 $F(y, z) = 0$，母线平行于 y 轴的柱面方程为 $F(x, z) = 0$，母线平行于 z 轴的柱面方程为 $F(x, y) = 0$.

（3）二次曲面.

球面方程为 $x^2 + y^2 + z^2 = R^2$，椭球面方程为 $\dfrac{x^2}{a^2} + \dfrac{y^2}{b^2} + \dfrac{z^2}{c^2} = 1$，二次锥面方程为 $\dfrac{x^2}{a^2} + \dfrac{y^2}{b^2} = \dfrac{z^2}{c^2}$，椭圆抛物面方程为 $\dfrac{x^2}{a^2} + \dfrac{y^2}{b^2} = z$，双曲抛物面方程为 $\dfrac{x^2}{a^2} - \dfrac{y^2}{b^2} = z$，单叶双曲面方程为 $\dfrac{x^2}{a^2} + \dfrac{y^2}{b^2} - \dfrac{z^2}{c^2} = 1$，双叶双曲面方程为 $\dfrac{x^2}{a^2} + \dfrac{y^2}{b^2} - \dfrac{z^2}{c^2} = -1$.

6）空间曲线在坐标面上的投影

空间曲线 C 的方程为

$$\begin{cases} F(x, y, z) = 0 \\ G(x, y, z) = 0 \end{cases}$$

消去 z 后的方程与 $z = 0$ 联立，可得

$$\begin{cases} H(x, y) = 0 \\ z = 0 \end{cases}$$

即为空间曲线 C 在 xOy 面上的投影.

消去 x 后的方程与 $x = 0$ 联立, 可得

$$\begin{cases} R(y, z) = 0 \\ x = 0 \end{cases}$$

即为空间曲线 C 在 yOz 面上的投影.

消去 y 后的方程与 $y = 0$ 联立, 可得

$$\begin{cases} T(x, z) = 0 \\ y = 0 \end{cases}$$

即为空间曲线 C 在 zOx 面上的投影.

总习题七

一、填空题

1. 已知 $\overrightarrow{M_1M_2} = \{2, 3, 4\}$, $M_1(1, 0, -1)$, 则点 M_2 的坐标为_____.

2. 向量 $\boldsymbol{a} = 3\boldsymbol{i} + 2\boldsymbol{j} - \boldsymbol{k}$ 的模 $|\boldsymbol{a}| = $ _____.

3. 已知 $A(-2, 1, 3)$, $B(0, -1, 1)$, 则 A、B 两点间的距离为_____.

4. 已知向量 $\boldsymbol{a} = a_1\boldsymbol{i} + \boldsymbol{j} - \boldsymbol{k}$ 和 $\boldsymbol{b} = 3\boldsymbol{i} + 2\boldsymbol{j} + b_3\boldsymbol{k}$ 平行, 则 $a_1 = $ _____, $b_3 = $ _____.

5. 非零向量 $\boldsymbol{a}$、$\boldsymbol{b}$ 满足 $\boldsymbol{a} \cdot \boldsymbol{b} = 0$, 则必有_____.

6. 设 $\boldsymbol{a} = \{2, 1, 2\}$, $\boldsymbol{b} = \{4, -1, 10\}$, $\boldsymbol{c} = \boldsymbol{b} - \lambda\boldsymbol{a}$, 且 $\boldsymbol{a} \perp \boldsymbol{c}$, 则 $\lambda = $ _____.

7. 平面 $4x + y = z$ 的法向量为_____.

8. 方程 $x^2 + \dfrac{y^2}{2} + \dfrac{z^2}{2} = 1$ 表示的曲面是_____.

二、判断题

1. 任何向量都有确定的大小和方向.   (   )

2. 只有模为 0 的向量, 才是零向量.   (   )

3. 数 0 乘以任何向量都是数 0, 任何数乘零向量都是零向量.   (   )

4. $\boldsymbol{a} \times \boldsymbol{b} = \boldsymbol{b} \times \boldsymbol{a}$.   (   )

三、选择题

1. 向量(   )是单位向量.

A. $\{1, 1, 1\}$ 　　　　　　　　　　　B. $\left\{\dfrac{1}{3}, \dfrac{1}{3}, \dfrac{1}{3}\right\}$

C. $\{0, -1, 0\}$ 　　　　　　　　　　D. $\left\{\dfrac{1}{2}, 0, \dfrac{1}{2}\right\}$

2. 以下等式正确的是(   ).

A. $\boldsymbol{i} \times \boldsymbol{i} = \boldsymbol{i} \cdot \boldsymbol{i}$ 　　　　　　　　　　B. $\boldsymbol{i} \cdot \boldsymbol{j} = \boldsymbol{k}$

C. $\boldsymbol{i} \cdot \boldsymbol{i} = \boldsymbol{j} \cdot \boldsymbol{j}$ 　　　　　　　　　　D. $\boldsymbol{i} + \boldsymbol{j} = \boldsymbol{k}$

3. 设直线 L 的方程为 $\begin{cases} x - y + z = 1 \\ 2x + y + z = 4 \end{cases}$, 则 L 的参数方程为(   ).

A. $\begin{cases} x = 1 - 2t \\ y = 1 + t \\ z = 1 + 3t \end{cases}$ 　　　　　　　B. $\begin{cases} x = 1 - 2t \\ y = -1 + t \\ z = 1 + 3t \end{cases}$

C. $\begin{cases} x = 1 - 2t \\ y = 1 - t \\ z = 1 + 3t \end{cases}$　　　　D. $\begin{cases} x = 1 - 2t \\ y = -1 - t \\ z = 1 + 3t \end{cases}$

4. 点(　　)在平面 $2x + 5y = 0$ 上.

A. $(0, 9, 3)$　　　　　　　　　　B. $(0, 3, 0)$

C. $(5, 2, 0)$　　　　　　　　　　D. $(-5, 2, -1)$

5. 方程 $z = \dfrac{x^2}{3} + \dfrac{y^2}{4}$ 表示(　　).

A. 椭圆抛物面　　　　　　　　　B. 双曲面

C. 柱面　　　　　　　　　　　　D. 圆锥面

6. 下列结论中，错误的是(　　).

A. $z + 2x^2 + y^2 = 0$ 表示椭圆抛物面

B. $x^2 + 2y^2 = 1 + 3z^2$ 表示双叶双曲面

C. $x^2 + y^2 - (z-1)^2 = 0$ 表示圆锥面

D. $y^2 = 5x$ 表示抛物柱面

四、计算题

1. 求 y 轴上与点 $A(1, -3, 7)$ 和 $B(5, 7, -5)$ 等距离的点.

2. 设 $|\boldsymbol{a} + \boldsymbol{b}| = |\boldsymbol{a} - \boldsymbol{b}|$，$\boldsymbol{a} = \{3, -5, 8\}$，$\boldsymbol{b} = \{-1, 1, z\}$，求 z.

3. 已知平面通过点 $A(-2, 1, 4)$ 且平行于 $x - 2y - 3z = 0$，求此平面方程.

4. 已知平面通过点 $A(1, -2, 0)$ 且垂直于点 $M_1(0, 0, 3)$ 和点 $M_2(1, 2, -1)$ 的连线，求此平面方程.

5. 若空间直线 $\dfrac{x-1}{4} = \dfrac{y-2}{-1} = \dfrac{z-3}{c}$ 与平面 $x + y + 2z = 1$ 平行，求 c 的值.

6*. 求通过点 $(2, 3, -1)$ 且垂直于平面 $x - y + 2z - 1 = 0$ 的直线方程.

7*. 求过点 $(-1, 0, 4)$ 且平行于平面 $3x - 4y + z - 10 = 0$，又与直线 $\dfrac{x+1}{1} = \dfrac{y-3}{1} = \dfrac{z}{2}$ 相交的直线方程.

8*. 求曲线 $\begin{cases} z = 2 - x^2 - y^2 \\ z = (x-1)^2 + (y-1)^2 \end{cases}$ 在三个坐标面上的投影曲线的方程.

习题答案

第八章 多元函数微分学及其应用

> 知识目标：了解多元函数、多元函数的极限及偏导数和全微分的概念，掌握二元函数的偏导数与全微分的求法，了解多元复合函数微分法与隐函数微分法，掌握二元函数的极值与条件极值的求法．
>
> 技能目标：熟练掌握二元函数的偏导数与全微分的求法及复合函数的求导法则与隐函数微分法，掌握二元函数的极值及最值的求解方法．
>
> 能力目标：会建立多元函数模型，培养学生利用多元函数的微分法分析解决实际问题的能力．

前面几章中，我们研究的函数都只有一个自变量，这种函数称为一元函数．但在很多实际问题中，往往要考虑一个变量依赖于多个变量之间的情形，这就提出了多元函数及多元函数微积分的问题．多元函数微分学是在一元函数微分学的基础上发展起来的．由于多元函数是一元函数的推广，它必然要保留一元函数的许多性质，但又由于自变量的增多，也会产生某些本质的差别，因此在学习多元函数的理论时，既要注意到它与一元函数的联系，又要弄清它们之间的本质差别．

本章将在一元函数微分学的基础上，进一步讨论多元函数的微分学及其应用．

8.1 多元函数的基本概念

一、平面区域的概念

平面区域与数轴上区间的概念类似，是指坐标平面上满足某些条件的点的集合．围成平面区域的曲线称为该区域的边界，包含边界的平面区域称为闭区域，不含边界的平面区域称为（开）区域．如果一个区域总可以被包含在一个以原点为中心的圆域内，则称此区域为有界区域，否则称为无界区域．

例如，点集 $\{(x,y) \mid 1 < x^2 + y^2 < 4\}$ 是开区域，也是一有界区域，如图 8-1 所示；点集 $\{(x,y) \mid 1 \leqslant x^2 + y^2 \leqslant 4\}$ 是闭区域，也是一有界区域，如图 8-2 所示；而点集 $\{(x,y) \mid x+y > 0\}$ 是无界区域，如图 8-3 所示．

二、多元函数的概念

在很多自然现象和实际问题中，经常会遇到多个变量之间的依赖关系．

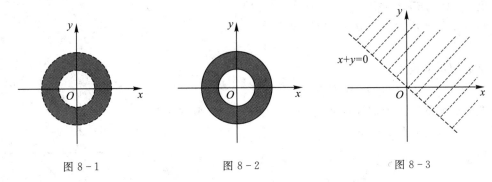

图 8 - 1　　　　　　　　　图 8 - 2　　　　　　　　　图 8 - 3

引例 1　【矩形的面积】矩形面积 S 与长 x、宽 y 之间的关系为
$$S = xy \quad (x > 0, y > 0)$$
其中长 x 和宽 y 是两个独立的变量. 当 x、y 在一定范围内取一对数值 (x, y) 时, 矩形面积 S 有唯一确定的值与之对应.

引例 2　【圆柱体的体积】圆柱体的体积 V 与底面圆的半径 r 与高 h 之间的关系为
$$V = \pi r^2 h \quad (r > 0, h > 0)$$
r、h 在一定范围内取定一对数值 (r, h) 时, 体积 V 就有一个确定的值与之对应.

上面两个例子的具体意义虽各不相同, 但却有共同的性质, 抽出这些问题的共性就可得出二元函数的定义:

定义 8 - 1　设 D 是平面 $\mathbf{R}^2$ 上的一个非空点集, 如果对于 D 内的任一点 (x, y), 按照某种对应法则 f, 都有唯一确定的实数 z 与之对应, 则称 f 是定义在 D 上的二元函数, 记作
$$z = f(x, y), \quad (x, y) \in D$$
其中: x 和 y 称为自变量; z 称为因变量; 点集 D 称为函数的定义域; 数集 $\{z \mid z = f(x, y), (x, y) \in D\}$ 称为函数的值域.

设 $z = f(x, y)$ 是定义在区域 D 上的一个二元函数, 则点集
$$S = \{(x, y, z) \mid z = f(x, y), (x, y) \in D\}$$
称为二元函数 $z = f(x, y)$ 的图形. 二元函数的几何图形一般是空间中的一个曲面.

类似地, 可以定义三元函数 $u = f(x, y, z)$ 以及三元以上的函数. 二元及二元以上的函数统称为多元函数.

与一元函数类似, 确定二元函数的定义域时, 也分为两种情况:

(1) 当自变量和因变量具有实际意义时, 我们以自变量的实际意义确定函数的定义域.

(2) 当函数是用一般解析式表达、自变量没有明确的实际意义时, 我们以使自变量有意义的范围作为函数的定义域.

例 8 - 1　求函数 $z = \sqrt{1 - x^2 - y^2}$ 的定义域.

解　函数表达式为偶次根式, 被开方式满足
$$1 - x^2 - y^2 \geqslant 0 \text{ 或 } x^2 + y^2 \leqslant 1$$
所以函数的定义域为
$$D = \{(x, y) \mid x^2 + y^2 \leqslant 1\}$$
即函数定义域的图形是以原点为圆心、半径为 1 的圆周及圆内点的集合, 如图 8 - 4 所示.

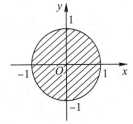

图 8 - 4

例 8 - 2 求函数 $z = \ln(x + y)$ 的定义域.

解 函数表达式为对数式,应满足

$$x + y > 0$$

所以函数的定义域为

$$D = \{(x, y) \mid x + y > 0\}$$

即函数定义域的图形为 xOy 平面上位于直线 $y = -x$ 上方的半平面,但不包括直线本身,如图 8-5 所示.

例 8 - 3 已知函数 $f(x + y, x - y) = \dfrac{x^2 - y^2}{x^2 + y^2}$,求 $f(x, y)$.

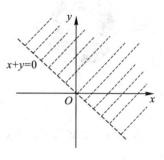

图 8 - 5

解 设 $x + y = u$, $x - y = v$,则有

$$x = \frac{u + v}{2}, \quad y = \frac{u - v}{2}$$

于是

$$f(u, v) = \frac{\left(\dfrac{u + v}{2}\right)^2 - \left(\dfrac{u - v}{2}\right)^2}{\left(\dfrac{u + v}{2}\right)^2 + \left(\dfrac{u - v}{2}\right)^2} = \frac{2uv}{u^2 + v^2}$$

故

$$f(x, y) = \frac{2xy}{x^2 + y^2}$$

三、二元函数的极限

1. 邻域和去心邻域的概念

定义 8 - 2 设 $P_0(x_0, y_0)$ 是 xOy 平面上的一个点,δ 是某一正数,与点 $P_0(x_0, y_0)$ 距离小于 δ 的点 $P(x, y)$ 的全体称为点 $P_0(x_0, y_0)$ 的 δ 邻域,记作 $U(P_0, \delta)$,即

$$U(P_0, \delta) = \{P \mid |PP_0| < \delta\} = \left\{(x, y) \mid \sqrt{(x - x_0)^2 + (y - y_0)^2} < \delta\right\}$$

将该邻域去掉 $P_0(x_0, y_0)$ 后的点集称为点 $P_0(x_0, y_0)$ 的去心 δ 邻域,记作 $\mathring{U}(P_0, \delta)$,即

$$\mathring{U}(P_0, \delta) = \{P \mid 0 < |PP_0| < \delta\} = \left\{(x, y) \mid 0 < \sqrt{(x - x_0)^2 + (y - y_0)^2} < \delta\right\}$$

2. 二元函数极限的概念

与一元函数极限的概念类似,二元函数的极限也是反映函数值随自变量变化而变化的趋势.

定义 8 - 3 设函数 $z = f(x, y)$ 在点 $P_0(x_0, y_0)$ 的某一去心邻域内有定义,如果当点 $P(x, y)$ 无限趋近于点 $P_0(x_0, y_0)$ 时,函数 $z = f(x, y)$ 无限趋于一个常数 A,则称 A 为函数 $z = f(x, y)$ 当 $(x, y) \to (x_0, y_0)$ 时的极限,记作

$$\lim_{\substack{x \to x_0 \\ y \to y_0}} f(x, y) = A \quad \text{或} \quad \lim_{(x, y) \to (x_0, y_0)} f(x, y) = A$$

否则,称函数 $z = f(x, y)$ 在 $(x, y) \to (x_0, y_0)$ 时的极限不存在.

值得注意的是,二元函数 $z = f(x, y)$ 当 $(x, y) \to (x_0, y_0)$ 时的极限为 A,是指点

(x,y) 无论以任何方式趋于点 (x_0,y_0) 时，$f(x,y)$ 都无限接近于 A. 如果点 (x,y) 以某一特殊方式，例如沿一条定直线或定曲线趋于点 (x_0,y_0) 时，函数值 $f(x,y)$ 不能无限趋于任一给定的数值，或点 (x,y) 以两种不同方式趋于点 (x_0,y_0) 时，$f(x,y)$ 趋于不同的值，都说明函数 $z=f(x,y)$ 当 $(x,y)\to(x_0,y_0)$ 时的极限不存在.

为了区别于一元函数的极限，我们称二元函数的极限为二重极限.

计算二重极限一般来说要比计算一元函数的极限更复杂也更困难，通常有以下几种计算方法：

（1）利用变量替换将二元函数转化为一元函数，再利用两个重要的极限、等价无穷小代换等方法求极限.

（2）若函数沿不同的路径趋于不同的值，则可断定其极限不存在.

（3）若函数沿一条定直线或定曲线趋近于点 (x_0,y_0) 时，其极限不存在，则可断定其极限不存在.

例 8 - 4　求极限 $\lim\limits_{\substack{x\to 1\\ y\to 2}}\dfrac{x+y}{xy}$.

解　$\lim\limits_{\substack{x\to 1\\ y\to 2}}\dfrac{x+y}{xy}=\dfrac{1+2}{1\cdot 2}=\dfrac{3}{2}$

例 8 - 5　求极限 $\lim\limits_{\substack{x\to 0\\ y\to 0}}(x^2+y^2)\sin\dfrac{1}{x^2+y^2}$.

解　令 $u=x^2+y^2$，当 $x\to 0$，$y\to 0$ 时，$u\to 0$，故

$$\lim_{\substack{x\to 0\\ y\to 0}}(x^2+y^2)\sin\frac{1}{x^2+y^2}=\lim_{u\to 0}u\sin\frac{1}{u}=0$$

例 8 - 6　求极限 $\lim\limits_{\substack{x\to 0\\ y\to 0}}(1+xy^2)^{\frac{1}{x}}$.

解　$\lim\limits_{\substack{x\to 0\\ y\to 0}}(1+xy^2)^{\frac{1}{x}}=\lim\limits_{\substack{x\to 0\\ y\to 0}}(1+xy^2)^{\frac{1}{xy^2}\cdot y^2}=\Big[\lim\limits_{\substack{x\to 0\\ y\to 0}}(1+xy^2)^{\frac{1}{xy^2}}\Big]^{y^2}=\lim\limits_{y\to 0}e^{y^2}=1$

例 8 - 7　求极限 $\lim\limits_{\substack{x\to 0\\ y\to 0}}\dfrac{e^{x+y}-1}{\sin(x+y)}$.

解　令 $u=x+y$，则

$$\lim_{\substack{x\to 0\\ y\to 0}}\frac{e^{x+y}-1}{\sin(x+y)}=\lim_{u\to 0}\frac{e^u-1}{\sin u}=\lim_{u\to 0}\frac{u}{u}=1$$

例 8 - 8　证明 $\lim\limits_{\substack{x\to 0\\ y\to 0}}\dfrac{xy}{x^2+y^2}$ 不存在.

证明　令 $y=kx$（k 为常数），则有

$$\lim_{\substack{x\to 0\\ y\to 0}}\frac{xy}{x^2+y^2}=\lim_{\substack{x\to 0\\ y\to 0}}\frac{kx^2}{x^2(1+k^2)}=\lim_{\substack{x\to 0\\ y\to 0}}\frac{k}{1+k^2}=\frac{k}{1+k^2}$$

由此可见，极限值随着 k 的变化而变化，故极限 $\lim\limits_{\substack{x\to 0\\ y\to 0}}\dfrac{xy}{x^2+y^2}$ 不存在.

四、二元函数的连续性

1. 二元函数连续的定义

定义 8 - 4　设二元函数 $z=f(x,y)$ 在点 (x_0,y_0) 的某一邻域内有定义，如果 $z=$

$f(x, y)$ 在点 (x_0, y_0) 处的极限存在，且极限值等于函数值，即

$$\lim_{\substack{x \to x_0 \\ y \to y_0}} f(x, y) = f(x_0, y_0)$$

则称函数 $z = f(x, y)$ 在点 (x_0, y_0) 处连续. 如果函数 $z = f(x, y)$ 在点 (x_0, y_0) 处不连续，则称函数在 (x_0, y_0) 处间断，点 (x_0, y_0) 称为 $z = f(x, y)$ 的间断点.

显然函数 $z = f(x, y)$ 在点 (x_0, y_0) 处连续要同时满足以下三个条件：

(1) 在点 (x_0, y_0) 处有定义；

(2) $\lim\limits_{\substack{x \to x_0 \\ y \to y_0}} f(x, y)$ 存在；

(3) $\lim\limits_{\substack{x \to x_0 \\ y \to y_0}} f(x, y) = f(x_0, y_0)$.

三个条件缺一个都将说明 $z = f(x, y)$ 在点 (x_0, y_0) 处间断.

如果函数 $z = f(x, y)$ 在区域 D 内每一点都连续，则称该函数在区域 D 内连续. 在区域 D 上连续的二元函数的图形是区域 D 上的一个连续曲面.

2. 二元初等函数

与一元函数类似，二元连续函数经过四则运算和复合运算后仍为二元连续函数. 由 x 和 y 的基本初等函数经过有限次的四则运算和复合运算所构成的可用一个式子表示的二元函数称为二元初等函数.

一切二元初等函数在其定义域内都是连续的.

特别地，在有界闭区域 D 上连续的二元函数也有类似于一元连续函数在闭区间上所满足的定理，下面我们罗列出这些定理：

定理 8-1 （最大值和最小值定理）在有界闭区域 D 上的二元连续函数，在 D 上至少取得最大值和最小值各一次.

定理 8-2 （有界性定理）在有界闭区域 D 上的二元连续函数在 D 上一定有界.

定理 8-3 （介值定理）在有界闭区域 D 上的二元连续函数，若在 D 上取得两个不同的函数值，则它在 D 上必取得介于这两个值之间的任何值至少一次.

 习题 8.1

1. 确定下列函数的定义域：

(1) $z = \sqrt{x + y - 3}$；(2) $z = \sqrt{1 - x^2} + \sqrt{y^2 - 1}$；(3) $z = \ln(x^2 + y^2 - 9)$.

2. 求下列函数在指定点的函数值：

(1) $z = \sqrt{x - \sqrt{y}}$，在点 $(9, 0)$ 处；

(2) $z = \dfrac{2xy}{x^2 + y^2}$，在点 $(1, 1)$ 处；

(3) $z = 2x + 3y$，在点 $(3, 1)$ 处.

3. 求下列各极限：

(1) $\lim\limits_{\substack{x \to 0 \\ y \to 0}} \dfrac{xy}{\sqrt{xy + 1} - 1}$；(2) $\lim\limits_{\substack{x \to \infty \\ y \to \infty}} \left(1 - \dfrac{1}{x^2 + y^2}\right)^{x^2 + y^2}$；(3) $\lim\limits_{\substack{x \to 2 \\ y \to 0}} \dfrac{\sin xy}{y}$.

4. 证明极限 $\lim\limits_{\substack{x \to 0 \\ y \to 0}} \dfrac{x + y}{x - y}$ 不存在.

8.2　偏　导　数

我们在研究一元函数的变化率时引入了导数的概念. 而在实际问题中,我们常常需要了解一个受到多种因素制约的变量. 在其他因素固定不变的情况下,该变量只随一种因素变化的变化率问题,反映在数学上就是多元函数在其他自变量固定不变时,函数只随一个自变量变化的变化率问题. 这就是偏导数.

引例 3　理想气体的压强 p 与体积 V、绝对温度 T 三者之间的函数关系是

$$p = \frac{RT}{V} \quad (V > 0,\ T > 0,\ R \text{ 为常量})$$

在热学中,需要研究下面两种情况:

(1)【等温过程】等温过程是指在温度不变($T = $ 常数 T_0)时,考察因体积 V 变化而引起压强 p 的变化,即 p 关于 V 的变化率

$$\frac{\mathrm{d}p(V, T_0)}{\mathrm{d}V} = -\frac{RT_0}{V^2}$$

(2)【等积过程】等积过程是指在体积不变($V = $ 常数 V_0)时,考察因温度 T 变化而引起压强 p 的变化,即 p 关于 T 的变化率

$$\frac{\mathrm{d}p(V_0, T)}{\mathrm{d}T} = \frac{R}{V_0}$$

一、偏导数的定义及其计算法

1. 偏导数的定义

定义 8 - 5　设函数 $z = f(x, y)$ 在点 (x_0, y_0) 的某一邻域内有定义,当 y 固定在 y_0 处,而 x 在 x_0 处有增量 Δx 时,相应的函数增量为 $f(x_0 + \Delta x, y_0) - f(x_0, y_0)$,如果极限 $\lim\limits_{\Delta x \to 0} \dfrac{f(x_0 + \Delta x, y_0) - f(x_0, y_0)}{\Delta x}$ 存在,则称此极限值为函数 $z = f(x, y)$ 在点 (x_0, y_0) 处对 x 的偏导数,记作 $\left.\dfrac{\partial z}{\partial x}\right|_{\substack{x=x_0 \\ y=y_0}}$、$\left.\dfrac{\partial f}{\partial x}\right|_{\substack{x=x_0 \\ y=y_0}}$、$\left. z'_x \right|_{\substack{x=x_0 \\ y=y_0}}$ 或 $f'_x(x_0, y_0)$.

类似地,函数 $z = f(x, y)$ 在点 (x_0, y_0) 处对 y 的偏导数定义为 $\lim\limits_{\Delta y \to 0} \dfrac{f(x_0, y_0 + \Delta y) - f(x_0, y_0)}{\Delta y}$,记作 $\left.\dfrac{\partial z}{\partial y}\right|_{\substack{x=x_0 \\ y=y_0}}$、$\left.\dfrac{\partial f}{\partial y}\right|_{\substack{x=x_0 \\ y=y_0}}$、$\left. z'_y \right|_{\substack{x=x_0 \\ y=y_0}}$,或 $f'_y(x_0, y_0)$.

如果函数 $z = f(x, y)$ 在平面区域 D 内每一点 (x, y) 处对 x 的偏导数都存在,那么这个偏导数显然将随 x 和 y 的不同取值而变化,即它仍是 x 和 y 的函数,我们称其为函数 $z = f(x, y)$ 对自变量 x 的偏导函数(简称为偏导数),记作 $\dfrac{\partial z}{\partial x}$、$\dfrac{\partial f}{\partial x}$、$z'_x$ 或 $f'_x(x, y)$.

类似地,可以定义函数 $z = f(x, y)$ 对自变量 y 的偏导数 $f'_y(x, y)$,记作 $\dfrac{\partial z}{\partial y}$、$\dfrac{\partial f}{\partial y}$、$z'_y$ 或 $f'_y(x, y)$.

由偏导数的概念可知

$$f'_x(x_0, y_0) = \left. f'_x(x, y) \right|_{\substack{x=x_0 \\ y=y_0}}$$

$$f'_y(x_0, y_0) = f'_y(x, y)\Big|_{\substack{x=x_0 \\ y=y_0}}$$

即函数 $z = f(x, y)$ 在点 (x_0, y_0) 处的两个偏导数分别等于其两个偏导函数在该点的函数值.

偏导数的概念可以推广到二元以上的函数,如三元函数 $u = f(x, y, z)$ 在点 (x, y, z) 处对 x 的偏导数可定义为

$$f'_x(x, y, z) = \lim_{\Delta x \to 0} \frac{f(x + \Delta x, y, z) - f(x, y, z)}{\Delta x}$$

2. 偏导数的求法

(1) 已知 $z = f(x, y)$,求 $f'_x(x, y)$ 时,只需将 y 视为常数而对 x 求导;求 $f'_y(x, y)$ 时,只需将 x 视为常数而对 y 求导.

(2) 求 $f'_x(x_0, y_0)$ 或 $f'_y(x_0, y_0)$ 时,可以用公式求出偏导数再代入该点坐标,也可以先将另一个看作常量的坐标值代入后再求一元函数的导数.

(3) 对于由多个解析式表达的分段函数,分段点处的偏导数只能用定义来求.

(4) 若 $f(x, y)$ 对 x、y 具有轮换对称性,即在 $f(x, y)$ 的表达式中将 x 换为 y 同时将 y 换为 x 时函数表达式不变 $(f(x, y) = f(y, x))$,则 $f'_x(x, y)$ 和 $f'_y(x, y)$ 结构相同. 若已知其中一个,求另一个时只需将 x 换为 y 即可.

例 8 - 9　求 $z = x^2 + 3xy + y^2$ 在点 $(2, 1)$ 处的偏导数.

解　视 y 为常数,对 x 求导,得

$$\frac{\partial z}{\partial x} = 2x + 3y$$

视 x 为常数,对 y 求导,得

$$\frac{\partial z}{\partial y} = 3x + 2y$$

将 $x = 2$、$y = 1$ 代入可得

$$\frac{\partial z}{\partial x}\Big|_{\substack{x=2 \\ y=1}} = 2 \times 2 + 3 \times 1 = 7$$

$$\frac{\partial z}{\partial y}\Big|_{\substack{x=2 \\ y=1}} = 3 \times 2 + 2 \times 1 = 8$$

例 8 - 10　设 $z = x^y (x > 0, x \neq 1)$,求证 $\dfrac{x}{y} \dfrac{\partial z}{\partial x} + \dfrac{1}{\ln x} \dfrac{\partial z}{\partial y} = 2z$.

证明　视 y 为常数,对 x 求导,得

$$\frac{\partial z}{\partial x} = yx^{y-1}$$

视 x 为常数,对 y 求导,得

$$\frac{\partial z}{\partial y} = x^y \ln x$$

故　　　$\dfrac{x}{y} \dfrac{\partial z}{\partial x} + \dfrac{1}{\ln x} \dfrac{\partial z}{\partial y} = \dfrac{x}{y} yx^{y-1} + \dfrac{1}{\ln x} x^y \ln x = x^y + x^y = 2z$

例 8 - 11　求 $r = \sqrt{x^2 + y^2 + z^2}$ 的偏导数.

解　视 y 和 z 为常数,对 x 求导,得

$$\frac{\partial r}{\partial x} = \frac{(x^2)'}{2\sqrt{x^2+y^2+z^2}} = \frac{2x}{2\sqrt{x^2+y^2+z^2}} = \frac{x}{r}$$

利用函数关于自变量的对称性,得

$$\frac{\partial r}{\partial y} = \frac{2y}{2\sqrt{x^2+y^2+z^2}} = \frac{y}{r}$$

$$\frac{\partial r}{\partial z} = \frac{2z}{2\sqrt{x^2+y^2+z^2}} = \frac{z}{r}$$

例 8 - 12　求 $z = x^2\sin 2y$ 的偏导数.

解　视 y 为常数,对 x 求导,得

$$\frac{\partial z}{\partial x} = 2x\sin 2y$$

视 x 为常数,对 y 求导,得

$$\frac{\partial z}{\partial y} = 2x^2\cos 2y$$

对一元函数而言,导数 $\dfrac{\mathrm{d}y}{\mathrm{d}x}$ 可看作函数的微分 $\mathrm{d}y$ 与自变量的微分 $\mathrm{d}x$ 的商,但偏导数的记号 $\dfrac{\partial z}{\partial x}$ 是一个整体,单独的 ∂z、∂x 无意义.

例 8 - 13　验证函数 $z = \ln\sqrt{x^2+y^2}$ 满足方程 $\dfrac{\partial^2 z}{\partial x^2} + \dfrac{\partial^2 z}{\partial y^2} = 0$.

解　因为 $z = \ln\sqrt{x^2+y^2} = \dfrac{1}{2}\ln(x^2+y^2)$,所以

$$\frac{\partial z}{\partial x} = \frac{x}{x^2+y^2}, \frac{\partial z}{\partial y} = \frac{y}{x^2+y^2}$$

$$\frac{\partial^2 z}{\partial x^2} = \frac{(x^2+y^2)-x\cdot 2x}{(x^2+y^2)^2} = \frac{y^2-x^2}{(x^2+y^2)^2}$$

$$\frac{\partial^2 z}{\partial y^2} = \frac{(x^2+y^2)-y\cdot 2y}{(x^2+y^2)^2} = \frac{x^2-y^2}{(x^2+y^2)^2}$$

因此

$$\frac{\partial^2 z}{\partial x^2} + \frac{\partial^2 z}{\partial y^2} = \frac{y^2-x^2}{(x^2+y^2)^2} + \frac{x^2-y^2}{(x^2+y^2)^2} = 0$$

例 8 - 14　已知 $z = \ln\tan\dfrac{x}{y}$,求 $\dfrac{\partial z}{\partial x} - \dfrac{\partial z}{\partial y}$.

解　因为

$$\frac{\partial z}{\partial x} = \frac{1}{\tan\dfrac{x}{y}}\cdot\sec^2\frac{x}{y}\cdot\frac{1}{y} = \frac{1}{y\sin\dfrac{x}{y}\cos\dfrac{x}{y}} = \frac{2}{y\sin\dfrac{2x}{y}} = \frac{2}{y}\csc\frac{2x}{y}$$

$$\frac{\partial z}{\partial y} = \frac{1}{\tan\dfrac{x}{y}}\cdot\sec^2\frac{x}{y}\cdot\left(-\frac{x}{y^2}\right) = -\frac{x}{y^2\sin\dfrac{x}{y}\cos\dfrac{x}{y}} = -\frac{2x}{y^2\sin\dfrac{2x}{y}} = -\frac{2x}{y^2}\csc\frac{2x}{y}$$

所以

$$\frac{\partial z}{\partial x} - \frac{\partial z}{\partial y} = \frac{2}{y}\csc\frac{2x}{y} + \frac{2x}{y^2}\csc\frac{2x}{y} = \frac{2}{y^2}(x+y)\csc\frac{2x}{y}$$

二、高阶偏导数

定义 8 - 6　设函数 $z = f(x, y)$ 在区域 D 内具有偏导数 $\dfrac{\partial z}{\partial x}$、$\dfrac{\partial z}{\partial y}$,则在 D 内,$\dfrac{\partial z}{\partial x}$、$\dfrac{\partial z}{\partial y}$

仍是关于 x、y 的二元函数. 如果这两个函数的偏导数也存在, 则称它们是 $z = f(x, y)$ 的二阶偏导数.

二元函数共有下列四个二阶偏导数:

$$\frac{\partial}{\partial x}\left(\frac{\partial z}{\partial x}\right) = \frac{\partial^2 z}{\partial x^2} = z''_{xx} = f''_{xx}(x, y)$$

$$\frac{\partial}{\partial y}\left(\frac{\partial z}{\partial x}\right) = \frac{\partial^2 z}{\partial x \partial y} = z''_{xy} = f''_{xy}(x, y)$$

$$\frac{\partial}{\partial x}\left(\frac{\partial z}{\partial y}\right) = \frac{\partial^2 z}{\partial y \partial x} = z''_{yx} = f''_{yx}(x, y)$$

$$\frac{\partial}{\partial y}\left(\frac{\partial z}{\partial y}\right) = \frac{\partial^2 z}{\partial y^2} = z''_{yy} = f''_{yy}(x, y)$$

其中, $f''_{xy}(x, y)$ 和 $f''_{yx}(x, y)$ 称为二阶混合偏导数. 它们表示的意义是不同的, $f''_{xy}(x, y)$ 是先对 x 后对 y 求偏导, $f''_{yx}(x, y)$ 是先对 y 后对 x 求偏导.

类似地, 可以定义三阶、四阶 …… 以及 n 阶偏导数, 我们把二阶及二阶以上的偏导数统称为高阶偏导数.

例 8 - 15 求函数 $z = 4x^3 + 3x^2 y - 3xy^2 - x + y - 7$ 的二阶偏导数.

解 先求函数的一阶偏导数, 得

$$\frac{\partial z}{\partial x} = 12x^2 + 6xy - 3y^2 - 1$$

$$\frac{\partial z}{\partial y} = 3x^2 - 6xy + 1$$

再求二阶偏导数, 得

$$\frac{\partial^2 z}{\partial x^2} = 24x + 6y, \quad \frac{\partial^2 z}{\partial y^2} = -6x$$

$$\frac{\partial^2 z}{\partial x \partial y} = 6x - 6y, \quad \frac{\partial^2 z}{\partial y \partial x} = 6x - 6y$$

例 8 - 16 求 $z = x\ln(x + y)$ 的二阶偏导数.

解
$$\frac{\partial z}{\partial x} = \ln(x + y) + x \cdot \frac{1}{x + y} = \ln(x + y) + \frac{x}{x + y}$$

$$\frac{\partial z}{\partial y} = x \cdot \frac{1}{x + y} = \frac{x}{x + y}$$

$$\frac{\partial^2 z}{\partial x^2} = \frac{1}{x + y} + \frac{x + y - x}{(x + y)^2} = \frac{x + 2y}{(x + y)^2}$$

$$\frac{\partial^2 z}{\partial x \partial y} = \frac{1}{x + y} + \frac{-x}{(x + y)^2} = \frac{y}{(x + y)^2}$$

$$\frac{\partial^2 z}{\partial y \partial x} = \frac{(x + y) - x}{(x + y)^2} = \frac{y}{(x + y)^2}$$

$$\frac{\partial^2 z}{\partial y^2} = \frac{-x}{(x + y)^2}$$

从上面两个例子可以看出, 这两个函数的两个二阶混合偏导数是相等的, 即

$$\frac{\partial^2 z}{\partial x \partial y} = \frac{\partial^2 z}{\partial y \partial x}$$

这种现象并不是偶然的,这两个二阶混合偏导数只是求偏导顺序不同,在一定条件下可以相等. 事实上,有如下结论:

定理 8-4 如果函数 $z = f(x, y)$ 的两个二阶混合偏导数 $\dfrac{\partial^2 z}{\partial x \partial y}$ 与 $\dfrac{\partial^2 z}{\partial y \partial x}$ 在区域 D 内都连续,则在该区域内有 $\dfrac{\partial^2 z}{\partial x \partial y} = \dfrac{\partial^2 z}{\partial y \partial x}$.

对于二元以上的多元函数,我们也可以类似地定义高阶偏导数,而且高阶混合偏导数在偏导数连续的条件下也与求偏导的次序无关.

 习题 8.2

1. 求下列函数的偏导数:

(1) $z = \dfrac{x^2 + y^2}{xy}$;   (2) $z = x^5 - 6x^4 y^2 + y^6$;

(3) $z = \ln(x^2 + y^2)$;   (4) $u = \mathrm{e}^{x^2+y^2+z^2}$;

(5) $z = \sqrt{\ln(xy)}$;   (6) $z = x^{\sin y}$.

2. 设 $f(x, y) = \mathrm{e}^x \sin y$,求 $f'_x\left(0, \dfrac{\pi}{2}\right)$ 和 $f'_y\left(0, \dfrac{\pi}{2}\right)$.

3. 设 $f(x, y) = x + (y-1)\arcsin\sqrt{\dfrac{x}{y}}$,求 $f'_x(x, 1)$.

4. 求下列函数的二阶偏导数:

(1) $z = \ln(xy + y^2)$;   (2) $z = \mathrm{e}^{xy}$;

(3) $z = x^4 y + x^2 y^3$;   (4) $z = x^2 y \mathrm{e}^y$.

5. (2018 年广东专插本)设二元函数 $z = \dfrac{xy}{1+y^2}$,求 $\dfrac{\partial z}{\partial y} = $ _____.

8.3 全 微 分

多元函数对某个自变量的偏导数仅表示因变量相对于该自变量的变化率,而其余自变量视为固定. 但在实际问题中,有时需要研究多元函数中各个自变量都取得增量时因变量所获得的增量,即全增量问题. 这就要求引入新的研究工具,即全微分.

引例 4 用 S 表示长、宽分别为 x、y 的矩形的面积,显然 $S = xy$. 如果长 x 与宽 y 分别取得增量 Δx 和 Δy,则面积 S 的相应增量为

$$\Delta S = (x + \Delta x)(y + \Delta y) - xy = y\Delta x + x\Delta y + \Delta x \Delta y \qquad (8-1)$$

从式(8-1)可看出 ΔS 由两部分组成:第一部分是 $y\Delta x + x\Delta y$,它是 Δx、Δy 的线性函数,即图 8-6 中带有单条斜线的两个矩形面积的和;第二部分是 $\Delta x \Delta y$,当 $\Delta x \to 0$、$\Delta y \to 0$ 时,它是比 $\rho = \sqrt{(\Delta x)^2 + (\Delta y)^2}$ 高阶的无穷小量. 当 $|\Delta x|$、$|\Delta y|$ 很小时,有 $\Delta S \approx y\Delta x + x\Delta y$. 我们把 $y\Delta x + x\Delta y$ 叫做面积 S 的微分.

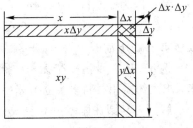

图 8-6

一、全微分的定义

定义 8-7 设函数 $z = f(x, y)$ 在点 (x, y) 的某邻域内有定义，如果函数在该点处的全增量 $\Delta z = f(x + \Delta x, y + \Delta y) - f(x, y)$ 可表示为 $\Delta z = A\Delta x + B\Delta y + o(\rho)$，其中 A、B 不依赖于 Δx、Δy，而仅与 x、y 有关，$\rho = \sqrt{(\Delta x)^2 + (\Delta y)^2}$，$o(\rho)$ 是比 ρ 高阶的无穷小量，则称 $A\Delta x + B\Delta y$ 为函数 $z = f(x, y)$ 在点 (x, y) 处的全微分，记作 $\mathrm{d}z$，即

$$\mathrm{d}z = A\Delta x + B\Delta y$$

此时也称函数 $z = f(x, y)$ 在点 (x, y) 处可微；否则，称函数 $z = f(x, y)$ 在点 (x, y) 处不可微.

事实上，如果函数 $z = f(x, y)$ 在点 (x, y) 的某一邻域内有连续偏导数 $f'_x(x, y)$ 和 $f'_y(x, y)$，则函数 $z = f(x, y)$ 在点 (x, y) 处可微，且

$$\mathrm{d}z = f'_x(x, y)\Delta x + f'_y(x, y)\Delta y$$

与一元函数类似，自变量的增量等于自变量的微分，即

$$\Delta x = \mathrm{d}x,\ \Delta y = \mathrm{d}y$$

因此函数 $z = f(x, y)$ 的全微分可记作

$$\mathrm{d}z = f'_x(x, y)\mathrm{d}x + f'_y(x, y)\mathrm{d}y$$

三元及三元以上的多元函数的全微分也有类似公式，例如若三元函数 $u = f(x, y, z)$ 的全微分存在，则可表示为

$$\mathrm{d}u = \frac{\partial u}{\partial x}\mathrm{d}x + \frac{\partial u}{\partial y}\mathrm{d}y + \frac{\partial u}{\partial z}\mathrm{d}z$$

例 8-17 求函数 $z = x^2 + xy^2$ 的全微分.

解 因为 $\dfrac{\partial z}{\partial x} = 2x + y^2$，$\dfrac{\partial z}{\partial y} = 2xy$，两个偏导数都是连续的，所以全微分是存在的，即

$$\mathrm{d}z = (2x + y^2)\mathrm{d}x + 2xy\,\mathrm{d}y$$

例 8-18 求 $z = \mathrm{e}^x\sin(x + y)$ 的全微分.

解 因为

$$\frac{\partial z}{\partial x} = \mathrm{e}^x\sin(x + y) + \mathrm{e}^x\cos(x + y)$$

$$\frac{\partial z}{\partial y} = \mathrm{e}^x\cos(x + y)$$

所以

$$\mathrm{d}z = \mathrm{e}^x[\sin(x + y) + \cos(x + y)]\mathrm{d}x + \mathrm{e}^x\cos(x + y)\mathrm{d}y$$

例 8-19 求函数 $z = \mathrm{e}^{xy}$ 在点 $(2, 1)$ 处的全微分.

解 因为 $f'_x(x, y) = y\mathrm{e}^{xy}$，$f'_y(x, y) = x\mathrm{e}^{xy}$，所以

$$f'_x(2, 1) = \mathrm{e}^2,\ f'_y(2, 1) = 2\mathrm{e}^2$$

故所求全微分为 $\mathrm{d}z = \mathrm{e}^2\mathrm{d}x + 2\mathrm{e}^2\mathrm{d}y$.

例 8-20 要造一个无盖的圆柱形水槽，其内半径为 2 米，高为 4 米，厚度均为 0.01 米，求大约需用材料多少立方米？

解 因为圆柱体体积 $V = \pi r^2 h$（其中 r 为底面半径，h 为高），所以

$$\mathrm{d}V = 2\pi rh\,\Delta r + \pi r^2\,\Delta h$$

由于 $r=2$，$h=4$，$\Delta r=\Delta h=0.01$，因此

$$\Delta V \approx \mathrm{d}V = 2\pi \times 2 \times 4 \times 0.01 + \pi \times 2^2 \times 0.01 \approx 0.628$$

所以，需用材料约为 0.628 立方米.

例 8 - 21　求函数 $u = x + \sin \dfrac{y}{2} + \mathrm{e}^{yz}$ 的全微分.

解　因为

$$\frac{\partial u}{\partial x} = 1，\quad \frac{\partial u}{\partial y} = \frac{1}{2}\cos\frac{y}{2} + z\mathrm{e}^{yz}，\quad \frac{\partial u}{\partial z} = y\mathrm{e}^{yz}$$

所以

$$\mathrm{d}u = \frac{\partial u}{\partial x}\mathrm{d}x + \frac{\partial u}{\partial y}\mathrm{d}y + \frac{\partial u}{\partial z}\mathrm{d}z = \mathrm{d}x + \left(\frac{1}{2}\cos\frac{y}{2} + z\mathrm{e}^{yz}\right)\mathrm{d}y + y\mathrm{e}^{yz}\,\mathrm{d}z$$

二、全微分在近似计算中的应用

若二元函数 $z = f(x，y)$ 可微分，则有

$$\Delta z = \mathrm{d}z + o(\rho)$$

即

$$f(x+\Delta x，y+\Delta y) - f(x，y) = f'_x(x，y)\mathrm{d}x + f'_y(x，y)\mathrm{d}y + o(\rho)$$

当 Δx 和 Δy 很小时，$o(\rho)$ 更小，则有

$$f(x+\Delta x，y+\Delta y) - f(x，y) \approx f'_x(x，y)\mathrm{d}x + f'_y(x，y)\mathrm{d}y \tag{8-2a}$$

或

$$f(x+\Delta x，y+\Delta y) \approx f(x，y) + f'_x(x，y)\Delta x + f'_y(x，y)\Delta y \tag{8-2b}$$

式 $(8-2)$ 称为全微分的近似计算公式.

例 8 - 22　利用全微分计算 $(0.98)^{2.03}$ 的近似值.

解　设二元函数 $f(x，y) = x^y$，则要计算的数值 $(0.98)^{2.03} = f(0.98，2.03)$，即有

$$x + \Delta x = 0.98，\quad y + \Delta y = 2.03$$

取 $x = 1$，$y = 2$，$\Delta x = -0.02$，$\Delta y = 0.03$，由式 $(8-2b)$ 可得

$$f(0.98，2.03) = f(1-0.02，2+0.03)$$
$$\approx f(1，2) + f'_x(1，2)\times(-0.02) + f'_y(1，2)\times 0.03$$

因为 $f(1，2)=1$，$f'_x(x，y) = yx^{y-1}$，$f'_x(1，2) = 2$，$f'_y(x，y) = x^y\ln x$，$f'_y(1，2) = 0$，
所以 $f(0.98，2.03) \approx 1 + 2\times(-0.02) + 0\times 0.03 = 0.96$，即 $(0.98)^{2.03} \approx 0.96$.

 **习题 8.3**

1. 求下列函数的全微分：

(1) $z = y^x$；

(2) $z = \mathrm{e}^{\frac{x}{y}}$；

(3) $z = 3x^2 y + \dfrac{x}{y}$；

(4) $z = \sin(x\cos y)$.

2. 求下列函数在指定点处的全微分：

(1) $f(x，y) = \ln(2 + x^2 + y^2)$，在点 $(2，1)$ 处；

(2) $f(x，y) = \dfrac{\sin x}{y^2}$，在点 $\left(\dfrac{\pi}{2}，2\right)$ 处.

3. 求函数 $z = x^2 y^3$，当 $x = 2$、$y = -1$、$\Delta x = 0.02$、$\Delta y = -0.01$ 时的全微分.

4. （2017 年广东专插本）设二元函数 $z = f(x, y)$ 的全微分 $\mathrm{d}z = -\dfrac{y}{x^2}\mathrm{d}x + \dfrac{1}{x}\mathrm{d}y$，则 $\dfrac{\partial^2 z}{\partial x \partial y} = $ _____.

5. （2018 年广东专插本）设二元函数 $z = x^{y+1}$，则当 $x = \mathrm{e}$、$y = 0$ 时的全微分 $\mathrm{d}z\Big|_{\substack{x=\mathrm{e}\\y=0}} = $ _____.

6. （2019 年广东专插本）设二元函数的全微分 $\mathrm{d}z = \mathrm{e}^x \sin y\, \mathrm{d}x + \mathrm{e}^x \cos y\, \mathrm{d}y$，则 $\dfrac{\partial^2 z}{\partial x \partial y} = $ _____.

7. 计算 $(1.04)^{2.02}$ 的近似值.

8.4　多元复合函数的导数与隐函数的导数

一元函数的复合求导运算中有"链式法则"，这一法则可以推广到多元复合函数的情形.

一、多元复合函数的导数

1. 复合函数的中间变量为一元函数的情形

设函数 $z = f(u, v)$、$u = u(t)$、$v = v(t)$ 构成复合函数 $z = f(u(t), v(t))$，其变量间的相互依赖关系可用图 $8-7$ 来表示.

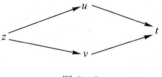

定理 8-5　如果函数 $u = u(t)$ 及 $v = v(t)$ 都在点 t 处可导，函数 $z = f(u, v)$ 在对应点 (u, v) 处具有连续偏导数，则复合函数 $z = f(u(t), v(t))$ 在对应点 t 处可导，且其导数的计算公式为

图 $8-7$

$$\frac{\mathrm{d}z}{\mathrm{d}t} = \frac{\partial z}{\partial u} \cdot \frac{\mathrm{d}u}{\mathrm{d}t} + \frac{\partial z}{\partial v} \cdot \frac{\mathrm{d}v}{\mathrm{d}t}$$

式中，导数 $\dfrac{\mathrm{d}z}{\mathrm{d}t}$ 称为全导数.

例 8-23　设 $z = u^2 v$，而 $u = \mathrm{e}^t$，$v = \cos t$，求 $\dfrac{\mathrm{d}z}{\mathrm{d}t}$.

解　$\dfrac{\mathrm{d}z}{\mathrm{d}t} = \dfrac{\partial z}{\partial u} \cdot \dfrac{\mathrm{d}u}{\mathrm{d}t} + \dfrac{\partial z}{\partial v} \cdot \dfrac{\mathrm{d}v}{\mathrm{d}t} = 2uv\mathrm{e}^t + u^2 \cdot (-\sin t) = \mathrm{e}^{2t}(2\cos t - \sin t)$

2. 复合函数的中间变量为多元函数的情形

定理 $8-5$ 可以推广到中间变量不是一元函数的情形. 例如，中间变量为二元函数时，设函数 $z = f(u, v)$、$u = u(x, y)$、$v = v(x, y)$ 构成复合函数 $z = f(u(x, y), v(x, y))$，其变量间的相互依赖关系可用图 $8-8$ 来表达.

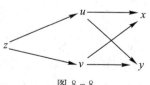

定理 8-6　如果函数 $u = u(x, y)$ 和 $v = v(x, y)$ 都在点 (x, y) 处具有对 x 及对 y 的偏导数，函数 $z = f(u, v)$ 在对应点 (u, v) 处具有连续偏导

图 $8-8$

数,则复合函数 $z = f(u(x, y), v(x, y))$ 在对应点 (x, y) 处有偏导数,且其偏导数的计算公式为

$$\frac{\partial z}{\partial x} = \frac{\partial z}{\partial u} \cdot \frac{\partial u}{\partial x} + \frac{\partial z}{\partial v} \cdot \frac{\partial v}{\partial x}$$

$$\frac{\partial z}{\partial y} = \frac{\partial z}{\partial u} \cdot \frac{\partial u}{\partial y} + \frac{\partial z}{\partial v} \cdot \frac{\partial v}{\partial y}$$

例 8 - 24　设 $z = e^u \sin v$,而 $u = xy$, $v = x + y$,求 $\dfrac{\partial z}{\partial x}$ 和 $\dfrac{\partial z}{\partial y}$.

解

$$\frac{\partial z}{\partial x} = \frac{\partial z}{\partial u} \cdot \frac{\partial u}{\partial x} + \frac{\partial z}{\partial v} \cdot \frac{\partial v}{\partial x} = e^u \sin v \cdot y + e^u \cos v \cdot 1$$

$$= e^u (y\sin v + \cos v) = e^{xy} [y\sin(x + y) + \cos(x + y)]$$

$$\frac{\partial z}{\partial y} = \frac{\partial z}{\partial u} \cdot \frac{\partial u}{\partial y} + \frac{\partial z}{\partial v} \cdot \frac{\partial v}{\partial y} = e^u \sin v \cdot x + e^u \cos v \cdot 1$$

$$= e^u (x\sin v + \cos v) = e^{xy} [x\sin(x + y) + \cos(x + y)]$$

例 8 - 25　设 $w = f(x + y + z, xyz)$, f 具有二阶连续偏导数,求 $\dfrac{\partial w}{\partial x}$.

解　令 $u = x + y + z$, $v = xyz$,则

$$\frac{\partial u}{\partial x} = 1, \frac{\partial v}{\partial x} = yz$$

于是

$$\frac{\partial w}{\partial x} = \frac{\partial f}{\partial u} \cdot \frac{\partial u}{\partial x} + \frac{\partial f}{\partial v} \cdot \frac{\partial v}{\partial x} = f_1' + yzf_2'$$

其中 $f_1' = \dfrac{\partial f}{\partial u}$, $f_2' = \dfrac{\partial f}{\partial v}$.

3. 其他情形

定理 8 - 7　设函数 $z = f(u, x)$,而 $u = u(x, y)$(见图 8 - 9)在点 (x, y) 处有偏导数, $z = f(u, x)$ 在相应点 (u, x) 处有连续偏导数,则复合函数 $z = f(u(x, y), x)$ 在点 (x, y) 处有偏导数,且其偏导数的计算公式为

$$\frac{\partial z}{\partial x} = \frac{\partial z}{\partial u} \frac{\partial u}{\partial x} + \frac{\partial f}{\partial x}$$

$$\frac{\partial z}{\partial y} = \frac{\partial z}{\partial u} \frac{\partial u}{\partial y}$$

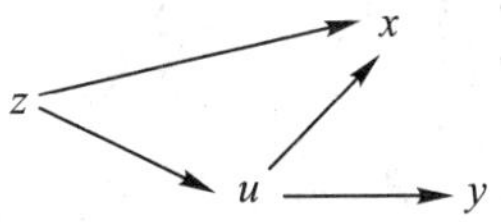

图 8 - 9

例 8 - 26　设 $z = u^2 x$,而 $u = x^2 - y^2$,求 $\dfrac{\partial z}{\partial x}$ 和 $\dfrac{\partial z}{\partial y}$.

解

$$\frac{\partial z}{\partial x} = \frac{\partial z}{\partial u} \frac{\partial u}{\partial x} + \frac{\partial f}{\partial x} = 5x^4 - 6x^2 y^2 + y^4$$

$$\frac{\partial z}{\partial y} = \frac{\partial z}{\partial u} \frac{\partial u}{\partial y} = -4xy(x^2 - y^2)$$

二、隐函数的导数

定义 8 - 8　若由方程 $F(x, y, z) = 0$ 确定 z 是 x、y 的函数 $z = z(x, y)$,则称这种函数为二元隐函数. 如 $e^z - xyz = 0$、$z = x\ln z + z\ln y$ 均可确定隐函数 $z = z(x, y)$.

1. 由方程 $F(x, y) = 0$ 确定的一元函数 $y = f(x)$ 的导数

在一元函数微分学中，我们介绍了利用复合函数求导法求由方程 $F(x, y) = 0$ 所确定的函数 $y = f(x)$ 的导数的方法. 下面我们介绍通过多元复合函数微分法来建立用偏导数求由方程 $F(x, y) = 0$ 所确定的函数 $y = f(x)$ 的导数的公式.

将由方程 $F(x, y) = 0$ 所确定的函数 $y = f(x)$ 代入该方程，得

$$F(x, f(x)) = 0 \tag{8-3}$$

利用多元复合函数微分法，方程(8-3)两端同时对 x 求偏导，得

$$F'_x + F'_y \cdot \frac{\mathrm{d}y}{\mathrm{d}x} = 0$$

若 $F'_y \neq 0$，则有

$$\frac{\mathrm{d}y}{\mathrm{d}x} = -\frac{F'_x}{F'_y}$$

2. 由方程 $F(x, y, z) = 0$ 确定的二元函数 $z = z(x, y)$ 的偏导数

如果三元方程 $F(x, y, z) = 0$ 确定了 z 是 x、y 的函数 $z = z(x, y)$，且 F'_x、F'_y、F'_z 连续及 $F'_z \neq 0$，则有

$$F(x, y, f(x, y)) = 0 \tag{8-4}$$

利用多元复合函数微分法，方程(8-4)两端分别对 x、y 求偏导，得

$$F'_x + F'_z \cdot \frac{\partial z}{\partial x} = 0, \ F'_y + F'_z \cdot \frac{\partial z}{\partial y} = 0$$

则有

$$\frac{\partial z}{\partial x} = -\frac{F'_x}{F'_z}, \ \frac{\partial z}{\partial y} = -\frac{F'_y}{F'_z}$$

例 8-27 求由方程 $\mathrm{e}^z - xyz = 0$ 确定的隐函数 $z = z(x, y)$ 的两个偏导数 $\frac{\partial z}{\partial x}$ 和 $\frac{\partial z}{\partial y}$.

解 设 $F(x, y, z) = \mathrm{e}^z - xyz$，则有

$$F'_x = -yz, \ F'_y = -xz, \ F'_z = \mathrm{e}^z - xy$$

故有

$$\frac{\partial z}{\partial x} = -\frac{F'_x}{F'_z} = \frac{yz}{\mathrm{e}^z - xy}, \ \frac{\partial z}{\partial y} = -\frac{F'_y}{F'_z} = \frac{xz}{\mathrm{e}^z - xy}$$

例 8-28 求由方程 $\mathrm{e}^{-xy} - 2z + \mathrm{e}^z = 0$ 所确定的函数 $z = z(x, y)$ 的偏导数 $\frac{\partial z}{\partial x}$.

解 **解法一** 利用多元复合函数微分法，两端对 x 求偏导，得

$$-y\mathrm{e}^{-xy} - 2\frac{\partial z}{\partial x} + \mathrm{e}^z \frac{\partial z}{\partial x} = 0$$

所以有

$$\frac{\partial z}{\partial x} = \frac{-y\mathrm{e}^{-xy}}{2 - \mathrm{e}^z}$$

解法二 设 $F(x, y, z) = \mathrm{e}^{-xy} - 2z + \mathrm{e}^z$，$F'_x = -y\mathrm{e}^{-xy}$，$F'_z = \mathrm{e}^z - 2$，则有

$$\frac{\partial z}{\partial x} = -\frac{F'_x}{F'_z} = \frac{-y\mathrm{e}^{-xy}}{2 - \mathrm{e}^z}$$

例 8-29　已知隐函数 $z = z(x, y)$ 由方程 $x + 2y + z - 2\sqrt{xyz} = 0$ 所确定，求 $\dfrac{\partial z}{\partial x}$，$\dfrac{\partial z}{\partial y}$．

解　令 $F(x, y, z) = x + 2y + z - 2\sqrt{xyz}$，则

$$F'_x = 1 - \frac{\sqrt{yz}}{\sqrt{x}},\ F'_y = 2 - \frac{\sqrt{xz}}{\sqrt{y}},\ F'_z = 1 - \frac{\sqrt{xy}}{\sqrt{z}}$$

于是

$$\frac{\partial z}{\partial x} = -\frac{F'_x}{F'_z} = -\frac{1 - \dfrac{\sqrt{yz}}{\sqrt{x}}}{1 - \dfrac{\sqrt{xy}}{\sqrt{z}}} = -\frac{\sqrt{xz} - z\sqrt{y}}{\sqrt{xz} - x\sqrt{y}}$$

$$\frac{\partial z}{\partial y} = -\frac{F'_y}{F'_z} = -\frac{2 - \dfrac{\sqrt{xz}}{\sqrt{y}}}{1 - \dfrac{\sqrt{xy}}{\sqrt{z}}} = -\frac{2\sqrt{yz} - z\sqrt{x}}{\sqrt{yz} - y\sqrt{x}}$$

 习题 8.4

1. 设 $z = u^2 - v$，而 $u = \sin x$，$v = e^x$，求 $\dfrac{\mathrm{d}z}{\mathrm{d}x}$．

2. 设 $z = x^2 y^2$，而 $x = a\cos t$，$y = b\sin t$，其中 a、$b \neq 0$，求 $\dfrac{\mathrm{d}z}{\mathrm{d}t}$．

3. 设 $z = u^2 \ln v$，而 $u = \dfrac{x}{y}$，$v = 3x - 2y$，求 $\dfrac{\partial z}{\partial x}$ 和 $\dfrac{\partial z}{\partial y}$．

4. 求由方程 $z = x\ln z + z\ln y$ 确定的隐函数 $z = z(x, y)$ 的两个偏导数 $\dfrac{\partial z}{\partial x}$、$\dfrac{\partial z}{\partial y}$．

5. 设 $x^2 + 2y^2 + 3z^2 = 4x$，求 $\dfrac{\partial z}{\partial x}$、$\dfrac{\partial z}{\partial y}$、$\dfrac{\partial^2 z}{\partial x \partial y}$．

6. 设 $x^2 + y^2 + z^2 - 4z = 0$，求 $\dfrac{\partial z}{\partial x}$、$\dfrac{\partial z}{\partial y}$、$\dfrac{\partial^2 z}{\partial x^2}$．

7. 设 $2\sin(x + 2y - 3z) = x + 2y - 3z$，证明 $\dfrac{\partial z}{\partial x} + \dfrac{\partial z}{\partial y} = 1$．

8. 已知由方程 $yz^3 - xz^4 + z^5 = 1$ 确定的隐函数为 $z = z(x, y)$，求 $\dfrac{\partial z}{\partial x}\Big|_{\substack{x=0 \\ y=0}}$，$\dfrac{\partial z}{\partial y}\Big|_{\substack{x=0 \\ y=0}}$．

9. （2013 年广东专插本）求由方程 $xy\ln y + y = e^{2x}$ 所确定的隐函数在 $x = 0$ 处的导数 $\dfrac{\mathrm{d}y}{\mathrm{d}x}\Big|_{x=0}$．

10. （2014 年广东专插本）已知三元函数 $f(u, v, w)$ 具有连续偏导数，且 $f'_v - f'_w \neq 0$．若二元函数 $z = z(x, y)$ 是由三元方程 $f(x - y, y - z, z - x) = 0$ 所确定的隐函数，计算 $\dfrac{\partial z}{\partial x} + \dfrac{\partial z}{\partial y}$．

8.5　多元函数的极值与最值

在一元函数微分学中，我们介绍了利用导数求函数极值的方法，解决了一些一元函数

的最大值或最小值问题. 但在许多实际问题中，常常会遇到求多元函数的极值或者最大值、最小值的问题. 本节主要介绍求二元函数极值与实际应用问题中求最值的方法.

一、二元函数的极值

1. 极值的定义

定义 8-9 设函数 $z = f(x, y)$ 在点 (x_0, y_0) 的某一邻域内有定义，如果对于该邻域内异于 (x_0, y_0) 的任意一点 (x, y)，都有

$$f(x, y) < f(x_0, y_0)$$

则称函数在点 (x_0, y_0) 处有极大值 $f(x_0, y_0)$；如果对于该邻域内异于 (x_0, y_0) 的任意一点 (x, y)，都有

$$f(x, y) > f(x_0, y_0)$$

则称函数在点 (x_0, y_0) 处有极小值 $f(x_0, y_0)$. 极大值和极小值统称为极值，使函数取得极值的点称为极值点.

例如，函数 $z = 3x^2 + 4y^2$ 在点 $(0, 0)$ 处有极小值，因为在点 $(0, 0)$ 的邻域内，对于所有异于 $(0, 0)$ 的点 (x, y)，都有 $f(x, y) > f(0, 0)$. 从几何上看这是显然的，因为点 $(0, 0, 0)$ 是开口朝上的椭圆抛物面 $z = 3x^2 + 4y^2$ 的顶点.

又如，函数 $z = \sqrt{1 - x^2 - y^2}$ 在点 $(0, 0)$ 处有极大值，因为在点 $(0, 0)$ 的邻域内，对于所有异于 $(0, 0)$ 的点 (x, y)，都有 $f(x, y) < 1 = f(0, 0)$.

再如，函数 $z = y^2 - x^2$ 在点 $(0, 0)$ 处既不取得极大值也不取得极小值，因为 $f(0, 0) = 0$，而在点 $(0, 0)$ 的任一邻域内，总有点使 $f(x, y) > 0$ 和点使 $f(x, y) < 0$ 成立. 从几何上看，$z = y^2 - x^2$ 表示双曲抛物面（马鞍面）.

如何求二元函数的极值呢？我们知道，对于可微的一元函数，可以利用一阶、二阶导数求极值；对于可微的二元函数，也可以用偏导数来解决. 下面两个定理是关于二元函数极值问题的结论.

2. 极值存在的必要条件

与导数在一元函数极值研究中的作用一样，偏导数也是研究多元函数极值的主要方法.

如果二元函数 $z = f(x, y)$ 在点 (x_0, y_0) 处取得极值，那么固定 $y = y_0$，一元函数 $z = f(x, y_0)$ 在点 $x = x_0$ 处也必取得相同的极值；同理，固定 $x = x_0$，$z = f(x_0, y)$ 在点 $y = y_0$ 处也取得相同的极值. 因此，由一元函数极值的必要条件，我们可以得到二元函数极值的必要条件：

定理 8-8 设函数 $z = f(x, y)$ 在点 (x_0, y_0) 处取得极值，且在该点处的偏导数存在，则必有 $f'_x(x_0, y_0) = 0$，$f'_y(x_0, y_0) = 0$.

与一元函数的情形类似，对于多元函数，能使所有的一阶偏导数同时为零的点称为函数的驻点.

注：（1）由定理 8-8 可知，具有偏导数的函数的极值点一定是驻点.

（2）函数的驻点不一定是极值点. 如点 $(0, 0)$ 是函数 $z = y^2 - x^2$ 的驻点，但 $(0, 0)$ 不是函数 $z = y^2 - x^2$ 的极值点.

（3）函数的极值点也不一定是驻点. 如函数 $z = -\sqrt{x^2 + y^2}$ 在点$(0，0)$处有极大值，但 $z = -\sqrt{x^2 + y^2}$ 在点$(0，0)$处的偏导数不存在（即不是驻点）.

定理 8-8 只是函数 $z = f(x，y)$ 在点$(x_0，y_0)$处取得极值的必要条件，而不是充分条件. 怎样判定一个驻点是否是极值点呢？下面的定理回答了这个问题.

3. 极值存在的充分条件

定理 8-9　设函数 $z = f(x，y)$ 在点$(x_0，y_0)$的某一邻域内有连续一阶与二阶偏导数，且$(x_0，y_0)$是一个驻点，即

$$f'_x(x_0，y_0) = 0，f'_y(x_0，y_0) = 0$$

令 $A = f''_{xx}(x_0，y_0)，B = f''_{xy}(x_0，y_0)，C = f''_{yy}(x_0，y_0)$，则 $z = f(x，y)$ 在点$(x_0，y_0)$处取得极值的条件如表 8-1 所示.

表 8-1　$z = f(x，y)$ 在点$(x_0，y_0)$处取得极值的条件

$\Delta = B^2 - AC$	$f(x_0，y_0)$
$\Delta < 0$	$A < 0$ 是极大值
	$A > 0$ 是极小值
$\Delta > 0$	不是极值
$\Delta = 0$	不确定

值得注意的是，极值存在的充分条件仅能判断一部分驻点（$\Delta \neq 0$ 时的驻点）是不是极值点，而对于 $\Delta = 0$ 时的驻点和偏导数不存在的点是否为极值点则不能判断.

4. 二元函数极值的求法

根据定理 8-8 和定理 8-9，如果函数 $z = f(x，y)$ 具有二阶连续偏导数，则求该函数极值的一般步骤如下：

（1）求一阶偏导数 $f'_x(x，y)$ 及 $f'_y(x，y)$，并解方程组 $\begin{cases} f'_x(x，y) = 0 \\ f'_y(x，y) = 0 \end{cases}$，求出 $f(x，y)$ 的所有驻点.

（2）对每个驻点$(x_0，y_0)$，求出二阶偏导数的值 A、B、C.

（3）根据 $\Delta = B^2 - AC$ 的符号，按照定理 8-9 的结论判定$(x_0，y_0)$是否为极值点，是极大值点还是极小值点.

（4）求出函数 $z = f(x，y)$ 对应极值点$(x_0，y_0)$的函数值 $f(x_0，y_0)$，即为极值.

注：该步骤只适合于判断驻点是否为极值点.

例 8-30　求 $f(x，y) = x^3 + y^3 - 3xy$ 的极值.

解　先求一阶偏导数 $f'_x(x，y) = 3x^2 - 3y$，$f'_y(x，y) = 3y^2 - 3x$. 令 $f'_x(x，y) = 0$，$f'_y(x，y) = 0$，得方程组

$$\begin{cases} x^2 - y = 0 \\ y^2 - x = 0 \end{cases}$$

解出驻点为$(0，0)$、$(1，1)$. 又因为

$$f''_{xx}(x，y) = 6x$$
$$f''_{xy}(x，y) = -3$$

$$f''_{yy}(x, y) = 6y$$

则 $f(x, y) = x^3 + y^3 - 3xy$ 在点 $(0, 0)$ 和 $(1, 1)$ 处取得极值的条件如表 8-2 所示.

表 8-2 $f(x, y) = x^3 + y^3 - 3xy$ **在驻点处取得极值的条件**

驻点 (x, y)	A	B	C	$B^2 - AC$	$f(x, y)$
$(0, 0)$	0	-3	0	$9 > 0$	不是极值
$(1, 1)$	6	-3	6	$-27 < 0$	是极小值

由表 8-2 可知,$(1, 1)$ 点是极小值点,$f(1, 1) = -1$ 是函数的极小值.

例 8-31　求函数 $f(x, y) = x^3 - y^3 + 3x^2 + 3y^2 - 9x$ 的极值.

解　解方程组

$$\begin{cases} f'_x(x, y) = 3x^2 + 6x - 9 = 0 \\ f'_y(x, y) = -3y^2 + 6y = 0 \end{cases}$$

得驻点为 $(1, 0)$、$(1, 2)$、$(-3, 0)$、$(-3, 2)$,再求出二阶偏导数,即

$$f''_{xx}(x, y) = 6x + 6$$

$$f''_{xy}(x, y) = 0$$

$$f''_{yy}(x, y) = -6y + 6$$

由此可知:在点 $(1, 0)$ 处,$B^2 - AC = 0 - 12 \times 6 < 0$,又 $A > 0$,故函数在该点处有极小值 $f(1, 0) = -5$;在点 $(1, 2)$ 处,$B^2 - AC = 0 - 12 \times (-6) > 0$,故函数在该点处没有极值;在点 $(-3, 0)$ 处,$B^2 - AC = 0 - (-12) \times 6 > 0$,故函数在该点处没有极值;在点 $(-3, 2)$ 处,$B^2 - AC = 0 - (-12) \times (-6) < 0$,又 $A < 0$,故函数在该点处有极大值 $f(-3, 2) = 31$.

二、二元函数的最值

如果函数 $z = f(x, y)$ 在有界闭区域 D 上连续,则函数 $z = f(x, y)$ 在 D 上必定能取得最大值和最小值. 由于在有界闭区域 D 上的最大值和最小值只可能在驻点、一阶偏导数不存在的点、区域边界上的点取到,因此求二元函数在有界闭区域 D 上的最大值和最小值时,需要求出函数在 D 内的驻点以及偏导数不存在的点,然后将这些点的函数值与 D 的边界上的点的函数值作比较,其中最大的就是最大值,最小的就是最小值.

设函数 $f(x, y)$ 在 D 上连续、偏导数存在且只有有限个驻点,则求 $f(x, y)$ 的最大值和最小值的一般步骤为:

(1) 求函数 $f(x, y)$ 在 D 内所有驻点处的函数值;

(2) 求 $f(x, y)$ 在 D 的边界上的最大值和最小值;

(3) 将前面得到的所有函数值进行比较,其中最大的一个就是最大值,最小的就是最小值.

在解决实际问题时,如果根据问题的性质可以判断出函数 $f(x, y)$ 的最大值(最小值)一定在 D 的内部取得,而函数在 D 内只有一个驻点,则可以肯定该驻点处的函数值就是函数 $f(x, y)$ 在 D 上的最大值(最小值).

例 8-32　要用铁板做一个体积为 2 立方米的有盖长方体水箱,当长、宽、高各取怎样的尺寸时,才能使用料最省?

解　设水箱的长为 x 米，宽为 y 米，则其高应为 $\dfrac{2}{xy}$ 米，此水箱所用材料的面积为

$$S = 2\left(xy + y \cdot \dfrac{2}{xy} + x \cdot \dfrac{2}{xy}\right) \quad (x > 0,\ y > 0)$$

即 $S = 2\left(xy + \dfrac{2}{x} + \dfrac{2}{y}\right)$.

材料面积 S 是 x 和 y 的二元函数，令

$$\begin{cases} S'_x(x,\ y) = 2\left(y - \dfrac{2}{x^2}\right) = 0 \\[2mm] S'_y(x,\ y) = 2\left(x - \dfrac{2}{y^2}\right) = 0 \end{cases}$$

解方程，得

$$\begin{cases} x = \sqrt[3]{2} \\[1mm] y = \sqrt[3]{2} \end{cases}$$

根据题意可断定，水箱所用材料面积的最小值一定存在，并在区域 $D = \{(x,\ y) \mid x > 0,$ $y > 0\}$ 内取得. 又知函数在 D 内只有唯一的驻点 $(\sqrt[3]{2},\ \sqrt[3]{2})$，因此该驻点即为所求最小值点. 即当 $x = \sqrt[3]{2}$，$y = \sqrt[3]{2}$ 时，S 取得最小值. 也就是说，当水箱长为 $\sqrt[3]{2}$ 米、宽为 $\sqrt[3]{2}$ 米、高为 $\dfrac{2}{\sqrt[3]{2} \cdot \sqrt[3]{2}} = \sqrt[3]{2}$ 米时，做水箱所用材料最省.

从该例还可以看出，在体积一定的长方体中，立方体的表面积最小.

例 8-33　某工厂生产甲和乙两种产品，出售单价分别为 10 元和 9 元，生产 x 单位的产品甲与生产 y 单位的产品乙的总费用是 $400 + 2x + 3y + 0.01(3x^2 + xy + 3y^2)$ 元. 取得最大利润时，两种产品的产量各是多少？

解　设 $L(x,\ y)$ 表示产品甲与乙分别生产 x 与 y 单位时所得的总利润. 因为总利润等于总收入减去总费用，所以有

$$\begin{aligned} L(x,\ y) &= (10x + 9y) - [400 + 2x + 3y + 0.01(3x^2 + xy + 3y^2)] \\ &= 8x + 6y - 0.01(3x^2 + xy + 3y^2) - 400 \end{aligned}$$

令

$$\begin{cases} L'_x(x,\ y) = 8 - 0.01(6x + y) = 0 \\ L'_y(x,\ y) = 6 - 0.01(x + 6y) = 0 \end{cases}$$

解方程组，得唯一驻点为

$$\begin{cases} x = 120 \\ y = 80 \end{cases}$$

易知在该驻点处，$A = L''_{xx}(120, 80) = -0.06 < 0$，$B = L''_{xy}(120, 80) = -0.01$，$C = L''_{yy}(120, 80) = -0.06$，故 $B^2 - AC = (0.01)^2 - (-0.06)^2 = -3.5 \times 10^{-3} < 0$，所以 $L(120, 80) = 320$ 是极大值.

由问题的实际意义可知最大利润一定存在，利润函数在其定义域内可导且只有这一个驻点，所以此驻点一定是最大值点，即生产 120 单位产品甲与 80 单位产品乙时所得利润最大.

三、条件极值

前面所讨论的极值问题，对于函数的自变量一般只要求限制在定义域内，并无其他限制条件，这类极值称为无条件极值. 但在实际问题中，还会遇到对函数的自变量还有其他附加条件的极值问题，称之为条件极值. 下面介绍求解一般条件极值问题的拉格朗日乘数法.

设二元函数 $z = f(x, y)$ 和 $\varphi(x, y)$ 在区域 D 内有一阶连续偏导数，则求 $z = f(x, y)$ 在 D 内满足条件 $\varphi(x, y) = 0$ 的极值问题可以转化为求拉格朗日函数

$$L(x, y, \lambda) = f(x, y) + \lambda\varphi(x, y) \quad \text{（其中 } \lambda \text{ 为参数）}$$

的无条件极值问题.

利用拉格朗日乘数法求函数 $z = f(x, y)$ 在条件 $\varphi(x, y) = 0$ 下的极值的基本步骤为：

（1）构造拉格朗日函数 $L(x, y, \lambda) = f(x, y) + \lambda\varphi(x, y)$，其中 λ 为参数.

（2）由方程组 $\begin{cases} L'_x = f'_x(x, y) + \lambda\varphi'_x(x, y) = 0 \\ L'_y = f'_y(x, y) + \lambda\varphi'_y(x, y) = 0 \\ L'_\lambda = \varphi(x, y) = 0 \end{cases}$ 解出 x、y、λ，其中 (x, y) 就是所求条件极值的可能极值点.

例 8-34 求表面积为 a^2 而体积为最大的长方体的体积.

解 设长方体的长、宽、高分别为 x、y、z，则题设问题可归结为在约束条件 $\varphi(x, y, z) = 2xy + 2yz + 2xz - a^2 = 0$ 下，求函数 $V = xyz (x > 0, y > 0, z > 0)$ 的最大值的问题.

构造拉格朗日函数：

$$L(x, y, z, \lambda) = xyz + \lambda(2xy + 2yz + 2xz - a^2)$$

由方程组 $\begin{cases} L'_x = yz + 2\lambda(y + z) = 0 \\ L'_y = xz + 2\lambda(x + z) = 0 \\ L'_z = xy + 2\lambda(y + x) = 0 \end{cases}$ 可得 $\dfrac{x}{y} = \dfrac{x+z}{y+z}$，$\dfrac{y}{z} = \dfrac{x+y}{x+z}$，进而解得 $x = y = z$. 将其代入约束条件中，得到唯一可能的极值点 $x = y = z = \dfrac{\sqrt{6}}{6}a$.

由问题本身的意义可知，该点就是所求最大值点，即在表面积为 a^2 的长方体中，棱长为 $\dfrac{\sqrt{6}}{6}a$ 的正方体的体积最大，最大体积 $V = \dfrac{\sqrt{6}}{36}a^3$.

 **习题 8.5**

1. 求下列函数的极值：

（1）$f(x, y) = x^3 - 4x^2 + 2xy - y^2$；

（2）$f(x, y) = 4(x - y) - x^2 - y^2$；

（3）$f(x, y) = e^{2x}(x + 2y + y^2)$.

2. 求函数 $z = xy$ 在满足附加条件 $x + y = 1$ 下的极值.

3. 将 12 分成 x、y、z 三个正数之和，使 $u = x^3 y^2 z$ 最大，求这三个正数.

4. 要用铁皮造一个容积为 8 立方米的有盖长方体水箱，如何设计其长、宽、高才能使用料最省？并求其表面积的最小值.

5. 设函数 $f(x,y)=2x^2+ax+xy^2+2y$ 在 $(1,-1)$ 处取得极值,试求常数 a,并确定极值的类型.

6. 将周长为 $2p$ 的矩形绕它的一边旋转构成一个圆柱体,矩形的边长各为多少时,才能使圆柱体的体积最大?

7. (2018 年 4 月全国自考)求函数 $z=x^2+xy+y^2-3x-6y+1$ 的极值.

本 章 小 结

一、多元函数的基本概念

1) 定义

(1) 多元函数.

设 D 是平面 R^2 上的一个非空点集,如果对于 D 内的任一点 (x,y),按照某种对应法则 f,都有唯一确定的实数 z 与之对应,则称 f 是 D 上的二元函数,它在 (x,y) 处的函数值记作 $f(x,y)$,即 $z=f(x,y)$. 二元及二元以上的函数统称为多元函数.

(2) 二元函数的极限.

设函数 $z=f(x,y)$ 在点 $P_0(x_0,y_0)$ 的某一去心邻域内有定义,如果当点 $P(x,y)$ 无限趋近于点 $P_0(x_0,y_0)$ 时,函数 $z=f(x,y)$ 无限趋于一个常数 A,则称 A 为函数 $z=f(x,y)$ 在 $(x,y)\to(x_0,y_0)$ 时的极限,记作

$$\lim_{\substack{x\to x_0\\y\to y_0}}f(x,y)=A$$

(3) 二元函数的连续性.

设二元函数 $z=f(x,y)$ 在点 (x_0,y_0) 的某一邻域内有定义,如果同时满足如下三个条件:

(i) 在点 (x_0,y_0) 有定义;

(ii) $\lim\limits_{\substack{x\to x_0\\y\to y_0}}f(x,y)$ 存在;

(iii) $\lim\limits_{\substack{x\to x_0\\y\to y_0}}f(x,y)=f(x_0,y_0)$,

则称函数 $z=f(x,y)$ 在点 (x_0,y_0) 处连续.

2) 性质

(1) **最大值和最小值定理**:在有界闭区域 D 上的二元连续函数,在 D 上至少取得最大值和最小值各一次.

(2) **有界性定理**:在有界闭区域 D 上的二元连续函数在 D 上一定有界.

(3) **介值定理**:在有界闭区域 D 上的二元连续函数,若在 D 上取得两个不同的函数值,则它在 D 上必取得介于这两个值之间的任何值至少一次.

二、偏导数

1) 定义

(1) 偏导数的定义.

$$f'_x(x_0,y_0)=\lim_{\Delta x\to 0}\frac{f(x_0+\Delta x,y_0)-f(x_0,y_0)}{\Delta x}$$

$$f'_y(x_0, y_0) = \lim_{\Delta y \to 0} \frac{f(x_0, y_0 + \Delta y) - f(x_0, y_0)}{\Delta y}$$

(2) 二阶偏导数.

设函数 $z = f(x, y)$ 在区域 D 内具有偏导数 $\frac{\partial z}{\partial x}$、$\frac{\partial z}{\partial y}$，则在 D 内，$\frac{\partial z}{\partial x}$、$\frac{\partial z}{\partial y}$ 仍是关于 x、y 的二元函数. 如果这两个函数的偏导数也存在，则称它们是 $z = f(x, y)$ 的二阶偏导数.

二元函数共有四个二阶偏导数，即 $f''_{xx}(x, y)$、$f''_{xy}(x, y)$、$f''_{yx}(x, y)$ 和 $f''_{yy}(x, y)$.

(3) 高阶偏导数.

二阶及二阶以上的偏导数称为高阶偏导数.

2）性质

如果函数 $z = f(x, y)$ 的两个二阶混合偏导数 $\frac{\partial^2 z}{\partial x \partial y}$ 与 $\frac{\partial^2 z}{\partial y \partial x}$ 在区域 D 内都连续，则在该区域内有 $\frac{\partial^2 z}{\partial x \partial y} = \frac{\partial^2 z}{\partial y \partial x}$.

3）计算方法

偏导数的求解方法一般包括下列步骤：

(1) 已知 $z = f(x, y)$，求 $f'_x(x, y)$ 时，只需把 y 看作常数而对 x 求导；求 $f'_y(x, y)$ 时，只需把 x 看作常数而对 y 求导.

(2) 求具体某点处的偏导数时，可以用公式求出偏导数再代入该点坐标，也可以先将另一个看作常量的坐标值代入后再求一元函数的导数.

(3) 对于由多个解析式表达的分段函数，其分界点的偏导数只能用定义来求.

(4) 若 $f(x, y)$ 对 x、y 具有轮换对称性，即在 $f(x_0, y_0)$ 的表达式中将 x 换为 y 同时将 y 换为 x 时函数表达式不变，则 $f'_x(x, y)$ 和 $f'_y(x, y)$ 结构相同. 若已知其中一个，求另一个时只需将 x 换为 y 即可.

三、全微分

二元函数 $z = f(x, y)$ 的全微分可记作 $\mathrm{d}z = f'_x(x, y)\mathrm{d}x + f'_y(x, y)\mathrm{d}y$.

四、复合函数微分法与隐函数微分法

1）定义

若方程 $F(x, y, z) = 0$ 确定了 z 是 x、y 的函数 $z = z(x、y)$，则称这种函数为二元隐函数.

2）计算方法

(1) 复合函数的中间变量为一元函数的情形.

如果函数 $u = u(t)$ 及 $v = v(t)$ 都在点 t 处可导，函数 $z = f(u, v)$ 在对应点 (u, v) 处具有连续偏导数，则复合函数 $z = f(u(t), v(t))$ 在对应点 t 处可导，且其导数的计算公式为

$$\frac{\mathrm{d}z}{\mathrm{d}t} = \frac{\partial z}{\partial u} \cdot \frac{\mathrm{d}u}{\mathrm{d}t} + \frac{\partial z}{\partial v} \cdot \frac{\mathrm{d}v}{\mathrm{d}t}$$

(2) 复合函数的中间变量为多元函数的情形.

如果函数 $u = u(x, y)$ 及 $v = v(x, y)$ 都在点 (x, y) 处具有对 x 及对 y 的偏导数，函

数 $z = f(u, v)$ 在对应点 (u, v) 处具有连续偏导数，则复合函数 $z = f(u(x, y), v(x, y))$ 在对应点 (x, y) 处有偏导数，且其偏导数的计算公式为

$$\frac{\partial z}{\partial x} = \frac{\partial z}{\partial u} \cdot \frac{\partial u}{\partial x} + \frac{\partial z}{\partial v} \cdot \frac{\partial v}{\partial x}$$

$$\frac{\partial z}{\partial y} = \frac{\partial z}{\partial u} \cdot \frac{\partial u}{\partial y} + \frac{\partial z}{\partial v} \cdot \frac{\partial v}{\partial y}$$

（3）其他情形.

设函数 $z = f(u, x)$，而 $u = u(x, y)$ 在点 (x, y) 处有偏导数，$z = f(u, x)$ 在相应点 (u, x) 处有连续偏导数，则复合函数 $z = f(u(x, y), x)$ 在点 (x, y) 处有偏导数，且其偏导数的计算公式为

$$\frac{\partial z}{\partial x} = \frac{\partial z}{\partial u} \frac{\partial u}{\partial x} + \frac{\partial f}{\partial x}$$

$$\frac{\partial z}{\partial y} = \frac{\partial z}{\partial u} \frac{\partial u}{\partial y}$$

（4）二元隐函数的偏导数计算公式.

一个三元方程 $F(x, y, z) = 0$ 确定了 z 是 x、y 的函数 $z = z(x, y)$，且 F'_x、F'_y、F'_z 连续及 $F'_z \neq 0$，则有

$$\frac{\partial z}{\partial x} = -\frac{F'_x}{F'_z}, \frac{\partial z}{\partial y} = -\frac{F'_y}{F'_z}$$

五、多元函数的极值

1）定义

（1）极值与极值点的定义.

设函数 $z = f(x, y)$ 在点 (x_0, y_0) 的某一邻域内有定义，如果对于该邻域内异于 (x_0, y_0) 的任意一点 (x, y)，都有

$$f(x, y) < f(x_0, y_0)$$

则称函数在点 (x_0, y_0) 处有极大值 $f(x_0, y_0)$；如果对于该邻域内异于 (x_0, y_0) 的任意一点 (x, y)，都有

$$f(x, y) > f(x_0, y_0)$$

则称函数在点 (x_0, y_0) 处有极小值 $f(x_0, y_0)$. 极大值和极小值统称为极值，使函数取得极值的点称为极值点.

（2）无条件极值.

函数的自变量只要求限制在定义域内，并无其他限制条件，这类极值称为无条件极值.

（3）条件极值.

函数的自变量除了限制在定义域内还有其他附加条件的极值问题，这类极值称之为条件极值.

2）性质

（1）极值存在的必要条件.

设函数 $z = f(x, y)$ 在点 (x_0, y_0) 处取得极值，且在该点处的偏导数存在，则必有 $f'_x(x_0, y_0) = 0$，$f'_y(x_0, y_0) = 0$.

（2）极值存在的充分条件.

设函数 $z = f(x, y)$ 在点 (x_0, y_0) 的某一邻域内有连续一阶与二阶偏导数，且 (x_0, y_0) 是一个驻点，即

$$f'_x(x_0, y_0) = 0, \ f'_y(x_0, y_0) = 0$$

令 $A = f''_{xx}(x_0, y_0)$，$B = f''_{xy}(x_0, y_0)$，$C = f''_{yy}(x_0, y_0)$，则 $z = f(x, y)$ 在点 (x_0, y_0) 处取得极值的条件如表 8-1 所示.

3）计算方法

（1）二元函数极值的求法.

如果函数 $z = f(x, y)$ 具有二阶连续偏导数，则求该函数极值的一般步骤如下：

① 求一阶偏导数 $f'_x(x, y)$ 及 $f'_y(x, y)$，并解方程组 $\begin{cases} f'_x(x, y) = 0 \\ f'_y(x, y) = 0 \end{cases}$，求出 $f(x, y)$ 的所有驻点.

② 对每个驻点 (x_0, y_0)，求出二阶偏导数的值 A、B、C.

③ 根据 $\Delta = B^2 - AC$ 的符号，按照定理 8-9 的结论判定 (x_0, y_0) 是否为极值点，是极大值点还是极小值点.

④ 求出函数 $z = f(x, y)$ 对应极值点 (x_0, y_0) 的函数值 $f(x_0, y_0)$，即为极值.

（2）二元函数最值的求法.

设函数 $f(x, y)$ 在 D 上连续、偏导数存在且只有有限个驻点，则求 $f(x, y)$ 的最大值和最小值的一般步骤为：

① 求函数 $f(x, y)$ 在 D 内所有驻点处的函数值；

② 求 $f(x, y)$ 在 D 的边界上的最大值和最小值；

③ 将前面得到的所有函数值进行比较，其中最大的一个就是最大值，最小的就是最小值.

（3）二元函数条件极值的求法.

利用拉格朗日乘数法求二元函数 $f(x, y)$ 在条件 $\varphi(x, y) = 0$ 下的极值的基本步骤为：

① 构造拉格朗日函数 $L(x, y, \lambda) = f(x, y) + \lambda \varphi(x, y)$，其中 λ 为参数.

② 由方程组 $\begin{cases} L'_x = f'_x(x, y) + \lambda \varphi'_x(x, y) = 0 \\ L'_y = f'_y(x, y) + \lambda \varphi'_y(x, y) = 0 \\ L'_\lambda = \varphi(x, y) = 0 \end{cases}$ 解出 x、y、λ，其中 (x, y) 就是所求条件极值的可能极值点.

总习题八

一、填空题

1. $z = \sqrt{x - \sqrt{y}}$ 的定义域为 _____.

2. 设 $z = e^{x^2 y}$，则 $\dfrac{\partial z}{\partial x} =$ _____，$\dfrac{\partial z}{\partial y} =$ _____.

3. 设 $z = \ln \sqrt{x^2 + y^2}$，则 $\dfrac{\partial^2 z}{\partial x^2} + \dfrac{\partial^2 z}{\partial y^2} =$ _____.

4. 设 $z = x^3 y$，则 $\mathrm{d}z = $ _____．

5. 设 $z = uv$，$u = x + y$，$v = xy$，则 $\dfrac{\partial z}{\partial x} = $ _____，$\dfrac{\partial z}{\partial y} = $ _____．

6.（2016 年广东专插本）设二元函数 $z = x\ln y$，则 $\dfrac{\partial^2 z}{\partial y \partial x} = $ _____．

二、计算及证明题

1. 求下列极限：

(1) $\lim\limits_{\substack{x \to 0 \\ y \to 8}} \dfrac{\sin xy}{x}$；

(2) $\lim\limits_{\substack{x \to 0 \\ y \to 8}} \dfrac{2 - \sqrt{xy + 4}}{xy}$；

(3) $\lim\limits_{\substack{x \to 0 \\ y \to 8}} \dfrac{1 - \cos(x^2 + y^2)}{(x^2 + y^2)^2 x^2 y^2}$．

2. 求函数 $f(x, y) = x^2 - xy + y^2 - 9x - 6y + 20$ 的极值．

3. 设矩形的边 $x = 6$ 米，$y = 8$ 米，如果边 x 增加 2 毫米，边 y 减少 5 毫米，那么矩形的对角线约变化多少毫米？

4. 设 q_1 为商品 A 的需求量，q_2 为商品 B 的需求量，其需求函数分别分 $q_1 = 16 - 2p_1 + 4p_2$ 和 $q_2 = 20 + 4p_1 - 10p_2$，总成本函数为 $C = 3q_1 + 2q_2$．p_1、p_2 为商品 A、B 的价格，问价格 p_1、p_2 取何值时可使利润最大？

5. 设 $u = \sin x + f(\sin y - \sin x)$，其中 f 可微，求证：

$$\frac{\partial u}{\partial y}\cos x + \frac{\partial u}{\partial x}\cos y = \cos x \cos y$$

6. 设隐函数 $z = z(x, y)$ 由方程 $\sin z = x^2 yz$ 确定，求 $\dfrac{\partial z}{\partial x}$、$\dfrac{\partial z}{\partial y}$．

7. 已知 $\ln \sqrt{x^2 + y^2} = \arctan \dfrac{y}{x}$，求 $\dfrac{\mathrm{d}y}{\mathrm{d}x}$．

8. 求函数 $f(x, y) = (x^2 + y^2)^2 - 2(x^2 - y^2)$ 的极值．

9. 要制造一个无盖的长方体水槽，已知它的底部造价为 18 元／平方米，侧面造价为 6 元／平方米，设计的总造价为 216 元．问如何选取尺寸，才能使水槽容积最大？

10.（2016 年 4 月全国自考）设 $z = z(x, y)$ 是由方程 $x^2 + y^2 - 2x - 2yz = \mathrm{e}^z$ 所确定的隐函数，求偏导数 $\dfrac{\partial z}{\partial x}$、$\dfrac{\partial z}{\partial y}$．

11.（2018 年广东专插本）已知二元函数 $z = \dfrac{xy}{1 + y^2}$，求 $\dfrac{\partial z}{\partial y}$、$\dfrac{\partial^2 z}{\partial y \partial x}$．

12.（2018 年广东专插本）求由方程 $(1 + y^2)\arctan y = x\mathrm{e}^x$ 所确定的隐函数 $\dfrac{\mathrm{d}y}{\mathrm{d}x}$．

13.（2019 年广东专插本）设 $x - z = \mathrm{e}^{xyz}$，求 $\dfrac{\partial z}{\partial x}$ 和 $\dfrac{\partial z}{\partial y}$．

习题答案

第九章　二重积分及其应用

　　知识目标：了解二重积分的概念及其几何意义，掌握二重积分的性质和计算方法，会用二重积分解决简单的应用题.

　　技能目标：熟练掌握二重积分在直角坐标系下和极坐标下的计算方法，会求简单的曲顶柱体的体积.

　　能力目标：通过本章的学习，培养应用二重积分解决实际问题的能力.

　　定积分是某种确定形式的一元函数和式的极限. 将这种一元函数和式的极限推广到二元函数和式的极限上便得到二重积分的概念. 本章将以二重积分为代表（三重及以上积分可类似推广），介绍二重积分的概念、性质、计算方法以及它们的一些应用.

9.1　二重积分的概念与性质

一、引例

1. 曲顶柱体的体积

　　设二元函数 $z = f(x, y)$ 在有界闭区域 D 上连续，且 $f(x, y) \geqslant 0$，$(x, y) \in D$. 如图 9-1 所示，以曲面 $z = f(x, y)$ 为顶，以区域 D 为底、侧面以 D 的边界曲线为准线、母线平行于 z 轴的柱面所围成的立体称为曲顶柱体. 那么，如何求该曲顶柱体的体积呢？

　　如果 $z = f(x, y)$ 在 D 上为恒大于等于零的常数，则图 9-1 所示的曲顶柱体就是一平顶柱体，该平顶柱体的体积可用公式（体积 ＝ 底面积×高）来计算. 但当 $z = f(x, y)$ 在 D 上不是恒为常数时，若点 (x, y) 在区域 D 上变化，高 $f(x, y)$ 也会不断变化，因而曲顶柱体的体积不能再用上面的公式来计算.

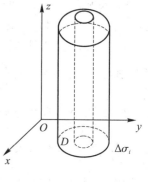

图 9-1

　　我们可以借鉴求曲边梯形面积的方法来求曲顶柱体的体积，步骤如下：

　　1）分割（化"整"为"零"）

　　将区域 D 任意分成 n 个小闭区域 $\Delta\sigma_1$，$\Delta\sigma_2$，$\cdots$，$\Delta\sigma_n$，其中 $\Delta\sigma_i$ 表示第 i 个小区域，也表示它的面积；分别以每个小区域为底，以它们的边界曲线为准线作母线平行于 z 轴的柱面，这些柱面把曲顶柱体分成了 n 个小曲顶柱体.

2）近似（以"粗"代"精"）

为了求每个小曲顶柱体的体积 ΔV_i，在每个小区域 $\Delta\sigma_i$ 内任取一点 (ξ_i, η_i)，用高为 $f(\xi_i, \eta_i)$、底为 $\Delta\sigma_i$ 的平顶柱体体积 $f(\xi_i, \eta_i)\Delta\sigma_i$ 来近似代替 ΔV_i，即

$$\Delta V_i \approx f(\xi_i, \eta_i)\Delta\sigma_i \quad (i = 1, 2, \cdots, n)$$

3）求和（合"零"为"整"）

对 n 个小曲顶柱体求和，则所求曲顶柱体体积 V 可近似地表示为

$$V = \sum_{i=1}^{n} \Delta V_i \approx \sum_{i=1}^{n} f(\xi_i, \eta_i)\Delta\sigma_i \tag{9-1}$$

4）取极限（去"粗"取"精"）

用 λ 表示 n 个小区域直径的最大值（有界闭区域的直径是指该区域中任意两点间距离的最大值），当 $\lambda \to 0$ 时，式（9-1）的极限就是曲顶柱体体积 V，即

$$V = \lim_{\lambda \to 0} \sum_{i=1}^{n} f(\xi_i, \eta_i)\Delta\sigma_i$$

2. 平面薄片的质量

如图 9-2 所示，设有一平面薄片置于 xOy 平面上，它所占有的区域记作 D，假设此薄片的质量分布是不均匀的，其面密度为 $\rho(x, y)$，如何求这个平面薄片的质量呢？

当薄片质量分布均匀时，其质量等于面密度乘以薄片面积. 因此，我们仍采用处理曲顶柱体体积的方法来求质量分布不均匀薄片的质量，步骤如下：

1）分割（化"整"为"零"）

将区域 D 分割成 n 个小区域 $\Delta\sigma_1, \Delta\sigma_2, \cdots, \Delta\sigma_n$，仍然用 $\Delta\sigma_i$ 表示第 i 个小区域的面积.

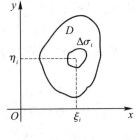

图 9-2

2）近似（以"粗"代"精"）

在每个小区域 $\Delta\sigma_i$ 内任取一点 (ξ_i, η_i)，近似地将小块 $\Delta\sigma_i$ 看成是质量均匀分布的，其面密度为 $\rho(\xi_i, \eta_i)$，则小块 $\Delta\sigma_i$ 的质量 ΔM_i 可近似表示为

$$\Delta M_i \approx \rho(\xi_i, \eta_i)\Delta\sigma_i$$

3）求和（合"零"为"整"）

整个薄片的质量 M 可近似地表示为

$$M = \sum_{i=1}^{n} \Delta M_i \approx \sum_{i=1}^{n} \rho(\xi_i, \eta_i)\Delta\sigma_i \tag{9-2}$$

4）取极限（去"粗"取"精"）

用 λ 表示 n 个小区域直径的最大值，当 $\lambda \to 0$ 时，式（9-2）的极限就是平面薄片的质量 M，即

$$M = \lim_{\lambda \to 0} \sum_{i=1}^{n} \rho(\xi_i, \eta_i)\Delta\sigma_i$$

在几何、力学、物理和工程技术中，有许多几何量和物理量都可归结为形如上述两个例子所求的和式的极限. 我们抛开上述两个实例的实际意义，为更一般地研究这类和式的

极限，我们抽象出二重积分的定义.

二、二重积分的定义

定义 9-1 设 $f(x, y)$ 是有界闭区域 D 上的有界函数，将闭区域 D 任意分成 n 个小闭区域 $\Delta\sigma_1, \Delta\sigma_2, \cdots, \Delta\sigma_n$，其中 $\Delta\sigma_i$ 表示第 i 个小闭区域，也表示它的面积；在每个 $\Delta\sigma_i$ 内任取一点 (ξ_i, η_i)，作乘积 $f(\xi_i, \eta_i)\Delta\sigma_i (i = 1, 2, \cdots, n)$ 后将其相加，即 $\sum\limits_{i=1}^{n} f(\xi_i, \eta_i)\Delta\sigma_i$. 如果当各小闭区域直径的最大值 $\lambda \to 0$ 时，和式的极限总存在，且与闭区域 D 的分法和点 (ξ_i, η_i) 的取法无关，则称此极限为函数 $f(x, y)$ 在闭区域 D 上的二重积分，记作 $\iint\limits_{D} f(x, y)\mathrm{d}\sigma$，即

$$\iint\limits_{D} f(x, y)\mathrm{d}\sigma = \lim_{\lambda \to 0} \sum_{i=1}^{n} f(\xi_i, \eta_i)\Delta\sigma_i$$

其中，$f(x, y)$ 称为被积函数；$f(x, y)\mathrm{d}\sigma$ 称为被积表达式；$\mathrm{d}\sigma$ 称为面积元素；x 和 y 称为积分变量；D 称为积分区域；$\sum\limits_{i=1}^{n} f(\xi_i, \eta_i)\Delta\sigma_i$ 称为积分和.

由二重积分的定义可知，上述曲顶柱体体积 V 是 $f(x, y)$ 在区域 D 上的二重积分

$$V = \iint\limits_{D} f(x, y)\mathrm{d}\sigma$$

平面薄片的质量 M 是面密度 $\rho(x, y)$ 在区域 D 上的二重积分

$$M = \iint\limits_{D} \rho(x, y)\mathrm{d}\sigma$$

下面对二重积分的定义作两点说明：

(1) 如果二重积分 $\iint\limits_{D} f(x, y)\mathrm{d}\sigma$ 存在，就称函数 $f(x, y)$ 在区域 D 上是可积的. 可以证明，如果函数 $f(x, y)$ 在有界闭区域 D 上连续，则 $f(x, y)$ 在 D 上可积.

(2) 在二重积分的定义中，对闭区域的划分是任意的. 在直角坐标系下用平行于坐标轴的直线网来划分区域 D，则面积元素为 $\mathrm{d}\sigma = \mathrm{d}x\mathrm{d}y$，故二重积分可写为

$$\iint\limits_{D} f(x, y)\mathrm{d}\sigma = \iint\limits_{D} f(x, y)\mathrm{d}x\mathrm{d}y$$

与一元函数定积分类似，二重积分的几何意义是十分明显的：

在 D 上，当 $f(x, y) \geqslant 0$ 时，$\iint\limits_{D} f(x, y)\mathrm{d}\sigma$ 等于曲面 $z = f(x, y)$ 在区域 D 上所对应的曲顶柱体的体积；当 $f(x, y) < 0$ 时，$\iint\limits_{D} f(x, y)\mathrm{d}\sigma$ 等于曲面 $z = f(x, y)$ 在区域 D 上所对应的曲顶柱体的体积的负值；如果 $f(x, y)$ 在 D 上的某些部分上是正的，而在另外的部分上是负的，那么 $\iint\limits_{D} f(x, y)\mathrm{d}\sigma$ 等于这些部分区域上的曲顶柱体体积的代数和.

三、二重积分的性质

由于二重积分与定积分的定义类似，因此它们的性质也相似，而且其证明也与定积分

性质的证明类似. 注意：本书所涉及的函数均假定在 D 上可积.

性质 9 - 1　被积函数中的常数可以提到二重积分号外面，即

$$\iint\limits_D kf(x,y)\mathrm{d}\sigma = k\iint\limits_D f(x,y)\mathrm{d}\sigma, \quad k \text{ 为常数}$$

性质 9 - 2　两个函数代数和的二重积分等于这两个函数的二重积分的代数和，即

$$\iint\limits_D [f(x,y) \pm g(x,y)]\mathrm{d}\sigma = \iint\limits_D f(x,y)\mathrm{d}\sigma \pm \iint\limits_D g(x,y)\mathrm{d}\sigma$$

性质 9 - 2 可以推广到有限多个可积函数的情形.

性质 9 - 3　如果闭区域 D 可被曲线分为两个没有公共内点的闭子区域 D_1 和 D_2，如图 9 - 3 所示，则

$$\iint\limits_D f(x,y)\mathrm{d}\sigma = \iint\limits_{D_1} f(x,y)\mathrm{d}\sigma + \iint\limits_{D_2} f(x,y)\mathrm{d}\sigma$$

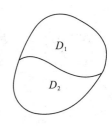

图 9 - 3

性质 9 - 3 表明二重积分对积分区域具有可加性.

性质 9 - 4　如果在闭区域 D 上，$f(x,y) \equiv 1$，σ 为 D 的面积，那么

$$\sigma = \iint\limits_D 1\mathrm{d}\sigma = \iint\limits_D \mathrm{d}\sigma$$

性质 9 - 4 的几何意义是：以 D 为底、高为 1 的平顶柱体的体积在数值上等于柱体的底面积.

性质 9 - 5　如果在闭区域 D 上，有 $f(x,y) \leqslant g(x,y)$，则

$$\iint\limits_D f(x,y)\mathrm{d}\sigma \leqslant \iint\limits_D g(x,y)\mathrm{d}\sigma$$

特别地，有

$$\left| \iint\limits_D f(x,y)\mathrm{d}\sigma \right| \leqslant \iint\limits_D |f(x,y)|\mathrm{d}\sigma$$

性质 9 - 6　设 M 和 m 分别是函数 $f(x,y)$ 在闭区域 D 上的最大值和最小值，σ 为 D 的面积，则

$$m\sigma \leqslant \iint\limits_D f(x,y)\mathrm{d}\sigma \leqslant M\sigma \tag{9-3}$$

式(9 - 3)称为二重积分的估值不等式.

性质 9 - 7　设函数 $f(x,y)$ 在闭区域 D 上连续，σ 为 D 的面积，则在 D 上至少存在一点 (ξ, η)，使得

$$\iint\limits_D f(x,y)\mathrm{d}\sigma = f(\xi, \eta)\sigma, \quad (\xi, \eta) \in D \tag{9-4}$$

式(9 - 4)称为二重积分的中值定理，其几何意义是：在区域 D 上以曲面 $f(x,y)$ 为顶的曲顶柱体的体积，等于以区域 D 内某一点 (ξ,η) 的函数值 $f(\xi,\eta)$ 为高的平顶柱体的体积.

例 9 - 1　比较二重积分 $\iint\limits_D (x+y)^2\mathrm{d}\sigma$ 与 $\iint\limits_D (x+y)^3\mathrm{d}\sigma$ 的大小，其中区域 D 由 x 轴、y 轴和直线 $x+y=1$ 所围成.

解　在积分区域 D 内有 $0 \leqslant x + y \leqslant 1$，因此 $(x+y)^2 \geqslant (x+y)^3$，故由性质 9-5 可得

$$\iint\limits_{D} (x+y)^2 \mathrm{d}\sigma \geqslant \iint\limits_{D} (x+y)^3 \mathrm{d}\sigma$$

例 9-2　估计二重积分 $I = \iint\limits_{D}(x^2 + 4y^2 + 9)\mathrm{d}\sigma$ 的值，其中区域 $D = \{(x, y) \mid x^2 + y^2 \leqslant 4\}$.

解　由于区域 $D = \{(x, y) \mid x^2 + y^2 \leqslant 4\}$，可知区域 D 的面积 $\sigma = \pi \times 2^2 = 4\pi$. 下面求函数 $f(x, y) = x^2 + 4y^2 + 9$ 在条件 $x^2 + y^2 \leqslant 4$ 下的最大、最小值.

因为 $9 \leqslant x^2 + y^2 + 9 \leqslant x^2 + 4y^2 + 9 \leqslant 4(x^2 + y^2) + 9$，即

$$9 \leqslant x^2 + 4y^2 + 9 \leqslant 25$$

所以

$$9\sigma \leqslant \iint\limits_{D}(x^2 + 4y^2 + 9)\mathrm{d}\sigma \leqslant 25\sigma$$

即

$$36\pi \leqslant \iint\limits_{D}(x^2 + 4y^2 + 9)\mathrm{d}\sigma \leqslant 100\pi$$

 习题 9.1

1. 试利用二重积分的几何意义计算 $\iint\limits_{D}\sqrt{R^2 - x^2 - y^2}\,\mathrm{d}\sigma$，其中区域 D 是以原点为中心、以 R 为半径的圆.

2. 设 $I_1 = \iint\limits_{D_1}(x^2 + y^2)\mathrm{d}\sigma$，其中 $D_1 = \{(x, y) \mid -1 \leqslant x \leqslant 1, -2 \leqslant y \leqslant 2\}$；$I_2 = \iint\limits_{D_2}(x^2 + y^2)\mathrm{d}\sigma$，其中 $D_2 = \{(x, y) \mid 0 \leqslant x \leqslant 1, 0 \leqslant y \leqslant 2\}$，试利用二重积分的几何意义说明 I_1 与 I_2 之间的关系.

3. 比较二重积分 $\iint\limits_{D}\ln(x+y)\mathrm{d}\sigma$ 与 $\iint\limits_{D}[\ln(x+y)]^2\mathrm{d}\sigma$ 的大小：(1) 区域 D 是三角形闭区域，三角形的顶点分别为 $(1, 0)$、$(1, 1)$ 和 $(2, 0)$；(2) 区域 $D = \{(x, y) \mid 3 \leqslant x \leqslant 5, 0 \leqslant y \leqslant 1\}$.

4. 估计下列各二重积分的值：

(1) $\iint\limits_{D}xy(x+y)\mathrm{d}\sigma$，其中 $D = \{(x, y) \mid 0 \leqslant x \leqslant 1, 0 \leqslant y \leqslant 1\}$；

(2) $\iint\limits_{D}(x+y+1)\mathrm{d}\sigma$，其中 $D = \{(x, y) \mid 0 \leqslant x \leqslant 1, 0 \leqslant y \leqslant 2\}$；

(3) $\iint\limits_{D}\sin x^2 \sin^2 y\,\mathrm{d}\sigma$，其中 $D = \{(x, y) \mid 0 \leqslant x \leqslant \pi, 0 \leqslant y \leqslant \pi\}$.

9.2　二重积分的计算

对一般的函数和积分区域来讲，利用二重积分的定义计算二重积分是不实际的. 事实上我们可以借助于一元函数定积分来帮助解决二重积分的计算问题，其基本思想是将二重

积分化为二次定积分计算. 转化后的这种二次定积分常称为二次积分或累次积分.

本节讨论直角坐标下和极坐标下二重积分的计算.

一、直角坐标系下二重积分的计算

在具体讨论二重积分的计算之前,先介绍 X 型区域和 Y 型区域的概念.

1. X 型区域和 Y 型区域

X 型区域为 $\{(x,y)\,|\,a\leqslant x\leqslant b,\ \varphi_1(x)\leqslant y\leqslant \varphi_2(x)\}$,其中 $\varphi_1(x)$ 和 $\varphi_2(x)$ 在区间 $[a,b]$ 上连续. 这种区域的特点是:穿过区域且平行于 y 轴的直线与区域的边界相交不多于两个点,如图 9-4 所示.

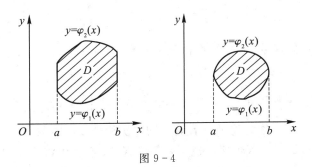

图 9-4

Y 型区域为 $\{(x,y)\,|\,c\leqslant y\leqslant d,\ \psi_1(y)\leqslant x\leqslant \psi_2(y)\}$,其中 $\psi_1(y)$ 和 $\psi_2(y)$ 在区间 $[c,d]$ 上连续. 这种区域的特点是:穿过区域且平行于 x 轴的直线与区域的边界相交不多于两个点,如图 9-5 所示.

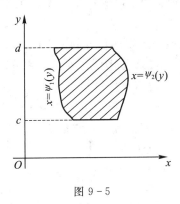

图 9-5

2. 二重积分的计算

我们知道,在直角坐标系下,二重积分可写成

$$\iint\limits_{D}f(x,y)\mathrm{d}\sigma=\iint\limits_{D}f(x,y)\mathrm{d}x\mathrm{d}y$$

假设积分区域 D 为 X 型区域:$\{(x,y)\,|\,a\leqslant x\leqslant b,\ \varphi_1(x)\leqslant y\leqslant \varphi_2(x)\}$,由二重积分的几何意义可知,当 $f(x,y)\geqslant 0$ 时,上述二重积分的值等于以积分区域 D 为底,以曲面 $z=f(x,y)$ 为顶的曲顶柱体的体积. 下面利用第五章中计算"平行截面面积为已知的立体体积"的方法来求这个曲顶柱体的体积.

首先计算截面的面积，为此在区间 $[a,b]$ 上任取一点 x，则过该点且平行于 yOz 面的平面截曲顶柱体所得的截面是一个以区间 $[\varphi_1(x),\varphi_2(x)]$ 为底的曲边梯形，则此截面的面积为

$$A(x) = \int_{\varphi_1(x)}^{\varphi_2(x)} f(x,y)\mathrm{d}y$$

故曲顶柱体的体积为

$$\iint\limits_{D} f(x,y)\mathrm{d}\sigma = \int_a^b A(x)\mathrm{d}x = \int_a^b \left[\int_{\varphi_1(x)}^{\varphi_2(x)} f(x,y)\mathrm{d}y\right]\mathrm{d}x \qquad (9-5)$$

式 $(9-5)$ 右端的积分称为先对 y 后对 x 的二次积分或累次积分. 习惯上，常将式 $(9-5)$ 中的中括号省略不写，即记作

$$\iint\limits_{D} f(x,y)\mathrm{d}\sigma = \int_a^b \left[\int_{\varphi_1(x)}^{\varphi_2(x)} f(x,y)\mathrm{d}y\right]\mathrm{d}x = \int_a^b \mathrm{d}x \int_{\varphi_1(x)}^{\varphi_2(x)} f(x,y)\mathrm{d}y$$

类似地，如果积分区域 D 为 Y 型区域：$\{(x,y) \mid c \leqslant y \leqslant d, \psi_1(y) \leqslant x \leqslant \psi_2(y)\}$，则有

$$\iint\limits_{D} f(x,y)\mathrm{d}\sigma = \int_c^d \left[\int_{\psi_1(y)}^{\psi_2(y)} f(x,y)\mathrm{d}x\right]\mathrm{d}y = \int_c^d \mathrm{d}y \int_{\psi_1(y)}^{\psi_2(y)} f(x,y)\mathrm{d}x \qquad (9-6)$$

式 $(9-6)$ 右端的积分称为先对 x 后对 y 的二次积分或累次积分.

如果积分区域 D 既不是 X 型区域也不是 Y 型区域，我们可将区域 D 分割成若干块 X 型区域和 Y 型区域，在每块区域上进行累次积分，再利用二重积分对积分区域的可加性，便可获得在区域 D 上的二重积分.

一般地，在直角坐标系下计算二重积分的步骤是：

（1）画出积分区域 D 的图形，然后判断 D 是 X 型区域还是 Y 型区域；若均不是则进行分割.

（2）根据积分区域 D 的类型确定累次积分的上下限. 若 D 是 X 型区域，则积分变量 x 的变化范围是两个常数，假设 x 所属区间为 $[a,b]$，则积分的上限和下限分别为 b 和 a. 然后在区间 $[a,b]$ 上任意取一点 x，过点 x 作平行于 y 轴的直线穿过区域 D，若该平行线与区域 D 的下方边界线 $y = \varphi_1(x)$ 相交，则积分下限为 $\varphi_1(x)$；与区域 D 的上方边界线 $y = \varphi_2(x)$ 相交，则积分上限为 $\varphi_2(x)$. 类似地，可以确定 Y 型区域的累次积分的上下限.

（3）利用累次积分计算二重积分的值.

例 9-3 改变二次积分 $\int_0^1 \mathrm{d}x \int_0^{1-x} f(x,y)\mathrm{d}y$ 的积分次序.

解 题设二次积分的积分区域是 X 型区域，$D = \{(x,y) \mid 0 \leqslant x \leqslant 1, 0 \leqslant y \leqslant 1-x\}$，作出积分区域 D，如图 9-6 所示.

按新的次序确定积分区域 D 为 Y 型区域，则 $D = \{(x,y) \mid 0 \leqslant y \leqslant 1, 0 \leqslant x \leqslant 1-y\}$，故有

$$\int_0^1 \mathrm{d}x \int_0^{1-x} f(x,y)\mathrm{d}y = \int_0^1 \mathrm{d}y \int_0^{1-y} f(x,y)\mathrm{d}x$$

例 9-4 计算二重积分 $\iint\limits_{D} (x+2y)\mathrm{d}\sigma$，其中 D 是由 $y = $

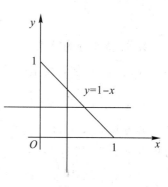

图 9-6

x^2、$x = 1$ 和 $y = 0$ 所围成的区域.

解　解法一　画出积分区域 D 的图形，如图 9-7 所示. 可把 D 看成是 X 型区域，即

$$D = \{(x, y) \mid 0 \leqslant x \leqslant 1,\ 0 \leqslant y \leqslant x^2\}$$

所以

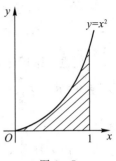

$$\iint\limits_{D} (x + 2y)\mathrm{d}\sigma = \int_0^1 \mathrm{d}x \int_0^{x^2} (x + 2y)\mathrm{d}y = \int_0^1 (xy + y^2)\Big|_0^{x^2} \mathrm{d}x$$

$$= \int_0^1 (x^3 + x^4)\mathrm{d}x = \left(\frac{1}{4}x^4 + \frac{1}{5}x^5\right)\Big|_0^1 = \frac{9}{20}$$

解法二　画出积分区域 D 的图形，可把 D 看成是 Y 型区域，即

图 9-7

$$D = \{(x, y) \mid 0 \leqslant y \leqslant 1,\ \sqrt{y} \leqslant x \leqslant 1\}$$

所以

$$\iint\limits_{D} (x + 2y)\mathrm{d}\sigma = \int_0^1 \mathrm{d}y \int_{\sqrt{y}}^1 (x + 2y)\mathrm{d}x = \int_0^1 \left(\frac{x^2}{2} + 2yx\right)\Big|_{\sqrt{y}}^1 \mathrm{d}y$$

$$= \int_0^1 \left(\left(\frac{1}{2} + 2y\right) - \left(\frac{y}{2} + 2y^{\frac{3}{2}}\right)\right)\mathrm{d}y$$

$$= \left[\left(\frac{1}{2}y + y^2\right) - \left(\frac{1}{4}y^2 + \frac{4}{5}y^{\frac{5}{2}}\right)\right]\Big|_0^1$$

$$= \frac{9}{20}$$

例 9-5　计算二重积分 $\iint\limits_{D} xy\mathrm{d}x\mathrm{d}y$，其中 D 是由抛物线 $y^2 = x$ 和直线 $y = x - 2$ 所围成的闭区域.

解　解方程组 $\begin{cases} y^2 = x \\ y = x - 2 \end{cases}$，得曲线交点坐标为 $(1, -1)$ 和 $(4, 2)$.

画出积分区域 D 的图形，如图 9-8 所示. 如果先对 x 后对 y 进行积分，即将积分区域 D 视为 Y 型，则区域的积分限为 $-1 \leqslant y \leqslant 2$，$y^2 \leqslant x \leqslant y + 2$，故有

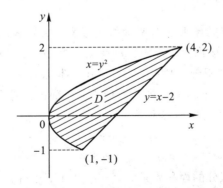

图 9-8

$$\iint\limits_{D} xy\,\mathrm{d}x\mathrm{d}y = \int_{-1}^{2}\mathrm{d}y\int_{y^2}^{y+2} xy\,\mathrm{d}x = \int_{-1}^{2}\left(\frac{x^2}{2}y\right)\Big|_{y^2}^{y+2}\mathrm{d}y = \frac{1}{2}\int_{-1}^{2}\left(y\,(y+2)^2 - y^5\right)\mathrm{d}y$$

$$= \frac{1}{2}\left(\frac{y^4}{4} + \frac{4y^3}{3} + 2y^2 - \frac{y^6}{6}\right)\Big|_{-1}^{2} = \frac{45}{8}$$

本例也可采用先对 y 后对 x 进行积分，即将积分区域 D 视为 X 型，但计算较为繁琐.

例 9 - 6　求 $\iint\limits_{D} x^2\mathrm{e}^{-y^2}\mathrm{d}x\mathrm{d}y$，其中 D 是以 $(0,0)$、$(1,1)$ 和 $(0,1)$ 为顶点的三角形所围区域.

解　因为 $\int\mathrm{e}^{-y^2}\mathrm{d}y$ 无法用初等函数表示，所以积分时必须先对 x 后对 y 进行积分，即将积分区域 D 视为 Y 型，则有

$$\iint\limits_{D} x^2\mathrm{e}^{-y^2}\mathrm{d}x\mathrm{d}y = \int_{0}^{1}\mathrm{d}y\int_{0}^{y} x^2\mathrm{e}^{-y^2}\mathrm{d}x = \int_{0}^{1}\left(\mathrm{e}^{-y^2}\cdot\frac{y^3}{3}\right)\mathrm{d}y = \int_{0}^{1}\left(\mathrm{e}^{-y^2}\cdot\frac{y^2}{6}\right)\mathrm{d}y^2$$

$$= -\int_{0}^{1}\frac{y^2}{6}\mathrm{d}(\mathrm{e}^{-y^2}) = -\left(\mathrm{e}^{-y^2}\cdot\frac{y^2}{6}\right)\Big|_{0}^{1} + \int_{0}^{1}\mathrm{e}^{-y^2}\mathrm{d}\left(\frac{y^2}{6}\right) = \frac{1}{6}\left(1 - \frac{2}{\mathrm{e}}\right)$$

由此可见，对于二重积分的计算，选好积分次序是非常关键的，不仅要考虑积分区域 D 的类型，又要考虑被积函数 $f(x, y)$ 的特点. 若积分次序选择不当，可能会导致计算繁琐或根本无法计算出结果.

例 9 - 7　计算 $\iint\limits_{D} y\sqrt{1+x^2-y^2}\,\mathrm{d}\sigma$，其中 D 是由 $y=x$、$x=-1$ 和 $y=1$ 所围成的闭区域.

解　积分区域 $D = \{(x,y)\,|\,-1\leqslant x\leqslant 1,\ x\leqslant y\leqslant 1\}$，所以

$$\iint\limits_{D} y\sqrt{1+x^2-y^2}\,\mathrm{d}\sigma = \int_{-1}^{1}\mathrm{d}x\int_{x}^{1}\sqrt{1+x^2-y^2}\,\mathrm{d}y = -\frac{1}{3}\int_{-1}^{1}(1+x^2-y^2)^{\frac{3}{2}}\Big|_{x}^{1}\mathrm{d}x$$

$$= -\frac{1}{3}\int_{-1}^{1}(|x|^3 - 1)\mathrm{d}x = -\frac{2}{3}\int_{0}^{1}(x^3 - 1)\mathrm{d}x$$

$$= -\frac{2}{3}\left(\frac{1}{4}x^4 - x\right)\Big|_{0}^{1} = \frac{1}{2}$$

二、极坐标系下二重积分的计算

有些二重积分，其积分区域 D 的边界曲线用极坐标方程表示比较简单，如圆形或扇形区域的边界等. 此时，如果该积分的被积函数在极坐标系下也有比较简单的形式，则应考虑用极坐标来计算这个二重积分. 本节我们讨论在极坐标系下二重积分的计算.

一般地，我们选取直角坐标系的原点为极点，x 轴的正半轴作为极轴，则直角坐标 (x, y) 与极坐标 (r, θ) 之间的转换关系式为

$$\begin{cases} x = r\cos\theta \\ y = r\sin\theta \end{cases}$$

在极坐标系下，二重积分的面积元素为 $\mathrm{d}\sigma = r\mathrm{d}r\mathrm{d}\theta$，故有

$$\iint\limits_{D} f(x, y)\mathrm{d}\sigma = \iint\limits_{D} f(r\cos\theta, r\sin\theta)r\mathrm{d}r\mathrm{d}\theta \tag{9-7}$$

极坐标系中的二重积分同样可化为二次积分来计算，我们按下面三种情况来讨论：

（1）极点 O 在区域 D 之外（见图 $9-9$），这时区域 D 在 $\theta=\alpha$、$\theta=\beta$ 两条射线之间，由 θ 的变化范围 $[\alpha,\beta]$ 可确定外积分变量 θ 的上下限. 用从极点出发的射线穿过区域 D，设入口线为 $r=r_1(\theta)$，出口线为 $r=r_2(\theta)$，即可确定内积分变量 r 的上下限，因此有

$$\iint\limits_{D}f(x,y)\mathrm{d}\sigma=\int_{\alpha}^{\beta}\mathrm{d}\theta\int_{r_1(\theta)}^{r_2(\theta)}f(r\cos\theta,r\sin\theta)r\mathrm{d}r$$

（2）极点 O 在区域 D 之内（见图 $9-10$）. 设区域 D 的边界曲线方程为 $r=r(\theta)$，则有

$$\iint\limits_{D}f(x,y)\mathrm{d}\sigma=\int_{0}^{2\pi}\mathrm{d}\theta\int_{0}^{r(\theta)}f(r\cos\theta,r\sin\theta)r\mathrm{d}r$$

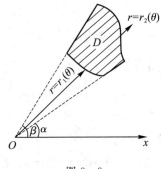

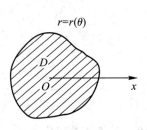

图 $9-9$　　　　　　　　　　　　　　　　　图 $9-10$

（3）极点 O 在区域 D 的边界上（见图 $9-11$）. 设区域 D 的边界曲线方程为 $r=r(\theta)$，则有

$$\iint\limits_{D}f(x,y)\mathrm{d}\sigma=\int_{\alpha}^{\beta}\mathrm{d}\theta\int_{0}^{r(\theta)}f(r\cos\theta,r\sin\theta)r\mathrm{d}r$$

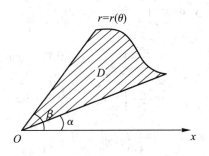

图 $9-11$

例 9-8　计算二重积分 $\iint\limits_{D}\mathrm{e}^{-(x^2+y^2)}\mathrm{d}\sigma$，其中 D 是由中心在原点、半径为 a 的圆所围成的闭区域.

解　画出区域 D 的图形，如图 $9-12$ 所示.

在极坐标系下，积分区域 D 可表示为（$0\leqslant\theta\leqslant2\pi$，$0\leqslant r\leqslant a$），则有

$$\iint\limits_{D}\mathrm{e}^{-(x^2+y^2)}\mathrm{d}\sigma=\iint\limits_{D}\mathrm{e}^{-r^2}r\mathrm{d}r\mathrm{d}\theta=\int_{0}^{2\pi}\mathrm{d}\theta\int_{0}^{a}\mathrm{e}^{-r^2}r\mathrm{d}r$$

$$=\int_{0}^{2\pi}\left(-\frac{1}{2}\mathrm{e}^{-r^2}\Big|_{0}^{a}\right)\mathrm{d}\theta=\pi(1-\mathrm{e}^{-a^2})$$

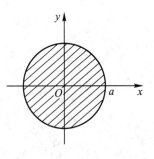

图 $9-12$

本题如果用直角坐标计算，由于积分 $\int e^{-x^2} \mathrm{d}x$ 不能用初等函数表示，因此无法计算.

例 9 - 9 计算 $\iint\limits_{D} x^2 \mathrm{d}\sigma$，其中 D 为圆 $x^2 + y^2 = 1$ 和 $x^2 + y^2 = 4$ 围成的圆环形区域.

解 画出区域 D 的图形，如图 9-13 所示，区域 D 可表示为 $(0 \leqslant \theta \leqslant 2\pi, 1 \leqslant r \leqslant 2)$，则有

$$\iint\limits_{D} x^2 \mathrm{d}\sigma = \int_0^{2\pi} \mathrm{d}\theta \int_1^2 r^2 \cos^2\theta \cdot r\mathrm{d}r = \int_0^{2\pi} \frac{1 + \cos 2\theta}{2} \mathrm{d}\theta \int_1^2 r^3 \mathrm{d}r = \frac{15\pi}{4}$$

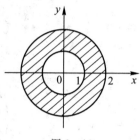

图 9 - 13

例 9 - 10 计算二重积分 $\iint\limits_{D} \sqrt{x^2 + y^2} \mathrm{d}\sigma$，其中 $D = \{(x, y) \mid (x-a)^2 + y^2 \leqslant a^2, a > 0\}$.

解 积分区域 D 如图 9-14 所示，其边界曲线 $(x-a)^2 + y^2 = a^2 (a > 0)$ 的极坐标方程为 $r = 2a\cos\theta (a > 0)$，故区域 D 可表示为 $\left(-\dfrac{\pi}{2} \leqslant \theta \leqslant \dfrac{\pi}{2}, 0 \leqslant r \leqslant 2a\cos\theta\right)$，则有

$$\iint\limits_{D} \sqrt{x^2 + y^2} \mathrm{d}\sigma = \int_{-\frac{\pi}{2}}^{\frac{\pi}{2}} \mathrm{d}\theta \int_0^{2a\cos\theta} r^2 \mathrm{d}r = \frac{8a^3}{3} \int_{-\frac{\pi}{2}}^{\frac{\pi}{2}} \cos^3\theta \mathrm{d}\theta$$

$$= \frac{8a^3}{3} \int_{-\frac{\pi}{2}}^{\frac{\pi}{2}} (1 - \sin^2\theta) \cos\theta \mathrm{d}\theta$$

$$= \frac{8a^3}{3} \int_{-\frac{\pi}{2}}^{\frac{\pi}{2}} (1 - \sin^2\theta) \mathrm{d}\sin\theta$$

$$= \frac{8a^3}{3} \left(\sin\theta - \frac{\sin^3\theta}{3}\right) \bigg|_{-\frac{\pi}{2}}^{\frac{\pi}{2}} = \frac{32}{9}a^3$$

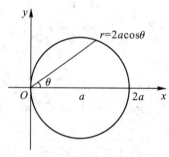

图 9 - 14

例 9 - 11 将二次积分 $I = \int_{-1}^{1} \mathrm{d}x \int_0^{\sqrt{1-x^2}} \sqrt{x^2 + y^2} \mathrm{d}y$ 化为极坐标形式的二次积分，并计算 I 的值.

解　由给定的二次积分知，积分区域 $D = \{(x, y) \mid -1 \leqslant x \leqslant 1, 0 \leqslant y \leqslant \sqrt{1-x^2}\}$ 化为极坐标形式后，区域 D（见图 9-15）可表示为 $0 \leqslant \theta \leqslant \pi, 0 \leqslant r \leqslant 1$，故有

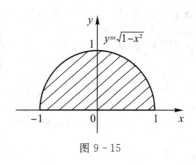

图 9-15

$$I = \int_0^\pi d\theta \int_0^1 \sqrt{r^2} \cdot r dr = \int_0^\pi d\theta \int_0^1 r^2 dr$$

$$= \frac{1}{3} \int_0^\pi (r^3 \mid_0^1) d\theta = \frac{1}{3} \int_0^\pi 1 d\theta = \frac{\pi}{3}$$

例 9-12　计算二重积分 $\iint\limits_D x^2 d\sigma$，其中 $D = \{(x, y) \mid x^2 + y^2 \geqslant 1, \mid x \mid \leqslant 2, \mid y \mid \leqslant 2\}$.

解　积分区域如图 9-16 所示，记 $D_1 = \{(x, y) \mid x^2 + y^2 \leqslant 1\}$，由积分区域的对称性可知，$\iint\limits_D x^2 d\sigma = \iint\limits_D y^2 d\sigma$，而

$$\iint\limits_D (x^2 + y^2) d\sigma = \iint\limits_{D + D_1} (x^2 + y^2) d\sigma - \iint\limits_{D_1} (x^2 + y^2) d\sigma$$

$$= \int_{-2}^2 dx \int_{-2}^2 (x^2 + y^2) dy - \int_0^{2\pi} d\theta \int_0^1 r^3 dr$$

$$= \int_{-2}^2 \left(4x^2 + \frac{16}{3}\right) dx - \frac{1}{4} \int_0^{2\pi} d\theta = \frac{128}{3} - \frac{\pi}{2}$$

所以

$$\iint\limits_D x^2 d\sigma = \frac{1}{2} \iint\limits_D (x^2 + y^2) d\sigma = \frac{64}{3} - \frac{\pi}{4}$$

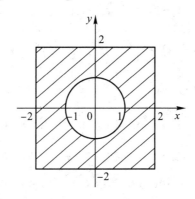

图 9-16

注：计算二重积分时，先选择坐标系，然后再确定累次积分的次序和上下限.

当积分区域 D 为 X 型区域、Y 型区域或可分成若干个无公共内点的 X 型区域、Y 型区域时，一般选择在直角坐标系下计算二重积分；当被积函数为 $f(x^2 + y^2)$ 的形式，而积分区域为圆形、扇形或圆环形式时，在直角坐标系下计算往往很困难，通常都是选择在极坐标系下计算二重积分.

若在直角坐标系下计算，则先根据积分区域的形状和被积函数的特征确定累次积分次序，然后用直角坐标系下的定限方法确定累次积分的上下限. 若在极坐标系下计算，则一

般先对 r 后对 θ 进行积分，然后用极坐标系下的定限方法确定上下限.

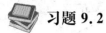 **习题 9.2**

1. 交换二次积分 $I = \int_0^1 \mathrm{d}x \int_{x^2}^1 f(x, y)\mathrm{d}y$ 的积分次序，则 $I = $ _____.

2.（2017年广东专插本）将二次积分 $I = \int_{-1}^1 \mathrm{d}x \int_0^{\sqrt{1-x^2}} f(x^2 + y^2)\mathrm{d}y$ 化为极坐标形式的二次积分，则 $I = $ _____.

3. 计算下列各二重积分：

(1) $\iint\limits_D (x^2 + y^2)\mathrm{d}\sigma$，其中 $D = \{(x, y) \mid 0 \leqslant x \leqslant 1, 0 \leqslant y \leqslant 1\}$；

(2) $\iint\limits_D (x + 2y)\mathrm{d}\sigma$，其中 D 为由 $x = 0$、$y = 0$ 和直线 $x + y = 2$ 围成的区域；

(3) $\iint\limits_D (x + y)\mathrm{d}\sigma$，其中 D 为由 $y = 1$、$x = 2$ 和 $y = x$ 围成的区域；

(4) $\iint\limits_D x\sqrt{y}\,\mathrm{d}\sigma$，其中 D 为由 $y = \sqrt{x}$ 和 $y = x^2$ 围成的区域；

(5) $\iint\limits_D x\mathrm{d}\sigma$，其中 D 为由 $y = x^2$ 和 $y = x + 2$ 围成的区域；

(6) $\iint\limits_D (x + 6y)\mathrm{d}\sigma$，其中 D 为由 $y = x$、$y = 5x$ 和 $x = 1$ 围成的区域.

4. 用极坐标计算下列各题：

(1) $\iint\limits_D \sqrt{R^2 - x^2 - y^2}\,\mathrm{d}\sigma$，其中 $D = \{(x, y) \mid x^2 + y^2 \leqslant R^2\}$；

(2) $\iint\limits_D \sin\sqrt{x^2 + y^2}\,\mathrm{d}\sigma$，其中 $D = \left\{(x, y) \,\middle|\, \dfrac{\pi^2}{4} \leqslant x^2 + y^2 \leqslant \pi^2\right\}$；

(3) $\iint\limits_D y\mathrm{d}\sigma$，其中 $D = \{(x, y) \mid x^2 + y^2 \leqslant 4, x \geqslant 0, y \geqslant 0\}$.

5. 画出积分区域，把积分 $\iint\limits_D f(x, y)\mathrm{d}x\mathrm{d}y$ 表示为极坐标系中的累次积分，其中 (1) $D = \{(x, y) \mid 1 \leqslant x^2 + y^2 \leqslant 9\}$；(2) $D = \{(x, y) \mid x^2 + y^2 \leqslant R^2, R > 0\}$.

6. 计算二重积分 $\iint\limits_D \sqrt{1 - x^2 - y^2}\,\mathrm{d}\sigma$，其中 $D = \{(x, y) \mid x^2 + y^2 \leqslant x\}$.

7. 计算二重积分 $\iint\limits_D (4 - x^2 - y^2)\mathrm{d}x\mathrm{d}y$，其中 $D = \{(x, y) \mid x^2 + y^2 \leqslant 16\}$.

8. 计算 $I = \iint\limits_D \dfrac{\mathrm{d}\sigma}{\sqrt{1 - x^2 - y^2}}$，其中 $D = \{(x, y) \mid x^2 + y^2 \leqslant 1\}$.

9.（2013年广东专插本）交换二次积分 $I = \int_0^1 \mathrm{d}x \int_{e^x}^e \dfrac{(2x+1)(2y+1)}{\ln y + 1}\mathrm{d}y$ 的积分次序，并求 I 的值.

10.（2013年广东专插本）设 $D = \{(x, y) \mid 1 \leqslant x^2 + y^2 \leqslant 4\}$，计算 $\iint\limits_D \dfrac{1}{\sqrt{x^2 + y^2}}\mathrm{d}\sigma$.

11. 设平面区域 $D = \{(x,y) \,|\, x^2 + y^2 \leqslant 1\}$，计算 $\iint\limits_{D}(x^2 + y^2)\mathrm{d}\sigma$.

12. （2016 年广东专插本）设平面区域 D 由曲线 $xy = 1$、直线 $y = x$ 和 $x = 2$ 围成，计算二重积分 $\iint\limits_{D}\dfrac{x}{y^2}\mathrm{d}\sigma$.

13. （2017 年广东专插本）求二重积分 $\iint\limits_{D}\mathrm{e}^{x^3}\mathrm{d}\sigma$，其中 D 是由曲线 $y = x^2$、直线 $x = 1$ 和 $y = 0$ 所围成的有界闭区域.

9.3 二重积分的应用

二重积分在几何、物理等方面有着广泛的应用，可用来求平面区域的面积、空间曲面的面积、曲顶柱体的体积和平面薄片的质量等.

一、几何应用

1. 平面区域的面积

由二重积分的性质可知，被积函数 $f(x,y) = 1$ 的二重积分表示平面区域 D 的面积，即区域 D 的面积为 $S = \iint\limits_{D}\mathrm{d}\sigma$.

例 9 - 13 求由抛物线 $y^2 = x$ 和直线 $x - y = 2$ 所围成的平面图形的面积.

解 如图 9 - 17 所示，解方程组 $\begin{cases} y^2 = x \\ x - y = 2 \end{cases}$，得 $y_1 = -1$，$y_2 = 2$，故

$$S = \iint\limits_{D}\mathrm{d}\sigma = \int_{-1}^{2}\mathrm{d}y\int_{y^2}^{y+2}\mathrm{d}x = \int_{-1}^{2}(y + 2 - y^2)\mathrm{d}y = \frac{9}{2}$$

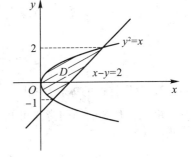

图 9 - 17

2. 空间曲面的面积

设空间曲面 S 的方程为

$$z = f(x,y), \quad (x,y) \in D$$

其中 D 是曲面 S 在 xOy 平面上的投影区域. 函数 $f(x,y)$ 在 D 上具有连续偏导数 $\dfrac{\partial f}{\partial x}$ 和 $\dfrac{\partial f}{\partial y}$，则曲面 S 的面积（仍记作 S）的计算公式为

$$S = \iint\limits_{D}\sqrt{1 + \left(\frac{\partial f}{\partial x}\right)^2 + \left(\frac{\partial f}{\partial y}\right)^2}\,\mathrm{d}\sigma$$

例 9 - 14 求半径为 R 的球的表面积.

解 球面方程为 $x^2 + y^2 + z^2 = R^2$，取上半球 $z = f(x,y) = \sqrt{R^2 - x^2 - y^2}$，依据对称性，整个球的表面积为球面在第一卦限内面积的 8 倍. 第一卦限内球面在 xOy 平面上的投影区域为

$$D = \{(x,y) \,|\, x^2 + y^2 \leqslant R^2,\ x \geqslant 0,\ y \geqslant 0\}$$

因为 $\dfrac{\partial f}{\partial x} = \dfrac{-x}{\sqrt{R^2 - x^2 - y^2}}$, $\dfrac{\partial f}{\partial y} = \dfrac{-y}{\sqrt{R^2 - x^2 - y^2}}$, 所以

$$S = 8\iint_D \sqrt{1 + \left(\dfrac{\partial f}{\partial x}\right)^2 + \left(\dfrac{\partial f}{\partial y}\right)^2}\,\mathrm{d}\sigma = 8\iint_D \sqrt{1 + \dfrac{x^2 + y^2}{R^2 - x^2 - y^2}}\,\mathrm{d}\sigma$$

$$= 8\int_0^{\frac{\pi}{2}}\mathrm{d}\theta \int_0^R \sqrt{1 + \dfrac{r^2}{R^2 - r^2}} \cdot r\,\mathrm{d}r = 8\int_0^{\frac{\pi}{2}}\mathrm{d}\theta \int_0^R \dfrac{R}{\sqrt{R^2 - r^2}} \cdot r\,\mathrm{d}r$$

$$= 4\pi R \left(-\sqrt{R^2 - r^2}\right)\Big|_0^R = 4\pi R^2$$

即球的表面积为 $S = 4\pi R^2$, 它等于圆面积的 4 倍.

例 9-15 求抛物面 $z = x^2 + y^2$ 在平面 $z = 4$ 下方部分的面积.

解 如图 9-18 所示, 抛物面 $z = x^2 + y^2$ 与平面 $z = 4$ 的

交线 $\begin{cases} z = x^2 + y^2 \\ z = 4 \end{cases}$ 在 xOy 平面上的投影曲线为 $x^2 + y^2 = 4$, 故

投影区域 $D = \{(x, y) \mid x^2 + y^2 \leqslant 4\}$. 由于曲面方程为 $z = x^2 + y^2$, 因此有

$$\dfrac{\partial z}{\partial x} = 2x$$

$$\dfrac{\partial z}{\partial y} = 2y$$

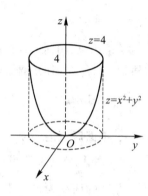

图 9-18

故曲面面积为

$$S = \iint_D \sqrt{1 + (2x)^2 + (2y)^2}\,\mathrm{d}\sigma = \int_0^{2\pi}\mathrm{d}\theta \int_0^2 \sqrt{1 + 4r^2} \cdot r\,\mathrm{d}r$$

$$= 2\pi \cdot \dfrac{1}{8} \cdot \dfrac{2}{3}(1 + 4r^2)^{\frac{3}{2}}\Big|_0^2 = \dfrac{\pi}{6}(17\sqrt{17} - 1)$$

3. 曲顶柱体的体积

由二重积分的几何意义可知, 当 $f(x, y) \geqslant 0$ 时, 以 D 为底、曲面 $f(x, y)$ 为顶的曲顶柱体的体积为

$$V = \iint_D f(x, y)\,\mathrm{d}\sigma$$

因而可利用二重积分求曲顶柱体的体积.

例 9-16 求平面 $x + 2y + z = 4$ 和三个坐标平面所围成的四面体体积.

解 如图 9-19 所示, 平面 $x + 2y + z = 4$ 与三条坐标轴的交点分别为 $A(4, 0, 0)$、$B(0, 2, 0)$ 和 $C(0, 0, 4)$, 故所求四面体体积可视为以平面 $z = 4 - x - 2y$ 为顶、三角形 OAB 所围区域 (记作 D) 为底的曲顶柱体的体积. 在 xOy 平面上, 直线 AB 的方程为

$$y = \dfrac{4 - x}{2}$$

故所求四面体的体积为

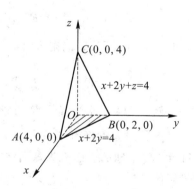

图 9-19

$$V = \iint\limits_{D}(4-x-2y)\mathrm{d}\sigma = \int_0^4 \mathrm{d}x \int_0^{\frac{4-x}{2}}(4-x-2y)\mathrm{d}y$$

$$= \int_0^4 (4y-xy-y^2) \Big|_0^{\frac{4-x}{2}} \mathrm{d}x$$

$$= \int_0^4 \frac{1}{4}(x-4)^2 \mathrm{d}x = \frac{16}{3}$$

二、物理应用

平面薄片的质量 M 等于其面密度 $\rho(x,y)$ 在区域 D 上的二重积分，即

$$M = \iint\limits_{D}\rho(x,\ y)\mathrm{d}\sigma$$

因此，可以用二重积分计算平面薄片的质量.

例 9-17　设平面薄片所占的闭区域 D 由抛物线 $y=x^2$ 和直线 $y=x$ 所围成，它的面密度为 $\rho(x,\ y)=x^2 y$，求该薄片的质量.

解　该薄片的质量为

$$M = \iint\limits_{D}\rho(x,\ y)\mathrm{d}\sigma = \iint\limits_{D}x^2 y\mathrm{d}\sigma = \int_0^1 \mathrm{d}x \int_{x^2}^{x} x^2 y\mathrm{d}y = \frac{1}{2}\int_0^1 x^2(x^2-x^4)\mathrm{d}x = \frac{1}{35}$$

例 9-18　设平面薄片所占的闭区域 D 由螺线 $r=2\theta\left(0\leqslant\theta\leqslant\frac{\pi}{2}\right)$ 与直线 $\theta=0$ 和 $\theta=\frac{\pi}{2}$ 围成，平面薄片的面密度为 $\rho(x,\ y)=x^2+y^2$，求该薄片的质量.

解　如图 9-20 所示，区域 D 可表示为 $0\leqslant\theta\leqslant\frac{\pi}{2}$，$0\leqslant r\leqslant 2\theta$，因而薄片的质量为

$$M = \iint\limits_{D}\rho(x,\ y)\mathrm{d}\sigma = \iint\limits_{D}(x^2+y^2)\mathrm{d}\sigma$$

$$= \iint\limits_{D}r^2 \cdot r\mathrm{d}r\mathrm{d}\theta = \int_0^{\frac{\pi}{2}} \mathrm{d}\theta \int_0^{2\theta} r^3 \mathrm{d}r$$

$$= \int_0^{\frac{\pi}{2}}\left(\frac{1}{4}r^4 \Big|_0^{2\theta}\right)\mathrm{d}\theta = 4\int_0^{\frac{\pi}{2}}\theta^4 \mathrm{d}\theta$$

$$= \frac{4}{5}\theta^5 \Big|_0^{\frac{\pi}{2}} = \frac{\pi^5}{40}$$

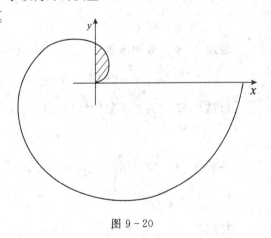

图 9-20

 ## 习题 9.3

1. 求由 $y=x$、$y=2x$ 和 $x=1$ 所围成的平面图形的面积.

2. 求由平面 $z=0$ 和抛物面 $z=1-x^2-y^2$ 所围立体的体积.

3. 求由平面 $x+y+z=1$ 和三个坐标平面所围成的四面体体积.

4. 求平面 $6x+3y+2z=12$ 在第一卦限部分的面积.

5. 求抛物面 $z=x^2+y^2$ 在平面 $z=1$ 下面的面积.

6. 求锥面 $z=\sqrt{x^2+y^2}$ 被柱面 $z^2=2x$ 所割下半部分的曲面面积.

7. 求球面 $x^2+y^2+z^2=a^2$ 含在柱面 $x^2+y^2=ax(a>0)$ 内部的面积.

8. 求两个抛物面 $z = 2 - x^2 - y^2$ 和 $z = x^2 + y^2$ 所围成的立体体积.

9. 求半球体 $x^2 + y^2 + z^2 \leqslant 4(z \geqslant 0)$ 的体积.

10. 一圆环薄片由半径为 4 和 8 的两个同心圆所围成,其上任一点处的面密度与该点到圆心的距离成反比. 已知在内圆周上各点处的面密度为 1,求圆环薄片的质量.

11. 设圆盘的圆心在原点上,半径为 R,面密度 $\rho(x, y) = x^2 + y^2$,求该圆盘的质量.

本 章 小 结

一、二重积分的概念与性质

1)二重积分的定义

$$\iint\limits_{D} f(x, y)\mathrm{d}\sigma = \lim_{\lambda \to 0} \sum_{i=1}^{n} f(\xi_i, \eta_i)\Delta\sigma_i$$

2)二重积分的几何意义

在 D 上,当 $f(x, y) \geqslant 0$ 时,$\iint\limits_{D} f(x, y)\mathrm{d}\sigma$ 等于曲面 $z = f(x, y)$ 在区域 D 上所对应的曲顶柱体的体积;当 $f(x, y) < 0$ 时,$\iint\limits_{D} f(x, y)\mathrm{d}\sigma$ 等于曲面 $z = f(x, y)$ 在区域 D 上所对应的曲顶柱体的体积的负值;如果 $f(x, y)$ 在 D 上的某些部分上是正的,而在另外的部分上是负的,那么 $\iint\limits_{D} f(x, y)\mathrm{d}\sigma$ 等于这些部分区域上的曲顶柱体体积的代数和.

3)二重积分的性质

性质 9 - 1 被积函数中的常数可以提到二重积分号外面,即

$$\iint\limits_{D} kf(x, y)\mathrm{d}\sigma = k\iint\limits_{D} f(x, y)\mathrm{d}\sigma, \quad k \text{ 为常数}$$

性质 9 - 2 两个函数代数和的二重积分等于这两个函数的二重积分的代数和,即

$$\iint\limits_{D} [f(x, y) \pm g(x, y)]\mathrm{d}\sigma = \iint\limits_{D} f(x, y)\mathrm{d}\sigma \pm \iint\limits_{D} g(x, y)\mathrm{d}\sigma$$

性质 9 - 3 如果闭区域 D 可被曲线分为两个没有公共内点的闭子区域 D_1 和 D_2,则

$$\iint\limits_{D} f(x, y)\mathrm{d}\sigma = \iint\limits_{D_1} f(x, y)\mathrm{d}\sigma + \iint\limits_{D_2} f(x, y)\mathrm{d}\sigma$$

性质 9 - 4 如果在闭区域 D 上,$f(x, y) \equiv 1$,σ 为 D 的面积,那么

$$\sigma = \iint\limits_{D} 1\mathrm{d}\sigma = \iint\limits_{D} \mathrm{d}\sigma$$

性质 9 - 5 如果在闭区域 D 上,有 $f(x, y) \leqslant g(x, y)$,则

$$\iint\limits_{D} f(x, y)\mathrm{d}\sigma \leqslant \iint\limits_{D} g(x, y)\mathrm{d}\sigma$$

性质 9 - 6 设 M 和 m 分别是函数 $f(x, y)$ 在闭区域 D 上的最大值和最小值,σ 为 D 的面积,则

$$m\sigma \leqslant \iint\limits_{D} f(x, y)\mathrm{d}\sigma \leqslant M\sigma$$

性质 9 - 7　设函数 $f(x, y)$ 在闭区域 D 上连续，σ 为 D 的面积，则在 D 上至少存在一点 (ξ, η)，使得

$$\iint\limits_{D} f(x, y)\mathrm{d}\sigma = f(\xi, \eta)\sigma, \quad (\xi, \eta) \in D$$

二、二重积分的计算

1）直角坐标系下二重积分的计算

(1) 积分区域 D 为 X 型区域：$\{(x, y) \mid a \leqslant x \leqslant b, \varphi_1(x) \leqslant y \leqslant \varphi_2(x)\}$，则有

$$\iint\limits_{D} f(x, y)\mathrm{d}\sigma = \int_a^b \left[\int_{\varphi_1(x)}^{\varphi_2(x)} f(x, y)\mathrm{d}y \right]\mathrm{d}x = \int_a^b \mathrm{d}x \int_{\varphi_1(x)}^{\varphi_2(x)} f(x, y)\mathrm{d}y$$

(2) 积分区域 D 为 Y 型区域：$\{(x, y) \mid c \leqslant y \leqslant d, \psi_1(y) \leqslant x \leqslant \psi_2(y)\}$，则有

$$\iint\limits_{D} f(x, y)\mathrm{d}\sigma = \int_c^d \left[\int_{\psi_1(y)}^{\psi_2(y)} f(x, y)\mathrm{d}x \right]\mathrm{d}y = \int_c^d \mathrm{d}y \int_{\psi_1(y)}^{\psi_2(y)} f(x, y)\mathrm{d}x$$

2）直角坐标系下计算二重积分的步骤

(1) 画出积分区域 D 的图形，然后判断 D 是 X 型区域还是 Y 型区域；若均不是则进行分割.

(2) 根据积分区域 D 的类型确定累次积分的上下限. 若 D 是 X 型区域，则积分变量 x 的变化范围是两个常数，假设 x 所属区间为 $[a, b]$，则积分的上限和下限分别为 b 和 a. 然后在区间 $[a, b]$ 上任意取一点 x，过点 x 作平行于 y 轴的直线穿过区域 D，若该平行线与区域 D 的下方边界线 $y = \varphi_1(x)$ 相交，则积分下限为 $\varphi_1(x)$；与区域 D 的上方边界线 $y = \varphi_2(x)$ 相交，则积分上限为 $\varphi_2(x)$. 类似地，可以确定 Y 型区域的累次积分的上下限.

(3) 利用累次积分计算二重积分的值.

3）极坐标系下二重积分的计算

$$\iint\limits_{D} f(x, y)\mathrm{d}\sigma = \iint\limits_{D} f(r\cos\theta, r\sin\theta) r \mathrm{d}r\mathrm{d}\theta$$

(1) 极点 O 在区域 D 之外，有

$$\iint\limits_{D} f(x, y)\mathrm{d}\sigma = \int_\alpha^\beta \mathrm{d}\theta \int_{r_1(\theta)}^{r_2(\theta)} f(r\cos\theta, r\sin\theta) r \mathrm{d}r$$

(2) 极点 O 在区域 D 之内，有

$$\iint\limits_{D} f(x, y)\mathrm{d}\sigma = \int_0^{2\pi} \mathrm{d}\theta \int_0^{r(\theta)} f(r\cos\theta, r\sin\theta) r \mathrm{d}r$$

(3) 极点 O 在区域 D 的边界上，有

$$\iint\limits_{D} f(x, y)\mathrm{d}\sigma = \int_\alpha^\beta \mathrm{d}\theta \int_0^{r(\theta)} f(r\cos\theta, r\sin\theta) r \mathrm{d}r$$

4）二重积分的计算技巧

计算二重积分时，先选择坐标系，然后再确定累次积分的次序和上下限.

当积分区域 D 为 X 型区域、Y 型区域或可分成若干个无公共内点的 X 型区域、Y 型区域时，一般选择在直角坐标系下计算二重积分；当被积函数为 $f(x^2 + y^2)$ 的形式，而积分区域为圆形、扇形或圆环形式时，在直角坐标系下计算往往很困难，通常都是选择在极坐标系下计算二重积分.

若在直角坐标系下计算，则先根据积分区域的形状和被积函数的特征确定累次积分次序，然后用直角坐标系下的定限方法确定累次积分的上下限. 若在极坐标系下计算，则一般先对 r 后对 θ 进行积分，然后用极坐标系下的定限方法确定上下限.

三、二重积分的应用

1）平面区域的面积

由二重积分的性质可知，被积函数 $f(x, y) \equiv 1$ 的二重积分表示平面区域 D 的面积，即区域 D 的面积为 $S = \iint\limits_{D} \mathrm{d}\sigma$.

2）空间曲面的面积

设空间曲面 S 的方程为

$$z = f(x, y), \quad (x, y) \in D$$

其中 D 是曲面 S 在 xOy 平面上的投影区域. 函数 $f(x, y)$ 在 D 上具有连续偏导数 $\dfrac{\partial f}{\partial x}$ 和 $\dfrac{\partial f}{\partial y}$，则曲面 S 的面积（仍记作 S）的计算公式为

$$S = \iint\limits_{D} \sqrt{1 + \left(\frac{\partial f}{\partial x}\right)^2 + \left(\frac{\partial f}{\partial y}\right)^2} \, \mathrm{d}\sigma$$

3）曲顶柱体的体积

由二重积分的几何意义可知，当 $f(x, y) \geqslant 0$ 时，以 D 为底、曲面 $f(x, y)$ 为顶的曲顶柱体的体积为

$$V = \iint\limits_{D} f(x, y) \mathrm{d}\sigma$$

4）平面薄片的质量

平面薄片的质量 M 等于其面密度 $\rho(x, y)$ 在区域 D 上的二重积分，即

$$M = \iint\limits_{D} \rho(x, y) \mathrm{d}\sigma$$

总习题九

一、填空题

1. 改变二重积分 $\displaystyle\int_0^1 \mathrm{d}x \int_0^{3x} f(x, y)\mathrm{d}y$ 的积分次序后，此积分变换为_____.

2. 若 $f(x, y) = \sqrt{1 - x^2 - y^2}$，$D$ 为单位圆在第一象限部分，则 $\displaystyle\iint\limits_{D} f(x, y)\mathrm{d}x\mathrm{d}y = $ _____.

3. 二重积分 $\displaystyle\iint\limits_{4 \leqslant x^2 + y^2 \leqslant 9} f(x, y)\mathrm{d}x\mathrm{d}y$ 在极坐标系下可以化为累次积分_____.

4. 设区域 $D = \{(x, y) \mid 0 \leqslant x \leqslant 1, 0 \leqslant y \leqslant 1\}$，则 $\displaystyle\iint\limits_{D} xy\mathrm{d}x\mathrm{d}y = $ _____.

5. （2010 年广东专插本）设平面区域 $D = \{(x, y) \mid x^2 + y^2 \leqslant 1\}$，则二重积分

$$\iint\limits_{D} (x^2 + y^2)^2 d\sigma = \underline{\qquad}.$$

6.（2011 年广东专插本）设平面区域 D 由直线 $y = x$、$y = 2$ 和 $x = 1$ 围成，则二重积分 $\iint\limits_{D} x \, d\sigma = \underline{\qquad}.$

7.（2019 年广东专插本）设平面区域 $D = \{(x, y) \mid 0 \leqslant y \leqslant x, \ 0 \leqslant x \leqslant 1\}$，则 $\iint\limits_{D} x \, dx dy = \underline{\qquad}.$

二、选择题

1. 二重积分 $\iint\limits_{1 \leqslant x^2 + y^2 \leqslant 4} x^2 \, dx dy$ 可表达为累次积分（　　）.

A. $\int_0^{2\pi} d\theta \int_1^2 r^3 \cos^2 \theta dr$

B. $\int_0^{2\pi} r^3 dr \int_1^2 \cos^2 \theta d\theta$

C. $\int_{-2}^2 dx \int_{-\sqrt{4-x^2}}^{\sqrt{4-x^2}} x^2 \, dy$

D. $\int_{-1}^1 dy \int_{-\sqrt{1-y^2}}^{\sqrt{1-y^2}} x^2 \, dx$

2. $\iint\limits_{D} \sqrt{1 - x^2 - y^2} \, dx dy$ 的值为（　　），其中 $D = \{(x, y) \mid x^2 + y^2 \leqslant 1\}$.

A. π 　　　　　　 B. $\dfrac{\pi}{2}$ 　　　　　　 C. $\dfrac{2\pi}{3}$ 　　　　　　 D. $\dfrac{4\pi}{3}$

3.（2009 年广东专插本）改变二次积分 $I = \int_0^1 dx \int_0^{x^2} f(x, y) dy$ 的积分次序，则 $I = $（　　）.

A. $\int_0^1 dy \int_y^0 f(x, y) dx$

B. $\int_0^1 dy \int_1^{\sqrt{y}} f(x, y) dx$

C. $\int_0^1 dy \int_{\sqrt{y}}^1 f(x, y) dx$

D. $\int_0^1 dy \int_0^{\sqrt{y}} f(x, y) dx$

4.（2012 年广东专插本）设 $f(x, y)$ 为连续函数，将极坐标形式的二次积分 $I = \int_0^{\frac{\pi}{4}} d\theta \int_0^1 f(r\cos\theta, \ r\sin\theta) r dr$ 化为直角坐标形式，则 $I = $（　　）.

A. $\int_0^{\frac{\sqrt{2}}{2}} dx \int_x^{\sqrt{1-x^2}} f(x, y) dy$

B. $\int_0^{\frac{\sqrt{2}}{2}} dx \int_0^{\sqrt{1-x^2}} f(x, y) dy$

C. $\int_0^{\frac{\sqrt{2}}{2}} dy \int_y^{\sqrt{1-y^2}} f(x, y) dx$

D. $\int_0^{\frac{\sqrt{2}}{2}} dy \int_0^{\sqrt{1-y^2}} f(x, y) dx$

三、计算题

1. 计算二重积分 $\iint\limits_{D} (x + y) dx dy$，其中 $D = \{(x, y) \mid x^2 + y^2 \leqslant 1\}$.

2. 交换下列积分的顺序：

(1) $\int_0^1 dy \int_y^{\sqrt{y}} f(x, y) dx$；

(2) $\int_0^1 dx \int_0^{\sqrt{2x-x^2}} f(x, y) dy + \int_1^2 dx \int_0^{2-x} f(x, y) dy$.

3. 求 $\iint\limits_{D}(1-x^2-y^2)\mathrm{d}x\mathrm{d}y$，其中 D 是由 $y=x$、$y=0$ 和 $x^2+y^2=1$ 在第一象限内所围的区域.

4. 计算由抛物线 $y=x^2$ 与 $x=y^2$ 围成的平面薄片的质量（面密度为 $\rho(x,y)=xy$）.

5. 计算二重积分 $\iint\limits_{D}x\,\mathrm{e}^{xy}\mathrm{d}\sigma$，其中 D 是由直线 $x=1$、$x=2$、$y=1$ 和 x 轴所围成的平面区域.

6. 计算二重积分 $\iint\limits_{D}(3x+2y)\mathrm{d}\sigma$，其中 D 是由坐标轴与 $x+y=2$ 所围成的平面区域.

7. 计算二重积分 $\iint\limits_{D}(x^2-y^2)\mathrm{d}x\mathrm{d}y$，其中 $D=\{(x,y)\mid 0\leqslant y\leqslant \sin x,\ 0\leqslant x\leqslant \pi\}$.

8. （2007 年广东专插本）计算二重积分 $\iint\limits_{D}\dfrac{1}{\sqrt{1+x^2+y^2}}\mathrm{d}x\mathrm{d}y$，其中积分区域 $D=\{(x,y)\mid x^2+y^2\leqslant 8,\ y\geqslant 0\}$.

9. （2009 年广东专插本）计算二重积分 $\iint\limits_{D}\dfrac{(2\sqrt{x^2+y^2}-1)^3}{\sqrt{x^2+y^2}}\mathrm{d}x\mathrm{d}y$，其中积分区域 $D=\{(x,y)\mid 1\leqslant x^2+y^2\leqslant 4\}$.

10. （2010 年广东专插本）求二重积分 $\iint\limits_{D}2xy\mathrm{d}\sigma$，其中 D 由 $y=x^2+1$、$y=2x$ 和 $x=0$ 所围成的平面区域.

11. （2012 年广东专插本）计算二重积分 $\iint\limits_{D}\sqrt{y^2-x}\,\mathrm{d}\sigma$，其中 D 是由 $y=\sqrt{x}$、直线 $y=1$ 和 $x=0$ 围成的闭区域.

12. （2019 年广东专插本）计算二重积分 $\iint\limits_{D}\ln(x^2+y^2)\mathrm{d}\sigma$，其中平面区域 $D=\{(x,y)\mid 1\leqslant x^2+y^2\leqslant 4\}$.

习题答案

第十章　无穷级数

学习目标

知识目标：掌握常数项级数的概念与性质，熟练掌握正项级数敛散性的判别法，了解幂级数的概念，会求幂级数的收敛半径及收敛域，了解函数展开为幂级数的条件和泰勒级数的概念，掌握几个重要的初等函数的幂级数展开式，会将函数展开为傅里叶级数.

技能目标：熟练掌握级数收敛的必要条件、正项级数的比较判别法和比值判别法，掌握常数项级数绝对收敛与条件收敛的概念及莱布尼茨判别法，会求幂级数的收敛半径及收敛域，会将简单的初等函数展开为 x 的幂级数，掌握函数的傅里叶系数并会将函数展开为傅里叶级数.

能力目标：通过本章的学习，培养建立无穷级数模型分析解决实际问题的能力.

　　无穷级数是高等数学的重要组成部分. 就其与微积分学的基本概念与规律而言，无穷极数居于一种专门工具的地位，是表示函数、研究函数性质以及进行数值计算的工具. 本章将介绍常数项级数的性质和判定敛散性的方法，讨论幂级数的基本性质及将函数展开为幂级数的方法.

10.1　常数项级数的概念与性质

一、引例【无限循环小数问题】

　　级数的初步思想实际上已经蕴涵在算术中的无限循环小数概念里了. 我们知道将 $\frac{1}{3}$ 化为小数时，就会出现无限循环小数，即 $\frac{1}{3} = 0.\dot{3}$. 现在我们分析一下 $0.\dot{3}$，看从中能得到什么样的表现形式：

$$0.3 = \frac{3}{10}$$

$$0.33 = \frac{3}{10} + \frac{3}{100} = \frac{3}{10} + \frac{3}{10^2}$$

$$0.333 = \frac{3}{10} + \frac{3}{100} + \frac{3}{1000} = \frac{3}{10} + \frac{3}{10^2} + \frac{3}{10^3}$$

$$\cdots$$

$$0.\underbrace{33\cdots3}_{n} = \frac{3}{10} + \frac{3}{10^2} + \frac{3}{10^3} + \cdots + \frac{3}{10^n}$$

显然，如果 $n \to \infty$，我们就得到

$$0.\dot{3} = \frac{1}{3} = \frac{3}{10} + \frac{3}{10^2} + \frac{3}{10^3} + \cdots + \frac{3}{10^n} + \cdots$$

即

$$\frac{1}{3} = \frac{3}{10} + \frac{3}{10^2} + \frac{3}{10^3} + \cdots + \frac{3}{10^n} + \cdots$$

这样，$\frac{1}{3}$ 这个有限的量就被表示成无穷多个数相加的形式. 从这个例子我们可以看出，无穷多个数相加可能得到一个确定的有限常数. 也就是说，在一定条件下，无穷多个数相加是有意义的.

为了研究无穷多项依次相加的问题，我们引入无穷级数的概念.

二、常数项级数的概念

定义 10-1　给定一个数列

$$u_1, u_2, u_3, \cdots, u_n, \cdots$$

由这个数列构成的表达式

$$u_1 + u_2 + u_3 + \cdots + u_n + \cdots$$

称为常数项无穷级数，简称为常数项级数或级数，记作 $\sum\limits_{n=1}^{\infty} u_n$，即

$$\sum_{n=1}^{\infty} u_n = u_1 + u_2 + u_3 + \cdots + u_n + \cdots$$

其中 u_1 称为级数的第 1 项；u_2 称为级数的第 2 项；$\cdots$；u_n 称为级数的第 n 项，也称为级数的通项或一般项. 值得注意的是，$\sum\limits_{n=1}^{\infty} u_n$、$\sum\limits_{m=1}^{\infty} u_m$、$\sum\limits_{n=0}^{\infty} u_{n+1}$ 和 $\sum\limits_{n=-k+1}^{\infty} u_{n+k}$ 等都表示同一个级数.

现在的问题是这种无穷累加是否有"和"呢？这个"和"的确切含义是什么？为此，我们定义

$$S_1 = u_1$$
$$S_2 = u_1 + u_2$$
$$\cdots$$
$$S_n = u_1 + u_2 + u_3 + \cdots + u_n$$
$$\cdots$$

其中，S_n 称为级数 $\sum\limits_{n=1}^{\infty} u_n$ 的前 n 项和，也称为部分和. 由部分和组成的数列 $\{S_n\}$ 称为部分和数列. 下面，我们通过判定部分和数列 $\{S_n\}$ 有没有极限来定义级数 $\sum\limits_{n=1}^{\infty} u_n$ 收敛和发散的概念.

定义 10-2　对于级数 $\sum\limits_{n=1}^{\infty} u_n$ 的部分和数列 $\{S_n\}$，若 $n \to \infty$ 时有极限为 S，即

$$\lim_{n \to \infty} S_n = S$$

则称级数 $\sum\limits_{n=1}^{\infty} u_n$ 收敛，S 称为级数的和，并记

$$S = \sum_{n=1}^{\infty} u_n = u_1 + u_2 + u_3 + \cdots + u_n + \cdots$$

此时，也称级数 $\sum_{n=1}^{\infty} u_n$ 收敛于 S. 若部分和数列 $\{S_n\}$ 没有极限，则称级数 $\sum_{n=1}^{\infty} u_n$ 发散.

判定级数收敛或发散的问题称为敛散性问题. 值得注意的是，当级数 $\sum_{n=1}^{\infty} u_n$ 收敛于 S 时，有

$$\lim_{n \to \infty} S_n = \lim_{n \to \infty} S_{n+k} = \lim_{n \to \infty} S_{2n} = \lim_{n \to \infty} S_{2n+1} = S$$

当级数收敛时，其和 S 与部分和 S_n 的差称为级数 $\sum_{n=1}^{\infty} u_n$ 的余项，记作 R_n，即

$$R_n = S - S_n = u_{n+1} + u_{n+2} + u_{n+3} + \cdots$$

例 10-1 级数 $\sum_{n=0}^{\infty} aq^n = a + aq + aq^2 + \cdots + aq^n + \cdots$ 称为等比级数（几何级数），其中 $a \neq 0$，q 叫做级数的公比. 试讨论该级数的敛散性.

解 先求级数的部分和 S_n，分以下几种情况进行讨论：

(1) $q = 1$ 时，等比级数前 n 项的部分和为

$$S_n = \underbrace{a + a + a + \cdots + a}_{n} = na$$

因为 $a \neq 0$，所以 $\lim_{n \to \infty} S_n = \infty$，故等比级数发散.

(2) $q = -1$ 时，等比级数前 $2n$ 项的和为

$$S_{2n} = \underbrace{a - a + a - a + \cdots + a - a}_{2n} = 0$$

等比级数前 $2n+1$ 项的和为

$$S_{2n+1} = \underbrace{a - a + a - a + \cdots + a - a}_{2n} + a = a$$

即级数的部分和数列 $\{S_n\}$ 为

$$a, 0, a, 0, a, 0, \cdots$$

因为 $a \neq 0$，所以部分和数列 $\{S_n\}$ 发散，故等比级数发散.

(3) 当 $|q| \neq 1$ 时，等比级数的部分和为

$$S_n = a + aq + aq^2 + \cdots + aq^{n-1} \tag{10-1}$$

式 (10-1) 两端同乘以 q 得

$$qS_n = aq + aq^2 + aq^3 + \cdots + aq^n \tag{10-2}$$

式 (10-1) 减去式 (10-2) 并加以整理得

$$S_n = \frac{a - aq^n}{1 - q}$$

当 $|q| > 1$ 时，因为 $a \neq 0$，所以 $\lim_{n \to \infty} S_n = \lim_{n \to \infty} \dfrac{a - aq^n}{1 - q} = \infty$，部分和数列 $\{S_n\}$ 发散，故等比级数发散；当 $|q| < 1$ 时，因为 $\lim_{n \to \infty} S_n = \lim_{n \to \infty} \dfrac{a - aq^n}{1 - q} = \dfrac{a}{1 - q}$，部分和数列 $\{S_n\}$ 收敛于 $\dfrac{a}{1 - q}$，故等比级数收敛，且收敛于 $\dfrac{a}{1 - q}$，即 $\sum_{n=0}^{\infty} aq^n = \dfrac{a}{1 - q}$.

综上所述，当 $|q|<1$ 时，等比级数 $\sum\limits_{n=0}^{\infty} aq^n$ 收敛；当 $|q|\geqslant 1$ 时，等比级数 $\sum\limits_{n=0}^{\infty} aq^n$ 发散.

例 10 - 2　将无限循环小数 $5.\overset{..}{2}\overset{.}{4} = 5.242\,424\cdots$ 表示为分数.

解　因为

$$5.\overset{..}{2}\overset{.}{4} = 5.242\,424\cdots = 5 + 0.24 + 0.0024 + 0.000\,024 + \cdots$$

$$= 5 + 24 \times \frac{1}{100} + 24 \times \left(\frac{1}{100}\right)^2 + 24 \times \left(\frac{1}{100}\right)^3 + \cdots$$

$$= 5 + \frac{24 \times \dfrac{1}{100}}{1 - \dfrac{1}{100}} = \frac{519}{99}$$

所以 $5.\overset{..}{2}\overset{.}{4} = 5.242\,424\cdots = \dfrac{519}{99}$.

例 10 - 3　判定级数 $\sum\limits_{n=1}^{\infty} \dfrac{1}{n(n+2)}$ 的敛散性.

解　因为　　　　　　$u_n = \dfrac{1}{n(n+2)} = \dfrac{1}{2}\left(\dfrac{1}{n} - \dfrac{1}{n+2}\right)$

所以

$$S_n = u_1 + u_2 + u_3 + \cdots + u_n$$

$$= \frac{1}{2}\left(1 - \frac{1}{3}\right) + \frac{1}{2}\left(\frac{1}{2} - \frac{1}{4}\right) + \frac{1}{2}\left(\frac{1}{3} - \frac{1}{5}\right) + \cdots + \frac{1}{2}\left(\frac{1}{n} - \frac{1}{n+2}\right)$$

$$= \frac{1}{2}\left(1 + \frac{1}{2} - \frac{1}{n+1} - \frac{1}{n+2}\right)$$

故

$$\lim_{n \to \infty} S_n = \lim_{n \to \infty} \frac{1}{2}\left(1 + \frac{1}{2} - \frac{1}{n+1} - \frac{1}{n+2}\right) = \frac{1}{2}\left(1 + \frac{1}{2}\right) = \frac{3}{4}$$

即部分和数列 $\{S_n\}$ 收敛于 $\dfrac{3}{4}$，因此级数收敛，且 $\sum\limits_{n=1}^{\infty} \dfrac{1}{n(n+2)} = \dfrac{3}{4}$.

例 10 - 4　判定级数 $\sum\limits_{n=1}^{\infty} \ln\left(1 + \dfrac{1}{n}\right)$ 的敛散性.

解　因为 $u_n = \ln\left(1 + \dfrac{1}{n}\right) = \ln\left(\dfrac{n+1}{n}\right) = \ln(n+1) - \ln n$，所以

$$S_n = u_1 + u_2 + u_3 + \cdots + u_n$$

$$= (\ln 2 - \ln 1) + (\ln 3 - \ln 2) + (\ln 4 - \ln 3) + \cdots + [\ln(n+1) - \ln n]$$

$$= \ln(n+1)$$

故

$$\lim_{n \to \infty} S_n = \lim_{n \to \infty} \ln(n+1) = +\infty$$

即部分和数列 $\{S_n\}$ 发散，因此级数发散.

三、无穷级数的性质

性质 10 - 1　若级数 $\sum\limits_{n=1}^{\infty} u_n$ 收敛于 S，则对任意常数 k，级数 $\sum\limits_{n=1}^{\infty} ku_n$ 也收敛，且收敛于

kS. 即，若 $\displaystyle\sum_{n=1}^{\infty} u_n = S$，则有

$$\sum_{n=1}^{\infty} k u_n = k\left[\sum_{n=1}^{\infty} u_n\right] = kS$$

这说明，级数的每一项同乘以一个不为零的常数后，它的敛散性不改变.

性质 10 - 2　若级数 $\displaystyle\sum_{n=1}^{\infty} u_n$ 和级数 $\displaystyle\sum_{n=1}^{\infty} v_n$ 分别收敛于 S_1 和 S_2，则级数 $\displaystyle\sum_{n=1}^{\infty}(u_n \pm v_n)$ 也收

敛，且收敛于 $S_1 \pm S_2$. 即，若 $\displaystyle\sum_{n=1}^{\infty} u_n = S_1$，$\displaystyle\sum_{n=1}^{\infty} v_n = S_2$，则有

$$\sum_{n=1}^{\infty}(u_n \pm v_n) = \sum_{n=1}^{\infty} u_n \pm \sum_{n=1}^{\infty} v_n = S_1 \pm S_2$$

这说明：

（1）两个收敛的级数逐项相加或相减得到的级数仍收敛；

（2）收敛的级数与发散的级数逐项相加或相减得到的级数发散；

（3）两个发散的级数逐项相加或相减得到的级数敛散性不确定.

例如，例 3 中的级数 $\displaystyle\sum_{n=1}^{\infty} \ln\left(1 + \frac{1}{n}\right)$ 发散，则由性质 10 - 1 可知级数 $\displaystyle\sum_{n=1}^{\infty}\left[-\ln\left(1 + \frac{1}{n}\right)\right]$ 和

级数 $\displaystyle\sum_{n=1}^{\infty}\left[2\ln\left(1 + \frac{1}{n}\right)\right]$ 均发散，但 $\displaystyle\sum_{n=1}^{\infty}\left\{\ln\left(1 + \frac{1}{n}\right) + \left[-\ln\left(1 + \frac{1}{n}\right)\right]\right\} = \sum_{n=1}^{\infty} 0$ 收敛，而

$\displaystyle\sum_{n=1}^{\infty}\left\{\ln\left(1 + \frac{1}{n}\right) + \left[2\ln\left(1 + \frac{1}{n}\right)\right]\right\} = \sum_{n=1}^{\infty}\left[3\ln\left(1 + \frac{1}{n}\right)\right]$ 发散.

性质 10 - 3　若级数 $\displaystyle\sum_{n=1}^{\infty} u_n$ 收敛，则对该级数的项任意加括号后，所形成的新级数仍收

敛，且其和不变.

这说明，收敛的级数满足加法结合律.

但发散的级数却未必满足加法结合律. 例如，对于级数 $\displaystyle\sum_{n=1}^{\infty}(-1)^{n+1} = 1 + (-1) + 1 +$

$\cdots + (-1)^{n+1} + \cdots$ 来说，因为部分和 $S_{2n} = 0$，$S_{2n+1} = 1$，所以部分和数列 $\{S_n\}$ 发散，因而

级数发散. 但级数自第一项开始，相邻两项均加括号后形成的级数 $[1 + (-1)] +$

$[1 + (-1)] + [1 + (-1)] + \cdots + [(-1)^{2n-1} + (-1)^{2n}] + \cdots = 0 + 0 + 0 + \cdots + 0 + \cdots$ 却

收敛.

性质 10 - 4　增加、去掉或改变级数的有限项，不改变级数的敛散性.

这说明，影响级数敛散性的是级数后面项的变化趋势，有限项（即使再多）的变化不会

影响级数的敛散性. 但级数为收敛级数时，有限项的改变会影响级数的和.

性质 10 - 5　（级数收敛的必要条件）若级数 $\displaystyle\sum_{n=\infty}^{\infty} u_n$ 收敛，则 $\displaystyle\lim_{n=\infty} u_n = 0$.

这说明：

（1）若 $\displaystyle\lim_{n=\infty} u_n \neq 0$，则可判定级数 $\displaystyle\sum_{n=1}^{\infty} u_n$ 一定发散；

（2）$\displaystyle\lim_{n=\infty} u_n = 0$ 是级数 $\displaystyle\sum_{n=1}^{\infty} u_n$ 收敛的前提条件而非充分条件. 也就是说，$\displaystyle\lim_{n=\infty} u_n = 0$ 时，

级数 $\sum\limits_{n=1}^{\infty} u_n$ 可能收敛也可能发散.

例如，例 2 和例 3 中的级数都满足 $\lim\limits_{n=\infty} u_n = 0$，但例 2 中的级数收敛，例 3 中的级数却发散.

例 10 - 5 判定级数 $\sum\limits_{n=1}^{\infty} \dfrac{3n}{5n+4}$ 的敛散性.

解 级数的一般项 $u_n = \dfrac{3n}{5n+4}$，因为

$$\lim_{n\to\infty} u_n = \lim_{n\to\infty} \frac{3n}{5n+4} = \frac{3}{5} \neq 0$$

所以，由级数收敛的必要条件可知该级数发散.

 习题 10.1

1. 写出下列级数的一般项：

(1) $1 + \dfrac{1}{3} + \dfrac{1}{5} + \dfrac{1}{7} + \cdots$；

(2) $2 - \dfrac{3}{2} + \dfrac{4}{3} - \dfrac{5}{4} + \cdots$.

2. 已知级数 $\sum\limits_{n=1}^{\infty} (-1)^{n-1} \left(\dfrac{4}{5}\right)^n$，试写出 u_1、u_2、u_n 和 S_1、S_2、S_n.

3. 根据级数收敛与发散的定义判定下列级数的敛散性：

(1) $\sum\limits_{n=1}^{\infty} (\sqrt{n+1} - \sqrt{n})$；

(2) $\dfrac{1}{1\times 6} + \dfrac{1}{6\times 11} + \dfrac{1}{11\times 16} + \cdots + \dfrac{1}{(5n-4)(5n+1)} + \cdots$；

(3) $1 + \dfrac{1}{\sqrt{2}} + \left(\dfrac{1}{\sqrt{2}}\right)^2 + \cdots + \left(\dfrac{1}{\sqrt{2}}\right)^{n-1} + \cdots$.

4. 设级数 $\sum\limits_{n=1}^{\infty} u_n$ 和级数 $\sum\limits_{n=1}^{\infty} v_n$ 都收敛，试讨论下列级数是否收敛（其中 k 是常数，且 $k \neq 0$）：

(1) $\sum\limits_{n=1}^{\infty} k u_n$；

(2) $\sum\limits_{n=1}^{\infty} (u_n - k)$；

(3) $\sum\limits_{n=10}^{\infty} (u_n + v_n)$；

(4) $k + \sum\limits_{n=1}^{\infty} u_n$.

5. 判定下列级数的敛散性：

(1) $-\dfrac{9}{10} + \dfrac{9^2}{10^2} - \dfrac{9^3}{10^3} + \cdots + (-1)^n \dfrac{9^n}{10^n} + \cdots$；

(2) $\dfrac{3}{2} + \dfrac{3^2}{2^2} + \dfrac{3^3}{2^3} + \cdots + \dfrac{3^n}{2^n} + \cdots$；

(3) $\dfrac{1}{2} + \dfrac{1}{\sqrt{2}} + \dfrac{1}{\sqrt[3]{2}} + \cdots + \dfrac{1}{\sqrt[n]{2}} + \cdots$；

(4) $\left(\dfrac{1}{2} + \dfrac{1}{3}\right) + \left(\dfrac{1}{2^2} + \dfrac{1}{3^2}\right) + \left(\dfrac{1}{2^3} + \dfrac{1}{3^3}\right) + \cdots + \left(\dfrac{1}{2^n} + \dfrac{1}{3^n}\right) + \cdots$.

6. （2017 年广东专插本）级数 $\sum\limits_{n=1}^{\infty} \dfrac{1}{n(n+1)}$ 的和为_____.

7. 无穷级数 $1 + \dfrac{1}{3} + \dfrac{1}{3^2} + \cdots + \dfrac{1}{3^n} + \cdots$ 的和等于_____.

8. 若级数 $\displaystyle\sum_{n=1}^{\infty} u_n$ 的前 n 项和 $S_n = \dfrac{1}{2} - \dfrac{1}{n+1}$，则该级数的和 $S =$ _____.

9. 收敛级数 $\left(1 - \dfrac{1}{3}\right) + \left(\dfrac{1}{3} - \dfrac{1}{5}\right) + \cdots + \left(\dfrac{1}{2n-1} - \dfrac{1}{2n+1}\right) + \cdots$ 的和为_____.

10*. 从高度为 a 米的位置让一个球从静止开始做自由落体运动，球接触地面后再垂直弹起，弹起的高度为前一次自由下落距离的 $r(0 < r < 1)$ 倍，求这个球自开始到静止上下的总距离.

11*. 求 b 的值，使得 $1 + e^b + e^{2b} + e^{3b} + \cdots = 9$.

12*. 【雪花曲线】将边长为 1 的等边三角形称为曲线 1(见图 10-1(a))；擦去曲线 1 每边中间三分之一的线段，并以擦去的这部分为边做朝外的等边三角形形成曲线 2(见图 10-1(b))；再擦去曲线 2 每边中间三分之一的线段，并以擦去的这部分为边做朝外的等边三角形形成曲线 3(见图 10-1(c)).重复上述过程得到平面曲线的无穷序列，序列的极限是 Koch 的雪花曲线.试证明该雪花曲线是一个无穷长曲线，但围出的面积是有限的.

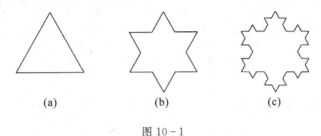

$$(a) \qquad (b) \qquad (c)$$

图 10-1

10.2 常数项级数的审敛法

一、正项级数及其审敛法

一般项均为非负数($u_n \geqslant 0$，$n = 1, 2, 3, \cdots$) 的级数 $\displaystyle\sum_{n=1}^{\infty} u_n$ 称为正项级数.

对于正项级数 $\displaystyle\sum_{n=1}^{\infty} u_n$，其敛散性的判别法主要有以下几种：

1. 收敛的充分必要条件

正项级数 $\displaystyle\sum_{n=1}^{\infty} u_n$ 收敛的充分必要条件是其部分和数列 $\{S_n\}$ 有上界.

2. 比较审敛法

设 $\displaystyle\sum_{n=1}^{\infty} u_n$ 和 $\displaystyle\sum_{n=1}^{\infty} v_n$ 都是正项级数，且 $u_n \leqslant v_n$，$n = 1, 2, 3, \cdots$，则有

(1) 若级数 $\displaystyle\sum_{n=1}^{\infty} v_n$ 收敛，则级数 $\displaystyle\sum_{n=1}^{\infty} u_n$ 收敛；

（2）若级数 $\sum\limits_{n=1}^{\infty} u_n$ 发散，则级数 $\sum\limits_{n=1}^{\infty} v_n$ 发散.

结合级数的性质可知，上述条件可放宽为：设 $\sum\limits_{n=1}^{\infty} u_n$ 和 $\sum\limits_{n=1}^{\infty} v_n$ 都是正项级数，且存在正整数 N 和正数 k，使得当 $n \geqslant N$ 时，有 $u_n \leqslant kv_n$ 成立，那么上述（1）和（2）仍成立.

3. 极限形式的比较审敛法

设 $\sum\limits_{n=1}^{\infty} u_n$ 和 $\sum\limits_{n=1}^{\infty} v_n$ 都是正项级数，且 $\lim\limits_{n\to\infty} \dfrac{u_n}{v_n} = l$，则有

（1）当 $0 < l < +\infty$ 时，级数 $\sum\limits_{n=1}^{\infty} u_n$ 和 $\sum\limits_{n=1}^{\infty} v_n$ 的敛散性相同，即同时收敛或同时发散；

（2）当 $l = 0$ 时，若级数 $\sum\limits_{n=1}^{\infty} v_n$ 收敛，则级数 $\sum\limits_{n=1}^{\infty} u_n$ 收敛；

（3）当 $l = +\infty$ 时，若级数 $\sum\limits_{n=1}^{\infty} v_n$ 发散，则级数 $\sum\limits_{n=1}^{\infty} u_n$ 发散.

例 10-6 讨论 p 级数 $\sum\limits_{n=1}^{\infty} \dfrac{1}{n^p} = 1 + \dfrac{1}{2^p} + \dfrac{1}{3^p} + \cdots + \dfrac{1}{n^p} + \cdots$ 的敛散性，其中常数 $p > 0$.

解 （1）当 $p = 1$ 时，p 级数变为

$$\sum_{n=1}^{\infty} \frac{1}{n} = 1 + \frac{1}{2} + \frac{1}{3} + \cdots + \frac{1}{n} + \cdots$$

该级数称为调和级数. 假设级数 $\sum\limits_{n=1}^{\infty} \dfrac{1}{n}$ 收敛，且 $\lim\limits_{n\to\infty} S_n = S$，显然 $\lim\limits_{n\to\infty} S_{2n} = S$，则有

$$\lim_{n\to\infty}(S_{2n} - S_n) = S - S = 0$$

易知

$$S_{2n} - S_n = (u_1 + u_2 + u_3 + \cdots + u_n + u_{n+1} + u_{n+2} + \cdots + u_{2n}) - (u_1 + u_2 + u_3 + \cdots + u_n)$$

$$= u_{n+1} + u_{n+2} + u_{n+3} + \cdots + u_{2n} = \frac{1}{n+1} + \frac{1}{n+2} + \frac{1}{n+3} + \cdots + \frac{1}{2n}$$

$$> \frac{1}{2n} + \frac{1}{2n} + \frac{1}{2n} + \cdots + \frac{1}{2n} = \frac{1}{2}$$

因而

$$\lim_{n\to\infty}(S_{2n} - S_n) \geqslant \frac{1}{2}$$

与前述矛盾，所以调和级数 $\sum\limits_{n=1}^{\infty} \dfrac{1}{n}$ 发散.

（2）当 $p < 1$ 时，因为 $\dfrac{1}{n} < \dfrac{1}{n^p}$，调和级数 $\sum\limits_{n=1}^{\infty} \dfrac{1}{n}$ 发散. 由比较审敛法知，级数 $\sum\limits_{n=1}^{\infty} \dfrac{1}{n^p}$ 发散.

（3）当 $p > 1$ 时，因为当 $n - 1 \leqslant x \leqslant n$ 时，有 $\dfrac{1}{n^p} \leqslant \dfrac{1}{x^p}$，所以

$$\frac{1}{n^p} = \int_{n-1}^{n} \frac{1}{n^p} dx \leqslant \int_{n-1}^{n} \frac{1}{x^p} dx \quad n = 2, 3, 4, \cdots$$

故 p 级数的部分和为

$$S_n = 1 + \frac{1}{2^p} + \frac{1}{3^p} + \cdots + \frac{1}{n^p} \leqslant 1 + \int_1^2 \frac{1}{x^p}\mathrm{d}x + \int_2^3 \frac{1}{x^p}\mathrm{d}x + \cdots + \int_{n-1}^n \frac{1}{x^p}\mathrm{d}x$$

$$= 1 + \int_1^n \frac{1}{x^p}\mathrm{d}x = 1 + \frac{1}{p-1}\left(1 - \frac{1}{n^{p-1}}\right) < 1 + \frac{1}{p-1} \quad n = 2, 3, 4, \cdots$$

这表明部分和数列 $\{S_n\}$ 有上界，因此 p 级数 $\sum\limits_{n=1}^{\infty} \frac{1}{n^p}$ 收敛.

综上所述，当 $p \leqslant 1$ 时，p 级数 $\sum\limits_{n=1}^{\infty} \frac{1}{n^p}$ 发散；当 $p > 1$ 时，p 级数 $\sum\limits_{n=1}^{\infty} \frac{1}{n^p}$ 收敛.

应用比较审敛法判别级数敛散性时，关键是找一个敛散性已知的、恰当的级数作为比较对象. 常用的比较对象是等比级数和 p 级数.

1）等比级数

$\sum\limits_{n=1}^{\infty} aq^{n-1} = a + aq + aq^2 + \cdots + aq^{n-1} + \cdots$，其中 $a \neq 0$，q 是公比，则有

（1）当 $|q| < 1$ 时，等比级数收敛，且其和为 $S = \dfrac{a}{1-q}$；

（2）当 $|q| > 1$ 时，等比级数发散.

2）p 级数

$\sum\limits_{n=1}^{\infty} \frac{1}{n^p} = 1 + \frac{1}{2^p} + \frac{1}{3^p} + \cdots + \frac{1}{n^p} + \cdots$，则有

（1）当 $p > 1$ 时，p 级数收敛；

（2）当 $p \leqslant 1$ 时，p 级数发散.

例 10 – 7 判定下列级数的敛散性：

（1）$\sum\limits_{n=1}^{\infty} \dfrac{1}{n\sqrt{n+1}}$；　　（2）$\sum\limits_{n=1}^{\infty} \sin\dfrac{\pi}{2^n}$；　　（3）$\sum\limits_{n=1}^{\infty} \dfrac{1}{\sqrt{n(n+1)}}$.

解　（1）因为

$$\frac{1}{n\sqrt{n+1}} < \frac{1}{n\sqrt{n}} = \frac{1}{n^{\frac{3}{2}}} \quad n = 1, 2, 3, \cdots$$

$p = \dfrac{3}{2} > 1$，所以 p 级数 $\sum\limits_{n=1}^{\infty} \dfrac{1}{n^{\frac{3}{2}}}$ 收敛. 故由比较审敛法可知该级数收敛.

（2）因为

$$\lim_{n \to \infty} \frac{\sin\dfrac{\pi}{2^n}}{\dfrac{\pi}{2^n}} = 1$$

而等比级数 $\sum\limits_{n=1}^{\infty} \dfrac{\pi}{2^n}$ 收敛，由极限形式的比较审敛法可知该级数收敛.

（3）因为

$$\lim_{n \to \infty} \frac{\dfrac{1}{n}}{\dfrac{1}{\sqrt{n(n+1)}}} = \lim_{n \to \infty} \sqrt{1 + \frac{1}{n}} = 1$$

而调和级数 $\sum\limits_{n=1}^{\infty} \dfrac{1}{n}$ 发散. 由极限形式的比较审敛法可知该级数发散.

4. 比值审敛法(达朗贝尔(d'Alembert)判别法)

设 $\sum\limits_{n=1}^{\infty} u_n$ 为正项级数,且 $\lim\limits_{n\to\infty} \dfrac{u_{n+1}}{u_n} = \rho$,则有

(1) 当 $\rho < 1$ 时,级数收敛;

(2) 当 $\rho > 1(\rho = +\infty)$ 时,级数发散;

(3) 当 $\rho = 1$ 时,级数可能收敛,也可能发散.

例 10 - 8 判定下列级数的敛散性:

(1) $\sum\limits_{n=1}^{\infty} \dfrac{2n-1}{2^n}$; (2) $\sum\limits_{n=1}^{\infty} \dfrac{n!}{10^n}$.

解 (1) 级数的一般项 $u_n = \dfrac{2n-1}{2^n}$,则有

$$\lim_{n\to\infty} \frac{u_{n+1}}{u_n} = \lim_{n\to\infty} \left(\frac{2(n+1)-1}{2^{n+1}} \cdot \frac{2^n}{2n-1} \right) = \frac{1}{2} \lim_{n\to\infty} \frac{2n+1}{2n-1} = \frac{1}{2} < 1$$

由比值审敛法可知该级数收敛.

(2) 级数的一般项 $u_n = \dfrac{n!}{10^n}$,则有

$$\lim_{n\to\infty} \frac{u_{n+1}}{u_n} = \lim_{n\to\infty} \left(\frac{(n+1)!}{10^{n+1}} \cdot \frac{10^n}{n!} \right) = \lim_{n\to\infty} \frac{n+1}{10} = +\infty$$

由比值审敛法可知该级数发散.

二、交错级数及其审敛法

若级数的各项符号正负相间,则该级数称为交错级数,记作 $\sum\limits_{n=1}^{\infty} (-1)^{n-1} u_n$ 或
$\sum\limits_{n=1}^{\infty} (-1)^n u_n (u_n > 0, n = 1, 2, 3, \cdots)$.

交错级数敛散性的判别方法称为交错级数审敛法.

(莱布尼茨(Leibniz)审敛法):若交错级数 $\sum\limits_{n=1}^{\infty} (-1)^{n-1} u_n (u_n > 0, n = 1, 2, 3, \cdots)$ 满足:

(1) $u_n \geqslant u_{n+1}, n = 1, 2, 3, \cdots$;

(2) $\lim\limits_{n\to\infty} u_n = 0$;

则该级数收敛,且其和 $S \leqslant u_1$.

事实上,根据级数的性质,条件(1)可放宽为存在正整数 N,若当 $n \geqslant N$ 时有 $u_n \geqslant u_{n+1}$,则该级数收敛.

例 10 - 9 判定级数 $\sum\limits_{n=1}^{\infty} (-1)^{n-1} \dfrac{1}{n}$ 的敛散性.

解 因为 $u_n = \dfrac{1}{n} > \dfrac{1}{n+1} = u_{n+1}$,且 $\lim\limits_{n\to\infty} u_n = 0$,所以由莱布尼茨判别法可知该交错级数收敛.

三、绝对收敛与条件收敛

定义 10-3 若级数 $\sum\limits_{n=1}^{\infty} u_n$ 收敛，而正项级数 $\sum\limits_{n=1}^{\infty} |u_n|$ 发散，则称级数 $\sum\limits_{n=1}^{\infty} u_n$ 条件收敛；

若正项级数 $\sum\limits_{n=1}^{\infty} |u_n|$ 收敛，则称级数 $\sum\limits_{n=1}^{\infty} u_n$ 绝对收敛.

绝对收敛与收敛的关系是：

若级数 $\sum\limits_{n=1}^{\infty} u_n$ 绝对收敛，则级数 $\sum\limits_{n=1}^{\infty} u_n$ 必收敛；反之，未必成立.

例如，级数 $\sum\limits_{n=1}^{\infty} (-1)^{n-1} \dfrac{1}{n}$ 收敛，但 $\sum\limits_{n=1}^{\infty} \left| (-1)^{n-1} \dfrac{1}{n} \right| = \sum\limits_{n=1}^{\infty} \dfrac{1}{n}$ 发散，所以该级数仅为

条件收敛.

对于正项级数 $\sum\limits_{n=1}^{\infty} u_n$ 而言，要么绝对收敛，要么发散.

对于任意项级数 $\sum\limits_{n=1}^{\infty} u_n$，有如下判别法：设 $\sum\limits_{n=1}^{\infty} u_n$ 是任意项级数，且 $\lim\limits_{n \to \infty} \left| \dfrac{u_{n+1}}{u_n} \right| = \rho$，则

(1) 当 $\rho < 1$ 时，级数绝对收敛；

(2) 当 $\rho > 1 (\rho = +\infty)$ 时，级数发散；

(3) 当 $\rho = 1$ 时，级数可能收敛，也可能发散.

对于任意常数项级数 $\sum\limits_{n=1}^{\infty} u_n$，判定其敛散性的步骤为：

(1) 先看一般项 u_n 当 $n \to \infty$ 时的极限是否为 0，若极限不存在或存在但不为 0，则该级数发散；若极限为 0，则转至(2).

(2) 对原级数的一般项取绝对值，将其变为正项级数 $\sum\limits_{n=1}^{\infty} |u_n|$，再根据正项级数判别法判断 $\sum\limits_{n=1}^{\infty} |u_n|$ 的敛散性. 若 $\sum\limits_{n=1}^{\infty} |u_n|$ 收敛，则 $\sum\limits_{n=1}^{\infty} u_n$ 绝对收敛，因而 $\sum\limits_{n=1}^{\infty} u_n$ 收敛；若 $\sum\limits_{n=1}^{\infty} |u_n|$ 发散，则转至(3).

(3) 若 $\sum\limits_{n=1}^{\infty} u_n$ 为交错级数，则按交错级数判别法判断其敛散性.

例 10-10 级数 $\sum\limits_{n=1}^{\infty} (-1)^n \sin \dfrac{1}{n}$ 收敛吗？若收敛，是条件收敛还是绝对收敛？

解 $\sum\limits_{n=1}^{\infty} (-1)^n \sin \dfrac{1}{n}$ 是交错级数，$u_n = \sin \dfrac{1}{n}$，$u_{n+1} = \sin \dfrac{1}{n+1}$，显然有 $u_{n+1} \leqslant u_n$，且

$\lim\limits_{n \to \infty} u_n = \lim\limits_{n \to \infty} \sin \dfrac{1}{n} = 0.$

由交错级数审敛法可知级数 $\sum\limits_{n=1}^{\infty} (-1)^n \sin \dfrac{1}{n}$ 收敛.

将每项取绝对值后所得级数为 $\sum\limits_{n=1}^{\infty} \sin \dfrac{1}{n}$，因为 $\lim\limits_{n \to \infty} \dfrac{\sin 1/n}{1/n} = 1$，而调和级数 $\sum\limits_{n=1}^{\infty} \dfrac{1}{n}$ 发散，

所以由极限形式的比较审敛法可知级数 $\sum\limits_{n=1}^{\infty}\sin\dfrac{1}{n}$ 发散，故级数 $\sum\limits_{n=1}^{\infty}(-1)^{n}\sin\dfrac{1}{n}$ 条件收敛.

 习题 10.2

1. 用比较审敛法判别下列级数的敛散性:

(1) $\sum\limits_{n=1}^{\infty}\dfrac{1}{2n-1}$;

(2) $\sum\limits_{n=1}^{\infty}\dfrac{1}{\sqrt{n^{2}+n}}$;

(3) $\sum\limits_{n=1}^{\infty}\dfrac{1}{\sqrt{n^{4}+1}}$;

(4) $\sum\limits_{n=1}^{\infty}\tan\dfrac{1}{n^{2}}$;

(5) $\sum\limits_{n=1}^{\infty}\ln\left(1+\dfrac{1}{n^{2}}\right)$;

(6*) $\sum\limits_{n=1}^{\infty}\sqrt{n+1}\left(1-\cos\dfrac{\pi}{n}\right)$.

2. 用比值审敛法判别下列级数的敛散性:

(1) $\dfrac{1}{1\times3}+\dfrac{5}{2\times3^{2}}+\dfrac{5^{2}}{3\times3^{3}}+\cdots+\dfrac{5^{n-1}}{n\times3^{n}}+\cdots$;

(2) $\sum\limits_{n=1}^{\infty}\dfrac{n^{2}}{3^{n}}$;

(3) $1+\dfrac{2!}{2^{2}}+\dfrac{3!}{3^{3}}+\cdots+\dfrac{n!}{n^{n}}+\cdots$;

(4) $\sum\limits_{n=1}^{\infty}\dfrac{2^{n}n!}{n^{n}}$;

(5) (2015 年广东专插本) $\sum\limits_{n=1}^{\infty}\dfrac{n^{2}}{3^{n}+1}$.

3. 判别下列级数的敛散性:

(1) $\dfrac{3}{4}+2\left(\dfrac{3}{4}\right)^{2}+\cdots+n\left(\dfrac{3}{4}\right)^{n}+\cdots$;

(2) $\dfrac{1^{4}}{1!}+\dfrac{2^{4}}{2!}+\cdots+\dfrac{n^{4}}{n!}+\cdots$;

(3) $\sum\limits_{n=1}^{\infty}\dfrac{n+2}{n(n+1)}$;

(4) $\sqrt{2}+\sqrt{\dfrac{3}{2}}+\sqrt{\dfrac{4}{3}}+\cdots+\sqrt{\dfrac{n+1}{n}}+\cdots$;

(5) $\sum\limits_{n=1}^{\infty}\dfrac{1+n}{1+n^{2}}$;

(6*) $\sum\limits_{n=1}^{\infty}2^{n}\sin\dfrac{\pi}{3^{n}}$;

(7) $\sum\limits_{n=1}^{\infty}\dfrac{1}{1+a^{n}}\ (a>1)$;

(8) (2017 年广东专插本) $\sum\limits_{n=1}^{\infty}\left(\dfrac{1}{n^{2}}+\dfrac{4^{n}}{n!}\right)$.

4*. 下列级数哪些是绝对收敛，哪些是条件收敛，哪些是发散的?

(1) $\sum\limits_{n=1}^{\infty}\dfrac{\cos n\pi}{2^{n}}$;

(2) $\sum\limits_{n=1}^{\infty}(-1)^{n}\sin\dfrac{2}{n}$;

(3) $\sum\limits_{n=1}^{\infty}(-1)^{n-1}\dfrac{n}{n+1}$.

5*. (2016 年广东专插本) 已知级数 $\sum\limits_{n=1}^{\infty}u_{n}$ 满足 $u_{n+1}=\dfrac{1}{3}\left(1+\dfrac{1}{n}\right)^{n}u_{n}$，$n$ 为正整数，且 $u_{1}=1$，判定级数 $\sum\limits_{n=1}^{\infty}u_{n}$ 的收敛性.

6*. 判定级数 $\sum\limits_{n=1}^{\infty}\dfrac{n}{|\sin n|+2^{n}}$ 的收敛性.

7. (2019 年广东专插本) 下列级数收敛的是(　　　).

A. $\sum\limits_{n=1}^{\infty}\dfrac{1}{e^{n}}$

B. $\sum\limits_{n=1}^{\infty}\left(\dfrac{3}{2}\right)^{n}$

C. $\displaystyle\sum_{n=1}^{\infty}\left(\frac{2}{3^n}-\frac{1}{n^3}\right)$　　　　　　　　　　D. $\displaystyle\sum_{n=1}^{\infty}\left[\left(\frac{2}{3}\right)^n+\frac{1}{n}\right]$

8.（2019 年广东专插本）已知级数 $\displaystyle\sum_{n=1}^{\infty}a_n$ 和 $\displaystyle\sum_{n=1}^{\infty}b_n$ 满足 $0\leqslant a_n\leqslant b_n$，且 $\dfrac{b_{n+1}}{b_n}=$

$\dfrac{(n+1)^4}{3n^4+2n-1}$，判断级数 $\displaystyle\sum_{n=1}^{\infty}a_n$ 的敛散性.

10.3　幂　级　数

一、函数项级数的概念

给定一个定义在区间 I 上的函数列
$$u_1(x),\ u_2(x),\ u_3(x),\ \cdots,\ u_n(x),\ \cdots$$

由这个函数列构成的表达式
$$u_1(x)+u_2(x)+u_3(x)+\cdots+u_n(x)+\cdots$$

称为定义在区间 I 上的函数项无穷级数，简称函数项级数，记作 $\displaystyle\sum_{n=1}^{\infty}u_n(x)$，即

$$\sum_{n=1}^{\infty}u_n(x)=u_1(x)+u_2(x)+u_3(x)+\cdots+u_n(x)+\cdots \tag{10-3}$$

对于每一个确定的值 $x_0\in I$，函数项级数(10-3)变为常数项级数，即

$$\sum_{n=1}^{\infty}u_n(x_0)=u_1(x_0)+u_2(x_0)+u_3(x_0)+\cdots+u_n(x_0)+\cdots \tag{10-4}$$

常数项级数(10-4)可能收敛也可能发散. 如果级数(10-4)收敛，则称点 x_0 是函数项级数(10-3)的收敛点；如果级数(10-4)发散，则称点 x_0 是函数项级数(10-3)的发散点. 函数项级数(10-3)收敛点的全体称为它的收敛域，发散点的全体称为它的发散域.

对于收敛域内的任意一个数 x，函数项级数成为一个收敛的常数项级数，因而有一个确定的和 S 与它对应. 因此，在收敛域上，函数项级数的和是 x 的函数，记作 $S(x)$，通常称 $S(x)$ 为函数项级数的和函数，这个函数的定义域就是函数项级数(10-1)的收敛域，并写为

$$S(x)=\sum_{n=1}^{\infty}u_n(x)=u_1(x)+u_2(x)+u_3(x)+\cdots+u_n(x)+\cdots$$

函数项级数(10-3)的前 n 项的部分和记作 $S_n(x)$，即

$$S_n(x)=\sum_{i=1}^{n}u_i(x)=u_1(x)+u_2(x)+u_3(x)+\cdots+u_n(x)$$

则在收敛域上有

$$\lim_{n\to\infty}S_n(x)=S(x)$$

二、幂级数及其收敛性

形如

$$\sum_{n=0}^{\infty} a_n (x-x_0)^n = a_0 + a_1(x-x_0) + \cdots + a_n(x-x_0)^n + \cdots \qquad (10-5)$$

的函数项级数称为幂级数,其中常数 $a_0, a_1, a_2, \cdots, a_n, \cdots$ 称为幂级数的系数.

当 $x_0 = 0$ 时,幂级数为

$$\sum_{n=0}^{\infty} a_n x^n = a_0 + a_1 x + a_2 x^2 + \cdots + a_n x^n + \cdots \qquad (10-6)$$

只要作变量代换,令 $t = x - x_0$,便可把幂级数 $(10-5)$ 转化为幂级数 $(10-6)$(变量为 t)的形式,因此我们着重讨论形如 $(10-6)$ 的幂级数.

不同于一般的函数项级数,幂级数的收敛域是一个区间.事实上,我们有如下定理:

定理 10 - 1 (阿贝尔(Abel)定理) 对于幂级数 $\sum\limits_{n=0}^{\infty} a_n x^n$,有

(1) 如果当 $x = x_0 (x_0 \neq 0)$ 时幂级数收敛,那么对于满足 $|x| < |x_0|$ 的一切 x,幂级数 $\sum\limits_{n=0}^{\infty} a_n x^n$ 都绝对收敛.

(2) 如果当 $x = x_0 (x_0 \neq 0)$ 时幂级数发散,那么对于满足 $|x| > |x_0|$ 的一切 x,幂级数 $\sum\limits_{n=0}^{\infty} a_n x^n$ 都发散.

由此可见,当幂级数 $\sum\limits_{n=0}^{\infty} a_n x^n$ 的收敛域既不是 $\{0\}$ 也不是 $(-\infty, +\infty)$ 时,在数轴上一定存在 P 和 P' 两个分界点,如图 $10-2$ 所示,幂级数在这两个点间的任意点都收敛,而在这两个点外侧的点都发散.即一定存在一个数 $R > 0$,使得幂级数在 $(-R, R)$ 内收敛,在 $(-\infty, -R) \bigcup (R, +\infty)$ 内发散.但在 $x = R$ 和 $x = -R$ 处,幂级数 $\sum\limits_{n=0}^{\infty} a_n x^n$ 可能收敛也可能发散,此时正数 R 称为幂级数 $\sum\limits_{n=0}^{\infty} a_n x^n$ 的收敛半径,$(-R, R)$ 称为幂级数的收敛区间.再由幂级数在 $x = R$ 和 $x = -R$ 处的收敛性就可以确定它的收敛域是 $(-R, R)$、$(-R, R]$、$[-R, R)$ 和 $[-R, R]$ 这四个区间之一.为方便起见,当幂级数 $\sum\limits_{n=0}^{\infty} a_n x^n$ 收敛域是 $\{0\}$ 时,规定收敛半径 $R = 0$;收敛域是 $(-\infty, +\infty)$ 时,规定收敛半径 $R = +\infty$.

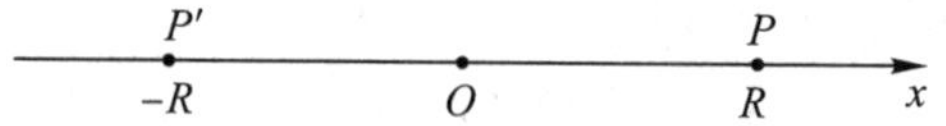

图 10 - 2

幂级数的收敛半径由下面的定理给出:

定理 10 - 2 若幂级数 $\sum\limits_{n=0}^{\infty} a_n x^n$ 的一般项的系数 a_n 满足

$$\lim_{n \to \infty} \left| \frac{a_n}{a_{n+1}} \right| = R$$

则 R 为幂级数的收敛半径,且有:

(1) 若 $0 < R < +\infty$,则当 $|x| < R$ 时幂级数收敛,当 $|x| > R$ 时幂级数发散;

(2) 当 $R = +\infty$ 时,幂级数在区间 $(-\infty, +\infty)$ 内收敛;

（3）当 $R = 0$ 时，幂级数仅在 $x = 0$ 处收敛.

例 10-11　求幂级数 $\sum\limits_{n=1}^{\infty} \dfrac{(-2)^n}{n} x^n$ 的收敛半径和收敛域.

解　幂级数一般项的系数 $a_n = \dfrac{(-2)^n}{n}$，由 $R = \lim\limits_{n \to \infty} \left| \dfrac{a_n}{a_{n+1}} \right| = \lim\limits_{n \to \infty} \left| \dfrac{(-2)^n}{n} \cdot \dfrac{n+1}{(-2)^{n+1}} \right| =$

$\dfrac{1}{2} \lim\limits_{n \to \infty} \dfrac{n+1}{n} = \dfrac{1}{2}$，可知幂级数的收敛半径 $R = \dfrac{1}{2}$.

当 $x = -\dfrac{1}{2}$ 时，级数为调和级数 $\sum\limits_{n=1}^{\infty} \dfrac{1}{n}$，该级数发散；当 $x = \dfrac{1}{2}$ 时，级数为交错级数

$\sum\limits_{n=1}^{\infty} (-1)^n \dfrac{1}{n}$，由交错级数审敛法可知，该级数收敛. 因此，幂级数的收敛域

为 $\left(-\dfrac{1}{2}, \dfrac{1}{2} \right]$.

例 10-12　求幂级数 $\sum\limits_{n=0}^{\infty} \dfrac{x^n}{n!}$ 的收敛半径和收敛域.

解　幂级数一般项的系数 $a_n = \dfrac{1}{n!}$，由 $R = \lim\limits_{n \to \infty} \left| \dfrac{a_n}{a_{n+1}} \right| = \lim\limits_{n \to \infty} \dfrac{(n+1)!}{n!} = \lim\limits_{n \to \infty}(n+1) =$

$+\infty$. 可知幂级数的收敛半径 $R = +\infty$，因而幂级数的收敛域为 $(-\infty, +\infty)$.

例 10-13　求幂级数 $\sum\limits_{n=0}^{\infty} n! x^n$ 的收敛半径和收敛域（规定 $0! = 1$）.

解　幂级数一般项的系数 $a_n = n!$，由 $R = \lim\limits_{n \to \infty} \left| \dfrac{a_n}{a_{n+1}} \right| = \lim\limits_{n \to \infty} \dfrac{n!}{(n+1)!} = \lim\limits_{n \to \infty} \dfrac{1}{n+1} = 0$

可知幂级数的收敛半径 $R = 0$，因而幂级数的收敛域为 $\{0\}$.

例 10-14　求幂级数 $\sum\limits_{n=0}^{\infty} \dfrac{n}{2^n} x^{2n}$ 的收敛域.

解　幂级数缺少奇次幂的项，因而不能直接应用定理 10-2. 下面根据比值审敛法求收敛半径，即

$$\lim_{n \to \infty} \left| \dfrac{u_{n+1}(x)}{u_n(x)} \right| = \lim_{n \to \infty} \left| \dfrac{\dfrac{n+1}{2^{n+1}} x^{2(n+1)}}{\dfrac{n}{2^n} x^{2n}} \right| = \dfrac{x^2}{2} \lim_{n \to \infty} \dfrac{n+1}{n} = \dfrac{x^2}{2}$$

当 $\dfrac{x^2}{2} < 1$ 即 $|x| < \sqrt{2}$ 时，级数收敛；当 $\dfrac{x^2}{2} > 1$ 即 $|x| > \sqrt{2}$ 时，级数发散. 因而幂级

数的收敛半径 $R = \sqrt{2}$.

当 $x = \pm\sqrt{2}$ 时，级数为 $\sum\limits_{n=0}^{\infty} n$. 因为一般项不趋向于 0，故该级数发散，所以幂级数的收

敛域为 $(-\sqrt{2}, \sqrt{2})$.

例 10-15　求幂级数 $\sum\limits_{n=1}^{\infty} \dfrac{(x-1)^n}{2^n \cdot n}$ 的收敛域.

解　令 $t = x - 1$，则题设幂级数变为关于变量 t 的幂级数，即

$$\sum_{n=1}^{\infty} \dfrac{t^n}{2^n \cdot n}$$

由 $R = \lim\limits_{n\to\infty} \left| \dfrac{a_n}{a_{n+1}} \right| = \lim\limits_{n\to\infty} \dfrac{2^{n+1} \cdot (n+1)}{2^n \cdot n} = 2 \lim\limits_{n\to\infty} \left(1 + \dfrac{1}{n} \right) = 2$ 可知幂级数的收敛半径 $R = 2$.

当 $t = 2$ 时，级数成为调和级数 $\sum\limits_{n=1}^{\infty} \dfrac{1}{n}$，该级数发散；当 $t = -2$ 时，级数成为交错级数 $\sum\limits_{n=1}^{\infty} \dfrac{(-1)^n}{n}$，由交错级数审敛法可知级数收敛. 所以级数 $\sum\limits_{n=1}^{\infty} \dfrac{t^n}{2^n \cdot n}$ 的收敛域为 $[-2, 2) = \{ t \mid -2 \leqslant t < 2 \}$，故幂级数 $\sum\limits_{n=1}^{\infty} \dfrac{(x-1)^n}{2^n \cdot n}$ 的收敛域为 $\{ x \mid -2 \leqslant x - 1 < 2 \} = \{ x \mid -1 \leqslant x < 3 \} = [-1, 3)$.

三、幂级数的性质

幂级数的和函数在收敛区间内有下列重要性质：

性质 10-6 幂级数 $\sum\limits_{n=0}^{\infty} a_n x^n$ 的和函数 $S(x)$ 在其收敛域 I 上连续，即设 $x_0 \in I$，则有

$$\lim\limits_{x \to x_0} S(x) = \lim\limits_{x \to x_0} \left[\sum\limits_{n=0}^{\infty} a_n x^n \right] = \sum\limits_{n=0}^{\infty} \lim\limits_{x \to x_0} (a_n x^n) = \sum\limits_{n=1}^{\infty} a_n x_0^n = S(x_0)$$

性质 10-7 幂级数 $\sum\limits_{n=0}^{\infty} a_n x^n$ 的和函数 $S(x)$ 在其收敛区间 $(-R, R)$ 内可导，且可逐项求导，即

$$S'(x) = \left[\sum\limits_{n=0}^{\infty} a_n x^n \right]' = \sum\limits_{n=0}^{\infty} (a_n x^n)' = \sum\limits_{n=1}^{\infty} n a_n x^{n-1}$$

其中级数 $\sum\limits_{n=1}^{\infty} n a_n x^{n-1}$ 与 $\sum\limits_{n=0}^{\infty} a_n x^n$ 有相同的收敛半径.

性质 10-8 幂级数 $\sum\limits_{n=0}^{\infty} a_n x^n$ 的和函数 $S(x)$ 在收敛域 I 上可积，且可逐项积分，即

$$\int_0^x S(t)\,\mathrm{d}t = \int_0^x \left[\sum\limits_{n=0}^{\infty} a_n t^n \right] \mathrm{d}t = \sum\limits_{n=0}^{\infty} \int_0^x a_n t^n \mathrm{d}t = \sum\limits_{n=0}^{\infty} \dfrac{a_n}{n+1} x^{n+1}$$

其中 $\sum\limits_{n=0}^{\infty} \dfrac{a_n}{n+1} x^{n+1}$ 与 $\sum\limits_{n=0}^{\infty} a_n x^n$ 有相同的收敛半径.

例 10-16 求幂级数 $\sum\limits_{n=1}^{\infty} n x^{n-1}$ 的和函数.

解 先求幂级数的收敛域. 由 $R = \lim\limits_{n\to\infty} \left| \dfrac{a_n}{a_{n+1}} \right| = \lim\limits_{n\to\infty} \dfrac{n}{n+1} = 1$ 可知幂级数的收敛半径为 $R = 1$.

当 $x = 1$ 时，级数成为 $\sum\limits_{n=1}^{\infty} n$，一般项不趋于 0，级数发散；当 $x = -1$ 时，级数成为 $\sum\limits_{n=1}^{\infty} (-1)^n n$，一般项不趋于 0，级数发散. 因而幂级数的收敛域为 $(-1, 1)$.

不妨设在收敛域 $(-1, 1)$ 内幂级数的和函数为 $S(x)$，则有

$$S(x) = \sum_{n=1}^{\infty} nx^{n-1} = \sum_{n=1}^{\infty} (x^n)' = \left[\sum_{n=1}^{\infty} x^n\right]' = \left(\frac{x}{1-x}\right)' = \frac{1}{(1-x)^2}$$

 习题 10.3

1. 已知幂级数 $\sum_{n=1}^{\infty} a_n x^n$ 在 $x = -3$ 处条件收敛，则幂级数的收敛半径 $R = $ _____.

2. 求幂级数 $\sum_{n=1}^{\infty} (-1)^{n-1} \frac{x^n}{n}$ 的收敛半径和收敛域.

3. 求下列幂级数的收敛半径和收敛域：

(1) $\sum_{n=1}^{\infty} \frac{x^n}{(2n)!}$;

(2) $\sum_{n=1}^{\infty} 4^n x^n$;

(3) $\sum_{n=1}^{\infty} \frac{x^n}{n \cdot 3^n}$;

(4) $\sum_{n=0}^{\infty} (-1)^n \frac{x^{2n+1}}{2n+1}$;

(5) $\sum_{n=1}^{\infty} \frac{(x-4)^n}{\sqrt{n}}$;

(6*) $\sum_{n=1}^{\infty} \frac{nx^n}{4^n(n^2+1)}$;

(7*) $\sum_{n=1}^{\infty} \frac{(4x+5)^{2n+1}}{n^{\frac{3}{2}}}$.

4. 利用幂级数的性质求下列幂级数的和函数：

(1) $\sum_{n=1}^{\infty} \frac{x^n}{n}$;

(2) $\sum_{n=1}^{\infty} \frac{x^{4n+1}}{4n+1}$;

(3) $\sum_{n=0}^{\infty} \frac{x^n}{n+1}$;

(4) $\sum_{n=1}^{\infty} (n+2)x^{n+3}$.

10.4* 将函数展开成幂级数

前面我们讨论了幂级数的收敛域及和函数的性质，但在许多应用中，我们往往会遇到相反的问题. 也就是说，给定函数 $f(x)$，要考虑它在某个区间内是否能够写成幂级数的形式，即"展开为幂级数". 本节将讨论这个问题.

一、泰勒级数与麦克劳林级数

定理 10-3 （泰勒定理）如果函数 $f(x)$ 在含有 x_0 的某个开区间 (a, b) 内存在 $n+1$ 阶导数，则当 $x \in (a, b)$ 时，$f(x)$ 可以表示为

$$f(x) = f(x_0) + f'(x_0)(x - x_0) + \frac{f''(x_0)}{2!}(x - x_0)^2 +$$
$$\cdots + \frac{f^{(n)}(x_0)}{n!}(x - x_0)^n + R_n(x) \tag{10-7}$$

其中

$$R_n(x) = \frac{f^{(n+1)}(\xi)}{(n+1)!}(x - x_0)^{n+1} \tag{10-8}$$

这里的 ξ 是介于 x_0 与 x 之间的某个值.

式(10 - 7) 称为 $f(x)$ 的泰勒公式,式(10 - 8) 称为拉格朗日型余项. 当 $n = 0$ 时,泰勒公式变成

$$f(x) = f(x_0) + f'(\xi)(x - x_0)$$

其中 ξ 是介于 x_0 与 x 之间的某个值. 这就是我们学过的拉格朗日中值定理,因此泰勒定理是拉格朗日中值定理的推广.

在式(10 - 7) 中,当 $x_0 = 0$ 时,即

$$f(x) = f(0) + f'(0)x + \frac{f''(0)}{2!}x^2 + \cdots + \frac{f^{(n)}(0)}{n!}x^n + R_n(x) \qquad (10 - 9)$$

其中 $R_n(x) = \frac{f^{(n+1)}(\xi)}{(n+1)!}x^{n+1}$;$\xi$ 是介于 0 与 x 之间的某个值. 式(10 - 9) 称为 $f(x)$ 的麦克劳林公式.

如果 $f(x)$ 在含 x_0 的区间 (a,b) 内存在任意阶导数,我们可以设想公式 (10 - 7) 的项数趋向无穷而成为幂级数,即

$$\sum_{n=0}^{\infty} \frac{f^{(n)}(x_0)}{n!}(x - x_0)^n = f(x_0) + f'(x_0)(x - x_0) + \frac{f''(x_0)}{2!}(x - x_0)^2 +$$

$$\cdots + \frac{f^{(n)}(x_0)}{n!}(x - x_0)^n + \cdots$$

$$(10 - 10)$$

式(10 - 10) 称为 $f(x)$ 在点 x_0 处的泰勒级数.

当 $x_0 = 0$ 时,幂级数

$$\sum_{n=0}^{\infty} \frac{f^{(n)}(0)}{n!}x^n = f(0) + f'(0)x + \frac{f''(0)}{2!}x^2 + \cdots + \frac{f^{(n)}(0)}{n!}x^n + \cdots \qquad (10 - 11)$$

称为 $f(x)$ 的麦克劳林级数.

现在我们讨论幂级数(10 - 11) 在其收敛域上的和函数是否就是 $f(x)$.

在公式(10 - 9) 中,令

$$S_n(x) = f(0) + f'(0)x + \frac{f''(0)}{2!}x^2 + \cdots + \frac{f^{(n)}(0)}{n!}x^n$$

则有

$$R_n(x) = f(x) - S_n(x)$$

若在含 0 的一个区间上有

$$\lim_{n \to \infty} R_n(x) = 0$$

则有

$$\lim_{n \to \infty} S_n(x) = \lim_{n \to \infty} [f(x) - R_n(x)] = f(x)$$

这说明幂级数(10 - 11) 在这个区间上的和函数为 $f(x)$.

反之,若幂级数(10 - 11) 的和函数为 $f(x)$,则有

$$\lim_{n \to \infty} R_n(x) = \lim_{n \to \infty} [f(x) - S_n(x)] = f(x) - f(x) = 0$$

因此得出结论:若函数 $f(x)$ 在含 0 的某个区间上存在任意阶导数,则在该区间上, $f(x)$ 麦克劳林级数的和函数为 $f(x)$ 的充分必要条件是 $\lim_{n \to \infty} R_n(x) = 0$,此时

$$f(x) = f(0) + f'(0)x + \frac{f''(0)}{2!}x^2 + \cdots + \frac{f^{(n)}(0)}{n!}x^n + \cdots \qquad (10-12)$$

式(10-12)称为 $f(x)$ 的麦克劳林级数展开式,也称为 $f(x)$ 在 $x_0 = 0$ 处的幂级数展开式或 $f(x)$ 关于 x 的幂级数展开式.

更一般地,

$$f(x) = f(x_0) + f'(x_0)(x-x_0) + \frac{f''(x_0)}{2!}(x-x_0)^2 + \cdots + \frac{f^{(n)}(x_0)}{n!}(x-x_0)^n + \cdots$$

称为 $f(x)$ 在点 x_0 处的泰勒展开式或展开式,或 $f(x)$ 关于 $(x-x_0)$ 的幂级数展开式.

二、将函数展开成幂级数

将函数 $f(x)$ 展开成 x 的幂级数 $\sum\limits_{n=0}^{\infty} \frac{f^{(n)}(0)}{n!}x^n$,有直接展开法和间接展开法两种方法.下面具体加以介绍.

1. 直接展开法

直接展开法的具体步骤为:

(1) 求出 $f^{(n)}(x)$,$n = 1, 2, 3, \cdots$;

(2) 求出 $f^{(n)}(0)$,$n = 0, 1, 2, \cdots$;

(3) 写出 $\sum\limits_{n=0}^{\infty} \frac{f^{(n)}(0)}{n!}x^n$;

(4) 验证 $\lim\limits_{n \to \infty} R_n(x) = \lim\limits_{n \to \infty} \frac{f^{(n+1)}(\xi)}{(n+1)!}x^{n+1} = 0$ 是否成立. 若成立,则 $f(x) = \sum\limits_{n=0}^{\infty} \frac{f^{(n)}(0)}{n!}x^n$.

2. 间接展开法

间接展开法通常从已知函数的幂级数展开式出发,通过变量代换、四则运算或逐项求导、逐项积分等办法求出幂级数展开式.

为方便起见,这里给出五个常见函数的幂级数展开式:

(1) $\dfrac{1}{1-x} = \sum\limits_{n=0}^{\infty} x^n = 1 + x + x^2 + \cdots + x^n + \cdots$,$-1 < x < 1$;

(2) $e^x = \sum\limits_{n=0}^{\infty} \dfrac{x^n}{n!} = 1 + x + \dfrac{x^2}{2!} + \dfrac{x^3}{3!} + \cdots + \dfrac{x^n}{n!} + \cdots$,$-\infty < x < +\infty$;

(3) $\sin x = \sum\limits_{n=0}^{\infty} (-1)^n \dfrac{x^{2n+1}}{(n+1)!} = x - \dfrac{x^3}{3!} + \dfrac{x^5}{5!} - \cdots + (-1)^n \dfrac{x^{2n+1}}{(n+1)!} + \cdots$,$-\infty < x < +\infty$;

(4) $\cos x = \sum\limits_{n=0}^{\infty} (-1)^n \dfrac{x^{2n}}{(2n)!} = 1 - \dfrac{x^2}{2!} + \dfrac{x^4}{4!} - \cdots + (-1)^n \dfrac{x^{2n}}{(2n)!} + \cdots$,$-\infty < x < +\infty$;

(5) $\ln(1+x) = \sum\limits_{n=0}^{\infty} (-1)^n \dfrac{x^{n+1}}{n+1} = x - \dfrac{x^2}{2} + \dfrac{x^3}{3} - \cdots + (-1)^n \dfrac{x^{n+1}}{n+1} + \cdots$,$-1 < x \leqslant 1$.

例 10-17 将函数 $f(x) = \ln(a+x)(a > 0)$ 展开成 x 的幂级数.

解　因为 $f(x) = \ln(a+x) = \ln a + \ln\left(1 + \dfrac{x}{a}\right)$，而

$$\ln(1+x) = x - \frac{x^2}{2} + \frac{x^3}{3} - \cdots + (-1)^n \frac{x^{n+1}}{n+1} + \cdots, \quad -1 < x \leqslant 1 \quad (10-13)$$

将式(10-13)中的 x 换成 $\dfrac{x}{a}$，便可得到

$$\ln(a+x) = \ln a + \ln\left(1 + \frac{x}{a}\right)$$

$$= \ln a + \frac{x}{a} - \frac{1}{2}\left(\frac{x}{a}\right)^2 + \frac{1}{3}\left(\frac{x}{a}\right)^3 - \cdots + \frac{(-1)^n}{n+1}\left(\frac{x}{a}\right)^{n+1} + \cdots$$

$$= \ln a + \frac{x}{a} - \frac{x^2}{2a^2} + \frac{x^3}{3a^3} - \cdots + (-1)^n \frac{x^{n+1}}{(n+1)a^{n+1}} + \cdots, \quad -a < x \leqslant a$$

例 10-18　将 $\dfrac{1}{1+x^2}$ 展开成 x 的幂级数.

解　因为

$$\frac{1}{1-x} = 1 + x + x^2 + \cdots + x^n + \cdots, \quad -1 < x < 1 \quad (10-14)$$

将式(10-14)中的 x 换成 $(-x^2)$，便可得到

$$\frac{1}{1+x^2} = \frac{1}{1-(-x^2)} = 1 - x^2 + x^4 - \cdots + (-1)^n x^{2n} + \cdots, \quad -1 < x < 1$$

例 10-19　将 $f(x) = \dfrac{1}{x^2+4x+3}$ 展开成 $(x-1)$ 的幂级数.

解　因为

$$f(x) = \frac{1}{x^2+4x+3} = \frac{1}{(x+1)(x+3)} = \frac{1}{2(1+x)} - \frac{1}{2(3+x)}$$

$$= \frac{1}{4\left(1 + \dfrac{x-1}{2}\right)} - \frac{1}{8\left(1 + \dfrac{x-1}{4}\right)}$$

而

$$\frac{1}{4\left[1 - \left(-\dfrac{x-1}{2}\right)\right]} = \frac{1}{4} \sum_{n=0}^{\infty} \frac{(-1)^n}{2^n}(x-1)^n, \quad -1 < x < 3$$

$$\frac{1}{8\left[1 - \left(-\dfrac{x-1}{4}\right)\right]} = \frac{1}{8} \sum_{n=0}^{\infty} \frac{(-1)^n}{4^n}(x-1)^n, \quad -3 < x < 5$$

所以

$$f(x) = \frac{1}{x^2+4x+3} = \sum_{n=0}^{\infty} (-1)^n \left(\frac{1}{2^{n+2}} - \frac{1}{2^{2n+3}}\right)(x-1)^n, \quad -1 < x < 3$$

三、幂级数的应用

幂级数的应用非常广泛，可利用幂级数进行近似计算，也可用于求解微分方程等.

1. 利用幂级数进行近似计算

例 10-20　计算 e 的近似值(保留五位小数).

解 在 e^x 的幂级数展开式 $e^x = 1 + x + \dfrac{x^2}{2!} + \dfrac{x^3}{3!} + \cdots + \dfrac{x^n}{n!} + \cdots (-\infty < x < +\infty)$ 中，令 $x = 1$ 可得

$$e = 1 + 1 + \frac{1}{2!} + \frac{1}{3!} + \cdots + \frac{1}{n!} + \cdots$$

取前 $n+1$ 项作为 e 的近似值，有

$$e \approx 1 + 1 + \frac{1}{2!} + \frac{1}{3!} + \cdots + \frac{1}{n!}$$

令 $n = 7$，即取级数的前 8 项作近似计算，则可得

$$e \approx 1 + 1 + \frac{1}{2!} + \frac{1}{3!} + \frac{1}{4!} + \frac{1}{5!} + \frac{1}{6!} + \frac{1}{7!} \approx 2.718\ 26$$

例 10-21 【付款的现值问题】某基金会与一个学校签约，合同规定基金会每年支付 300 万元人民币用以资助教育，有效期为 10 年，总资助金额为 3000 万元人民币. 自签约之日起支付第一笔款，以后每年支付一笔，所有资助款都由银行兑付. 银行储蓄规定年利率为 5%，每年计息一次，以复利进行计算. 试问在签订合同之日，基金会应该在银行存入多少钱才能保证合同正常履行？

解 如果将 P（万元）存入银行作为基金，银行储蓄年利率为 r，银行每年计息一次，并以复利进行计算，则在 t 年后，银行存款余额为 $B = P(1+r)^t$，等价于 $P = \dfrac{B}{(1+r)^t}$. 即为了使 t 年后能够支付 B（万元），首日应存入银行 P（万元）.

第 1 笔付款为签约当天对付，$t = 0$，其现值 $P_1 = 300$（万元）；第 2 笔付款在 1 年后兑现，$t = 1$，其现值 $P_2 = \dfrac{300}{(1+0.05)^1} = \dfrac{300}{1.05}$（万元）；第 3 笔付款在 2 年后兑现，$t = 2$，其现值 $P_3 = \dfrac{300}{(1+0.05)^2} = \dfrac{300}{(1.05)^2}$（万元）；依此类推，第 10 笔付款在第 9 年后兑现，$t = 9$，其现值 $P_{10} = \dfrac{300}{(1+0.05)^9} = \dfrac{300}{(1.05)^9}$（万元）.

此合同的总现值为

$$P = P_1 + P_2 + P_3 + \cdots + P_{10} = 300 + \frac{300}{(1.05)} + \frac{300}{(1.05)^2} + \cdots + \frac{300}{(1.05)^9}$$

$$= \frac{300 \times \left[1 - \dfrac{1}{(1.05)^{10}}\right]}{1 - \dfrac{1}{1.05}} \approx 2430 （万元）$$

这表明基金会应存入现值 2430 万元.

若合同规定永不停止地每年资助 300 万元，那么基金会在签订合同之日，共存入银行的现金值为

$$P_1 + P_2 + \cdots + P_n + \cdots = \frac{300}{1 - \dfrac{1}{1.05}} = 6300 （万元）$$

2. 利用幂级数求解微分方程

例 10-22 求方程 $\dfrac{\mathrm{d}y}{\mathrm{d}x} = -y - x$ 满足 $y|_{x=0} = 2$ 的特解.

解 因为 $x=0$ 时 $y=2$，故不妨设方程的特解为

$$y = 2 + a_1 x + a_2 x^2 + \cdots + a_n x^n + \cdots$$

由此可得

$$y' = a_1 + 2a_2 x + \cdots + na_n x^{n-1} + \cdots$$

将 y 和 y' 的幂级数展开式代入方程得

$$a_1 + 2a_2 x + \cdots + na_n x^{n-1} + \cdots = -2 - (a_1 + 1)x - a_2 x^2 - \cdots - a_n x^n - \cdots$$

$$(10-15)$$

式 $(10-15)$ 为恒等式. 比较式 $(10-15)$ 两端 x 的同次幂的系数可得

$$a_1 = -2, \quad 2a_2 = -(a_1 + 1), \quad 3a_3 = -a_2, \quad \cdots, \quad na_n = -a_{n-1}, \quad \cdots$$

故 $a_1 = -2$，$a_2 = \dfrac{1}{2}$，$a_3 = -\dfrac{1}{3!}$，$\cdots$ 由数学归纳法可得

$$a_n = (-1)^n \frac{1}{n!}, \quad n \geqslant 2$$

故有

$$y = 2 - 2x + \frac{1}{2!}x^2 - \frac{1}{3!}x^3 + \cdots + (-1)^n \frac{1}{n!}x^n + \cdots$$

$$= 1 - x + \left[1 - x + \frac{1}{2!}x^2 - \frac{1}{3!}x^3 + \cdots + (-1)^n \frac{1}{n!}x^n + \cdots \right]$$

$$= 1 - x + \mathrm{e}^{-x}$$

即 $y = 1 - x + \mathrm{e}^{-x}$ 就是所求的特解.

 习题 10.4

1. 将下列函数展开成 x 的幂级数，并确定其收敛区间.

(1) $f(x) = \mathrm{e}^{2x}$；

(2) $f(x) = a^x$，$a > 0$ 且 $a \neq 1$；

(3) $f(x) = \sin \dfrac{x}{2}$；

(4) $f(x) = \arctan x$.

2. 用间接展开法求函数 $f(x) = \dfrac{1}{2}(\mathrm{e}^{-x} + \mathrm{e}^x)$ 的麦克劳林级数展开式.

3^*. 将函数 $f(x) = \dfrac{1}{x}$ 展开成 $x-2$ 的幂级数.

4^*. 将函数 $f(x) = \dfrac{1}{x^2 + 3x + 2}$ 展开成 $x+4$ 的幂级数.

5^*. 计算 $\sqrt{\mathrm{e}}$ 的近似值(保留三位小数).

10.5*　傅 里 叶 级 数

在物理学及其他一些学科中，常会遇到描述周期运动的函数 —— 周期函数，其中正弦函数和余弦函数是最简单的周期函数. 因此，我们有必要探讨一个周期函数是否能够用

$$\frac{a_0}{2} + \sum_{n=1}^{\infty} \left(a_n \cos \frac{n\pi t}{l} + b_n \sin \frac{n\pi t}{l} \right) \tag{10-16}$$

来表示. 我们把形如式 $(10-16)$ 的级数称为三角级数，其中 a_0、a_n、$b_n (n = 1, 2, 3, \cdots)$ 都

是常数.

令 $\dfrac{\pi t}{l} = x$，则式(10-16)成为

$$\frac{a_0}{2} + \sum_{n=1}^{\infty}(a_n\cos nx + b_n\sin nx) \tag{10-17}$$

这就把以 $2l$ 为周期的三角级数转换成了以 2π 为周期的三角级数. 下面我们重点讨论以 2π 为周期的三角级数(10-17).

一、三角函数系

为讨论三角级数，我们首先介绍三角函数系及其性质.

函数列

$$1, \sin x, \cos x, \sin 2x, \cos 2x, \cdots, \sin nx, \cos nx, \cdots$$

称为三角函数系，它具有如下性质：

(1) 三角函数系中任意两个不同函数的乘积在区间 $[-\pi, \pi]$ 上的积分为零，即

$$\int_{-\pi}^{\pi}\cos nx\,\mathrm{d}x = 0, \quad n = 1, 2, 3, \cdots$$

$$\int_{-\pi}^{\pi}\sin nx\,\mathrm{d}x = 0, \quad n = 1, 2, 3, \cdots$$

$$\int_{-\pi}^{\pi}\cos mx\sin nx\,\mathrm{d}x = 0, \quad m, n = 1, 2, 3, \cdots$$

$$\int_{-\pi}^{\pi}\cos mx\cos nx\,\mathrm{d}x = 0, \quad m, n = 1, 2, 3, \cdots, m \neq n$$

$$\int_{-\pi}^{\pi}\sin mx\sin nx\,\mathrm{d}x = 0, \quad m, n = 1, 2, 3, \cdots, m \neq n$$

这个性质称为三角函数系在 $[-\pi, \pi]$ 上的正交性.

(2) 在三角函数系中(除 1 之外)，任何一个函数的平方在区间 $[-\pi, \pi]$ 上的积分都等于 π，即

$$\int_{-\pi}^{\pi}\cos^2 nx\,\mathrm{d}x = \int_{-\pi}^{\pi}\sin^2 nx\,\mathrm{d}x = \pi, \quad n = 1, 2, 3, \cdots$$

上述性质都可以通过定积分运算直接验证，本节不再赘述.

二、将以 2π 为周期的周期函数展开成傅里叶级数

设 $f(x)$ 是周期为 2π 的周期函数，且能展开成三角级数

$$f(x) = \frac{a_0}{2} + \sum_{n=1}^{\infty}(a_n\cos nx + b_n\sin nx) \tag{10-18}$$

那么，这个三角级数中的系数 a_0、a_n、$b_n (n = 1, 2, 3, \cdots)$ 与函数 $f(x)$ 有什么关系？换句话说，如何利用 $f(x)$ 把 a_0、a_n、$b_n (n = 1, 2, 3, \cdots)$ 表示出来？为此，我们假设级数 (10-18) 是收敛的.

(1) 首先求 a_0. 式(10-18)两端同时从 $-\pi$ 到 π 逐项积分，得

$$\int_{-\pi}^{\pi}f(x)\,\mathrm{d}x = \int_{-\pi}^{\pi}\frac{a_0}{2} + \sum_{k=1}^{\infty}\left(a_k\int_{-\pi}^{\pi}\cos kx\,\mathrm{d}x + b_n\int_{-\pi}^{\pi}\sin kx\,\mathrm{d}x\right) \tag{10-19}$$

根据三角函数系的正交性，式(10-19)右端除第一项外，其余各项均为零，即

$$\int_{-\pi}^{\pi} f(x)\mathrm{d}x = \int_{-\pi}^{\pi} \frac{a_0}{2}\mathrm{d}x = \pi a_0$$

所以有

$$a_0 = \frac{1}{\pi}\int_{-\pi}^{\pi} f(x)\mathrm{d}x$$

（2）其次求 a_n. 式（10-18）两端同乘以 $\cos nx$，再从 $-\pi$ 到 π 逐项积分，得

$$\int_{-\pi}^{\pi} f(x)\cos nx\,\mathrm{d}x = \frac{a_0}{2}\int_{-\pi}^{\pi}\cos nx\,\mathrm{d}x + \sum_{k=1}^{\infty}\left(a_k\int_{-\pi}^{\pi}\cos kx\cos nx\,\mathrm{d}x + b_n\int_{-\pi}^{\pi}\sin kx\cos nx\,\mathrm{d}x\right)$$

$$(10-20)$$

根据三角函数系的正交性，式（10-19）右端除 $k=n$ 的那一项外，其余各项均为零，即

$$\int_{-\pi}^{\pi} f(x)\cos nx\,\mathrm{d}x = a_n\int_{-\pi}^{\pi}\cos^2 nx\,\mathrm{d}x = a_n\pi$$

所以有

$$a_n = \frac{1}{\pi}\int_{-\pi}^{\pi} f(x)\cos nx\,\mathrm{d}x, \quad n = 1, 2, 3, \cdots$$

（3）类似地，式（10-18）两端同乘以 $\sin nx$，再从 $-\pi$ 到 π 逐项积分，得

$$b_n = \frac{1}{\pi}\int_{-\pi}^{\pi} f(x)\sin nx\,\mathrm{d}x, \quad n = 1, 2, 3, \cdots$$

综上可知

$$\begin{cases} a_n = \dfrac{1}{\pi}\displaystyle\int_{-\pi}^{\pi} f(x)\cos nx\,\mathrm{d}x, \quad n = 1, 2, 3, \cdots \\ b_n = \dfrac{1}{\pi}\displaystyle\int_{-\pi}^{\pi} f(x)\sin nx\,\mathrm{d}x, \quad n = 1, 2, 3, \cdots \end{cases} \qquad (10-21)$$

公式（10-21）称为傅里叶系数公式. 由式（10-21）计算得出的系数 a_0、a_n、b_n（$n=1$, 2, 3, $\cdots$）称为 $f(x)$ 的傅里叶系数，以 a_0、a_n、b_n（$n=1$, 2, 3, $\cdots$）为系数所得的三角级数

$$\frac{a_0}{2} + \sum_{n=1}^{\infty}(a_n\cos nx + b_n\sin nx)$$

称为函数 $f(x)$ 的傅里叶级数.

现在我们讨论，函数 $f(x)$ 满足什么条件时，它的傅里叶级数才能收敛于 $f(x)$？下面的定理回答了这个问题：

定理 10-4　（收敛定理，狄利克雷（Dirichlet）充分条件）设 $f(x)$ 是周期为 2π 的周期函数，如果它满足

（1）在一个周期内连续或只有有限个第一类间断点，

（2）在一个周期内至多只有有限个极值点，

则 $f(x)$ 的傅里叶级数收敛，并且

（1）当 x 是 $f(x)$ 的连续点时，级数收敛于 $f(x)$；

（2）当 x 是 $f(x)$ 的间断点时，级数收敛于 $\dfrac{f(x^-)+f(x^+)}{2}$.

由收敛定理可知，满足定理条件的函数 $f(x)$，其傅里叶级数在 $f(x)$ 的连续点处收敛于该点的函数值，在 $f(x)$ 的间断点处收敛于该点左右极限的平均值.

实际问题中遇到的非正弦型周期函数一般都满足上述收敛定理的条件，都能展开为傅

里叶级数.

例 10-23　设 $f(x)$ 是周期为 2π 的周期函数，它在 $[-\pi, \pi)$ 上的表达式为

$$f(x) = \begin{cases} -1, & -\pi \leqslant x < 0 \\ 1, & 0 \leqslant x < \pi \end{cases}$$

将 $f(x)$ 展开成傅里叶级数.

解　所给函数满足收敛定理的条件，它在点 $x = k\pi(k = 0, \pm 1, \pm 2, \cdots)$ 处不连续，在其他点处都连续，从而由收敛定理可知 $f(x)$ 的傅里叶级数收敛，且当 $x = k\pi(k = 0, \pm 1, \pm 2, \cdots)$ 时，级数收敛于

$$\frac{-1+1}{2} = \frac{1+(-1)}{2} = 0$$

当 $x \neq k\pi(k = 0, \pm 1, \pm 2, \cdots)$ 时，级数收敛于 $f(x)$.

函数的图形如图 10-3 所示.

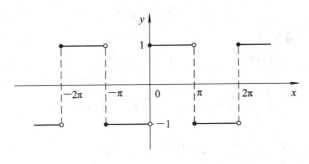

图 10-3

傅里叶系数的计算结果为

$$a_n = \frac{1}{\pi} \int_{-\pi}^{\pi} f(x) \cos nx \, \mathrm{d}x = \frac{1}{\pi} \int_{-\pi}^{0} (-1) \cdot \cos nx \, \mathrm{d}x + \frac{1}{\pi} \int_{0}^{\pi} 1 \cdot \cos nx \, \mathrm{d}x$$

$$= 0, \quad n = 0, 1, 2, \cdots$$

$$b_n = \frac{1}{\pi} \int_{-\pi}^{\pi} f(x) \sin nx \, \mathrm{d}x = \frac{1}{\pi} \int_{-\pi}^{0} (-1) \cdot \sin nx \, \mathrm{d}x + \frac{1}{\pi} \int_{0}^{\pi} 1 \cdot \sin nx \, \mathrm{d}x$$

$$= \frac{1}{\pi} \left[\frac{\cos nx}{n} \right]_{-\pi}^{0} + \frac{1}{\pi} \left[-\frac{\cos nx}{n} \right]_{0}^{\pi} = \frac{1}{n\pi} (1 - \cos n\pi - \cos n\pi + 1)$$

$$= \frac{2}{n\pi} [1 - (-1)^n] = \begin{cases} \dfrac{4}{n\pi}, & n = 1, 3, 5, \cdots \\ 0, & n = 2, 4, 6, \cdots \end{cases}$$

故 $f(x)$ 的傅里叶级数展开式为

$$f(x) = \frac{4}{\pi} \left[\sin x + \frac{1}{3} \sin 3x + \cdots + \frac{1}{2k-1} \sin(2k-1)x + \cdots \right]$$

其中 $x \neq k\pi$，k 为正整数.

例 10-24　设 $f(x)$ 是周期为 2π 的周期函数，它在 $[-\pi, \pi)$ 上的表达式为

$$f(x) = \begin{cases} x, & -\pi \leqslant x < 0 \\ 0, & 0 \leqslant x < \pi \end{cases}$$

将 $f(x)$ 展开成傅里叶级数.

解　所给函数满足收敛定理的条件，它在点 $x = (2k+1)\pi(k = 0, \pm 1, \pm 2, \cdots)$ 处不连

续，在其他点处都连续，从而由收敛定理可知 $f(x)$ 的傅里叶级数收敛，且当 $x = (2k+1)\pi$ $(k = 0, \pm 1, \pm 2, \cdots)$ 时，级数收敛于

$$\frac{f(\pi^-) + f(-\pi^+)}{2} = \frac{0 - \pi}{2} = -\frac{\pi}{2}$$

当 $x \neq (2k+1)\pi(k = 0, \pm 1, \pm 2, \cdots)$ 时，级数收敛于 $f(x)$.

函数的图形如图 10-4 所示，

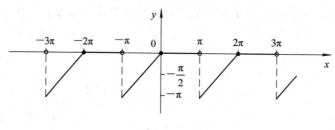

图 10-4

傅里叶系数的计算结果为

$$a_0 = \frac{1}{\pi} \int_{-\pi}^{\pi} f(x) \mathrm{d}x = \frac{1}{\pi} \int_{-\pi}^{0} x \mathrm{d}x = \frac{1}{\pi} \left[\frac{x^2}{2} \right]_{-\pi}^{0} = -\frac{\pi}{2}$$

$$a_n = \frac{1}{\pi} \int_{-\pi}^{\pi} f(x) \cos nx \, \mathrm{d}x = \frac{1}{\pi} \int_{-\pi}^{0} x \cos nx \, \mathrm{d}x$$

$$= \frac{1}{\pi} \left[\frac{x \sin nx}{n} + \frac{\cos nx}{n^2} \right]_{-\pi}^{0} = \begin{cases} \dfrac{2}{n^2 \pi}, & n = 1, 3, 5, \cdots \\ 0, & n = 2, 4, 6, \cdots \end{cases}$$

$$b_n = \frac{1}{\pi} \int_{-\pi}^{\pi} f(x) \sin nx \, \mathrm{d}x = \frac{1}{\pi} \int_{-\pi}^{0} x \sin nx \, \mathrm{d}x$$

$$= \frac{1}{\pi} \left[-\frac{x \cos nx}{n} + \frac{\sin nx}{n^2} \right]_{-\pi}^{0} = -\frac{\cos n\pi}{n} = \frac{(-1)^{n+1}}{n}, \quad n = 1, 2, 3, \cdots$$

故 $f(x)$ 的傅里叶级数展开式为

$$f(x) = -\frac{\pi}{4} + \frac{2}{\pi} \sum_{k=1}^{\infty} \frac{\cos(2k-1)x}{(2k-1)^2} + \sum_{k=1}^{\infty} \frac{(-1)^{k+1}}{k} \sin kx, \quad x \neq \pm \pi, \pm 3\pi, \pm 5\pi, \cdots$$

三、奇偶函数的傅里叶级数

如果周期为 2π 的奇函数 $f(x)$ 满足收敛定理的条件，则 $f(x)\cos nx$ 是奇函数，$f(x)$ 的傅里叶系数为

$$a_n = 0, \quad n = 0, 1, 2, \cdots$$

$$b_n = \frac{2}{\pi} \int_{0}^{\pi} f(x) \sin nx \, \mathrm{d}x, \quad n = 1, 2, 3, \cdots$$

$f(x)$ 的傅里叶级数为

$$\sum_{n=1}^{\infty} b_n \sin nx \qquad\qquad (10-22)$$

式 (10-22) 中只含有正弦项，故称为正弦级数.

如果 $f(x)$ 是满足收敛定理的条件的偶函数，则 $f(x)\sin nx$ 是奇函数，$f(x)$ 的傅里叶

系数为

$$b_n = 0, \quad n = 0, 1, 2, \cdots$$

$$a_n = \frac{2}{\pi} \int_0^\pi f(x) \cos nx \, dx, \quad n = 0, 1, 2, \cdots$$

$f(x)$ 的傅里叶级数为

$$\frac{a_0}{2} + \sum_{n=1}^\infty a_n \cos nx \qquad (10-23)$$

式(10-23)中只含有余弦项,故称为余弦级数.

例 10-25 将图 10-5 所示的锯齿波展开成傅里叶级数.

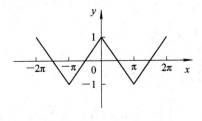

图 10-5

解 函数在一个周期内的表达式为

$$f(x) = \begin{cases} 1 + \dfrac{2x}{\pi}, & -\pi < x < 0 \\ 1 - \dfrac{2x}{\pi}, & 0 \leqslant x < \pi \end{cases} \qquad (10-24)$$

式(10-24)是一个偶函数,故有

$$b_n = 0, \quad n = 1, 2, 3, \cdots$$

$$a_0 = \frac{2}{\pi} \int_0^\pi \left(1 - \frac{2x}{\pi}\right) dx = \frac{2}{\pi} \left[x - \frac{x^2}{\pi}\right]_0^\pi = 0$$

$$a_n = \frac{2}{\pi} \int_0^\pi \left(1 - \frac{2x}{\pi}\right) \cos nx \, dx = \frac{2}{\pi} \left[\int_0^\pi \cos nx \, dx - \frac{2}{\pi} \int_0^\pi x \cos nx \, dx\right]$$

$$= \frac{2}{\pi} \left[0 - \frac{2}{\pi} \left(\frac{x}{n} \sin nx + \frac{1}{n^2} \cos nx\right)\right]_0^\pi = \frac{4}{n^2 \pi^2} (1 - \cos n\pi) = \begin{cases} \dfrac{8}{n^2 \pi^2}, & n \text{ 为奇数} \\ 0, & n \text{ 为偶数} \end{cases}$$

故可得 $f(x)$ 的傅里叶级数展开式为

$$f(x) = \frac{8}{\pi^2} \left(\cos x + \frac{1}{3^2} \cos 3x + \frac{1}{5^2} \cos 5x + \cdots\right), \quad -\infty < x < +\infty$$

 习题 10.5

1. 设周期函数 $f(x)$ 的周期为 2π,证明 $f(x)$ 的傅里叶系数为:

$$a_n = \frac{1}{\pi} \int_0^{2\pi} f(x) \cos nx \, dx, \quad n = 0, 1, 2, \cdots$$

$$b_n = \frac{1}{\pi} \int_0^{2\pi} f(x) \sin nx \, dx, \quad n = 1, 2, 3, \cdots$$

2. 设周期函数 $f(x)$ 的周期为 2π,若它在 $[-\pi, \pi)$ 上的表达式分别为

(1) $f(x) = x$, $-\pi \leqslant x < \pi$;

(2) $f(x) = 3x^2 + 1$, $-\pi \leqslant x < \pi$.

将函数 $f(x)$ 展开成傅里叶级数.

本 章 小 结

一、常数项级数

1) 定义

(1) 无穷级数：由数列 u_1，u_2，u_3，$\cdots$，u_n，$\cdots$ 构成的表达式 $u_1 + u_2 + u_3 + \cdots + u_n + \cdots$

称为常数项无穷级数，记作 $\sum\limits_{n=1}^{\infty} u_n$，即

$$\sum_{n=1}^{\infty} u_n = u_1 + u_2 + u_3 + \cdots + u_n + \cdots$$

$S_n = \sum\limits_{k=1}^{n} u_k = u_1 + u_2 + u_3 + \cdots + u_n$ 称为级数 $\sum\limits_{n=1}^{\infty} u_n$ 的前 n 项和，也称为部分和.

$\sum\limits_{n=1}^{\infty} u_n (u_n \geqslant 0)$ 称为正项级数，$\sum\limits_{n=1}^{\infty} (-1)^n u_n (u_n \geqslant 0)$ 称为交错级数.

(2) 级数收敛：若 $\lim\limits_{n \to \infty} S_n$ 存在，则称级数 $\sum\limits_{n=1}^{\infty} u_n$ 收敛，否则称级数 $\sum\limits_{n=1}^{\infty} u_n$ 发散.

(3) 条件收敛：若 $\sum\limits_{n=1}^{\infty} u_n$ 收敛，而 $\sum\limits_{n=1}^{\infty} |u_n|$ 发散，则称 $\sum\limits_{n=1}^{\infty} u_n$ 条件收敛. 绝对收敛：若 $\sum\limits_{n=1}^{\infty} |u_n|$ 收敛，则称 $\sum\limits_{n=1}^{\infty} u_n$ 绝对收敛.

2) 性质

(1) 若级数 $\sum\limits_{n=1}^{\infty} u_n$ 收敛于 S，则对任意常数 k，级数 $\sum\limits_{n=1}^{\infty} k u_n$ 也收敛，且收敛于 kS；

(2) 若级数 $\sum\limits_{n=1}^{\infty} u_n$ 与 $\sum\limits_{n=1}^{\infty} v_n$ 分别收敛于 S_1 与 S_2，则级数 $\sum\limits_{n=1}^{\infty} (u_n \pm v_n)$ 也收敛，且收敛于 $S_1 \pm S_2$；

(3) 若级数 $\sum\limits_{n=1}^{\infty} u_n$ 收敛，则对该级数的项任意加（去）括号后，所形成的级数仍收敛，且其和不变；

(4) 增加、去掉或改变级数的有限项，不改变级数的敛散性；

(5) 级数收敛的必要条件：若级数 $\sum\limits_{n=1}^{\infty} u_n$ 收敛，则 $\lim\limits_{n \to \infty} u_n = 0$.

3) 审敛法

(1) 正项级数.

① 正项级数 $\sum\limits_{n=1}^{\infty} u_n$ 收敛的充分必要条件是其部分和数列 $\{S_n\}$ 有上界.

② 比较审敛法：

设 $\sum\limits_{n=1}^{\infty} u_n$ 和 $\sum\limits_{n=1}^{\infty} v_n$ 均为正项级数，且 $u_n \leqslant v_n (n = 1, 2, 3, \cdots)$，

若 $\sum\limits_{n=1}^{\infty} v_n$ 收敛，则 $\sum\limits_{n=1}^{\infty} u_n$ 收敛；若 $\sum\limits_{n=1}^{\infty} u_n$ 发散，则 $\sum\limits_{n=1}^{\infty} v_n$ 发散.

③ 审敛法的推广：

设 $\sum\limits_{n=1}^{\infty} u_n$ 和 $\sum\limits_{n=1}^{\infty} v_n$ 均为正项级数，且存在正整数 N 和正数 k，使得当 $n \geqslant N$ 时有 $u_n \leqslant kv_n$ 成立，则

a. 若 $\sum\limits_{n=1}^{\infty} v_n$ 收敛，则 $\sum\limits_{n=1}^{\infty} u_n$ 收敛；

b. 若 $\sum\limits_{n=1}^{\infty} u_n$ 发散，则 $\sum\limits_{n=1}^{\infty} v_n$ 发散.

④ 极限形式的比较审敛法：

设 $\sum\limits_{n=1}^{\infty} u_n$ 和 $\sum\limits_{n=1}^{\infty} v_n$ 均为正项级数，且 $\lim\limits_{n \to \infty} \dfrac{u_n}{v_n} = l$，则有

a. 若 $0 < l < +\infty$，则级数 $\sum\limits_{n=1}^{\infty} u_n$ 和 $\sum\limits_{n=1}^{\infty} v_n$ 的敛散性相同，即要么同时收敛要么同时发散；

b. 若 $l = 0$，级数 $\sum\limits_{n=1}^{\infty} v_n$ 收敛，则级数 $\sum\limits_{n=1}^{\infty} u_n$ 收敛；

c. 若 $l = +\infty$，级数 $\sum\limits_{n=1}^{\infty} v_n$ 发散，则级数 $\sum\limits_{n=1}^{\infty} u_n$ 发散.

⑤ 比值审敛法：

设 $\sum\limits_{n=1}^{\infty} u_n$ 为正项级数，且 $\lim\limits_{n \to \infty} \dfrac{u_{n+1}}{u_n} = \rho$，则有

a. 当 $\rho < 1$ 时，级数收敛；

b. 当 $\rho > 1 (\rho = +\infty)$ 时，级数发散；

c. 当 $\rho = 1$ 时，级数可能收敛，也可能发散.

（2）交错级数.

莱布尼茨审敛法：若交错级数 $\sum\limits_{n=1}^{\infty} (-1)^{n-1} u_n (u_n > 0, n = 1, 2, 3, \cdots)$ 满足：

① $u_n \geqslant u_{n+1}, n = 1, 2, 3, \cdots$；

② $\lim\limits_{n \to \infty} u_n = 0$，

则交错级数 $\sum\limits_{n=1}^{\infty} (-1)^{n-1} u_n$ 收敛.

（3）任意项级数.

① 若 $\sum\limits_{n=1}^{\infty} u_n$ 绝对收敛，则 $\sum\limits_{n=1}^{\infty} u_n$ 收敛.

② 设 $\sum\limits_{n=1}^{\infty} u_n$ 是任意项级数，且 $\lim\limits_{n \to \infty} \left| \dfrac{u_{n+1}}{u_n} \right| = \rho$，则

a. 当 $\rho < 1$ 时，级数绝对收敛；

b. 当 $\rho > 1 (\rho = +\infty)$ 时，级数发散；

c. 当 $\rho = 1$ 时，级数可能收敛，也可能发散.

（4）常见的典型级数.

① 几何级数：$\sum\limits_{n=0}^{\infty} aq^n \begin{cases} 收敛, & |q| < 1 \\ 发散, & |q| \geqslant 1 \end{cases}$.

② p 级数：$\sum\limits_{n=1}^{\infty} \dfrac{1}{n^p} \begin{cases} 收敛, & p > 1 \\ 发散, & p \leqslant 1 \end{cases}$.

二、函数项级数

1）定义

（1）函数项级数.

给定一个定义在区间 I 上的函数列

$$u_1(x), \ u_2(x), \ u_3(x), \ \cdots, \ u_n(x), \ \cdots$$

由这个函数列构成的表达式

$$u_1(x) + u_2(x) + u_3(x) + \cdots + u_n(x) + \cdots$$

称为定义在区间 I 上的函数项无穷级数，简称函数项级数，记作 $\sum\limits_{n=1}^{\infty} u_n(x)$.

（2）收敛点和收敛域.

如果级数 $\sum\limits_{n=1}^{\infty} u_n(x_0)$ 收敛，则称点 x_0 是函数项级数 $\sum\limits_{n=1}^{\infty} u_n(x)$ 的收敛点，函数项级数 $\sum\limits_{n=1}^{\infty} u_n(x)$ 的收敛点的全体称为它的收敛域.

（3）幂级数.

形如

$$\sum_{n=0}^{\infty} a_n (x - x_0)^n = a_0 + a_1 (x - x_0) + \cdots + a_n (x - x_0)^n + \cdots$$

的函数项级数称为幂级数.

2）幂级数收敛半径的求法

若幂级数 $\sum\limits_{n=0}^{\infty} a_n x^n$ 的一般项的系数满足

$$\lim_{n \to \infty} \left| \frac{a_n}{a_{n+1}} \right| = R$$

则称 R 为幂级数的收敛半径.

3）泰勒级数

$f(x)$ 可以展开成泰勒级数的充分必要条件是

$$\lim_{n \to \infty} R_n(x) = \lim_{n \to \infty} \frac{f^{(n+1)}(\xi)}{(n+1)!} (x - x_0)^{n+1} = 0$$

将函数 $f(x)$ 展开成 x 的幂级数 $\sum\limits_{n=0}^{\infty} \dfrac{f^{(n)}(0)}{n!} x^n$，有直接展开法和间接展开法两种方法.

（1）直接展开法的展开步骤为：

① 求出 $f^{(n)}(x)$，$n = 1, 2, 3, \cdots$；

② 求出 $f^{(n)}(x_0)$，$n = 0, 1, 2, \cdots$；

③ 写出 $\sum\limits_{n=0}^{\infty} \dfrac{f^{(n)}(x_0)}{n!}(x - x_0)^n$；

④ 验证 $\lim\limits_{n \to \infty} R_n(x) = \lim\limits_{n \to \infty} \dfrac{f^{(n+1)}(\xi)}{(n+1)!}(x - x_0)^{n+1} = 0$ 是否成立.

(2) 间接展开法. 常见的函数幂级数展开式如下所示：

① $\dfrac{1}{1-x} = \sum\limits_{n=0}^{\infty} x^n = 1 + x + x^2 + \cdots + x^n + \cdots, \ -1 < x < 1$；

② $\mathrm{e}^x = \sum\limits_{n=0}^{\infty} \dfrac{x^n}{n!} = 1 + x + \dfrac{x^2}{2!} + \dfrac{x^3}{3!} + \cdots + \dfrac{x^n}{n!} + \cdots, \ -\infty < x < +\infty$；

③ $\sin x = \sum\limits_{n=0}^{\infty} (-1)^n \dfrac{x^{2n+1}}{(n+1)!} = x - \dfrac{x^3}{3!} + \dfrac{x^5}{5!} - \cdots + (-1)^n \dfrac{x^{2n+1}}{(n+1)!} + \cdots, \ -\infty < x < +\infty$；

④ $\cos x = \sum\limits_{n=0}^{\infty} (-1)^n \dfrac{x^{2n}}{(2n)!} = 1 - \dfrac{x^2}{2!} + \dfrac{x^4}{4!} - \cdots + (-1)^n \dfrac{x^{2n}}{(2n)!} + \cdots, \ -\infty < x < +\infty$；

⑤ $\ln(1+x) = \sum\limits_{n=0}^{\infty} (-1)^n \dfrac{x^{n+1}}{n+1} = x - \dfrac{x^2}{2} + \dfrac{x^3}{3} - \cdots + (-1)^n \dfrac{x^{n+1}}{n+1} + \cdots, \ -1 < x \leqslant 1$.

三、傅里叶级数

1）概述

三角函数系 $1, \sin x, \cos x, \sin 2x, \cos 2x, \cdots, \sin nx, \cos nx, \cdots$ 中任何不同的两个函数的乘积在区间 $[-\pi, \pi]$ 上积分为零，该性质称为三角函数系在 $[-\pi, \pi]$ 上的正交性.

以 $a_n = \dfrac{1}{\pi} \displaystyle\int_{-\pi}^{\pi} f(x) \cos nx \, \mathrm{d}x$、$b_n = \dfrac{1}{\pi} \displaystyle\int_{-\pi}^{\pi} f(x) \sin nx \, \mathrm{d}x (n = 1, 2, 3, \cdots)$ 为系数所得的

三角级数 $f(x) = \dfrac{a_0}{2} + \sum\limits_{n=1}^{\infty} (a_n \cos nx + b_n \sin nx)$ 称为 $f(x)$ 的傅里叶级数.

2）收敛定理（展开定理）

设 $f(x)$ 是周期为 2π 的周期函数，并满足狄利克雷（Dirichlet）充分条件，即

(1) 在一个周期内连续或只有有限个第一类间断点，

(2) 在一个周期内只有有限个极值点，

则 $f(x)$ 的傅里叶级数收敛，且有

(1) 当 x 是 $f(x)$ 的连续点时，级数收敛于 $f(x)$；

(2) 当 x 是 $f(x)$ 的间断点时，级数收敛于 $\dfrac{f(x^-) + f(x^+)}{2}$.

3）傅里叶展开

将非正弦函数展开为傅里叶级数的步骤为：

(1) 求出系数：$\begin{cases} a_n = \dfrac{1}{\pi} \displaystyle\int_{-\pi}^{\pi} f(x) \cos nx \, \mathrm{d}x, & n = 0, 1, 2, \cdots \\ b_n = \dfrac{1}{\pi} \displaystyle\int_{-\pi}^{\pi} f(x) \sin nx \, \mathrm{d}x, & n = 1, 2, 3, \cdots \end{cases}$.

(2) 写出傅里叶级数 $f(x) = \dfrac{a_0}{2} + \sum\limits_{n=1}^{\infty} (a_n \cos nx + b_n \sin nx)$.

（3）根据收敛定理判定其收敛性.

总习题十

一、填空

1. $\dfrac{1}{2}+\dfrac{1}{4}+\dfrac{1}{8}+\cdots+\dfrac{1}{2^n}+\cdots=$ _____.

2. 若级数 $\displaystyle\sum_{n=1}^{\infty}u_n$ 绝对收敛，则级数 $\displaystyle\sum_{n=1}^{\infty}u_n$ 必定_____；若级数 $\displaystyle\sum_{n=1}^{\infty}u_n$ 条件收敛，则级数 $\displaystyle\sum_{n=1}^{\infty}|u_n|$ 必定_____；若级数 $\displaystyle\sum_{n=1}^{\infty}u_n$ 发散，则级数 $\displaystyle\sum_{n=1}^{\infty}|u_n|$ 必定_____.

3. 级数 $\displaystyle\sum_{n=1}^{\infty}u_n$ 收敛的必要条件是_____.

4. 若级数 $\displaystyle\sum_{n=1}^{\infty}a_n$ 收敛，则级数 $\displaystyle\sum_{n=1}^{\infty}\dfrac{1}{a_n}$ _____（发散、收敛或不能判定）.

5. 部分和数列 $\{S_n\}$ 有上界是正项级数 $\displaystyle\sum_{n=1}^{\infty}u_n$ 收敛的_____条件.

6. 级数 $\displaystyle\sum_{n=1}^{\infty}\dfrac{(-1)^n}{n^p}$ 当_____时绝对收敛，当_____时条件收敛，当_____时发散.

7. 若幂级数 $\displaystyle\sum_{n=0}^{\infty}a_nx^n$ 的收敛半径为 R，则幂级数 $\displaystyle\sum_{n=0}^{\infty}na_nx^{n-1}$ 的收敛半径为_____，幂级数 $\displaystyle\sum_{n=0}^{\infty}\dfrac{a_nx^{n+1}}{n+1}$ 的收敛半径为_____.

8. 若级数 $\displaystyle\sum_{n=1}^{\infty}nx^{n-1}\,(x>0)$ 收敛，则 x 的取值范围是_____.

二、选择题

1. $\displaystyle\lim_{n\to\infty}u_n=0$ 是级数 $\displaystyle\sum_{n=1}^{\infty}u_n$ 收敛的（   ）.

A. 充分条件，但不是必要条件　　　　B. 必要条件，但不是充分条件

C. 充分必要条件　　　　　　　　　　D. 既不是必要条件，也不是充分条件

2. 下列级数中收敛的是（   ）.

A. $\displaystyle\sum_{n=1}^{\infty}\dfrac{1}{2n+1}$ 　　　　　　　　B. $\displaystyle\sum_{n=1}^{\infty}\dfrac{1}{\sqrt{n^2+1}}$

C. $\displaystyle\sum_{n=1}^{\infty}\dfrac{1}{\sqrt{n^3+1}}$ 　　　　　　　D. $\displaystyle\sum_{n=1}^{\infty}\cos\dfrac{n\pi}{2}$

3. （2015 年广东专插本）下列级数中，收敛的是（   ）.

A. $\displaystyle\sum_{n=1}^{\infty}\dfrac{2}{n}$ 　　　　　　　　　　B. $\displaystyle\sum_{n=1}^{\infty}\dfrac{n^2}{n^2+1}$

C. $\displaystyle\sum_{n=1}^{\infty}\dfrac{1}{\sqrt{n}}$ 　　　　　　　　　D. $\displaystyle\sum_{n=1}^{\infty}\left[\left(\dfrac{3}{4}\right)^n+\dfrac{1}{n^2}\right]$

4. (2016 年广东专插本) 已知常数项级数 $\sum\limits_{n=1}^{\infty} u_n$ 的部分和 $S_n = \dfrac{n}{n+1}$，其中 n 为正整数，则下列常数项级数中，发散的是（　　　）.

A. $\sum\limits_{n=1}^{\infty} 2u_n$

B. $\sum\limits_{n=1}^{\infty} (u_n + u_{n-1})$

C. $\sum\limits_{n=1}^{\infty} \left(u_n + \dfrac{1}{n} \right)$

D. $\sum\limits_{n=1}^{\infty} \left[u_n - \left(\dfrac{3}{5} \right)^n \right]$

5. 级数 $\sum\limits_{n=1}^{\infty} \dfrac{(-1)^n n}{3^n}$（　　　）.

A. 条件收敛

B. 绝对收敛

C. 发散

D. 敛散性不能确定

6. (2018 年广东专插本) 级数 $\sum\limits_{n=1}^{\infty} \dfrac{2 + (-1)^n}{3^n} = $（　　　）.

A. 2

B. 1

C. $\dfrac{3}{4}$

D. $\dfrac{1}{2}$

7. 当 $x \in (-\infty, +\infty)$ 时，$1 - 3x + \dfrac{3^2}{2!} x^2 - \dfrac{3^3}{3!} x^3 + \cdots + (-1)^n \dfrac{3^n}{n!} x^n + \cdots = $（　　　）.

A. e^{-x^3}

B. e^{x^3}

C. e^{-3x}

D. e^{3x}

三、计算题

1. 判定下列级数的敛散性：

(1) $\sum\limits_{n=1}^{\infty} \dfrac{2n}{n+1}$；

(2) $\sum\limits_{n=1}^{\infty} \dfrac{1}{\sqrt{n^n}}$；

(3) $\sum\limits_{n=1}^{\infty} \dfrac{1 \times 3 \times \cdots \times (2n-1)}{2 \times 5 \times \cdots \times (3n-1)}$.

2. 判定下列级数是绝对收敛、条件收敛还是发散.

(1) $\sum\limits_{n=1}^{\infty} \dfrac{(-1)^{n+1}}{\ln(n+1)}$；

(2) $\sum\limits_{n=1}^{\infty} (-1)^{n-1} \dfrac{n+1}{n}$；

(3) $\sum\limits_{n=1}^{\infty} \dfrac{\cos n\pi}{\sqrt{n^3 + n}}$.

3. 求下列幂级数的收敛域：

(1) $\sum\limits_{n=1}^{\infty} \dfrac{x^{n-1}}{3^{n-1} n^2}$；

(2) $\sum\limits_{n=1}^{\infty} \dfrac{(x+1)^n}{n}$；

(3) $\sum\limits_{n=1}^{\infty} \dfrac{x^{2n}}{4n+1}$；

(4) $\sum\limits_{n=1}^{\infty} \dfrac{2^{2n-1}}{n\sqrt{n}} (x-1)^n$；

(5) $\sum\limits_{n=1}^{\infty} \dfrac{1}{\sqrt{n}} (x-1)^{2n+1}$；

(6) $\sum\limits_{n=1}^{\infty} \dfrac{1}{n2^n} (x+1)^n$.

4. 求级数 $\sum\limits_{n=0}^{\infty} \dfrac{x^{n+1}}{n!}$ 的和函数.

5. 若 $\dfrac{1}{3+x} = \sum\limits_{n=0}^{\infty} a_n (x-1)^n$，求 a_n.

6. 将下列函数展开为 x 的幂级数，并指出其收敛区间.

(1) $f(x) = (x+1)e^x$；

(2) $f(x) = x^2 \cos x$；

(3) $f(x) = e^{2x}$；

(4) $f(x) = \dfrac{x}{x^2 + 5x + 6}$；

(5) $f(x) = \dfrac{x^2}{x-3}$.

7*. 将 $f(x) = \dfrac{1}{x^2 - 3x + 2}$ 展开成 $(x+1)$ 的幂级数，并指出其展开范围.

8^*. 将 $f(x) = \dfrac{2}{x^2 - 2x - 3}$ 展开成 $(x-1)$ 的幂级数，并指出其展开范围.

9^*. 设周期函数 $f(x)$ 的周期为 2π，它在 $[-\pi, \pi)$ 上的表达式为

$$f(x) = \begin{cases} \pi + x, & -\pi \leqslant x < 0 \\ \pi - x, & 0 \leqslant x < \pi \end{cases}$$

将 $f(x)$ 展开成傅里叶级数.

习题答案

第十一章　拉普拉斯变换

学习目标

　　知识目标：了解拉普拉斯变换与逆变换的概念和拉普拉斯变换的性质，掌握常用函数的拉普拉斯变换，会用 MATLAB 求拉普拉斯变换和逆变换．

　　技能目标：知道拉普拉斯变换的概念与性质，会用拉普拉斯变换表求函数的拉普拉斯变换与逆变换．能用 MATLAB 求拉普拉斯变换和逆变换．

　　能力目标：会利用拉普拉斯变换求简单的常系数线性微分方程的解．

　　拉普拉斯变换是工程数学中常用的一种积分变换，又名拉氏变换，在数学领域尤其是在函数求解过程中有着非常重要的作用．本章将扼要地介绍拉普拉斯变换的基本概念、主要性质、逆变换以及一些简单的应用．

11.1　拉普拉斯变换的概念与性质

一、拉普拉斯变换的概念

　　在数学运算中，为了把较复杂的运算转换为较简单的运算，常常采用某种变换方法，例如我们熟悉的对数变换．借助于对数变换可将乘方、开方运算转化为乘除运算，将乘除运算转化为加减运算．本节要介绍的拉普拉斯变换是将微积分运算转化为代数运算，将微分方程转化为代数方程．

　　定义 11-1　设函数 $f(t)$ 在 $t \geqslant 0$ 时有定义，若反常积分

$$\int_0^{+\infty} f(t)\mathrm{e}^{-st}\,\mathrm{d}t$$

在 s 的某一区域内收敛，则该积分确定了一个以 s 为自变量的新函数，记作 $F(s)$，即

$$F(s) = \int_0^{+\infty} f(t)\mathrm{e}^{-st}\,\mathrm{d}t \tag{11-1}$$

式(11-1)称为 $f(t)$ 的拉氏变换式，记作 $\mathscr{L}[f(t)]$，即

$$F(s) = \mathscr{L}[f(t)]$$

函数 $F(s)$ 称为 $f(t)$ 的拉氏变换（$f(t)$ 的象函数），$f(t)$ 称为 $F(s)$ 的拉氏逆变换（$F(s)$ 的象原函数），记作

$$f(t) = \mathscr{L}^{-1}[F(s)]$$

　　注：（1）拉氏变换中，只要求 $f(t)$ 在 $t \geqslant 0$ 时有定义．为了研究方便，以后总假定 $t < 0$ 时，$f(t) \equiv 0$．

　　（2）拉氏变换是一种积分变换，一般说来，在科学技术中遇到的函数的拉氏变换总是

存在的.

（3）参数 s 可在复数范围内取值. 为方便起见，本章我们把 s 作为实数来讨论，这并不影响对拉氏变换性质的研究和应用.

例 11-1 求指数函数 $f(t) = e^{at}(t \geq 0, a$ 为实数$)$ 的拉氏变换.

解 $\mathscr{L}[e^{at}] = \int_0^{+\infty} e^{at} \cdot e^{-st} dt = \int_0^{+\infty} e^{-(s-a)t} dt = \left[\dfrac{1}{a-s} e^{-(s-a)t} \right]_0^{+\infty} = \dfrac{1}{s-a}, \quad (s > a)$

即

$$\mathscr{L}[e^{at}] = \frac{1}{s-a}, \quad (s > a)$$

例 11-2 求函数 $f(t) = at(t \geq 0, a$ 为常数$)$ 的拉氏变换.

解 $\mathscr{L}[at] = \int_0^{+\infty} at e^{-st} dt = -\dfrac{a}{s} \int_0^{+\infty} t d(e^{-st}) = \left[-\dfrac{at}{s} e^{-st} \right]_0^{+\infty} + \dfrac{a}{s} \int_0^{+\infty} e^{-st} dt$

$= 0 + \dfrac{a}{s} \int_0^{+\infty} e^{-st} dt = \left[-\dfrac{a}{s^2} e^{-st} \right]_0^{+\infty} = \dfrac{a}{s^2}, \quad (s > 0)$

例 11-3 求正弦函数 $f(t) = \sin\omega t(t \geq 0, \omega$ 为实数$)$ 的拉氏变换.

解 $\mathscr{L}[\sin\omega t] = \int_0^{+\infty} \sin\omega t \cdot e^{-st} dt = \dfrac{1}{s^2 + \omega^2} [e^{-st}(s\sin\omega x + \omega\cos\omega x)]_0^{+\infty}$

$= \dfrac{\omega}{s^2 + \omega^2}, \quad (s > 0)$

即

$$\mathscr{L}[\sin\omega t] = \frac{\omega}{s^2 + \omega^2}, \quad (s > 0)$$

同理可得

$$\mathscr{L}[\cos\omega t] = \frac{s}{s^2 + \omega^2}, \quad (s > 0)$$

例 11-4 求单位阶梯函数 $u(t) = \begin{cases} 0, & t < 0 \\ 1, & t \geq 0 \end{cases}$ 的拉氏变换.

解 根据拉氏变换的定义，有

$$\mathscr{L}[u(t)] = \int_0^{+\infty} 1 \cdot e^{-st} dt = -\frac{1}{s} [e^{-st}]_0^{+\infty} = \frac{1}{s}, \quad (s > 0)$$

故可得

$$\mathscr{L}[u(t)] = \frac{1}{s}, \quad (s > 0)$$

二、拉氏变换的性质

我们已经知道了如何用定义求一个函数的拉氏变换. 对于较复杂函数的拉氏变换，可以应用拉氏变换的性质.

性质 11-1 （线性性质）若 a_1、a_2 是常数，则

$$\mathscr{L}[a_1 f_1(t) + a_2 f_2(t)] = a_1 \mathscr{L}[f_1(t)] + a_2 \mathscr{L}[f_2(t)] \tag{11-2}$$

同样，拉氏逆变换也具有线性性质，即

$$\mathscr{L}^{-1}[a_1 F_1(s) + a_2 F_2(s)] = a_1 \mathscr{L}^{-1}[F_1(s)] + a_2 \mathscr{L}^{-1}[F_2(s)]$$

例 11 - 5　求函数 $f(t) = 1 - e^{-at} + 2t$ 的拉氏变换.

解　　　$\mathscr{L}[1 - e^{-at} + 2t] = \mathscr{L}[1] - \mathscr{L}[e^{-at}] + 2\mathscr{L}[t] = \dfrac{1}{s} - \dfrac{1}{s+a} + \dfrac{2}{s^2}$

性质 11 - 2　（平移性质）若 $\mathscr{L}[f(t)] = F(s)$，则

$$\mathscr{L}[e^{at}f(t)] = F(s-a), \quad (a \text{ 为常数}) \tag{11-3}$$

可见，对象原函数 $f(t)$ 乘以 e^{at}，相当于对象函数 $F(s)$ 作位移 a. 同样可得

$$\mathscr{L}^{-1}[F(s-a)] = e^{at}\mathscr{L}^{-1}[F(s)] = e^{at}f(t)$$

例 11 - 6　求 $\mathscr{L}[te^{at}]$、$\mathscr{L}[e^{-at}\sin\omega t]$ 和 $\mathscr{L}[e^{-at}\cos\omega t]$.

解　因为 $\mathscr{L}[t] = \dfrac{1}{s^2}$，$\mathscr{L}[\sin\omega t] = \dfrac{\omega}{s^2 + \omega^2}$，$\mathscr{L}[\cos\omega t] = \dfrac{s}{s^2 + \omega^2}$，由平移性质可得

$$\mathscr{L}[te^{at}] = \frac{1}{(s-a)^2}$$

$$\mathscr{L}[e^{-at}\sin\omega t] = \frac{\omega}{(s+a)^2 + \omega^2}$$

$$\mathscr{L}[e^{-at}\cos\omega t] = \frac{s+a}{(s+a)^2 + \omega^2}$$

性质 11 - 3　（延滞性质）若 $\mathscr{L}[f(t)] = F(s)$，则对于 $\tau > 0$，有

$$\mathscr{L}[f(t-\tau)] = e^{-\tau s}F(s) \tag{11-4}$$

注：将函数 $f(t-\tau)$ 与 $f(t)$ 比较，$f(t)$ 是从 $t = 0$ 开始有非零数值，而 $f(t-\tau)$ 则是从 $t = \tau$ 开始才有非零数值，即延迟了时间 τ. 从它们的图像来看，$f(t-\tau)$ 的图像由 $f(t)$ 的图像沿 t 轴向右平移距离 τ 而得，如图 11 - 1 可得.

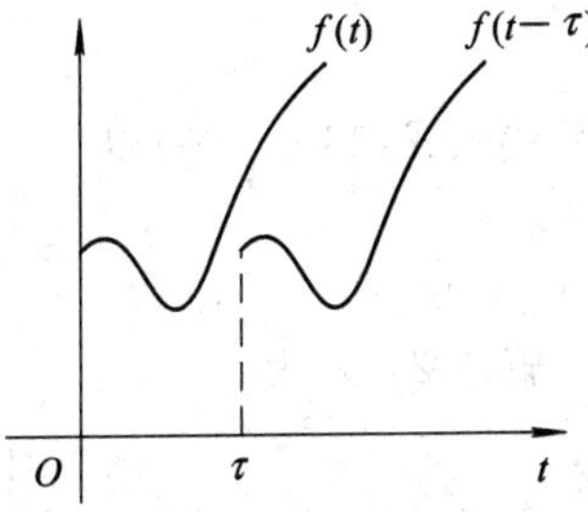

图 11 - 1

这个性质表明，函数 $f(t)$ 延迟时间 τ 的拉氏变换等于它的象函数 $F(s)$ 乘以指数因子 $e^{-\tau s}$.

例 11 - 7　求函数 $u(t-\tau) = \begin{cases} 0, & t < \tau \\ 1, & t \geqslant \tau \end{cases}$ 的拉氏变换.

解　由例 4 可知

$$\mathscr{L}[u(t)] = \frac{1}{s}$$

再利用延滞性质可得

$$\mathscr{L}[u(t-\tau)] = e^{-\tau s}\frac{1}{s}$$

性质 11 - 4　（微分性质）若 $\mathscr{L}[f(t)] = F(s)$，则

$$\mathscr{L}[f'(t)] = sF(s) - f(0) \tag{11-5}$$

即函数导数的拉氏变换等于这个函数的拉氏变换乘以参数 s，再减去函数的初始值.

一般地，有

$$\mathscr{L}[f^{(n)}(t)] = s^n\mathscr{L}[f(t)] - s^{n-1}f(0) - s^{n-2}f'(0) - \cdots - f^{(n-1)}(0)$$

特别地，如果

$$f(0) = f'(0) = f''(0) = \cdots = f^{(n-1)}(0) = 0$$

则有

$$\mathscr{L}[f^{(n)}(t)] = s^n\mathscr{L}[f(t)] = s^nF(s)$$

利用这个性质，可将 $f(t)$ 的微分方程转化为 $F(s)$ 的代数方程.

性质 11 - 5　（积分性质）若 $\mathscr{L}[f(t)] = F(s)(s \neq 0)$ 且 $f(t)$ 连续，则

$$\mathscr{L}\left[\int_0^t f(t)\mathrm{d}t\right] = \frac{F(s)}{s}$$

从拉氏变换的微分、积分性质可以看出，经过拉氏变换后，可将函数的微积分运算转化为代数运算. 这是拉氏变换的一个重要特点.

例 11 - 8　求 $f(t) = t^n (n$ 为自然数) 的拉氏变换.

解　解法 1：因为

$$f'(t) = nt^{n-1}, f''(t) = n(n-1)t^{n-2}, \cdots, f^{(n)}(t) = n!$$

故有

$$f(0) = f'(0) = f''(0) = \cdots = f^{(n-1)}(0) = 0$$

利用微分性质，有

$$\mathscr{L}[f^{(n)}(t)] = s^n \mathscr{L}[f(t)]$$

即

$$\mathscr{L}[f(t)] = \frac{\mathscr{L}[f^{(n)}(t)]}{s^n} \tag{11 - 6}$$

又因为

$$\mathscr{L}[f^{(n)}(t)] = \mathscr{L}[n!] = n!\mathscr{L}[1] = \frac{n!}{s}$$

将其代入式(11 - 6)便得

$$\mathscr{L}[f(t)] = \frac{n!}{s^{n+1}}$$

解法 2：因为

$$t = \int_0^t 1\mathrm{d}t, \ t^2 = \int_0^t 2t\mathrm{d}t, \cdots, t^n = \int_0^t nt^{n-1}\mathrm{d}t$$

利用积分性质，得

$$\mathscr{L}[t] = \mathscr{L}\left[\int_0^t 1\mathrm{d}t\right] = \frac{1}{s}\mathscr{L}[1] = \frac{1}{s^2}$$

$$\mathscr{L}[t^2] = \mathscr{L}\left[\int_0^t 2t\mathrm{d}t\right] = \frac{2}{s}\mathscr{L}[t] = \frac{2}{s} \cdot \frac{1}{s^2} = \frac{2!}{s^3}$$

$$\mathscr{L}[t^3] = \mathscr{L}\left[\int_0^t 3t^2\mathrm{d}t\right] = \frac{3}{s}\mathscr{L}[t^2] = \frac{3}{s} \cdot \frac{2!}{s^3} = \frac{3!}{s^4}$$

$$\cdots$$

以此类推，有

$$\mathscr{L}[t^n] = \mathscr{L}\left[\int_0^t nt^{n-1}\mathrm{d}t\right] = \frac{n}{s}\mathscr{L}[t^{n-1}] = \frac{n}{s} \cdot \frac{(n-1)!}{s^n} = \frac{n!}{s^{n+1}}$$

性质 11 - 6　若 $\mathscr{L}[f(t)] = F(s)$，则

$$\mathscr{L}[f(at)] = \frac{1}{a}F\left(\frac{s}{a}\right), \quad (a > 0)$$

性质 11 - 7　若 $\mathscr{L}[f(t)] = F(s)$，则

$$\mathscr{L}[t^n f(t)] = (-1)^n F^{(n)}(s)$$

性质 11-8　若 $\mathscr{L}[f(t)] = F(s)$，且极限 $\lim\limits_{t \to 0} \dfrac{f(t)}{t}$ 存在，则

$$\mathscr{L}\left[\frac{f(t)}{t}\right] = \int_s^{+\infty} F(s)\,\mathrm{d}s$$

三、单位脉冲函数及其拉氏变换

1. 单位脉冲函数（狄拉克函数）

在许多实际问题中，常常会遇到具有冲击性质的量，如在一瞬间的大作用力或超高压. 这些物理现象都具有脉冲的性质. 研究这类问题，不能用普通的函数表示，为此我们介绍一类特殊函数.

定义 11-2　设

$$\delta_\varepsilon(t) = \begin{cases} \dfrac{1}{\varepsilon}, & t \in (0, \varepsilon), \\ 0, & t \notin (0, \varepsilon), \end{cases} \quad (\varepsilon > 0)$$

当 $\varepsilon \to 0$ 时，函数序列 $\delta_\varepsilon(t)$ 的极限

$$\delta(t) = \lim_{\varepsilon \to 0^+} \delta_\varepsilon(t)$$

称为狄拉克函数，简记为 δ-函数，工程技术中常称之为单位脉冲函数.

当 $t \neq 0$ 时，$\delta(t) = 0$；当 $t = 0$ 时，$\delta(t)$ 的值为正无穷大，即

$$\delta(t) = \begin{cases} 0, & t \neq 0 \\ \infty, & t = 0 \end{cases}$$

$\delta_\varepsilon(t)$ 的图形如图 11-2 所示. 显然对任何 $\varepsilon > 0$，均有

$$\int_{-\infty}^{+\infty} \delta_\varepsilon(t)\,\mathrm{d}t = \int_0^\varepsilon \frac{1}{\varepsilon}\,\mathrm{d}t = 1$$

所以我们规定

$$\int_{-\infty}^{+\infty} \delta(t)\,\mathrm{d}t = 1$$

有些工程书中将 δ-函数用一个长度等于 1 的有向线段来表示（见图 11-3）. 这个线段的长度表示 δ-函数的积分，叫做 δ-函数的强度.

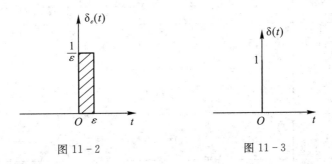

图 11-2　　　　　　　图 11-3

δ-函数有下述重要性质（也称为 δ-函数的筛选性质）：

设 $f(t)$ 是 $(-\infty, +\infty)$ 上的连续函数，则 $\delta(t)f(t)$ 在 $(-\infty, +\infty)$ 上的积分等于 $f(t)$ 在 $t = 0$ 处的函数值，即

$$\int_{-\infty}^{+\infty} \delta(t) f(t) \mathrm{d}t = f(0) \qquad\qquad (11-7)$$

注：δ-函数是一个广义函数，它没有普通意义下的函数值，不能用通常意义下"值的对应关系"来定义．

2. 单位脉冲函数 δ(t) 的拉氏变换

对单位脉冲函数作拉氏变换时，有以下两种方法：

解法 1　先求 $\delta_\varepsilon(t)$ 的拉氏变换，得

$$\mathscr{L}[\delta_\varepsilon(t)] = \int_0^{+\infty} \delta_\varepsilon(t) \mathrm{e}^{-st} \mathrm{d}t = \int_0^\varepsilon \frac{1}{\varepsilon} \mathrm{e}^{-st} \mathrm{d}t = \frac{1}{\varepsilon s}(1 - \mathrm{e}^{-\varepsilon s})$$

所以 δ(t) 的拉氏变换为

$$\mathscr{L}[\delta(t)] = \lim_{\varepsilon \to 0^+} \mathscr{L}[\delta_\varepsilon(t)] = \lim_{\varepsilon \to 0^+} \frac{1 - \mathrm{e}^{-\varepsilon s}}{\varepsilon s} = \lim_{\varepsilon \to 0} \frac{s\mathrm{e}^{-\varepsilon s}}{\varepsilon s} = 1$$

即

$$\mathscr{L}[\delta(t)] = 1$$

解法 2　因为当 $t < 0$ 时，$\delta(t) = 0$，所以有

$$\mathscr{L}[\delta(t)] = \int_0^{+\infty} \delta(t) \mathrm{e}^{-st} \mathrm{d}t = \int_{-\infty}^{+\infty} \delta(t) \mathrm{e}^{-st} \mathrm{d}t$$

由 δ-函数的筛选性质（即式(11-7)），得

$$\mathscr{L}[\delta(t)] = \mathrm{e}^{-s \cdot 0} = 1$$

现将拉氏变换的几个性质和在实际应用中常用的一些函数的象函数分别列于表 11-1 和表 11-2．

表 11-1　拉氏变换的性质

拉氏变换的性质	设 $\mathscr{L}[f(t)] = F(s)$
性质 1（线性性质）	$\mathscr{L}[a_1 f_1(t) + a_2 f_2(t)] = a_1 \mathscr{L}[f_1(t)] + a_2 \mathscr{L}[f_2(t)]$
性质 2（平移性质）	$\mathscr{L}[\mathrm{e}^{at} f(t)] = F(s-a)$
性质 3（延滞性质）	$\mathscr{L}[f(t-\tau)] = \mathrm{e}^{-\tau s} F(s) \quad \tau > 0$
性质 4（微分性质）	$\mathscr{L}[f'(t)] = sF(s) - f(0)$ $\mathscr{L}[f^{(n)}(t)] = s^n \mathscr{L}[f(t)] - s^{n-1} f(0) - s^{n-2} f'(0) - \cdots - f^{(n-1)}(0)$
性质 5（积分性质）	$\mathscr{L}\left[\int_0^t f(t) \mathrm{d}t\right] = \dfrac{F(s)}{s}$
性质 6	$\mathscr{L}[f(at)] = \dfrac{1}{a} F\left(\dfrac{s}{a}\right) \quad (a > 0)$
性质 7	$\mathscr{L}[t^n f(t)] = (-1)^n F^{(n)}(s)$
性质 8	$\mathscr{L}\left[\dfrac{f(t)}{t}\right] = \int_s^{+\infty} F(s) \mathrm{d}s$

表 11 - 2　常用函数的拉氏变换表

序号	$f(t)$	$F(s)$
1	$\delta(t)$	1
2	$u(t)$	$\dfrac{1}{s}$
3	t	$\dfrac{1}{s^2}$
4	$t^n\,(n=1,2,\cdots)$	$\dfrac{n!}{s^{n+1}}$
5	e^{at}	$\dfrac{1}{s-a}$
6	$1-\mathrm{e}^{-at}$	$\dfrac{a}{s(s+a)}$
7	$t\mathrm{e}^{at}$	$\dfrac{1}{(s-a)^2}$
8	$t^n\mathrm{e}^{at}\,(n=1,2,\cdots)$	$\dfrac{n!}{(s-a)^{n+1}}$
9	$\sin\omega t$	$\dfrac{\omega}{s^2+\omega^2}$
10	$\cos\omega t$	$\dfrac{s}{s^2+\omega^2}$
11	$\sin(\omega t+\varphi)$	$\dfrac{s\sin\varphi+\omega\cos\varphi}{s^2+\omega^2}$
12	$\cos(\omega t+\varphi)$	$\dfrac{s\cos\varphi-\omega\sin\varphi}{s^2+\omega^2}$
13	$t\sin\omega t$	$\dfrac{2\omega s}{(s^2+\omega^2)^2}$
14	$\sin\omega t-\omega t\cos\omega t$	$\dfrac{2\omega^3}{(s^2+\omega^2)^2}$
15	$t\cos\omega t$	$\dfrac{s^2-\omega^2}{(s^2+\omega^2)^2}$
16	$\mathrm{e}^{-at}\sin\omega t$	$\dfrac{\omega}{(s+a)^2+\omega^2}$
17	$\mathrm{e}^{-at}\cos\omega t$	$\dfrac{s+a}{(s+a)^2+\omega^2}$
18	$\dfrac{1}{a^2}(1-\cos at)$	$\dfrac{1}{s(s^2+a^2)}$
19	$\mathrm{e}^{at}-\mathrm{e}^{bt}$	$\dfrac{a-b}{(s-a)(s-b)}$
20	$2\sqrt{\dfrac{t}{\pi}}$	$\dfrac{1}{s\sqrt{s}}$
21	$\dfrac{1}{\sqrt{\pi t}}$	$\dfrac{1}{\sqrt{s}}$

习题 11.1

1. 求下列各函数的拉氏变换：

(1) $f(t) = 2e^{-3t}$；

(2) $f(t) = t^3 - 7t + 3$；

(3) $f(t) = 5\sin 4t - 3\cos 2t$；

(4) $f(t) = \sin t \cos t$；

(5) $f(t) = e^{3t} \sin 4t$；

(6) $f(t) = \begin{cases} 2, & 0 \leqslant t < 4 \\ 0, & t \geqslant 4 \end{cases}$.

2. 对下列函数验证拉氏变换的微分性质 $\mathscr{L}[f'(t)] = s\mathscr{L}[f(t)] - f(0)$：

(1) $f(t) = 3e^{2t}$；

(2) $f(t) = \cos 5t$；

(3) $f(t) = t^2 + 2t - 4$.

11.2 拉氏逆变换及拉氏变换的应用

一、拉氏逆变换的求法

我们已经讨论了如何求函数的拉氏变换. 现在讨论拉氏逆变换的求法，即如何由已知的象函数 $F(s)$，求它的象原函数 $f(t)$.

例 11-9 求下列象函数 $F(s)$ 的逆变换：

(1) $F(s) = \dfrac{1}{s+3}$；

(2) $F(s) = \dfrac{1}{(s-2)^3}$；

(3) $F(s) = \dfrac{2s-5}{s^2}$；

(4) $F(s) = \dfrac{4s-3}{s^2+4}$.

解 (1) 将 $a = -3$ 代入表 11-2(5)，得

$$f(t) = \mathscr{L}^{-1}\left[\frac{1}{s+3}\right] = e^{-3t}$$

(2) 由性质 2 及表 11-2(4)，得

$$f(t) = \mathscr{L}^{-1}\left[\frac{1}{(s-2)^3}\right] = e^{2t}\mathscr{L}^{-1}\left[\frac{1}{s^3}\right] = \frac{e^{2t}}{2}\mathscr{L}^{-1}\left[\frac{2!}{s^3}\right] = \frac{1}{2}t^2 e^{2t}$$

(3) 由性质 1 及表 11-2(2)、(3)，得

$$f(t) = \mathscr{L}^{-1}\left[\frac{2s-5}{s^2}\right] = 2\mathscr{L}^{-1}\left[\frac{1}{s}\right] - 5\mathscr{L}^{-1}\left[\frac{1}{s^2}\right] = 2 - 5t$$

(4) 由性质 1 及表 11-2(9)、(10)，得

$$f(t) = \mathscr{L}^{-1}\left[\frac{4s-3}{s^2+4}\right] = 4\mathscr{L}^{-1}\left[\frac{s}{s^2+4}\right] - \frac{3}{2}\mathscr{L}^{-1}\left[\frac{2}{s^2+4}\right] = 4\cos 2t - \frac{3}{2}\sin 2t$$

例 11-10 求 $F(s) = \dfrac{s+3}{s^2+3s+2}$ 的逆变换.

解 $f(t) = \mathscr{L}^{-1}[F(s)] = \mathscr{L}^{-1}\left[\dfrac{s+3}{s^2+3s+2}\right] = \mathscr{L}^{-1}\left[\dfrac{2}{s+1} - \dfrac{1}{s+2}\right]$

$$= 2\mathscr{L}^{-1}\left[\frac{1}{s+1}\right] - \mathscr{L}^{-1}\left[\frac{1}{s+2}\right] = 2e^{-t} - e^{-2t}$$

例 11-11 求 $F(s) = \dfrac{3s-4}{s^2-4s+5}$ 的逆变换.

解　$f(t) = \mathscr{L}^{-1}[F(s)] = \mathscr{L}^{-1}\left[\dfrac{3s-4}{s^2-4s+5}\right] = \mathscr{L}^{-1}\left[\dfrac{3(s-2)+2}{(s-2)^2+1}\right]$

$$= 3\mathscr{L}^{-1}\left[\dfrac{(s-2)}{(s-2)^2+1}\right] + 2\mathscr{L}^{-1}\left[\dfrac{1}{(s-2)^2+1}\right]$$

$$= 3\mathrm{e}^{2t}\mathscr{L}^{-1}\left[\dfrac{s}{s^2+1}\right] + 2\mathrm{e}^{2t}\mathscr{L}^{-1}\left[\dfrac{1}{s^2+1}\right]$$

$$= 3\mathrm{e}^{2t}\cos t + 2\mathrm{e}^{2t}\sin t = \mathrm{e}^{2t}(3\cos t + 2\sin t)$$

二、拉氏变换的应用举例

　　例 11 - 12　求微分方程 $x'(t) + 2x(t) = 0$ 满足初始条件 $x(0) = 3$ 的解.

　　解　第一步，对方程两边取拉氏变换，并设 $\mathscr{L}[x(t)] = X(s)$，因为

$$\mathscr{L}[x'(t) + 2x(t)] = \mathscr{L}[0]$$

即

$$\mathscr{L}[x'(t)] + 2\mathscr{L}[x(t)] = 0$$

所以

$$sX(s) - x(0) + 2X(s) = 0 \qquad\qquad (11-8)$$

将初始条件 $x(0) = 3$ 代入式(11-8)，得

$$(s+2)X(s) = 3$$

这样，原来的微分方程经过拉氏变换后，就得到了一个象函数的代数方程.

　　第二步，解出 $X(s)$，即

$$X(s) = \dfrac{3}{s+2}$$

　　第三步，求象函数的拉氏逆变换，即

$$x(t) = \mathscr{L}^{-1}\left[\dfrac{3}{s+2}\right] = 3\mathrm{e}^{-2t}$$

　　因此微分方程的解为

$$x(t) = 3\mathrm{e}^{-2t}$$

由例 4 可知，用拉氏变换解常系数线性微分方程的方法的运算过程如图 11-4 所示.

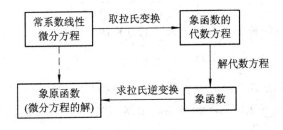

图 11 - 4

　　例 11 - 13　求微分方程组 $\begin{cases} x'' - 2y' - x = 0 \\ x' - y = 0 \end{cases}$ 满足初始条件 $x(0) = 0$、$x'(0) = 1$、$y(0) = 1$ 的解.

　　解　设 $\mathscr{L}[x(t)] = X(s) = X$，$\mathscr{L}[y(t)] = Y(s) = Y$，对方程组取拉氏变换，得

$$\begin{cases} s^2 X - sx(0) - x'(0) - 2(sY - y(0)) - X = 0 \\ sX - x(0) - Y = 0 \end{cases}$$

将初始条件 $x(0) = 0$、$x'(0) = 1$、$y(0) = 1$ 代入，整理后得

$$\begin{cases} (s^2 - 1)X - 2sY + 1 = 0 \\ sX - Y = 0 \end{cases}$$

解此代数方程组，得

$$\begin{cases} X(s) = \dfrac{1}{s^2 + 1} \\ Y(s) = \dfrac{s}{s^2 + 1} \end{cases}$$

取拉氏逆变换，得所求解为

$$\begin{cases} x(t) = \sin t \\ y(t) = \cos t \end{cases}$$

例 11 - 14 求微分方程 $y'' - 3y' + 2y = 2e^{-t}$ 满足初值条件 $y(0) = 2$、$y'(0) = -1$ 的解.

解 对所给微分方程的两边分别取拉氏变换，并设 $\mathscr{L}[y(t)] = Y$，得

$$[s^2 Y - sy(0) - y'(0)] - 3[sY - y(0)] + 2Y = \frac{2}{s+1}$$

将初值条件 $y(0) = 2$、$y'(0) = -1$ 代入，得到 Y 的代数方程为

$$(s^2 - 3s + 2)Y = \frac{2}{s+1} + 2s - 7$$

即

$$(s^2 - 3s + 2)Y = \frac{2s^2 - 5s - 5}{s+1}$$

解出 Y，得

$$Y = \frac{2s^2 - 5s - 5}{(s+1)(s-1)(s-2)} \tag{11-9}$$

将式(11-9)分解为部分分式，即

$$Y = \frac{\dfrac{1}{3}}{s+1} + \frac{4}{s-1} - \frac{\dfrac{7}{3}}{s-2}$$

再取拉氏逆变换，就得到满足所给初值条件的方程的解为

$$y(t) = \frac{1}{3}e^{-t} + 4e^{t} - \frac{7}{3}e^{2t}$$

从上面的例子可以看出，微分方程经过拉氏变换后，初始条件都一并考虑进去了，从而避免了微分方程一般解法中先求通解然后根据初始条件确定任意常数的复杂运算.

 **习题 11.2**

1. 求下列各函数的拉氏逆变换：

(1) $F(s) = \dfrac{2}{s-3}$；

(2) $F(s) = \dfrac{1}{3s+5}$；

(3) $F(s) = \dfrac{4s}{s^2 + 16}$；

(4) $F(s) = \dfrac{1}{4s^2 + 9}$；

(5) $F(s) = \dfrac{2s - 8}{s^2 + 36}$;　　　　　　(6) $F(s) = \dfrac{s}{(s + 3)(s + 5)}$;

(7) $F(s) = \dfrac{4}{s^2 + 4s + 20}$;　　　　　(8) $F(s) = \dfrac{s^2}{s^2 + 4}$.

2. 用拉氏变换解下列微分方程:

(1) $\dfrac{\mathrm{d}i}{\mathrm{d}t} + 5i = 10\mathrm{e}^{-3t}$, 初始条件为 $i(0) = 0$;

(2) $\dfrac{\mathrm{d}^2 y}{\mathrm{d}t^2} + \omega^2 y = 0$, 初始条件为 $y(0) = 0$, $y'(0) = \omega$.

3. 用拉氏变换解微分方程组 $\begin{cases} x' + x - y = \mathrm{e}^t \\ y' + 3x - 2y = 2\mathrm{e}^t \end{cases}$, 其中 $x(0) = y(0) = 1$.

本 章 小 结

一、拉普拉斯变换的概念

设函数 $f(t)$ 在 $t \geqslant 0$ 时有定义, 反常积分 $\displaystyle\int_0^{+\infty} f(t)\mathrm{e}^{-st}\mathrm{d}t$ 在 s 的某一区域内收敛, 则函数 $f(t)$ 的拉氏变换式为

$$\mathscr{L}[f(t)] = F(s) = \int_0^{+\infty} f(t)\mathrm{e}^{-st}\mathrm{d}t$$

函数 $F(s)$ 称为 $f(t)$ 的拉氏变换($f(t)$ 的象函数), $f(t)$ 称为 $F(s)$ 的拉氏逆变换($F(s)$ 的象原函数), 记作

$$f(t) = \mathscr{L}^{-1}[F(s)]$$

二、拉氏变换的性质

1) 线性性质

若 a_1、a_2 是常数, 则

$$\mathscr{L}[a_1 f_1(t) + a_2 f_2(t)] = a_1 \mathscr{L}[f_1(t)] + a_2 \mathscr{L}[f_2(t)]$$

同样, 拉氏逆变换也具有线性性质, 即

$$\mathscr{L}^{-1}[a_1 F_1(s) + a_2 F_2(s)] = a_1 \mathscr{L}^{-1}[F_1(s)] + a_2 \mathscr{L}^{-1}[F_2(s)]$$

2) 平移性质

若 $\mathscr{L}[f(t)] = F(s)$, 则

$$\mathscr{L}[\mathrm{e}^{at} f(t)] = F(s - a) \quad (a \text{ 为常数})$$

$$\mathscr{L}^{-1}[F(s - a)] = \mathrm{e}^{at} \mathscr{L}^{-1}[F(s)] = \mathrm{e}^{at} f(t)$$

3) 延滞性质

若 $\mathscr{L}[f(t)] = F(s)$, 则对于 $\tau > 0$, 有

$$\mathscr{L}[f(t - \tau)] = \mathrm{e}^{-\tau s} F(s)$$

4) 微分性质

若 $\mathscr{L}[f(t)] = F(s)$, 则

$$\mathscr{L}[f'(t)] = sF(s) - f(0)$$

一般地, 有

$$\mathscr{L}[f^{(n)}(t)] = s^n \mathscr{L}[f(t)] - s^{n-1}f(0) - s^{n-2}f'(0) - \cdots - f^{(n-1)}(0)$$

特别地，如果

$$f(0) = f'(0) = f''(0) = \cdots = f^{(n-1)}(0) = 0$$

则有

$$\mathscr{L}[f^{(n)}(t)] = s^n \mathscr{L}[f(t)] = s^n F(s)$$

5）积分性质

若 $\mathscr{L}[f(t)] = F(s)(s \neq 0)$ 且 $f(t)$ 连续，则

$$\mathscr{L}\left[\int_0^t f(t)\mathrm{d}t\right] = \frac{F(s)}{s}$$

6）$\mathscr{L}[f(at)] = \dfrac{1}{a}F\left(\dfrac{s}{a}\right) \quad (a > 0)$

7）$\mathscr{L}[t^n f(t)] = (-1)^n F^{(n)}(s)$

8）$\mathscr{L}\left[\dfrac{f(t)}{t}\right] = \displaystyle\int_s^{+\infty} F(s)\mathrm{d}s$

三、单位脉冲函数及其拉氏变换

1）单位脉冲函数（狄拉克函数）

设

$$\delta_\varepsilon(t) = \begin{cases} \dfrac{1}{\varepsilon}, & t \in (0, \varepsilon), \\ 0, & t \notin (0, \varepsilon), \end{cases} \quad (\varepsilon > 0)$$

当 $\varepsilon \to 0$ 时，函数序列 $\delta_\varepsilon(t)$ 的极限

$$\delta(t) = \lim_{\varepsilon \to 0^+} \delta_\varepsilon(t)$$

称为狄拉克函数，简记为 δ-函数，工程技术中常称为单位脉冲函数.

当 $t \neq 0$ 时，$\delta(t) = 0$；当 $t = 0$ 时，$\delta(t)$ 的值为无穷大，即

$$\delta(t) = \begin{cases} 0, & t \neq 0 \\ \infty, & t = 0 \end{cases}$$

对任何 $\varepsilon > 0$，均有

$$\int_{-\infty}^{+\infty} \delta_\varepsilon(t)\mathrm{d}t = \int_0^\varepsilon \frac{1}{\varepsilon}\mathrm{d}t = 1$$

所以我们规定

$$\int_{-\infty}^{+\infty} \delta(t)\mathrm{d}t = 1$$

2）δ-函数的筛选性质

设 $f(t)$ 是 $(-\infty, +\infty)$ 上的连续函数，则 $\delta(t)f(t)$ 在 $(-\infty, +\infty)$ 上的积分等于 $f(t)$ 在 $t = 0$ 处的函数值，即

$$\int_{-\infty}^{+\infty} \delta(t)f(t)\mathrm{d}t = f(0)$$

3）单位脉冲函数 $\delta(t)$ 的拉氏变换

$$\mathscr{L}[\delta(t)] = 1$$

总习题十一

一、判断题

1. $\mathscr{L}^{-1}[\delta(t)] = 1$.　　　　　　　　　　　　　　（　　）

2. $\mathscr{L}[\mathrm{e}^{-t}] = \dfrac{1}{s-1}$.　　　　　　　　　　　（　　）

3. $\mathscr{L}^{-1}\left[\dfrac{\mathrm{e}^{-s}}{s}\right] = u(t-1)$.　　　　　　　　（　　）

4. 设 $\mathscr{L}[f(t)] = F(s)$，则 $\mathscr{L}^{-1}\{\mathscr{L}[f(t)]\} = f(t)$.　　（　　）

5. 设 $\mathscr{L}[f(t)] = F(s)$，则 $\mathscr{L}\{\mathscr{L}^{-1}[F(s)]\} = F(s)$.　（　　）

二、填空题

1. 设 $f(t)$ 的拉氏变换存在，则由定义可知 $\mathscr{L}[f(t)] = $ _____.

2. $\mathscr{L}[0.2] = $ _____.

3. $\mathscr{L}[\mathrm{e}^{\frac{5}{2}t}] = $ _____.

4. $\mathscr{L}\left[1 + t + \dfrac{t^2}{2}\right] = $ _____.

5. $\mathscr{L}[(t-1)^2] = $ _____.

6. $\mathscr{L}[\mathrm{e}^{3t}\sin 4t] = $ _____.

7. $\mathscr{L}^{-1}\left[\dfrac{1}{(s-1)^2}\right] = $ _____.

三、选择题

1. 若 $\mathscr{L}[f(t)] = F(s)$，则 $\mathscr{L}[f(t-a)]$ 等于（　　）（常数 $a > 0$）.

A. $\mathrm{e}^{as}F(s)$　　　　　　　　　B. $\mathrm{e}^{-as}F(s)$

C. $\mathrm{e}^{-at}F(s)$　　　　　　　　　D. $\mathrm{e}^{at}F(s)$

2. $\mathscr{L}[\mathrm{e}^{-3t}\cos 4t] = $（　　）.

A. $\dfrac{s+3}{(s+3)^2+4^2}$　　　　　　　B. $\dfrac{s}{(s+3)^2+4^2}$

C. $\dfrac{4}{(s-3)^2+4^2}$　　　　　　　D. $\dfrac{s-3}{(s-3)^2+4^2}$

3. 已知 $F(s) = \dfrac{1}{9s^2+16}$，则（　　）.

A. $\dfrac{4}{3}\sin\dfrac{4}{3}t$　　　　　　　B. $\dfrac{4}{3}\cos\dfrac{4}{3}t$

C. $\dfrac{1}{12}\cos\dfrac{4}{3}t$　　　　　　　D. $\dfrac{1}{12}\sin\dfrac{4}{3}t$

4. 设 $f(t) = \dfrac{1}{a}(1-\mathrm{e}^{-at})$，则 $\mathscr{L}\left[\dfrac{1}{a}(1-\mathrm{e}^{-at})\right] = $（　　）.

A. $\dfrac{1}{a}\left(1 - \dfrac{1}{s+a}\right)$　　　　　　B. $\dfrac{1}{a}\left(1 - \dfrac{1}{s-a}\right)$

C. $\dfrac{1}{s(s+a)}$　　　　　　　　　D. $\dfrac{1}{s(s-a)}$

5. 应用拉氏变换解常微分方程时，必须将常微分方程转化为象函数的代数方程，其中关键是利用了下述拉氏变换的（ ）.

A. 线性性质   B. 平移性质

C. 延滞性质   D. 微分性质

四、计算题

1. 求下列各函数的拉氏变换：

(1) $f(t) = t^2 + 6t - 3$；   (2) $f(t) = 3e^{-4t}$；

(3) $f(t) = \sin(\omega t + \varphi)$；   (4) $f(t) = 5\sin 2t - 3\cos 2t$；

(5) $f(t) = \sin 2t \cos 2t$；   (6) $f(t) = \begin{cases} -1, & 0 \leqslant t < 4 \\ 1, & t \geqslant 4 \end{cases}$

2. 求下列各函数的拉氏逆变换：

(1) $F(s) = \dfrac{1}{5s + 3}$；   (2) $F(s) = \dfrac{s}{s + 6}$；

(3) $F(s) = \dfrac{(2s + 1)^2}{s^5}$；   (4) $F(s) = \dfrac{5s - 4}{s^2 + 25}$.

3. 用拉氏变换解微分方程：

(1) $x''(t) + 2x'(t) + 5x(t) = 0$，$x(0) = 1$，$x'(0) = 5$；

(2) $\begin{cases} x'' + 2y = 0 \\ y' + x + y = 0 \end{cases}$，初始条件为 $x(0) = 0$，$x'(0) = 1$，$y(0) = 1$.

习题答案

第十二章　MATLAB 实验

实验一　函数作图与求极限

【实验目的】

（1）熟练掌握 MATLAB 中相关的运算符、操作符及基本的数学函数运算；

（2）掌握用 MATLAB 作平面曲线图像的方法与技巧；

（3）掌握用 MATLAB 计算极限的方法．

【实验步骤】

（1）在 MATLAB 命令窗口中输入程序；

　　plot(x,y)

　　fplot($'$fun$'$,[a,b])

用于绘制区间[a,b]上的函数 y=fun 的图像；

　　limit(f,x,a)

limit 是 MATLAB 工具箱中求极限的函数．

（2）按回车，输出结果．

【实验内容】

　　MATLAB 是一个功能强大的常用数学软件，它不但可以解决数学中的数值计算问题，还可以解决符号演算问题，并且能够方便地绘制出各种函数图形．利用 MATLAB 提供的各种数学工具，可以避免繁琐的数学推导和计算，快速又方便地解决许多数学问题．

一、简单的数学运算

　　MATLAB 中常见的基本运算符见表 12－1．

表 12－1　**MATLAB 中常见的基本运算符**

数学表达式	MATLAB 命令	数学表达式	MATLAB 命令
$a+b$	a+b	$a-b$	a-b
$a\times b$	a * b	$a\div b$	a/b 或 b\a
a^b	a^b	e^x	exp(x)
$\geqslant$ 或 $\leqslant$	>= 或 <=	$=$ 或 $\neq$	== 或 ~=
$\ln x$	log(x)	$\log_a x$	log(x)/log(a)
$\sqrt{x}$	sqrt(x)	$|x|$	abs(x)
$\sin x$	sin(x)	$\arcsin x$	asin(x)

例 12－1　计算 $(1.5)^3-\dfrac{1}{3}\sin\pi+\sqrt{5}$．

解 在命令窗口输入：

　　$>>$1.5^3$-$sin(pi)/3$+$sqrt(5)

回车，输出结果：

　　Ans$=$

　　　　5.6111

例 12 - 2 设球半径 $r=2$，求球的体积 $V=\dfrac{4}{3}\pi r^3$.

解 在命令窗口输入：

　　$>>$r$=$2；v$=$4/3 $*$ pi $*$ r^3

回车，输出结果：

　　v$=$

　　　　33.5103

二、绘制平面曲线图形

1. plot 绘图命令

plot(x,y)：若 x、y 为长度相等的向量，则绘制以 x 和 y 为横纵坐标的二维曲线.

plot(x1,y1,x2,y2…)：在此格式中，每对 x、y 必须符合 plot(x,y) 中的要求；不同对之间没有影响，命令将对每一对 x、y 绘制曲线.

以上两种格式中的 x、y 都可以是表达式. plot 是绘制二维曲线的基本函数，但在使用此函数之前，需先定义曲线上每一点的 x 及 y 的坐标.

2. fplot 绘图命令

fplot 绘图命令专门用于绘制一元函数曲线，格式为：

　　fplot('fun', [a,b])

用于绘制区间 [a, b] 上的函数 y＝fun 的图像.

例 12 - 3 用函数 plot 绘制出 $y=\sin x$ 在 $x\in[0,2\pi]$ 之间的图形.

解 在命令窗口输入：

　　$>>$　x$=$0：0.05：2 $*$ pi；　　　　　　　　％x 取值 0 到 2π，步长 0.05

　　y$=$sin(x)；

　　plot(x,y)

回车，输出图形如图 12 - 1 所示.

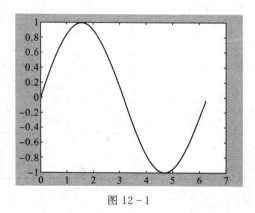

图 12 - 1

例 12 - 4 绘制以下函数的图形.

(1) $y = \sin x + \cos x + 1$;　　　　　　(2) $y = \log_2 \left(x + \sqrt{1+x^2} \right)$.

解 (1) 在命令窗口输入:

　　$\gg$ fplot($'$sin(x)+cos(x)+1$'$,[−5,5])

回车,输出图形如图 12 - 2 所示.

(2) 在命令窗口输入:

　　$\gg$ fplot($'$log2(x+(1+x^2)^0.5)$'$,[−5,5])

回车,输出图形如图 12 - 3 所示.

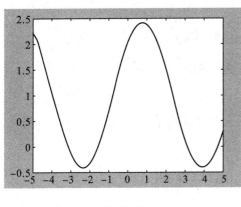

图 12 - 2

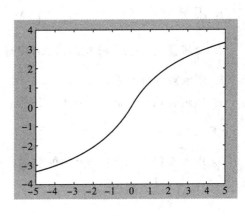

图 12 - 3

三、求解函数极限

MATLAB 中求极限的基本类型见表 12 - 2.

表 12 - 2　MATLAB 中求极限的基本类型

数学运算	MATLAB 函数命令	数学运算	MATLAB 函数命令
$\lim\limits_{x \to a} f(x)$	limit(f,x,a)	$\lim\limits_{x \to \infty} f(x)$	limit(f,x,inf)
$\lim\limits_{x \to a^-} f(x)$	limit(f,x,$'$left$'$)	$\lim\limits_{x \to -\infty} f(x)$	limit(f,x,inf,$'$left$'$)
$\lim\limits_{x \to a^+} f(x)$	limit(f,x,$'$right$'$)	$\lim\limits_{x \to +\infty} f(x)$	limit(f,x,inf,$'$right$'$)

例 12 - 5 求下列函数的极限:

(1) $\lim\limits_{x \to 1} \left(\dfrac{1}{x+1} - \dfrac{2}{x^3-2} \right)$;　　　　　　(2) $\lim\limits_{x \to \infty} \left(\dfrac{x-2}{x+3} \right)^3$.

解 (1) 在命令窗口输入:

　　$\gg$ syms x;　　　　　　　　　　%定义自变量 x

　　$\gg$ f=1/(x+1)−2/(x^3−2);　　　　%输入需要求极限的函数

　　$\gg$ limit(f,x,1)

回车,输出结果:

　　ans=

　　　　5/2

(2) 在命令窗口输入：

$\gg$ syms x;

$\gg$ limit$(((x-2)/(x+3))^3,x,\text{inf})$

回车，输出结果：

ans$=$

   1

 习题 12.1

1. 用 MATLAB 计算 $(2.5)^3-\dfrac{3}{4}\cos\dfrac{\pi}{4}+\sqrt{7}$.

2. 设球直径 $d=2$，用 MATLAB 求球的体积 $V=\dfrac{1}{6}\pi d^3$.

3. 用函数 plot 绘制出 $\cos x$ 在 $x\in[0,2\pi]$ 上的图形.

4. 用函数 plot 绘制以下函数的图形：

(1) $y=x\sin\dfrac{1}{x}$;
                                 (2) $y=x\log_3\left(\sqrt{1+x^2}-x\right)$.

5. 用 MATLAB 求下列函数的极限：

(1) $\lim\limits_{x\to 2}\left(\dfrac{1}{2x+3}-\dfrac{1}{x^3+2}\right)$;
                      (2) $\lim\limits_{x\to\infty}\left(\dfrac{2x+1}{x-1}\right)^5$.

实验二　用 MATLAB 求函数的导数

【实验目的】

(1) 学习使用 MATLAB 命令 diff 求函数的导数；

(2) 掌握用 MATLAB 求导数、高阶导数及函数在某点的导数值的方法；

(3) 掌握用 MATLAB 求解隐函数导数的方法.

【实验步骤】

(1) 在 MATLAB 命令窗口中输入程序，格式为：

   diff(f,t,n)

diff 是求函数导数的命令函数，其中：

① diff(f,x)：函数 f 对符号变量 x 求一阶导数. 如果输入 diff(f)，则默认为函数 f 对变量 x 求一阶导数.

② diff(f,t)：函数 f 对符号变量 t 求一阶导数.

③ diff(f,t,n)：函数 f 对符号变量 t 求 n 阶导数.

(2) 按回车，输出结果.

【实验内容】

例 12 - 6　求函数 $y=x^3-3x^2-2x+1$ 在 $x=-1$、0、1、2 点处的导数值.

解　在命令窗口输入

   $\gg$ syms x

```
>> y=x^3-3*x^2-2*x+1;
>> y1=diff(y,x)              %按回车后输出结果
y1 =
3*x^2-6*x-2
>> f=inline(y1);            %将导数定义为 inline 函数
>> x0=[-1,0,1,2];
>> f(x0)                     %按回车后输出结果
ans =
    7    -2    -5    -2
```

例 12-7　已知 $y=2e^x-x\sin x$，求 y 的一阶导数 $f'(x)$ 和二阶导数 $f''(x)$，并计算函数在 $x=0$ 处的一阶、二阶导数值.

解　在命令窗口输入

```
>> syms x
>> y=2*exp(x)-x*sin(x);
>> y1=diff(y)                   %按回车后输出结果
y1=
2*exp(x)-sin(x)-x*cos(x)        %即 y'=2e^x-sinx-xcosx
>> y2=diff(y,x,2)               %按回车后输出结果
y2=
    2*exp(x)-2*cos(x)+x*sin(x)  %即 y''=2e^x-2cosx+xsinx
>> f1=inline(y1);f2=inline(y2); %将一阶、二阶导数定义为 inline 函数
>> f1(0),f2(0)                  %按回车后输出结果
ans =
    2                          %即 y'(0)=2
ans =
    0                          %即 y''(0)=0
```

例 12-8　求抛物线 $y=x^2$ 在点 $\left(\dfrac{1}{2},\dfrac{1}{4}\right)$ 处的切线方程.

解　在命令窗口输入：

```
>> sym x
>> y=x^2;                      %注意平方要用符号"^"
>> y1=diff(y)
```

回车，输出结果：

```
y1=
    2*x                        %注意乘号 * 不能省略
>> f=inline(y1);k=f(1/2)       %切线斜率即函数 y=x² 在点 x=½ 处的导数值
k=
    1
```

所以，其切线方程为 $y-\dfrac{1}{4}=x-\dfrac{1}{2}$，即 $y=x-\dfrac{1}{4}$.

习题 12. 2

1. 用 MATLAB 求下列函数的导数.

(1) $y = 3x + 2$；

(2) $f(x) = \sqrt{x}$，求 $f'(4)$；

(3) $y = \dfrac{\ln x}{x}$；

(4) $f(x) = e^x \sin x$，求 $f'(0)$、$f''(0)$.

2. 用 MATLAB 求曲线 $y = \ln(1+x)$ 在 $(0,0)$ 处的切线方程.

实验三　用 MATLAB 求函数的极值

【实验目的】

了解在 MATLAB 中如何求解函数极值的方法.

【实验要求】

（1）掌握 MATLAB 中函数 diff() 和 solve() 的使用；

（2）使用 diff() 和 solve() 解决本章问题.

【实验步骤】

（1）定义符号变量 syms x.

（2）在 MATLAB 命令窗口中输入函数求导，格式为：

f1＝diff(表达式)

（3）在 MATLAB 命令窗口中输入程序求驻点，格式为：

x0＝solve(f1)

（4）在 MATLAB 命令窗口中输入程序求二阶导数，格式为：

f2＝diff(f1)

（5）定义 inline 函数格式为：

f＝inline(f2)

将驻点代入 f2，求二阶导数的值.

（6）输出结果，判断极值.

【实验内容】

例 12 - 9　　求 $f(x) = x^3 - 6x^2 + 9x + 3$ 的极值.

解　　>> syms x

　　　　>> y＝x^3－6*x^2＋9*x＋3;

　　　　>> f1＝diff(y)

运行结果为：

　　f1 =

　　3*x^2－12*x＋9

　　　　>> x0＝solve(f1)　　　　　%解方程求驻点

运行结果为：

```
x0 =


3
1
>> f2＝diff(f1)              %求二阶导数
```
运行结果为：
```
f2 =


6 * x－12
>> ff＝inline(f2);            %定义 inline 函数
>> ff(x0)


ans =


 6
－6
>> f＝inline(y);             %定义 inline 函数
>> f(x0)

ans =


 3


ans =


7
```

由此可知，函数在点 $x=3$ 处的二阶导数为 6，所以 $f(3)=3$ 为极小值；函数在点 $x=1$ 处的二阶导数为 -6，所以 $f(1)=7$ 为极大值.

例 12 - 10　假设某种商品的需求量 q 是单价 p（单位：元）的函数 $q=12\,000-80p$，商品的总成本 C 是需求量 q 的函数 $C=25\,000+50q$. 每单位商品需要纳税 2 元，试求使销售利润达到最大的商品单价和最大利润额.

用 MATLAB 的求解过程如下：

解　在命令窗口输入：
```
>> syms q                   %定义符号变量
>> p＝(12000－q)/80;
>> C＝25000＋50 * q;
>> L＝p * q－C－2 * q;
>> dL＝diff(L,q)            %商品的销售利润
```
运行结果为：
```
dL =


－1/40 * q＋98                           %得到一阶导数
```

```
    >> q0＝solve(dL)                    %求驻点
运行结果为：
    q0 =

    3920
    >> dL2＝diff(dL)                    %求 L 的二阶导数，判断极值
运行结果为：
    dL2 =

    −1/40

    >> p0＝(12000−q0)/80               %商品的最大单价
运行结果为：
    p0 =

    101

    >>C0＝25000＋50 * q0；
    >> L0＝p0 * q0−C0−2 * q0           %最大利润
    L0 =
         167080
```

由此可知，商品售价最大单价为 101 元．当销售数量为 3920 个时，可得到最大利润，
为 167 080 元．

习题 12.3

1. 用 MATLAB 求 $y＝x^4−2x^3＋1$ 的极值．
2. 用 MATLAB 求函数 $f(x)＝\sqrt[3]{(x^2−2x)^2}$ 在 $[−1,3]$ 上的最大值与最小值．

实验四　用 MATLAB 求不定积分

【实验目的】
熟悉用 MATLAB 求积分的方法．
【实验要求】
(1) 掌握定义符号变量的命令 syms x y z；
(2) 掌握 MATLAB 中积分命令 int 的使用；
(3) 会用 int(f)或 int(f, x)计算不定积分 $\int f(x)\mathrm{d}x$．
【实验步骤】
(1) 在 MATLAB 命令窗口中输入程序，格式为：
```
    >> syms   符号变量     %定义符号变量，有多个变量时，每个变量之间用空格分开
    >> f＝符号表达式；      %当被积函数是比较复杂的形式时，可先定义函数，再积分
```

　　$>>$ int(f) 或 int(f，变量) %表达式对变量求不定积分，变量缺省值为 x，其结果不含任意常数

（2）按回车，输出结果.

【实验内容】

例 12 - 11　求下列不定积分：

（1）$\int \dfrac{1}{x^2}\mathrm{d}x$；　　　　　　　（2）$\int (x-1)^6\mathrm{d}x$；　　　　　　（3）$\int \mathrm{e}^x\cos x\mathrm{d}x$；

（4）$\int (x^3+\sin x\cos x)\mathrm{d}x$；　　（5）$\int x^2\mathrm{e}^{3x}\mathrm{d}x$；　　　　　（6）$\int (ax^2+bx+c)\mathrm{d}x$.

解　（1）在命令窗口输入：

　　$>>$ syms x

　　$>>$ int(x^(-2))

回车，输出结果：

　　ans $=$

　　　　$-1/\mathrm{x}$

即

$$\int \frac{1}{x^2}\mathrm{d}x = -\frac{1}{x}+C$$

（2）在命令窗口输入：

　　$>>$ syms x

　　$>>$ int((x-1)^6)　　　　　%简单表达式可用 int 命令直接求不定积分

回车，输出结果：

　　ans $=$

　　　　$1/7*(\mathrm{x}-1)^7$

即

$$\int (x-1)^6\mathrm{d}x = \frac{1}{7}(x-1)^7+C$$

（3）在命令窗口输入：

　　$>>$ syms x

　　$>>$ int(exp(x)*cos(x))　　　　%exp(x)表示 e^x

回车，输出结果：

　　ans $=$

　　　　$1/2*\exp(\mathrm{x})*\cos(\mathrm{x})+1/2*\exp(\mathrm{x})*\sin(\mathrm{x})$

即

$$\int \mathrm{e}^x\cos x\mathrm{d}x = \frac{1}{2}\mathrm{e}^x(\cos x+\sin x)+C$$

（4）在命令窗口输入：

　　$>>$ syms x

　　$>>$ f=x^3+sin(x)*cos(x)；　　%定义符号表达式

　　$>>$ int(f)

回车，输出结果：

　　ans $=$

　　　　$1/4*\mathrm{x}^4+1/2*\sin(\mathrm{x})^2$

即

$$\int (x^3 + \sin x \cos x)\mathrm{d}x = \frac{1}{4}x^4 + \frac{1}{2}\sin^2 x + C$$

(5) 在命令窗口输入：

>>syms x

>>f=x^2 * exp(3 * x);　　%exp(3 * x)表示 e^{3x}

>>int(f)

回车，输出结果：

ans =

1/27 * (2−6 * x+9 * x^2) * exp(3 * x)

即

$$\int x^2 \mathrm{e}^{3x}\mathrm{d}x = \frac{1}{27}(2 - 6x + 9x^2)\mathrm{e}^{3x} + C$$

(6) 在命令窗口输入：

>> syms x a b c　　%定义多个符号变量

>>f=a * x^2+b * x+c;

>>f1=int(f)　　　%变量缺省值为 x

回车，输出结果：

f1 =

1/3 * a * x^3+1/2 * b * x^2+c * x

即

$$\int (ax^2 + bx + c)\mathrm{d}x = \frac{1}{3}ax^3 + \frac{1}{2}bx^2 + cx + C$$

 习题 12.4

用 MATLAB 求下列不定积分：

(1) $\int x\cos x\mathrm{d}x$；　　　　　(2) $\int \left(x + \dfrac{1}{x}\right)^2 \mathrm{d}x$；　　　　　(3) $\int \tan^2 x\mathrm{d}x$；

(4) $\int \cos^2 \dfrac{x}{2}\mathrm{d}x$；　　　　(5) $\int x^2 \mathrm{e}^x \mathrm{d}x$；　　　　　(6) $\int x^3 \ln x\mathrm{d}x$.

实验五　用 MATLAB 求定积分

【实验目的】

了解 MATLAB 工具箱中计算定积分的精确值命令 int 及近似值命令 quad.

【实验要求】

(1) 掌握 MATLAB 中定积分命令 int、quad 的使用；

(2) 会用 int、quad 计算定积分的值.

【实验步骤】

1. 用 int 精确计算定积分

(1) 在 MATLAB 命令窗口中输入程序，格式为：

>> syms　x　　　　　%将 x 定义为符号变量

　　　　　>> jf＝int(f,x,a,b)　　　%求函数 f 关于变量 x 的从 a 到 b 的定积分

（2）按回车，输出结果.

2. 用 quad 近似计算定积分

（1）在 MATLAB 命令窗口中输入程序，格式为：

　　　　　>>syms　x　　　　　%将 x 定义为符号变量

　　　　　>>quad('f',a,b,)　　　%求函数 f 关于变量从 a 到 b 的定积分

（2）按回车，输出结果.

【实验内容】

例 12 - 12　　计算 $\int_0^1 x^2 dx$.

　解　在命令窗口输入：

　　　　　>> syms x

　　　　　>> jf＝int('x^2',x,0,1)　　　%注意符号^表示数的乘方

回车，输出结果：

　　　　jf ＝1/3

例 12 - 13　　计算 $\int_0^1 x^2 dx$.

　解　在命令窗口输入：

　　　　　>> syms x

　　　　　>> jf＝ quad('x. ^2',0,1)　　　%注意符号.^表示数组的乘方

回车，输出结果：

　　　　jf ＝0.3333

例 12 - 14　　计算 $\int_0^1 e^{-x^2} dx$.

　解　在命令窗口输入：

　　　　　>> syms　x

　　　　　>> jf＝int('exp(−x^2)',x,0,1)　　　%注意乘号^表示算数的乘法

回车，输出结果：

　　　　jf ＝1/2 * erf(1) * pi^(1/2)

其中 erf 是误差函数，它不是初等函数，改为求数值积分，输入：

　　　　　>> syms x

　　　　　>> jf＝quad('exp(−x. ^2)',0,1)

回车，输出结果：

　　　　jf ＝0.7468

例 12 - 15　**【求旋转体的体积】**求曲线 $g(x)=x\sin^2 x (0 \leqslant x \leqslant \pi)$ 与 x 轴所围成的图形分别绕 x 轴和 y 轴旋转所形成的旋转体体积.

　解　绕 x 轴旋转所形成的旋转体体积为：

在命令窗口输入：

　　　　　>> syms x

　　　　　>> Vx＝int('pi * (x * sin(x)^2)^2',x,0,pi)　　　%注意乘号 * 不可少

回车，输出结果：

　　　　Vx＝−15/64 * pi^2＋1/8 * pi^4

即

$$-\frac{15}{64}\pi^2+\frac{1}{8}\pi^4$$

再次输入：

　　>> syms x

　　>>Vy= int('2 * pi * x^2 * sin(x)^2',x,0,pi)

则得到

　　Vy =−1/2 * pi^2+1/3 * pi^4

即

$$-\frac{1}{2}\pi^2+\frac{1}{3}\pi^4$$

若输入

　　>> syms x

　　>> Vy=quad('2 * pi * (x. ^2). * sin(x). ^2',0,pi)

则得到体积的近似值为

　　Vy=27.5349

 习题 12.5

1. 用 MATLAB 求 $\displaystyle\int_0^1 \sin x^2 \,\mathrm{d}x$.

2. 用 MATLAB 求 $\displaystyle\int_0^1 (x-x^2)\,\mathrm{d}x$.

3. 用 MATLAB 求 $\displaystyle\int_0^1 \frac{\sin x}{x}\,\mathrm{d}x$.

4. 用 MATLAB 求 $\displaystyle\int_0^4 |x-2|\,\mathrm{d}x$.

5. 用 MATLAB 求曲线 $y=\sin x\left(x\in\left[0,\dfrac{\pi}{2}\right]\right)$ 与直线 $x=\dfrac{\pi}{2}$、$y=0$ 所围成的图形绕 x 轴旋转而成的旋转体的体积.

实验六　用 MATLAB 求解微分方程

【实验目的】

了解 MATLAB 工具箱中解微分方程的命令 dsolve 函数.

【实验要求】

(1) 掌握 MATLAB 中解微分方程命令 dsolve 的使用；

(2) 会用 dsolve 求解微分方程.

【实验步骤】

(1) 在 MATLAB 命令窗口中输入程序，格式为：

　　s＝dsolve('微分方程','初始条件 1','初始条件 2','自变量').

　　dsolve 解微分方程是符号工具箱中一个很特别的函数，只能用字符串方式表示，自变量缺省值为 t，导数用 D 表示，二阶导数用 D2 表示，依此类推；s 表示返回解析解. 若没有初始条件，则给出方程的通解.

（2）按回车，输出结果.

【实验内容】

例 12-16　求下列微分方程的解：

（1）$y'=2y+3$；

（2）$y'=y-\dfrac{2t}{y}$，初始条件为 $y(0)=1$；

（3）$y''+y=\cos 2x$，初始条件为 $y(0)=1$、$y'(0)=0$.

解　（1）在命令窗口输入：

　　$>>$ y=dsolve('Dy=2*y+3','x')　　　　　%注意乘号*不能省略

回车，输出结果：

　　y =

　　　　-3/2+exp(2*x)*C1　　　　　　　%没有初始条件，输出的是通解

即

$$y=-\frac{3}{2}+Ce^{2x}$$

（2）在命令窗口输入：

　　$>>$ y=dsolve('Dy=y-2*t/y','y(0)=1')　　　%自变量缺省，默认 t

回车，输出结果：

　　y =

　　　　(1+2*t)^(1/2)

即

$$y=\sqrt{1+2t}$$

（3）在命令窗口输入：

　　$>>$ y=dsolve('D2y+y=cos(2*x)','y(0)=1','Dy(0)=0','x')

回车，输出结果：

　　y =

　　　　4/3*cos(x)-1/3*cos(2*x)

即

$$y=\frac{4}{3}\cos x-\frac{1}{3}\cos 2x$$

例 12-17　一个由电阻 $R=10$、电感 $L=2H$ 和电压 $U=20\sin 5t$ 的电源组成的串联电路，电路中电流满足的微分方程为 $\dfrac{\mathrm{d}I}{\mathrm{d}t}+5I=10\sin 5t$，初始电流为 0，求电流强度的变化规律.

解　在命令窗口输入：

　　$>>$ I=dsolve('DI+5*I=10*sin(5*t)','I(0)=0')

回车，输出结果：

　　I =

　　　　-cos(5*t)+sin(5*t)+exp(-5*t)

即

$$I=\sin 5t-\cos 5t+e^{-5t}=\sqrt{2}\sin\left(5t-\frac{\pi}{4}\right)+e^{-5t} \tag{12-1}$$

不难看出，当 t 增大时，式(12-1)右端第一项(暂态电流)逐渐变小，趋于零；第二项(稳态电流)是正弦型曲线，它的周期与电源的电压周期相同，初相位落后 $\dfrac{\pi}{4}$.

 **习题 12.6**

用 MATLAB 求下列微分方程的解：

(1) $y'-y=0$；

(2) $y'=2xy$，初始条件为 $y|_{x=0}=1$；

(3) $\dfrac{y'}{x}-2y=3x^2$；

(4) $\dfrac{\mathrm{d}y}{\mathrm{d}x}+2xy=4x$，初始条件为 $y(0)=1$；

(5) $\dfrac{\mathrm{d}y}{\mathrm{d}x}=\dfrac{y}{x}+\left(\dfrac{y}{x}\right)^2$；

(6) $y''-4y'+3y=0$，初始条件为 $y|_{x=0}=6$、$y'|_{x=0}=10$；

(7) $y''+y'=2\sin x$，初始条件为 $y(0)=1$、$y'(0)=1$；

(8) $y''+2y'+2y=xe^x$，初始条件为 $y|_{x=0}=0$、$y'|_{x=0}=0$.

实验七　应用 MATLAB 绘制三维曲线图

【实验目的】

(1) 熟悉 MATLAB 软件的绘图功能；

(2) 熟悉常见空间曲线的作图方法.

【实验要求】

(1) 掌握 MATLAB 中绘图命令 plot3 和 mesh 的使用；

(2) 会用 plot3 和 mesh 函数绘制出某区间的三维曲线，线型为红色.

【实验步骤】

(1) 确定区间和步长；

(2) 在 MATLAB 命令窗口中输入程序,格式为：

plot3 表示绘出曲线，格式为：

    plot3(x,y,z,$'r'$)；

利用 meshgrid 函数产生平面区域内的网格坐标矩阵,其格式为：

    x=a:d1:b; y=c:d2:d;

    [X,Y]=meshgrid(x,y);

    surfc(x,y,z)

一般情况下，x、y、z 是维数相同的矩阵. x、y 是网格坐标矩阵，z 是网格点上的高度矩阵，c 用于指定不同高度下的颜色范围.

(3) 按回车输出结果.

【实验内容】

例 12-18　设 $x=z\sin 3z$，$y=z\cos 3z$，要求用 plot3 函数绘制出 $z\in[-45,45]$ 区间的三维曲线，线型为红色。

解　在命令窗口输入：

    >>z=-45:0.0001:45;

    >>x=z.*sin(3.*z);　　　　　%注意乘号 * 不能省略

```
>>y=z. * cos(3. * z);
>>plot3(x,y,z,'r');              %'r'的颜色为线型的颜色
```

回车，输出结果如图 12-4 所示。

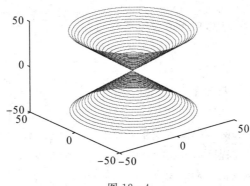

图 12-4

例 12-19　利用 mesh 函数绘制出函数 $z=xe^{-x^2-y^2}$ 的三维网线图，x、y 的取值范围均为 $[-2, 2]$，步长取 0.1，并利用 meshgrid 函数生成平面网格坐标矩阵.

解　在命令窗口输入：

```
>>x=-2:0.1:2;
>>y=-2:0.1:2;
>>[X,Y]=meshgrid(x,y);
>>z=X. * exp(-X. ^2-Y. ^2);
>>surfc(X,Y,z);
```

回车，输出结果如图 12-5 所示。

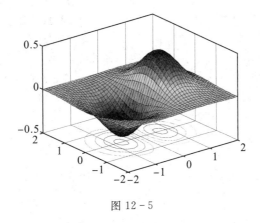

图 12-5

　习题 12.7

1. 用 MATLAB 绘制函数 $z=x^2e^{-(x^2+y^2)}$ 的三维曲面图，并绘制等高线，定义域为 $x\in[-2, 2]$，$y\in[-2, 2]$，步长取 0.1.

2. 用 MATLAB 绘制函数 $z=x^2-y^2$ 的三维曲面图，并绘制等高线，定义域为 $x\in[-2, 2]$，$y\in[-2, 2]$，步长取 0.1.

实验八　求多元函数的偏导数和极值

【实验目的】

(1) 掌握用 MATLAB 计算多元函数偏导数的方法；

(2) 掌握用 MATLAB 计算二元函数极值的方法.

【实验要求】

掌握 MATLAB 中求导数命令 diff 的使用.

【实验步骤】

(1) 在 MATLAB 命令窗口中输入变量及函数；

(2) 在命令窗口中输入程序，格式为：

　　　　若求 f(x,y,z)对 x 的偏导数，输入　　　　diff(f(x,y,z),x)

　　　　若求 f(x,y,z)对 y 的偏导数，输入　　　　diff(f(x,y,z),y)

　　　　若求 f(x,y,z)对 x 的二阶偏导数，输入　　diff(diff(f(x,y,z),x),x)或 diff(f(x,y,z),x,2)

　　若求 f(x,y,z)对 x,y 的混合偏导数，输入 diff(diff(f(x,y,z),x),y)

(3) 按回车输出结果.

【实验内容】

例 12 - 20　设 $z=x^2\sin2y$，求 $\dfrac{\partial z}{\partial x}$、$\dfrac{\partial z}{\partial y}$、$\dfrac{\partial^2 z}{\partial x^2}$、$\dfrac{\partial^2 z}{\partial x\partial y}$.

解　在命令窗口输入：

　　>> syms x y　　　　　　　　　　　　%定义变量 x、y

　　z=x^2 * sin(2 * y)　　　　　　　　%输入函数 z,注意 * 不能省略

　　zx=diff(z,x)　　　　　　　　　　　%对 x 求一阶偏导数

　　zy=diff(z,y)　　　　　　　　　　　%对 y 求一阶偏导数

　　zxx=diff(z,x,2)　　　　　　　　　 %对 x 求二阶偏导数

　　zxy=diff(diff(z,x),y)　　　　　　 %对 x、y 求二阶混合偏导数

回车，输出结果：

　　zx=

　　　　2 * x * sin(2 * y)

　　zy=

　　　　2 * x^2 * cos(2 * y)

　　zxx=

　　　　2 * sin(2 * y)

　　zxy=

　　　　4 * x * cos(2 * y)

即

$$z'_x=2x\sin2y$$
$$z'_y=2x^2\cos2y$$
$$z'_{xx}=2\sin2y$$
$$z'_{xy}=4x\cos2y$$

例 12 - 21　设 $z=(1+x)^y$, 求 $\dfrac{\partial z}{\partial x}$、$\dfrac{\partial z}{\partial y}$.

解　在命令窗口输入：

　　$\gg$ syms x y

　　z=(1+x)^y

　　zx=diff(z,x)

　　zy=diff(z,y)

回车，输出结果

　　zx =

　　　　(1+x)^y * y/(1+x)

　　zy =

　　　　(1+x)^y * log(1+x)　　%(MATLAB 中 log(1+x) 即为 ln(1+x))

即

$$z'_x = y\,(1+x)^{y-1}$$
$$z'_y = (1+x)^y \ln(1+x)$$

例 12 - 22　求 $f(x,y)=x^3-y^3+3x^2+3y^2-9x$ 的极值.

解　在命令窗口输入：

　　syms x y

　　f=x^3-y^3+3 * x^2+3 * y^2-9 * x;

　　fx=diff(f,x)　　　　　　　%对 x 求一阶偏导数

　　fy=diff(f,y)　　　　　　　%对 y 求一阶偏导数

回车，得

　　fx =

　　　　3 * x^2+6 * x-9

　　fy =

　　　　-3 * y^2+6 * y

在命令窗口输入：

　　x0=roots([3,6,-9])　　　%求 $3x^2+6x-9=0$ 的根

　　y0=roots([-3,6,0])　　　%求 $-3y^2+6y=0$ 的根

回车，输出为驻点：

　　x0 = -3.0000

　　　　1.0000

　　y0 = 0

　　　　2

再输入

　　fxx=diff(f,x,2)　　　　　%对 x 求二阶偏导数

　　fyy=diff(f,y,2)　　　　　%对 y 求二阶偏导数

　　fxy=diff(fx,y)　　　　　%对 x、y 求二阶混合偏导数

　　det=(fxy)^2-(fxx) * (fyy)　　%det 为判别式函数

　　x=-3;

```
y=0;
a1=eval(det)              %当驻点为(-3,0)时 det 的值
A1=eval(fxx)             %当驻点为(-3,0)时 f 对 x 二阶偏导数的值
c1=eval(f)               %函数 f 在驻点(-3,0)处的值
x=-3;
y=2;
a2=eval(det)
A2=eval(fxx)
c2=eval(f)
x=1;
y=0;
a3=eval(det)
A3=eval(fxx)
c3=eval(f)
x=1;
y=2;
a4=eval(det)
A4=eval(fxx)
c4=eval(f)
```

运行结果为：

```
fxx =6 * x+6
fyy =-6 * y+6
fxy =0
det=-(6 * x+6) * (-6 * y+6)
a1 =72
A1 =-12
c1 =27

a2 =-72
A2 =-12
c2 =31

a3 =-72
A3 =12
c3 =-5

a4 =72
A4 =12
c4 =-1
```

综上，所求结果如表 12-3 所示.

表 12 – 3　驻点与极值

驻点(x, y)	f_{xx}	det	$f(x, y)$
$(-3, 0)$	-12	$72(>0)$	不是极值
$(-3, 2)$	-12	$-72(<0)$	极大值 31
$(1, 0)$	12	$-72(<0)$	极小值 -5
$(1, 2)$	12	$72(>0)$	不是极值

 习题 12.8

1. 用 MATLAB 求 $\dfrac{\partial z}{\partial x}$、$\dfrac{\partial z}{\partial y}$、$\dfrac{\partial^2 z}{\partial x^2}$、$\dfrac{\partial^2 z}{\partial x \partial y}$.

(1) $z = x^3 + y^2$;

(2) $z = x^4 + 2x^2 y^2 + y^5$;

(3) $z = \ln(x^2 + y^2)$;

(4) $z = \mathrm{e}^{xy}$.

2. 用 MATLAB 求函数 $f(x, y) = x^3 + y^2 - 3x - 4y + 9$ 的极值.

实验九　用 MATLAB 求解二重积分

【实验目的】

熟悉 MATLAB 中的 int 命令，会用 int 命令求解简单的二重积分.

【实验步骤】

由于二重积分可以化成二次积分来进行计算，因此只要确定出积分区域，就可以反复使用 int 命令来计算二重积分，步骤如下：

(1) 在 MATLAB 命令窗口中定义符号变量，输入 syms x y 等；

(2) 内层积分 I1＝int(表达式,积分变量,下限,上限)；

(3) 外层积分 I＝int(I1,积分变量,下限,上限)；

(4) 按回车，输出结果.

【实验内容】

例 12 – 23　求下列二重积分的值：

(1) $\displaystyle\int_0^1 \mathrm{d}x \int_0^{x^2} (x + 2y)\mathrm{d}y$;

(2) $\displaystyle\int_0^\pi \mathrm{d}y \int_\pi^{2\pi} (y\sin x + x\cos y)\mathrm{d}x$;

(3) $\displaystyle\int_1^4 \mathrm{d}y \int_{\sqrt{y}}^2 (x^2 + y^2)\mathrm{d}x$.

解　(1) 在命令窗口输入：

```
>> syms x y
>> I1=int(x+2*y,y,0,x^2)          %若不显示内层积分结果,加分号即可
I1 =
x^3+x^4
>> I=int(I1,x,0,1)
I =
9/20
```

(2) 在命令窗口输入：

```
>> syms x y
>> I1=int(y * sin(x)+x * cos(y),x,pi,2 * pi)
I1 =
      -2 * y+3/2 * cos(y) * pi^2
>> I=int(I1,y,0,pi)
I =
      -pi^2
```

即

$$I=-\pi^2$$

（3）在命令窗口输入：

```
>> syms x y
>> I1=int(x^2+y^2,x,sqrt(y),2)
   I1 =
         8/3-1/3 * y^(3/2)+y^2 * (2-y^(1/2))
>> I=int(I1,y,1,4)
I =
   1006/105
```

例 12 - 24 计算二重积分 $I = \iint\limits_{D} x^2 e^{-y^2} dxdy$，$D$ 是由直线 $x = 0$、$y = 1$ 和 $y = x$ 所围区域.

解 该积分可以写成 $I = \int_0^1 dy \int_0^y x^2 e^{-y^2} dx$ 或 $I = \int_0^1 dx \int_x^1 x^2 e^{-y^2} dy$，则按第一种形式的求解步骤为：

（1）在命令窗口输入：

```
>> syms  x  y
>>   I1=int(x^2 * exp(-y^2),x,0,y)
I1 =
      1/3 * exp(-y^2) * y^3
>>   I=int(I1,y,0,1)
I =
      1/6-1/3 * exp(-1)
```

如果采用第二种形式，手工无法计算，而用 MATLAB 却可以算出结果，方法为：

（2）在命令窗口输入：

```
>> syms  x  y
>>   I1=int(x^2 * exp(-y^2),y,x,1)
   I1 =
-1/2 * erf(x) * x^2 * pi^(1/2)+1/2 * erf(1) * x^2 * pi^(1/2)
>> I=int(I1,x,0,1)
I =
   1/6-1/3 * exp(-1)
```

即

$$I=\frac{1}{6}-\frac{1}{3}e^{-1}$$

习题 12.9

1. 用 MATLAB 计算 $\iint\limits_{D} y\,\mathrm{d}x\mathrm{d}y$，其中 D 由 $x=0$、$x+y=2$ 和 $y=\sqrt{x}$ 所围.

2. 用 MATLAB 计算 $\iint\limits_{D} \sqrt{1-x^2-y^2}\,\mathrm{d}x\mathrm{d}y$，其中 $D=\{(x,y)\mid x^2+y^2\leqslant 1\}$.

3. 用 MATLAB 计算 $\iint\limits_{D}(x+y)\mathrm{d}x\mathrm{d}y$，其中 D 由 $xy=1$、$y=x$ 和 $x=2$ 所围.

4. 用 MATLAB 计算 $\iint\limits_{D} x\sqrt{y}\,\mathrm{d}\sigma$，其中 D 为 $y=\sqrt{x}$ 和 $y=x^2$ 围成的区域.

实验十　用 MATLAB 作级数运算

【实验目的】

(1) 熟悉 MATLAB 中级数求和的方法；

(2) 了解函数的泰勒级数的 MATLAB 命令；

(3) 会用 MATLAB 将周期为 2π 的函数展开成傅里叶级数.

【实验要求】

(1) 掌握 MATLAB 中级数求和命令 symsum() 的使用；

(2) 了解 MATLAB 中函数泰勒级数展开命令 taylor() 的使用；

(3) 了解将周期为 2π 的函数展开成傅里叶级数的 MATLAB 程序，会用 MATLAB 将周期为 2π 的函数展开成傅里叶级数.

【实验步骤】

(1) 在 MATLAB 命令窗口中输入程序，格式为：

　　　r＝symsum(s,n,a,b)

该命令用于计算级数的通项表达式 s 对于通项中的求和变量 n 从 a 到 b 进行求和. 如果不指定 a 和 b，则求和的指定变量 n 将从 0 开始到 ∞ 结束；如果不指定 n，则系统将对通项表达式 s 中默认的变量进行求和.

　　　r＝taylor(s,x,a,'order',n)

该命令用于计算函数表达式 s 在自变量 x 等于 a 处的 $n-1$ 阶泰勒级数展开式，其中 n 为展开阶数，如不指定，则求 5 阶泰勒级数展开式；a 为变量求导的取值点，若不指定，则系统将默认为 0，即求麦克劳林级数；若不指定 x，则系统将对函数表达式 s 中默认的自变量进行展开.

(2) 按回车，输出结果.

(3) 将周期为 2π 的函数展开成傅里叶级数的 MATLAB 程序为：

① 在 MATLAB 编辑窗口编辑 M -函数，文件命名为 fuliye. m 并保存：

```
function y＝fuliye(f,k)        %f 是周期为 2π 的函数，k 是输出的项数；
syms x n
a0＝int(f,x,－pi,pi)/pi
an＝int(f*cos(n*x),x,－pi,pi)/pi
```

```
bn＝int(f * sin(n * x),x,－pi,pi)/pi
y＝a0/2;
for n＝1:k
    a(n)＝int(f * cos(n * x),x,－pi,pi)/pi;
    b(n)＝int(f * sin(n * x),x,－pi,pi)/pi;
    s＝a(n) * cos(n * x)＋b(n) * sin(n * x);
    y＝y＋s;
end
```

② 在命令窗口输入：

```
>> syms x
>> f＝?;          %输入函数;
>> k＝?;          %输入项数;
>> y＝fuliye(f,k)
```

按回车，输出结果.

【实验内容】

1. 级数求和

例 12 - 25　求 $1＋2＋3＋\cdots＋(k－1)$ 的和及级数 $1＋2＋3＋\cdots＋(k－1)＋\cdots$ 的和.

解　在命令窗口输入：

```
>> syms k          %定义变量
>> symsum(k)       %确定变量的范围,求 1＋2＋3＋…＋(k－1)的和
```

回车，输出结果：

```
ans ＝
    1/2 * k^2－1/2 * k
```

即

$$s＝\frac{1}{2}k^2－\frac{1}{2}k$$

在命令窗口输入：

```
>> syms k
>> symsum(k,1,inf)
```

回车，输出结果：

```
ans ＝
    inf          %字符 inf 表示无穷大,说明此级数是发散的. 因此,可以用函数 symsum()
```
来判断常数项级数的敛散性.

例 12 - 26　求级数 $1＋\dfrac{1}{2^2}＋\dfrac{1}{3^2}＋\cdots＋\dfrac{1}{k^2}＋\cdots$ 的和.

解　在命令窗口输入：

```
>> syms k
>> symsum(1/k^2,1,inf)
```

回车，输出结果：

```
ans ＝
    1/6 * pi^2          %MATLAB中 π 用 pi 表示
```

即

$$s = \frac{1}{6}\pi^2$$

例 12 - 27　求幂级数 $\displaystyle\sum_{n=0}^{\infty} \frac{x^n}{n+1}$ 的和函数.

解　在命令窗口输入：

>> syms x n　　　　　　　　　　　%定义变量

>> symsum(x^n/(n+1),n,0,inf)　　%确定变量的范围以及求和函数表达式

回车，输出结果：

ans =

　　-1/x * log(1-x)

即

$$s(x) = -\frac{1}{x}\ln(1-x)$$

2. 函数的泰勒级数

例 12 - 28　将函数 $f(x) = e^x$ 展开成 5 阶 x 的幂级数.

解　在命令窗口输入：

>> syms x n

>> f=taylor(exp(x))　　　　%确定命令 taylor 的函数

回车，输出结果：

f =

　　1+x+1/2 * x^2+1/6 * x^3+1/24 * x^4+1/120 * x^5

即

$$f(x) = e^x = 1 + x + \frac{1}{2}x^2 + \frac{1}{6}x^3 + \frac{1}{24}x^4 + \frac{1}{120}x^5$$

例 5　将函数 $f(x) = \dfrac{1}{x^2+1}$ 展开成 7 阶的 $(x-1)$ 的幂级数.

解　在命令窗口输入：

>> syms x n

>> f=taylor(1/(x^2+1),x,1,'order',8)　　%确定 taylor 命令的函数及阶数

回车，输出结果：

f =

　　1-1/2 * x+1/4 * (x-1)^2-1/8 * (x-1)^4+1/8 * (x-1)^5-1/16 * (x-1)^6

即

$$f(x) = \frac{1}{x^2+1} = 1 - \frac{1}{2}x + \frac{1}{4}(x-1)^2 - \frac{1}{8}(x-1)^4 + \frac{1}{8}(x-1)^5 - \frac{1}{16}(x-1)^6$$

3. 将周期为 2π 的函数展开成傅里叶级数

例 12 - 29　设 $f(x)$ 是周期为 2π 的周期函数，它在 $[-\pi, \pi]$ 上的表达式为

$$f(x) = \begin{cases} -1, & -\pi \leqslant x < 0 \\ 1, & 0 \leqslant x < \pi \end{cases}$$

将 $f(x)$ 展开成傅里叶级数.

解 在命令窗口输入：

>> syms x

>> f=abs(x)/x;

>> k=5;

>> f=fuliye(f,k)

回车，输出结果：

f =

$$4/pi * \sin(x) + 4/3/pi * \sin(3 * x) + 4/5/pi * \sin(5 * x)$$

即

$$f(x) = \frac{4}{\pi}\left(\sin x + \frac{1}{3}\sin 3x + \frac{1}{5}\sin 5x + \cdots\right)$$

例 12-30 设 $f(x)$ 是周期为 2π 的周期函数，它在 $[-\pi, \pi]$ 上的表达式为

$$f(x) = \begin{cases} \pi+x, & -\pi \leqslant x < 0 \\ \pi-x, & 0 \leqslant x < \pi \end{cases}$$

将 $f(x)$ 展开成傅里叶级数.

解 在命令窗口输入：

>> syms x

>> f=pi−abs(x);

>> k=7;

>> f=fuliye(f,k)

回车，输出结果：

f =

$$1/2 * pi + 4/pi * \cos(x) + 4/9/pi * \cos(3 * x) + 4/25/pi * \cos(5 * x) + 4/49/pi * \cos(7 * x)$$

即

$$f(x) = \frac{\pi}{2} + \frac{4}{\pi}\left(\cos x + \frac{1}{3^2}\cos 3x + \frac{1}{5^2}\cos 5x + \frac{1}{7^2}\cos 7x + \cdots\right)$$

 习题 12.10

1. 用 MATLAB 求下列级数的和或和函数：

(1) $\sum\limits_{n=0}^{\infty} \dfrac{2n-1}{2^n}$;

(2) $\sum\limits_{n=1}^{\infty} \sin\dfrac{\pi}{4^n}$;

(3) $\sum\limits_{n=1}^{\infty} nx^{n-1}$;

(4) $\sum\limits_{n=1}^{\infty} \dfrac{(x-1)^n}{n \cdot 5^n}$.

2. 用 MATLAB 求下列函数在指定点处的泰勒级数：

(1) $f(x) = \dfrac{1}{3-x}$ 在 $x=2$ 处展开成 12 阶的泰勒级数；

(2) $f(x) = 2^x$ 在 $x=1$ 处展开成 3 阶的泰勒级数.

3. 用 MATLAB 将周期为 2π 的函数展开为傅里叶级数：

(1) $f(x) = x$　$-\pi \leqslant x < \pi$;

(2) $f(x) = x^2$　$-\pi \leqslant x < \pi$.

实验十一　用 MATLAB 求拉氏变换与逆变换

【实验目的】

熟悉拉普拉斯变换与拉普拉斯逆变换，掌握拉普拉斯变换与拉普拉斯逆变换的求法.

【实验要求】

掌握 MATLAB 中 F＝laplacef(t) 或 F＝ilaplacef(s)的使用.

【实验步骤】

(1) 定义变量；

(2) 在 MATLAB 命令窗口中输入程序，格式为：

F＝laplacef(t)（求函数 f(t)的拉普拉斯变换）

F＝ilaplacef(s)（求函数 f(s)的拉普拉斯逆变换）

(3) 按回车，输出结果.

【实验内容】

例 12 - 31　求单位阶梯函数 $u(t) = \begin{cases} 0, & t < 0 \\ 1, & t \geq 0 \end{cases}$ 的拉氏变换.

解　在命令窗口输入：

```
>> syms s t
>> u=sym('Heaviside(t)');        %Heaviside(t)是单位阶梯函数
>> F=laplace(u)
```

回车，输出结果：

F = 1/s

即

$$F = \frac{1}{s}$$

注意：在 MATLAB 中，单位阶梯函数 $u(t) = \begin{cases} 0, & t < 0 \\ 1, & t \geq 0 \end{cases}$ 规定写成 Heaviside(t)，而且第一个字母 H 必须大写；符号变量 Heaviside(t)在函数 sym( )的参数引用时，两端必须加单引号. 单位脉冲函数 $\delta(t) = \begin{cases} 0, & t \neq 0 \\ \infty, & t = 0 \end{cases}$ 写成 Dirac(t)的规则同此.

例 12 - 32　求单位脉冲函数 $\delta(t)$ 的拉氏变换.

解　在命令窗口输入：

```
>> syms s t
>> f=sym('Dirac(t)');
>> F=laplace(f)
```

回车，输出结果：

F = 1

例 12 - 33　求指数函数 $f(t) = e^{at}$（a 是常数）的拉氏变换.

解　在命令窗口输入：

```
>> syms s t a
```

>> F＝laplace(exp(a＊t))

回车，输出结果：

F ＝1/(s－a)

即

$$F=\frac{1}{s-a}$$

例 12－34 求 $f(t)=at(a$ 是常数)的拉氏变换.

解 在命令窗口输入：

>> syms s t a

>> F＝laplace(a＊t)

回车，输出结果：

F ＝a/s^2

即

$$F=\frac{a}{s^2}$$

例 12－35 求正弦函数 $f(t)=\sin\omega t$ 的拉氏变换.

解 在命令窗口输入：

>> syms s t omega

>> F＝laplace(sin(omega＊t))

回车，输出结果：

F ＝omega/(s^2＋omega^2)

即

$$F=\frac{\omega}{s^2+\omega^2}$$

例 12－36 求下列函数的拉氏逆变换：

(1) $F(s)=\dfrac{1}{s+3}$；   (2) $F(s)=\dfrac{1}{(s-2)^2}$.

解 (1) 在命令窗口输入：

>> syms s t

>> f＝ilaplace(1/(s＋3))

回车，输出结果：

f ＝exp(－3＊t)

即

$$f=\mathrm{e}^{-3t}$$

(2) 在命令窗口输入：

>> syms s t

>> f＝ilaplace(1/(s－2)^2)

回车，输出结果：

f ＝t＊exp(2＊t)

即

$$f=t\mathrm{e}^{2t}$$

习题 12.11

1. 用 MATLAB 求下列函数的拉氏变换：

(1) $\sin 3t$；　　　　(2) $3t$；　　　　(3) e^{2t}；　　　　(4) $\cos 2t$.

2. 用 MATLAB 求下列函数的拉氏逆变换：

(1) $F(s) = \dfrac{1}{s+5}$；　　　　　　　　(2) $F(s) = \dfrac{2}{(s-3)^2}$.

（本章答案略。）

参 考 文 献

[1]　同济大学数学系. 高等数学（上、下册）[M]. 7 版. 北京：高等教育出版社，2014.

[2]　吉耀武. 高等数学[M]. 西安：西安电子科技大学出版社，2012.

[3]　颜文勇，柯善军. 高等应用数学[M]. 北京：高等教育出版社，2008.

[4]　吉耀武，李金锁. 高等数学[M]. 西安：西北大学出版社，2010.

[5]　杨桂元. 数学模型应用实例[M]. 合肥：合肥工业大学出版社，2007.

[6]　郭科. 数学实验（高等数学分册）[M]. 北京：高等教育出版社，2009.

[7]　章栋恩. MATLAB 高等数学实验[M]. 北京：电子工业出版社，2008.

[8]　艾冬梅. MATLAB 与数学实验[M]. 北京：机械工业出版社，2010.

[9]　叶其孝，王耀东. 托马斯微积分[M]. 10 版. 唐兢，译. 北京：高等教育出版社，2003.

[10]　张静茹. 高等数学[M]. 南京：江苏教育出版社，2012.

[11]　中国信息大学数学教研室. 高等数学预备知识教程[M]. 北京：化学工业出版社，2005.